SMART

스스로 마스터하는 트렌디한 수험

필답형 실기 완벽대비

실내건축 산업기사 시공실무

김태민 · 전명숙 지음

BM (주)도서출판 성안당

■ 도서 A/S 안내

성안당에서 발행하는 모든 도서는 저자와 출판사, 그리고 독자가 함께 만들어 나갑니다.

좋은 책을 펴내기 위해 많은 노력을 기울이고 있습니다. 혹시라도 내용상의 오류나 오탈자 등이 발견되면 **"좋은 책은 나라의 보배"**로서 우리 모두가 함께 만들어 간다는 마음으로 연락주시기 바랍니다. 수정 보완하여 더 나은 책이 되도록 최선을 다하겠습니다.

성안당은 늘 독자 여러분들의 소중한 의견을 기다리고 있습니다. 좋은 의견을 보내주시는 분께는 성안당 쇼핑몰의 포인트(3,000포인트)를 적립해 드립니다.

잘못 만들어진 책이나 부록 등이 파손된 경우에는 교환해 드립니다.

저자 문의 e-mail : tmkim99@hanmail.net (김태민)

본서 기획자 e-mail : coh@cyber.co.kr (최옥현)

홈페이지 : http://www.cyber.co.kr   전화 : 031) 950-6300

머리말

Preface

실내건축 시공이라 함은 '실내공간을 최적의 공사비로 최적의 시간 내에 완성하며 최소의 노력으로 최대의 효과를 얻기 위한 경제원칙에 의한 기술 활동'이라고 할 수 있다. 여기서 말하는 최적의 공사비는 '공사의 원가'를 말하며, 최적의 시간은 '공사의 정도', 최대의 효과는 '공사의 품질'로 재해석할 수 있다. 말 그대로 최적의 돈을 투자하여 최고의 품질 시공을 시간 내에 완성시키기 위한 기술 활동이라 말할 수 있다.

실내건축 자격증시험이나 실내건축 시공실무를 이해하기 위해 경제논리를 바탕으로 접근한다면, 최적의 교육비로 최적의 준비기간 안에 최대의 효과, 즉 자격증 취득이나 시공실무를 이해하기 위한 경제적인 학습 과정을 거쳐야 할 것이다. 본서는 〈한국표준시방서〉와 〈건설공사 표준품셈〉을 기초로 한 내용과 이해도를 높인 이미지, 시공사진 구성 등을 통해 실내건축 자격증시험을 준비하는 수험생은 물론, 관련 전공자들에게 실내건축 시공실무를 이해하는 경제적인 학습 과정의 필독서가 될 것을 기대한다.

실내건축 자격증의 2차 필답형 실기시험은 1차 객관식 시험과 학습방법을 달리 준비해야 한다. 광범위한 객관식 필기시험과 달리 범위는 좁으나 깊이가 있는 내용을 바탕으로 구성된 시공, 적산, 공정, 품질관리의 내용은 각각의 특성에 맞게 암기보다는 이해를 중심으로 공부하는 것이 필요하다. 저자는 다년간의 현장실무 경험과 대학 강단에서의 노하우를 바탕으로 본서를 집필하였으며, 다양한 이미지, 시공사진 등의 구성으로 이해도를 높이고, 좌우측에 자주 출제되는 유형의 문제를 표기함으로써 주관식 시험에 완벽하게 대비할 수 있도록 이 책을 구성하였다.

주요 특징

01 책의 구성은 크게 시공·적산·공정·품질관리 4편으로 구성하고, 부록으로 최근 출제된 과년도문제를 수록하였다.

02 **시공편**은 〈실내건축표준시방서〉를 근거로 하여, 방대한 이론 내용을 표로 정리하여 한눈에 파악이 용이하도록 했으며, 다양한 이미지들을 평면·입면·단면 그리고 3차원 형태로 구성하여 이해도를 높였으며, 좌우측에 시공사진을 구성하여 내용을 쉽게 접근하도록 하였다.

03 **적산편**은 〈건설공사 표준품셈〉을 근거로 하여 개정되고 있는 현실에 맞게 이해도를 높인 이미지와 함께 구성하여 계산이 용이하도록 구성하였다.

04 **공정편**은 네트워크 공정표 작성이 용이하도록 풀이 과정을 상세히 기록하였으며, 현장에서 수업을 듣는 것과 같이 저자의 설명을 말꼬리표로 달아 이해도를 높였다.

05 **부록편**의 과년도문제는 책 중앙에 문제를 넣고, 좌우측에 답을 배치했으며, 첨부하는 "해답 가리개"를 이용해 문제를 집중해서 풀이할 수 있도록 배려하였다.

이렇게 구성한 본서가 수험생에게는 합격이라는 목표에 한걸음 다가갈 수 있으며, 관련 전공자들에게는 실내건축 시공전문가로서의 기초 지식을 익히는 밑거름이 되길 바란다.

이 책이 나오기까지 사랑하는 가족과 영원한 멘토 박인학 교수님, 많은 조언과 배려를 아끼지 않은 대림대학교 박민석 교수님, 양영근 교수님, 이경화 교수님 그리고 필자를 믿고 늘 지원해 주시는 (주)에이치앤씨건설연구소 조승연 대표님, 김진서 사장님께도 깊은 감사인사를 드린다. 아울러 이 책이 출판될 수 있도록 도와 주신 성안당출판사 관계 직원 여러분께도 감사의 마음을 전한다.

끝으로 이 책으로 학습하는 독자들과 e메일을 통한 지속적인 소통으로 미진한 부분은 해마다 보완하여 완벽한 학습서가 되도록 배전의 노력을 다할 것을 약속드린다.

저자 김태민

가이드

01 시험 개요

자격명: 실내건축산업기사
영문명: Industrial Engineer Interior Architecture
관련부처: 국토교통부
시행기관: 한국산업인력공단

✿ 개요

실내공간은 기능적 조건뿐만 아니라 인간의 예술적·정서적 욕구의 만족까지 추구해야 하는 것으로, 실내공간을 계획하는 실내건축 분야는 환경에 대한 이해와 건축적 이해를 바탕으로 기능적이고 합리적인 계획·시공 등의 업무를 수행할 수 있는 지식과 기술이 요구된다. 이에 따라 건축의장 분야에서 필요로 하는 인력을 양성하고자 한다.

✿ 변천 과정

1991. 10. 31. 대통령령 제13494호	1998. 05. 09. 대통령령 제15794호	현재
의장기사 2급	실내건축산업기사	실내건축산업기사

✿ 수행 직무

건축공간을 기능적·미적으로 계획하기 위하여 현장분석 자료 및 기본 개념을 가지고 공간의 기능에 맞게 면적을 배분하여 공간을 계획 및 구성하며, 이러한 구성 개념의 표현을 위하여 개념도·평면도·천장도·입면도·상세도·투시도 및 재료 마감표를 작성, 완료된 설계도서에 의거하여 현장의 공정 및 시공을 총괄관리하는 등의 직무를 수행한다.

✿ 실시기관 홈페이지

http://www.q-net.or.kr

✿ 실시기관명

한국산업인력공단

✿ 진로 및 전망

건축설계사무실, 건설회사, 인테리어사업부, 인테리어전문업체, 백화점, 방송국, 모델 하우스 전문시공업체, 디스플레이전문업체 등에 취업할 수 있으며, 본인이 직접 개업하거나 프리랜서로 활동이 가능하다. 실내건축은 창의적인 능력과 경험을 토대로 하는 지식산업의 하나로 상당한 부가가치를 창출할 수 있으며, 실내공간의 용도가 전문적이고도 특별한 기능이 요구되는 상업공간, 주거공간, 전시공간, 사무공간, 의료공간, 예식공간, 교육공간, 스포츠 · 레저공간, 호텔, 테마파크 등 업무영역의 확대로 실내건축기사의 인력수요는 증가할 전망이다. 또한 경쟁도 심화되어 고도의 전문지식 습득 및 서비스정신, 일에 대한 정열은 필수적이다.

✿ 검정 현황

연도	필기			실기		
	응시	합격	합격률[%]	응시	합격	합격률[%]
2022	2,004	617	30.8%	651	393	60.4%
2021	2,261	1,107	49%	1,013	674	66.5%
2020	2,038	995	48.8%	880	450	51.1%
2019	2,244	1,034	46.1%	947	594	62.7%
2018	2,220	820	36.9%	886	521	58.8%
2017	2,196	950	43.3%	809	463	57.2%
2016	2,079	768	36.9%	793	335	42.2%
2015	1,956	808	41.3%	783	311	39.7%
2014	2,298	746	32.5%	727	427	58.7%
2013	2,253	874	38.8%	785	465	59.2%
2012	2,791	787	28.2%	754	302	40.1%
2011	2,697	840	31.1%	859	416	48.4%
2010	3,135	1,018	32.5%	1,314	357	27.2%

02 시험 정보

✿ 출제경향

건축 실내의 설계에 있어 각종 유형의 실내디자인을 계획하고 실무도면을 작성하기 위한 개념도, 평면도, 천장도, 입면도, 상세도, 투시도 등의 작성 능력을 평가

✿ 시험 수수료

구분	수수료
필기시험	19,400원
실기시험	27,900원

✿ 취득방법

<table>
<tr><th colspan="2">구분</th><th>세부 내용</th></tr>
<tr><td colspan="2">시행처</td><td>한국산업인력공단</td></tr>
<tr><td colspan="2">관련학과</td><td>전문대학 이상의 실내건축, 실내디자인, 건축설계디자인공학, 건축설계학 관련학과</td></tr>
<tr><td rowspan="2">시험과목</td><td>필기</td><td>1. 실내디자인 계획
2. 실내디자인 시공 및 재료
3. 실내디자인 환경</td></tr>
<tr><td>실기</td><td>실내디자인 실무</td></tr>
<tr><td rowspan="2">검정방법</td><td>필기</td><td>객관식 4지 택일형 과목당 20문항(과목당 30분)</td></tr>
<tr><td>실기</td><td>복합형[필답형(1시간, 40점) + 작업형(5시간 정도, 60점)]</td></tr>
<tr><td rowspan="2">합격기준</td><td>필기</td><td>100점을 만점으로 하여 과목당 40점 이상, 전 과목 평균 60점 이상</td></tr>
<tr><td>실기</td><td>100점을 만점으로 하여 60점 이상</td></tr>
</table>

✿ 유사 직무범위

직무분야 분류		유사 직무분야	
직무분야	중직무분야		
14. 건설	141. 건축 142. 토목	02. 경영·회계·사무 중 08. 문화·예술·디자인·방송 중	024. 생산관리 082. 디자인
	143. 조경 144. 도시 · 교통 145. 건설배관 146. 건설기계운전	15. 광업자원 17. 재료 20. 전기 · 전자 25. 안전관리	16. 기계 18. 화학 24. 농림어업 26. 환경 · 에너지

✿ 응시자격

구분	응시자격
산업기사	다음 각 호의 어느 하나에 해당하는 사람 1. 기능사 등급 이상의 자격을 취득한 후 응시하려는 종목이 속하는 동일 및 유사 직무분야에 1년 이상 실무에 종사한 사람 2. 응시하려는 종목이 속하는 동일 및 유사 직무분야의 다른 종목의 산업기사 등급 이상의 자격을 취득한 사람 3. 관련 학과의 2년제 또는 3년제 전문대학 졸업자 등 또는 그 졸업예정자 4. 관련 학과의 대학 졸업자 등 또는 그 졸업예정자 5. 동일 및 유사 직무분야의 산업기사 수준 기술훈련 과정 이수자 또는 그 이수예정자 6. 응시하려는 종목이 속하는 동일 및 유사 직무분야에서 2년 이상 실무에 종사한 사람 7. 고용노동부령으로 정하는 기능경기대회 입상자 8. 외국에서 동일한 종목에 해당하는 자격을 취득한 사람

03 실기시험 출제기준

직무분야: 건설 중직무분야: 건축

자격종목: 실내건축산업기사 적용기간: 2022. 1. 1. ~ 2024. 12. 31.

직무내용: 기능적 · 미적 요소를 고려하여 건축 실내공간을 계획하고, 제반 설계도서를 작성하며, 완료된 설계도서에 따라 시공 및 공정관리를 수행하는 직무이다.

수행준거:
1. 실내 공간 관계 법령 및 관련 자료에 대한 조사를 통해 전반적인 프로젝트의 성격을 규정할 수 있는 분석결과를 도출할 수 있다.
2. 실내 공간 계획을 토대로 설계 개념에 부합하는 재료의 특성을 고려하고, 실내공간의 용도와 시공에 필요한 마감재료를 선별할 수 있다.
3. 실내 공간 계획을 토대로 설계 개념에 부합하는 조형성, 사용자의 특성을 고려하고, 실내공간의 통합적 균형을 이루도록 색채계획을 수립할 수 있다.
4. 실내공간의 용도와 사용자의 행태적 · 심리적 특성, 시공성 · 기능성 · 조형성 등을 고려하고 가구 안전기준을 적용한 가구계획을 수립할 수 있다.
5. 실내공간의 용도와 사용자의 행태적 · 심리적 특성, 시공성 등을 고려하고, 전기 안전기준을 적용한 조명계획을 수립하고 전기설비 및 조명분야와 공간계획안의 구체화를 협의할 수 있다.
6. 실내디자인 공간계획을 토대로 실내공간의 용도와 사용자의 특성, 시공성 등을 고려한 전기, 기계, 소방설비 분야의 적용 계획을 수행하여 협의할 수 있다.
7. 공간의 성격 및 특징을 분석하여 공간 콘셉트를 설정하며 동선 및 조닝 등 실내공간을 계획하고 기본 계획을 수립하며 도면을 작성할 수 있다.
8. 설계업무를 수행함에 있어 구상하거나 구체화한 결과물을 수작업과 컴퓨터를 이용하여 2D와 3D, 모형 등으로 제작하여 구현할 수 있다.

실기검정방법: 복합형 시험시간: 필답형 – 1시간, 작업형 – 5시간 정도

실기과목명	주요 항목	세부 항목	세세 항목
실내디자인 실무	1. 실내디자인 자료조사 분석	1. 실내공간 자료조사하기	1. 해당 공간과 주변의 인문적 환경, 자연적 환경, 물리적 환경을 조사할 수 있다. 2. 해당 공간을 현장 조사할 수 있다. 3. 해당 프로젝트에 적용할 수 있는 유사 사례를 조사할 수 있다. 4. 사용자의 요구조건 충족을 위해 전반적 이론과 구체적 아이디어를 수집할 수 있다.

실기과목명	주요 항목	세부 항목	세세 항목
실내디자인 실무	1. 실내디자인 자료조사 분석	2. 관계 법령 분석하기	1. 프로젝트와 관련된 법규를 조사할 수 있다. 2. 프로젝트 관련 인허가 담당부서 · 유관기관을 파악할 수 있다. 3. 관련 법규를 근거로 인허가 절차, 기간, 협의 조건을 분석할 수 있다.
		3. 관련자료 분석하기	1. 발주자 요구사항을 근거로 프로젝트의 취지, 목적, 성격, 기능, 용도, 업무범위를 분석할 수 있다. 2. 기초조사를 통해 실제 사용자를 위한 결과물의 내용, 소요업무, 소요기간, 업무 세부내용의 요구수준을 분석할 수 있다. 3. 사용자 경험과 행동에 영향을 미치는 요소를 파악하여 공간 개발 전략으로 적용할 수 있다. 4. 수집된 정보를 기반으로 기본 방향을 도출할 수 있다.
	2. 실내디자인 마감계획	1. 마감재 조사 · 분석	1. 실내디자인 공간계획을 토대로 각 공간에 적용할 마감재를 조사할 수 있다. 2. 실내공간의 용도에 맞는 사용자의 특성, 시공성, 경제성, 안정성을 고려한 마감재를 조사할 수 있다. 3. 설계 개념에 따른 공간별 마감재 목록을 작성할 수 있다.
		2. 마감재 적용 검토	1. 공간 계획에 따라 조사 · 분석된 마감재를 적용, 검토할 수 있다. 2. 용도, 특성에 따른 마감재 적용을 검토할 수 있다. 3. 마감재의 법적, 안전성에 따른 기준 검토를 할 수 있다. 4. 가공에 따른 시공의 실행방안을 검토할 수 있다.
		3. 마감계획	1. 디자인 개념에 적용한 마감계획을 구체화할 수 있다. 2. 법적, 안전 기준에 따른 세밀한 마감계획 리스트를 작성할 수 있다. 3. 시공이 가능한 구체적인 마감적용 설계도면을 작성할 수 있다. 4. 특성을 고려한 마감재 보드를 작성할 수 있다.
	3. 실내디자인 색채계획	1. 색채 구상	1. 실내디자인 공간계획을 토대로 각 공간에 적용할 색채를 조사할 수 있다. 2. 실내 공간의 용도와 연출에 맞는 사용자의 특성, 시공성, 경제성, 안정성을 고려한 색채를 조사할 수 있다. 3. 설계 개념에 따른 공간별 적용할 색채를 조사할 수 있다.
		2. 색채 적용 검토	1. 조사 · 분석된 색채계획을 적용하여 검토할 수 있다. 2. 실내공간의 용도와 사용자의 요구와 특성을 고려한 색채계획의 이미지를 도출하여 검토할 수 있다. 3. 도출된 배색 이미지를 색채계획으로 구체화하여 검토할 수 있다. 4. 시공상의 안전 및 법적 기준에 적합한 색채 적용을 검토할 수 있다.

가이드

실기과목명	주요 항목	세부 항목	세세 항목
실내디자인 실무	3. 실내디자인 색채계획	3. 색채계획	1. 공간계획에 따라 조사 · 분석된 색채를 적용, 계획할 수 있다. 2. 용도, 특성에 따른 색채 적용을 계획할 수 있다. 3. 색채 개념을 구현할 수 있는 계획을 할 수 있다. 4. 선정된 색채 이미지와 구체화를 위한 구성 계획을 할 수 있다.
	4. 실내디자인 가구계획	1. 가구 자료조사	1. 실내디자인 공간계획을 토대로 공간에 적용할 가구를 조사할 수 있다. 2. 실내 공간의 용도와 사용자의 행태적 · 심리적 특성, 시공성, 경제성 등을 고려한 가구를 조사할 수 있다. 3. 실내 공간에 배치할 가구의 안전기준을 조사할 수 있다. 4. 실내디자인 프로젝트에 적용할 가구의 조사 결과를 정리할 수 있다.
		2. 가구 적용 검토	1. 조사 · 분석된 가구를 실내 공간계획에 적용하여 검토할 수 있다. 2. 실내공간의 용도와 사용자의 행태적 · 심리적 특성, 시공성 등을 고려한 가구 적용을 검토할 수 있다. 3. 안전기준에 적합한 가구 적용을 검토할 수 있다.
		3. 가구계획	1. 실내 공간계획 내용을 토대로 주거 · 업무 · 상업 시설 등 공간별로 통합적이고 구체적인 가구계획을 할 수 있다. 2. 주거 · 업무 · 상업 시설 등 공간별 가구계획에 따른 내용을 도면으로 작성할 수 있다. 3. 실내공간의 용도와 사용자의 행태적 · 심리적 특성, 시공성 등을 고려한 가구계획을 할 수 있다. 4. 안전기준을 검토하고 적용할 수 있다.
	5. 실내디자인 조명계획	1. 실내조명 자료조사	1. 실내디자인 공간계획을 토대로 공간에 적용할 조명방법 및 기구를 조사할 수 있다. 2. 실내공간의 용도와 사용자의 행태적 · 심리적 특성, 시공성, 경제성 등을 고려한 조명방법 및 기구를 조사할 수 있다. 3. 조명의 전기 안전기준을 조사할 수 있다. 4. 프로젝트에 적용할 조명의 조사결과를 정리할 수 있다.
		2. 실내조명 적용 검토	1. 조사된 조명을 공간계획에 적용하여 검토할 수 있다. 2. 실내공간의 용도와 사용자의 행태적 · 심리적 특성, 시공성 등을 고려한 조명 적용을 검토할 수 있다. 3. 전기 안전기준에 적합한 조명 적용을 검토할 수 있다.
		3. 실내조명계획	1. 실내디자인의 공간계획 내용을 토대로 주거, 업무, 상업, 문화, 의료, 교육, 전시, 종교시설 등 공간별로 통합적이고 구체적인 조명계획을 할 수 있다. 2. 주거, 업무, 상업, 문화, 의료, 교육, 전시, 종교시설 등 공간별 조명계획에 따른 내용을 도면으로 작성할 수 있다. 3. 실내공간의 용도와 사용자의 행태적 · 심리적 특성, 시공성 등을 고려한 조명계획을 할 수 있다. 4. 안전기준을 검토하고 적용할 수 있다.

실기과목명	주요 항목	세부 항목	세세 항목
실내디자인 실무	6. 실내디자인 설비계획	1. 설비 조사 · 분석	1. 실내디자인 공간계획을 토대로 공간에 적용할 전기, 기계, 소방설비 관련 자료를 조사 및 분석할 수 있다. 2. 실내공간의 용도와 사용자의 행태적, 심리적 특성, 시공성, 경제성 등을 고려한 전기, 기계, 소방설비를 조사 및 분석할 수 있다. 3. 전기, 기계, 소방설비의 안전기준을 조사 및 분석할 수 있다.
		2. 설비 적용 검토	1. 실내공간의 용도와 사용자의 행태적, 심리적 특성과 시공성 등을 고려한 설비를 검토할 수 있다. 2. 전기, 기계, 소방설비 안전기준에 적합한 설비 적용을 검토 할 수 있다. 3. 공간계획 내용을 토대로 주거, 업무, 상업 시설 등에 적합한 전기, 기계, 소방설비를 검토 할 수 있다. 4. 공간별 요구되는 전기 ,기계, 소방설비 계획에 따른 내용을 도면으로 작성할 수 있다.
		3. 설비계획	1. 공간계획 내용을 토대로 주거 · 업무 · 상업 시설 등 공간별로 통합적이고 구체적인 설비계획을 할 수 있다. 2. 주거 · 업무 · 상업 시설 등 공간별 설비계획에 따른 내용을 도면으로 작성할 수 있다. 3. 실내공간의 용도, 사용자의 특성, 시공성 등을 고려한 설비계획을 할 수 있다. 4. 검토한 안전기준을 적용할 수 있다.
	7. 실내디자인 기본 계획	1. 공간 기본 구상	1. 공간 프로그램을 바탕으로 주거공간 · 업무공간 · 상업공간 등의 특징을 파악할 수 있다. 2. 설정된 공간 콘셉트를 바탕으로 동선 · 조닝 등 기본적 공간 구상을 할 수 있다. 3. 설정된 공간에 대한 마감재 및 색채 · 조명 · 가구 · 장비 계획 등 통합적 공간 기본 구상을 할 수 있다.
		2. 공간 기본 계획	1. 공간 기본 구상을 바탕으로 주거공간 · 업무공간 · 상업공간 등 구체적인 실내공간을 계획할 수 있다. 2. 실내 공간 계획을 바탕으로 주거공간 · 업무공간 · 상업공간 등 공간별 마감재 및 색채 계획을 할 수 있다. 3. 실내공간 계획을 바탕으로 주거공간 · 업무공간 · 상업공간 등 공간별 조명 · 가구 · 장비 계획을 할 수 있다. 4. 주거공간 · 업무공간 · 상업공간 등 공간별 계획에 따른 기본 설계 도면을 작성할 수 있다.
		3. 기본 설계도면 작성	1. 공간별 기본계획을 바탕으로 평면도 · 입면도 · 천장도 등 기본 도면을 작성할 수 있다. 2. 공간별 기본계획을 바탕으로 마감재 및 색채 계획 설계도서를 작성할 수 있다. 3. 각 도면을 제작한 후 설계도면집을 작성할 수 있다.

실기과목명	주요 항목	세부 항목	세세 항목
실내디자인 실무	8. 실내건축설계 시각화 작업	1. 2D 표현	1. 설계목표와 의도를 이해할 수 있다. 2. 설계단계별 도면을 이해할 수 있다. 3. 계획안을 2D로 표현할 수 있다.
		2. 3D 표현	1. 설계목표와 의도를 이해할 수 있다. 2. 설계단계별 도면을 이해할 수 있다. 3. 도면을 바탕으로 3D 작업을 할 수 있다. 4. 3D 프로그램을 활용하여 동영상으로 표현할 수 있다.
		3. 모형 제작	1. 계획안을 바탕으로 모형을 제작할 수 있다. 2. 마감재료 특성을 모형에 반영할 수 있다. 3. 모형재료의 특성을 파악하여 적용할 수 있다. 4. 모형제작을 위한 공구를 활용할 수 있다.

04 출제기준 분석

✿ 2차 실기시험 출제기준

구분	필답형 실기	작업형 실기	비고
출제 내용	• 내용: 건축 실내의 시공실무 • 범위: 시공, 적산, 공정, 품질관리 • 방식: 주관식 문제	• 내용: 건축 실내의 설계 • 범위: 주거공간, 상업공간, 식음공간 • 방식: 수제도 설계 (평면도 / 입면도 / 천장도 / 투시도)	–
배점기준	40점	60점	총 100점을 만점으로 하여 60점 이상
시험시간	1시간	5시간 정도	
합격기준	100점		

✿ 필답형 실기 세부 내용

구분	시공	적산	공정	품질관리
세부 내용	가설공사 / 조적공사 / 목공사 / 미장 및 타일 공사 / 유리 및 창호 공사 / 금속공사 / 합성수지공사 / 도장공사 / 내장공사 / 건축공사	가설공사 / 조적공사 / 목공사 / 미장 및 타일 공사 / 기타 공사	공정계획 / 네트워크 공정표 작성 / 공기단축	품질관리 / 재료의 품질관리

✿ 출제기준 설명

1. **시공**: 건축과 실내건축에 관한 시공과 관련된 사항으로 가장 많은 부분을 차지하고 있으며, 가설공사부터 건축공사까지 일반적인 용어 설명과 종류 나열 문제들이 있다. 깊이 있게 들어가서 재료에 관한 사항, 구조에 관한 사항, 시공에 관한 사항, 하자에 관한 사항으로 구분된다. 재료에서는 재료의 구분, 재료의 특징(장단점), 재료의 요구조건 등을 물으며 구조에서는 구조 용어, 구조의 특징(장단점), 구조의 구성 등이 출제된다. 시공에 관하여는 시공 순서, 시공 특징, 시공방법 등을 물으며 하자에서는 원인과 대책에 관한 사항으로 출제가 이루어진다.
2. **적산**: 적산은 공사량을 산출하는 문제로 계산기를 이용하여 답안을 기재하며, 일반적인 총론에서는 용어 설명, 공사비의 구성, 할증률에 관한 사항이 출제되며 기존에 출제되는 유형은 비계량, 조적량(벽돌, 블록, 모르타르), 목재량, 타일양 등을 산출하는 형태로 출제된다. 기본적으로 단위수량에 의한 공식을 숙지해야 하며, 계산 과정과 단위에 대해 명확한 기재가 요구된다.
3. **공정**: 공정은 공사의 일정계획을 나타내며 크게 공정계획, 네트워크 공정표 작성, 공기단축으로 구성되어 있으며 공정계획에서 공정표의 종류 및 특징, 공정표의 용어 문제가 주로 다뤄진다. 그중 네트워크 공정표는 공정표를 직접 작성하고, 주공정선(CP)을 계산하는 형태의 문제로 기사에서는 매회, 산업기사에서는 1년에 1~2회가 출제된다. 공기단축은 표준공사와 특급공사의 비용구배를 계산하는 형태로 출제된다. 따라서 공정계획은 암기 위주, 네트워크 공정표는 이해 위주로의 학습이 요구된다.
4. **품질관리**: 품질관리는 시공 품질을 경제적으로 높이기 위한 수단으로 출제 비중은 매우 작지만 품질관리 용어 설명과 재료의 품질관리에 대한 학습이 필요하다.

05 출제경향 분석

✿ 2차 실기시험

구분	출제문제	출제점수 범위	출제비율
1. 시공	8 ~ 10문제	25 ~ 30점	약 80%
2. 적산	1 ~ 2문제	4 ~ 5점	약 10%
3. 공정	1 ~ 2문제	5 ~ 6점	약 10%
4. 품질관리	0 ~ 1문제	4 ~ 5점	약 1%
합계	10 ~ 13문제	40점	100%

가이드

✿ 실내건축산업기사 연도별 출제문항 수(2001년 ~ 2023년)

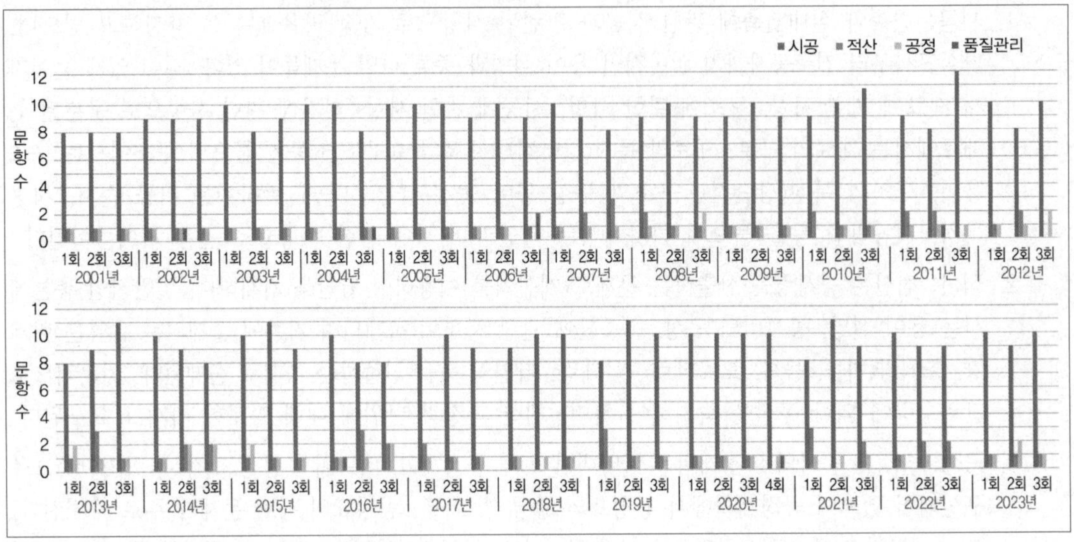

✿ 실내건축산업기사 과목별 출제비율(2001년 ~ 2023년)

1. 시공

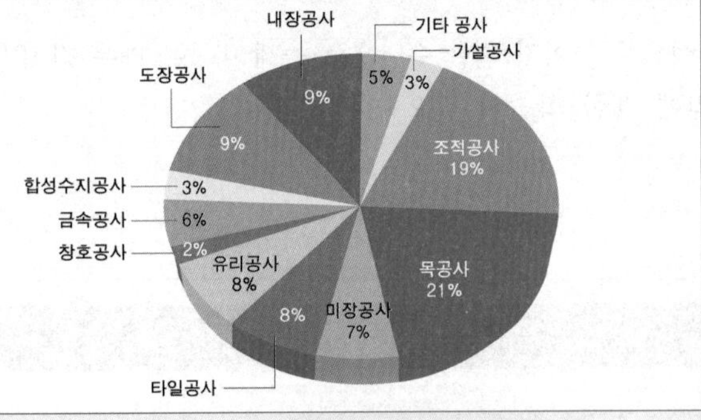

2. 적산

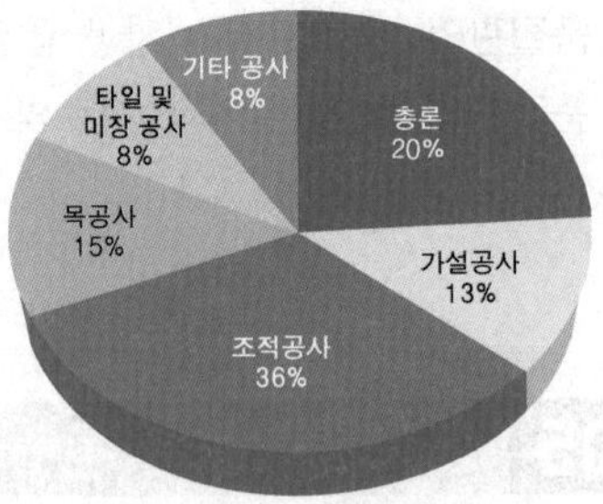

3. 공정

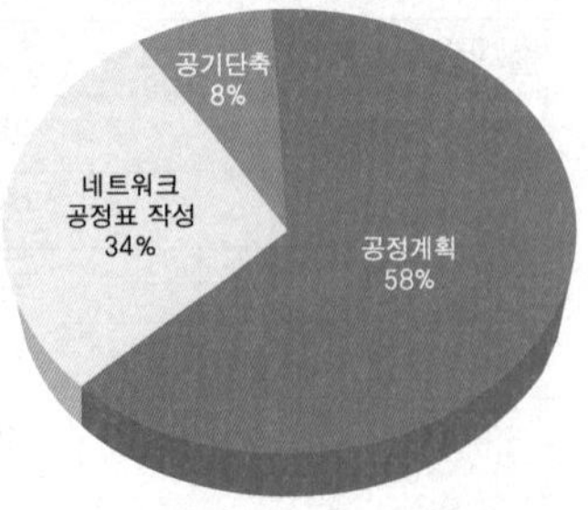

4. 품질관리

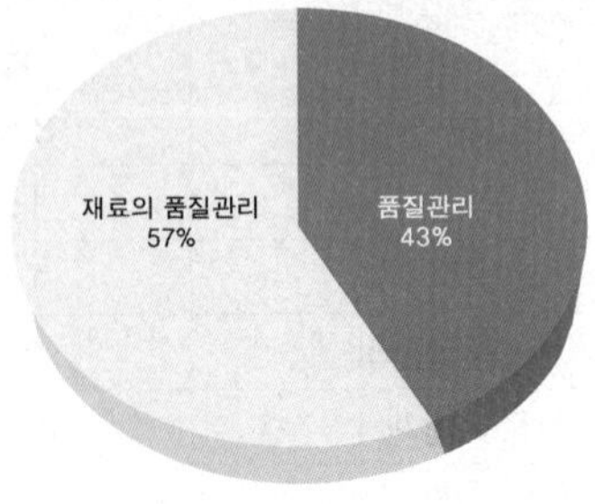

06 국가기술자격검정 실기시험 문제

자격종목 및 등급	시험시간	형별	수험번호	성명
실내건축산업기사	**1시간**	A		

감독위원 확 인 란

✿ 수험자 유의사항

답안 작성 시 유의사항

1. 시험 문제지를 받는 즉시 종목의 문제지가 맞는지 여부를 확인하여야 한다.
2. 시험 문제지 총면수, 문제번호 순서, 인쇄 상태 등을 확인하고 수험번호 및 성명을 답안지에 기재한다.
3. 답안 작성(계산식 포함)은 흑색 또는 청색 필기구만 사용하되, 동일한 한 가지 색의 필기구만 사용하여야 하며 흑색, 청색을 제외한 유색 필기구 또는 연필류를 사용하거나 2가지 이상의 색을 혼합 사용하였을 경우 그 문항은 0점 처리된다.
4. 답란에는 문제와 관련 없는 불필요한 낙서나 특이한 기록사항 등을 기재하여서는 안 되며 부정의 목적으로 특이한 표식을 하였다고 판단될 경우에는 모든 득점이 0점 처리된다.
5. 답안을 정정할 때에는 반드시 정정 부분을 두 줄로 그어 표시하여야 하며, 두 줄로 긋지 않은 답안은 정정하지 않은 것으로 간주한다.
6. 계산문제는 반드시 〈계산과정〉과 〈답〉란에 계산과정과 답을 정확히 기재하여야 하며 계산과정이 틀리거나 없는 경우 0점 처리된다(단, 계산 연습이 필요한 경우는 연습란을 이용하여야 하며, 연습란은 채점 대상이 아니다).
7. 계산문제는 최종 결과 값(답)에서 소수 셋째 자리에서 반올림하여 둘째 자리까지 구하여야 하나 개별문제에서 소수 처리에 대한 요구사항이 있을 경우 그 요구사항에 따라야 한다(단, 문제의 특수한 성격에 따라 정수로 표기하는 문제도 있으며, 반올림한 값이 0이 되는 경우는 첫 유효숫자까지 기재하되 반올림하여 기재하여야 한다).
8. 답에 단위가 없으면 오답으로 처리된다(단, 문제의 요구사항에 단위가 주어졌을 경우는 생략되어도 무방함).
9. 문제에서 요구한 가짓수(항수) 이상을 답란에 표기한 경우에는 답란 기재순으로 요구한 가짓수(항수)만 채점하여 한 항에 여러 가지를 기재하더라도 한 가지로 보며 그중 정답과 오답이 함께 기재되어 있을 경우 오답으로 처리한다.
10. 한 문제에서 소문제로 파생되는 문제나, 가짓수를 요구하는 문제는 대부분의 경우 부분배점이 적용된다.
11. 부정 또는 불공정한 방법으로 시험을 치른 자는 부정행위자로 처리되어 당해 시험을 중지 또는 무효로 하고, 3년간 국가기술자격시험의 응시자격이 정지된다.
12. 복합형 시험의 경우 시험의 전 과정(필답형, 작업형)을 응시하지 않은 경우 채점 대상에서 제외한다.
13. 저장 용량이 큰 전자계산기 및 유사 전자제품 사용 시에는 반드시 저장된 메모리를 초기화한 후 사용하여야 하며 시험위원이 초기화 여부를 확인할 시 협조하여야 한다. 초기화되지 않은 전자계산기 및 유사 전자제품을 사용하여 적발 시에는 부정행위로 간주한다.
14. 시험위원이 시험 중 신분 확인을 위하여 신분증과 수험표를 요구할 경우 반드시 제시하여야 한다.
15. 시험 중에는 통신기기 및 전자기기(휴대용 전화기 등)를 지참하거나 사용할 수 없다.
16. 문제 및 답안(지), 채점기준은 일절 공개하지 않는다.

이 책의 구성

01 제1편 시공

학습POINT를 이용하여 핵심내용 파악

내용 파악이 용이하도록 도표화 정리

시공사진 제시로
시공 이해도 향상

이론과 연계한 과년도문제
유형 구분으로 학습 중요도 구분

평면, 단면, 3차원 등
풍부한 이미지를 통한
학습효과 증진

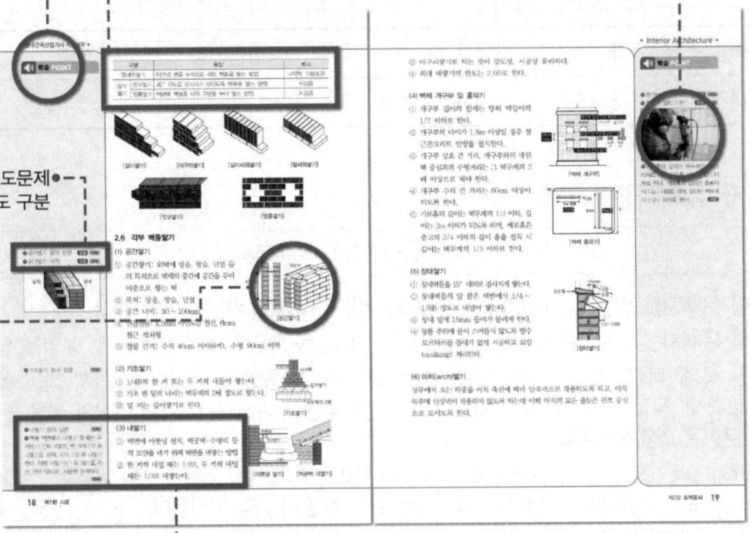

키워드 출제문제를
색글씨로 강조

02 제2편 적산

첨부하는 해답 가리개를
활용한 문제 집중도 향상

각 공사별 적산 공식 명기와
이해력을 높이기 위한 상세 설명

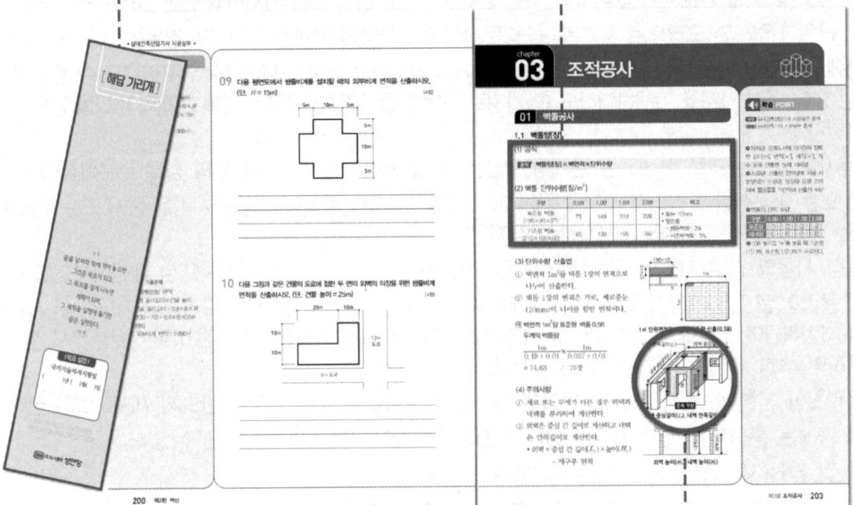

3차원 이미지를 통한
이해력 증진

03 제4편 공정

공정표 풀이 과정의 상세한 설명으로 이해도 증진

현장에서 수업을 듣는 것과 같은 저자의 설명을 말꼬리로 표시

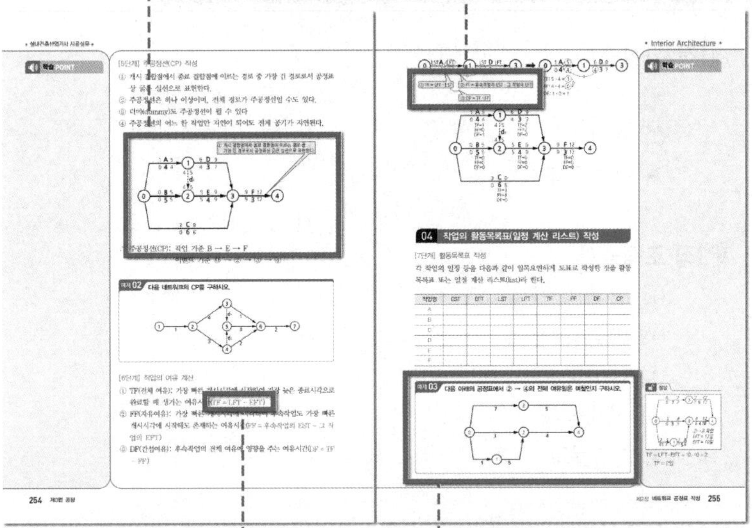

핵심 키포인트 이해를 위해 색글씨로 강조

적합한 예제문제를 적재적소에 구성하여 이해력 검증

04 부록 과년도 출제문제

최근 과년도 출제문제를 상세한 해설과 함께 수록

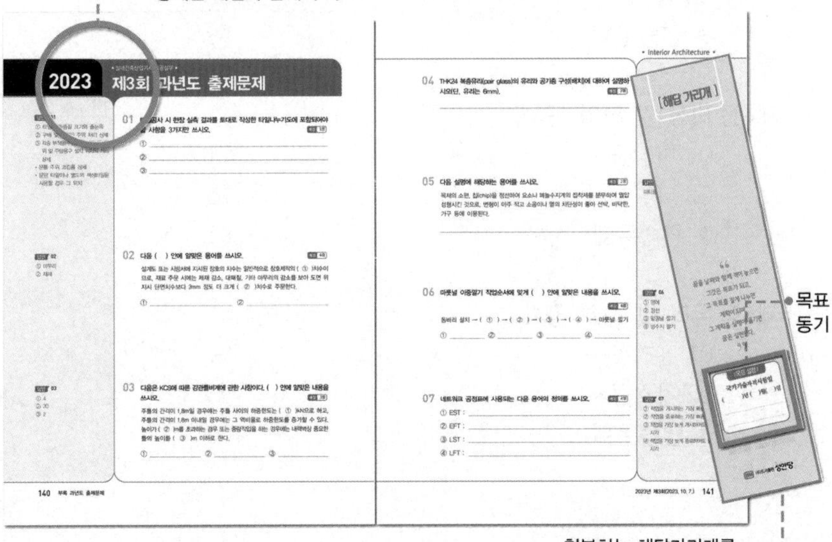

목표 설정을 통한 동기 부여

첨부하는 해답가리개를 활용한 문제 집중도 향상

차례

PART 01 시공

Contents

PART 02 적산

Contents

부록 과년도 출제문제

PART 01

시공

실내건축산업기사 시공실무

chapter

01 가설공사

학습 POINT

산업 실내건축산업기사 시공실무 출제
기사 실내건축기사 시공실무 출제

01 개요

1.1 가설공사의 정의

✿용어 설명 기사

가설공사(temporary work)는 건축공사 기간 중 임시로 설치하여 공사를 완성할 목적으로 쓰이는 제반 시설 및 수단의 총칭이며, 공사가 완료되면 해체·철거·정리하게 되는 임시적인 공사다.

1.2 가설공사의 종류

구분	간접(공통) 가설공사	직접(전용) 가설공사
내용	운영 및 관리에 필요한 가설시설	본건물 축조에 직접 필요한 시설
종류	① 가설건물(사무소, 창고, 식당 등) ② 공사용 동력, 통신설비 ③ 공사용수설비 ④ 가설 울타리 ⑤ 가설 운반로 등	① 규준틀 ② 비계 ③ 건축물 보양설비 ④ 양중, 운반, 타설시설 ⑤ 낙하물 방지설비 등

1.3 시멘트 창고의 설치 및 관리 방법

✿시멘트 창고의 관리법 산업 기사

① 쌓기 포대 수는 13포 이하로 보관한다(장기 저장 시 7포 이하).
② 방습상 지면에서 30cm 이상 띄우고 방습 처리한다.
③ 출입구 이외의 개구부는 설치하지 않으며, 반입구·반출구는 따로 낸다.
④ 창고 주위에 배수도랑을 두고 누수를 방지한다.

학습 POINT

1.4 기준점과 규준틀

기준점	규준틀
공사 중 건물의 높이 및 기준이 되는 표식으로 건물 인근에 설치	건축물의 각부 위치 및 높이, 기초너비를 결정하기 위해 설치

02 비계

✿ 용어 설명 산업 기사

2.1 비계의 정의

공사 시 작업면이 높아서 손이 닿지 않아 작업하기 어려울 때 필요한 면적을 확보하기 위한 가설물을 비계라고 한다.

✿ 비계의 사용 목적 산업 기사

2.2 비계의 사용 목적

① 작업의 용이
② 재료의 운반
③ 작업원의 통로
④ 작업 발판의 역할

2.3 비계의 종류

(1) 비계의 분류

✿ 재료별 분류 산업 기사
✿ 매는 형식별 종류 산업 기사
✿ 외부비계 종류 산업 기사

① 재료별 분류	통나무비계, 파이프비계(단관, 틀)	
② 공법별 분류	외줄비계, 겹비계, 쌍줄비계, 틀비계, 달비계	
③ 용도별 분류	외부비계	외줄비계, 겹비계, 쌍줄비계, 달비계
	내부비계	수평비계, 말비계(우마)

(2) 비계의 명칭

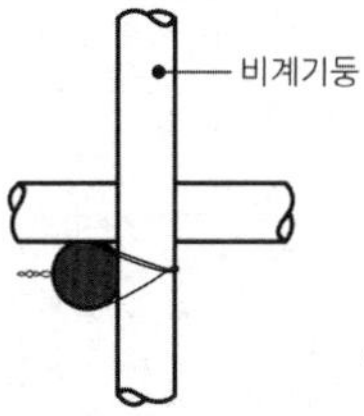

[외줄비계]

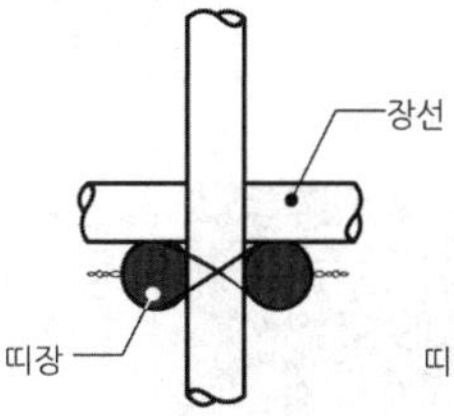

[겹비계]

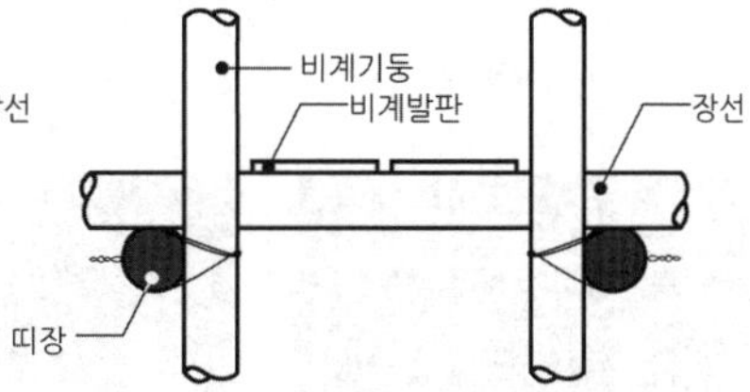

[쌍줄비계]

2.4 용도별 비계 분류

(1) 외부비계

① 외줄비계	설치가 비교적 간단하고 경미한 외부공사에 사용
② 겹비계	하나의 기둥에 2개의 띠장(띳장)을 걸치고, 그 위에 장선을 설치
③ 쌍줄비계	본비계라고도 하며, 고층건물의 중량물공사에 사용
④ 달비계	건물에 고정된 보나 지지대에 와이어로 달아맨 비계로 외부수리, 치장공사, 마감 청소 등에 사용

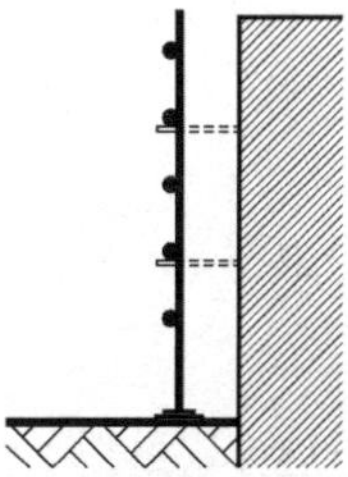

[외줄비계]

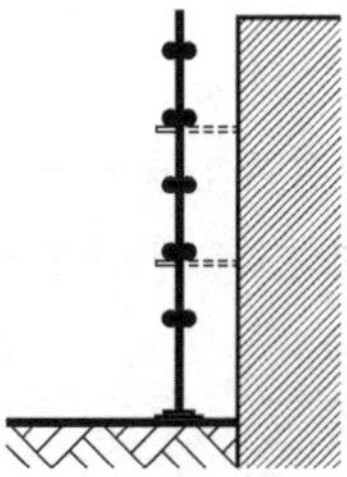

[겹비계]

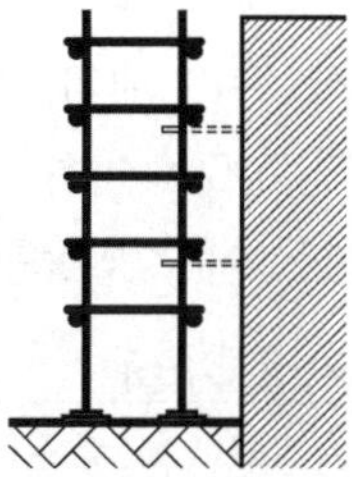

[쌍줄비계]

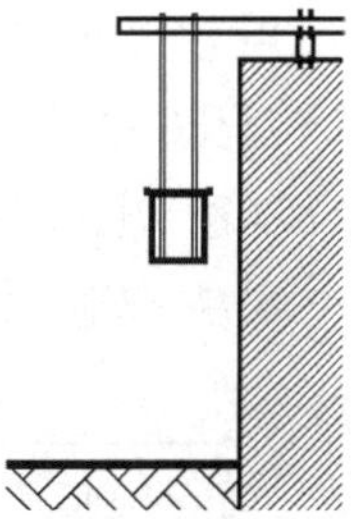

[달비계]

(2) 내부비계

① 수평비계	틀을 짜 대고, 그 위에 선반을 설치하여 넓은 작업면을 확보
② 말비계(우마)	이동이 간편한 발돋움용 소형 비계로 주로 실내에서 사용

[수평비계]

[말비계]

학습 POINT

✿ 비계 구성품 명칭 산업

✿ 외부비계별 특징 산업 기사

✿ 달비계 설명 기사

✿ 내부비계별 특징 산업 기사

✿ 수평비계 설명 기사

2.5 재료별 비계 분류

통나무비계	파이프비계	
	단관비계	강관틀비계
		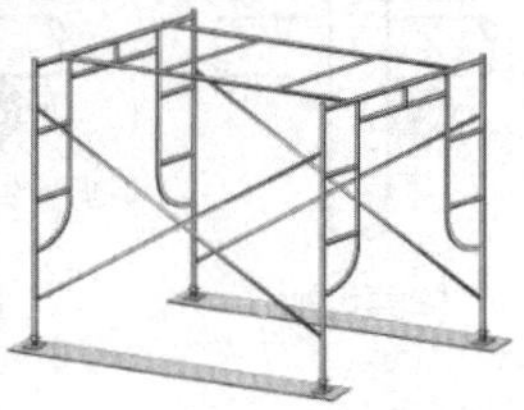

(1) 통나무비계

① 재료: 낙엽송, 삼나무

직경 10 ~ 12cm 이내, 끝마무리 지름 4.5cm, 길이 720cm

② 결속선: 철선 #8 ~ #10, 아연도금 #16 ~ #18

③ 간격

- 비계기둥: 1.5 ~ 1.8m
- 띠장(띳장), 장선: 1.5m(지상에서 1띠장까지는 2 ~ 3m 이하)
- 가새: 수평 간격 14m 내외, 45° 각도
- 벽체 연결: 수직 5.5m 이하, 수평 7.5m 이하
- 하부 고정: 60cm 이상 밑둥묻힘 또는 밑둥잡이로 고정

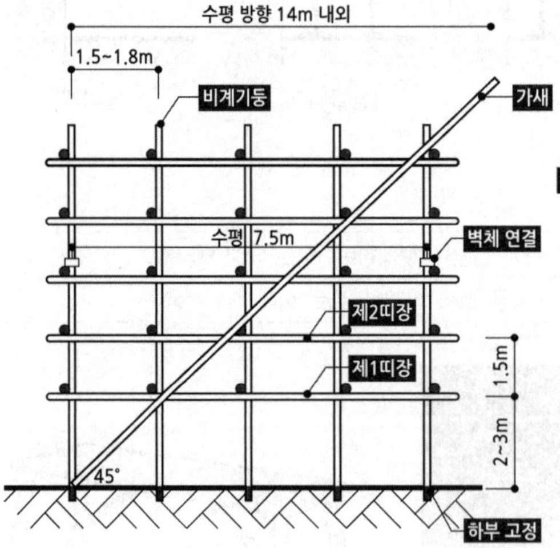

[정면]

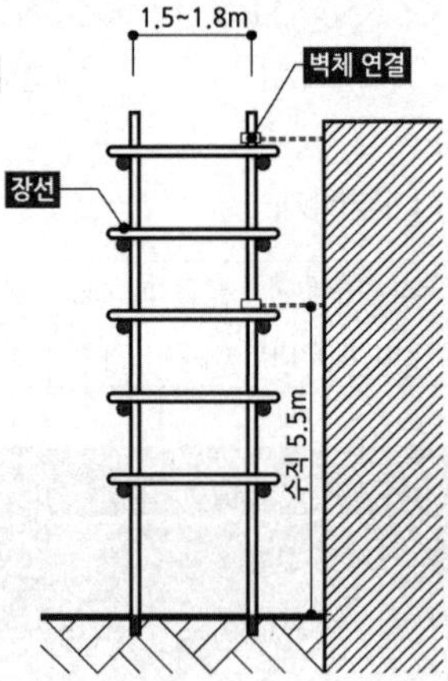

[측면]

학습 POINT

✿ 비계용 통나무는 직경 10 ~ 12cm 이내, 끝마무리 지름 4.5cm, 길이 (720cm) 정도의 (낙엽송), 삼나무를 사용한다. 결속선은 철선 #(8) ~ #(10)을 달구어 쓴다. 산업

✿ 통나무비계는 수직 방향 (5.5m) 이하, 수평 방향 (7.5m) 이하의 간격으로 건축물의 구조체에 연결하고, 가새는 수평 간격 (14m) 내외, 각도는 (45°)로 걸쳐 대어 비계기둥에 결속한다. 기사

④ 비계발판
- 3.6cm× 25cm 단면, 길이 3.6m의 널재나 구멍철판을 사용
- 설치는 장선에서 20cm 이하 내밀고 30cm 이상 겹치며, 널 사이는 3cm 이하로 하여 비계 장선에 고정

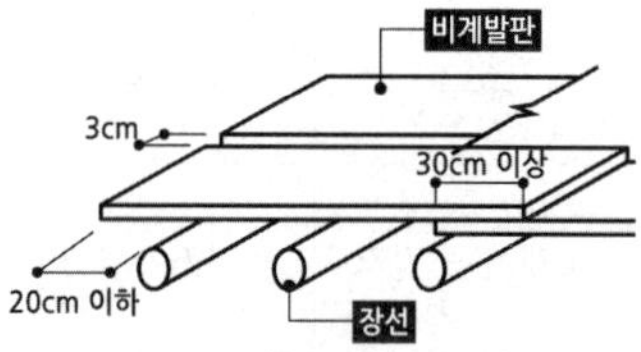

[비계발판]

(2) 단관파이프비계

① 비계기둥 간격
- 보(간사이) 방향: 0.9 ~ 1.5m
- 띠장(도리) 방향: 1.5 ~ 1.8m

② 띠장, 장선: 1.5m
(지상에서 1띠장까지 2m 이하)

③ 가새: 수평 간격 15m 내외,
45° 각도

④ 구조체와 연결 간격
- 수직 5m 내외
- 수평 5m 이하

⑤ 하중한도
- 기둥 1본의 하중 700kg 이내
- 기둥 사이의 적재하중 400kg 이내

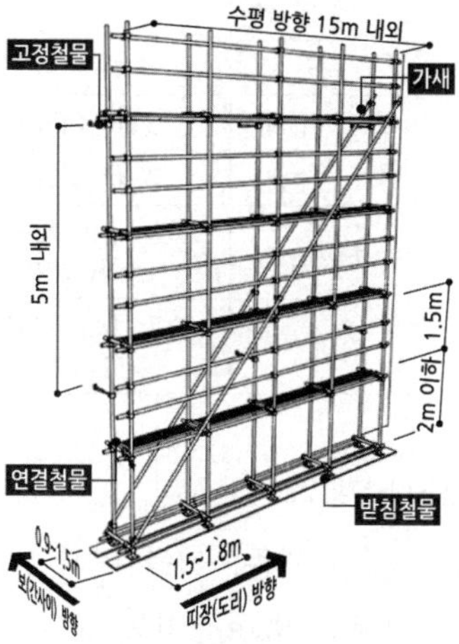

[단관비계]

(3) 강관틀비계

① 높이: 최고 높이 40m 이내
높이 20m 초과, 중량작업을 하는 경우 내력상 중요한 틀의 높이를 2m 이하, 주틀의 간격 1.8m 이하

② 구조체와 연결 간격
- 수직 6m 이내
- 수평 8m 이내

③ 하중한도
- 기둥 1개당 하중한도 24.5kN (약 2,500kg)
- 주틀 간격 1.8m: 기둥 사이의 하중한도 4kN(약 400kg)
- 주틀 간격 1.8m 이내: 역비율로 하중한도 증가

④ 중요 부품: 띠장(수평)틀, 세로틀, 교차가새

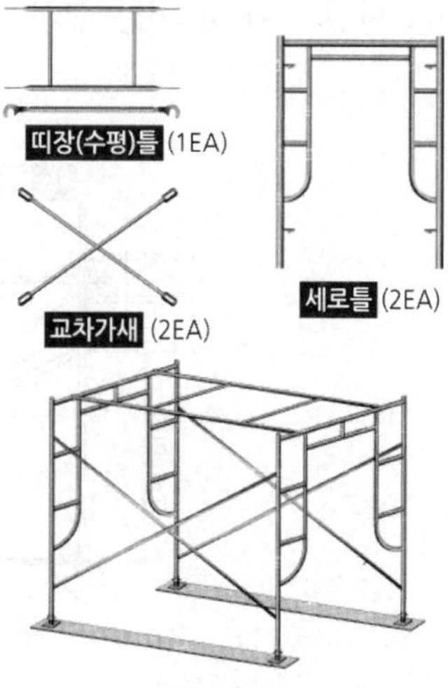

[강관틀비계]

학습 POINT

✿ 가설공사 시 단관 비계기둥의 간격은 (1.5 ~ 1.8m)이고, 간사이 방향으로 (0.9 ~ 1.5m)로 한다. 가새의 수평 간격은 (15m) 내외로 하고, 각도는 (45°)로 걸쳐 대고, 비계기둥에 결속한다. 띠장의 간격은 (1.5m) 내외로 하고, 지상 제1띠장은 지상에서 (2m) 이하의 위치에 설치한다. 기사

✿ 주틀의 간격이 1.8m일 경우에는 주틀 사이의 하중한도는 (4)kN으로 하고, 주틀의 간격이 1.8m 이내일 경우에는 그 역비율로 하중한도를 증가할 수 있다. 높이가 (20)m를 초과하는 경우 또는 중량 작업을 하는 경우에는 내력벽상 중요한 틀의 높이를 (2)m 이하로 한다. 산업

- 1kN = 101.97kW

✿ 강관틀비계 중요 부품 산업 기사

학습 POINT

✿비계다리는 너비 (90cm) 이상, 경사는 (30°) 이하를 표준으로 하되, 되돌음 또는 참을 (7m) 이내마다 설치하고, 높이 (90cm) 이상의 난간 손스침을 설치한다. 산업

(4) 재료별 비계 비교 정리

구분		통나무비계	파이프비계	
			단관비계	강관틀비계
비계기둥 간격		1.5 ~ 1.8m	띠장 방향: 1.5 ~ 1.8m 보 방향: 0.9 ~ 1.5m	틀 높이: 2m 이하 틀 간격: 1.8m 이내 (높이 20m 초과, 중량작업 시)
띠장, 장선		1.5m 제1띠장: 2 ~ 3m	1.5m 제1띠장: 2m 이하	최고 높이 제한: 40m
하부 고정		60cm 밑둥묻힘	받침철물	받침철물
하중	기둥 1본	–	700kg	2,500kg
	기둥 사이	–	400kg(기둥 간격1.8m)	400kg(틀 간격1.8m)
벽체 연결	수직	5.5m 이하	5m 내외	6m
	수평	7.5m 이하	5m 이하	8m
결속재		#8 ~ #10 철선 #16 ~ #18 아연도금	결속철물 (클램프, 커플러)	연결철물(연결핀)
가새		수평 14m 내외 각도 45°	수평 15m 내외 각도 45°	교차가새

(5) 비계다리

① 설치 기준: 건물 면적 1,600m^2당 1개소

② 너비: 90cm 이상

③ 경사: 17 ~ 30° 이하

④ 미끄럼막이대(1.5cm×3cm 각재): 30cm 간격으로 고정

⑤ 되돌음, 참 높이: 각 층마다 혹은 층의 구분이 없으면 7m 이내마다 설치

⑥ 난간: 90cm 이상 설치, 45cm에 중간대

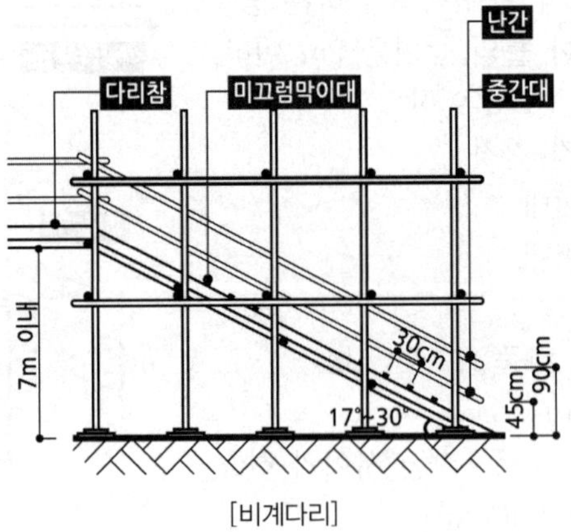

[비계다리]

2.6 파이프비계 부속철물

(1) 부속철물

구분		부속철물 유형	부속철물 명칭
단관 파이프비계	연결	**마찰형, 전단형, 조임형**	직선커플러
	결속	직교형, 자재형	**커플러(직교형, 자재형)** 클램프(고정형, 자유형)
	받침	**고정형, 조절형**	**베이스 플레이트**
	벽 고정	–	버팀대
강관틀 파이프비계	연결	–	연결핀
	받침	**고정형, 조절형**, 이동형	베이스 플레이트, 캐스터
	벽 고정	–	버팀대

(2) 단관비계 및 강관틀비계 구성

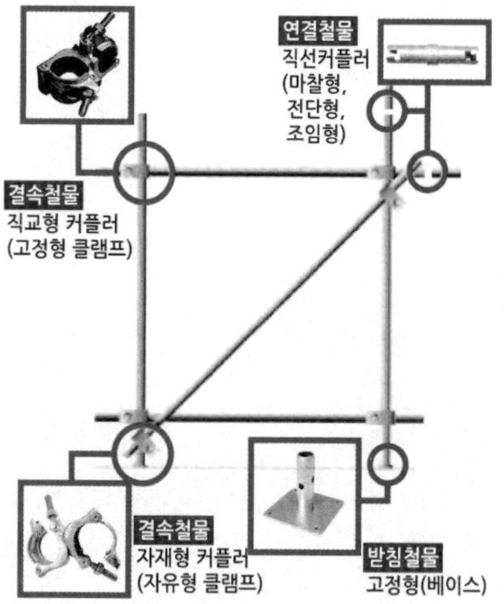

[단관비계]

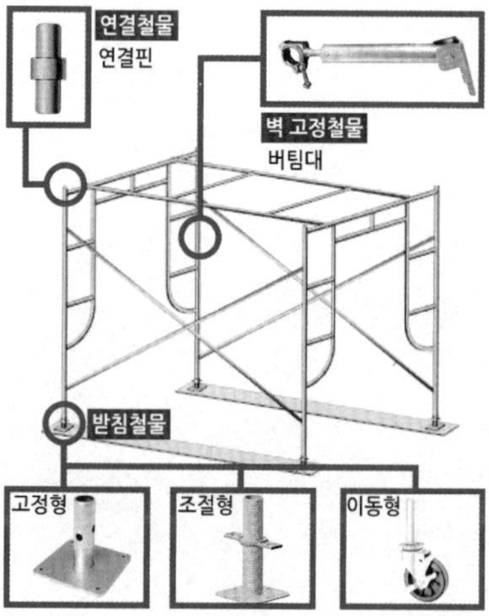

[강관틀비계]

2.7 비계의 설치 순서

1. 통나무비계 시공 순서	**① 현장 반입 → ② 비계기둥 → ③ 띠장 → ④ 가새 → ⑤ 장선 → ⑥ 발판**
2. 단관비계 시공 순서	① 현장 반입 → ② 바닥 고르기 → ③ 베이스 플레이트 → ④ 비계기둥 → ⑤ 띠장 → ⑥ 가새 → ⑦ 장선 → ⑧ 발판 설치 → ⑨ 구조체와 연결(버팀대)

학습 POINT

✿단관비계 부속철물 산업 기사

✿단관비계 연결철물 유형 기사

✿파이프비계의 연결철물의 종류는 (마찰형), (전단형)이 있으며, 베이스철물 종류는 (고정형), (조절형)이 있다. 산업

✿비계 설치 순서 산업 기사

학습 POINT

- 낙하물 방지시설의 종류 기사

2.8 낙하물 방지시설

구분	특징
낙하물 방지망	공사 중 공사장 주변에 건축재가 비산되는 것을 막기 위해 설치하는 안전시설재
안전방망	엘리베이터 홀 내부 및 구조체 외부, 철골구조물 하부 등과 같이 작업 중 추락의 위험이 있는 곳에는 안전방망을 설치
방호선반	주출입구 및 리프트 출입구 상부에 설치하는 안전선반
투하설비	물체를 투하하는 위치에 비산을 방지하기 위한 투하설비 설치

chapter 01

연습문제

01 높아서 손이 닿지 않아 작업하기 어려울 때 필요한 면적을 확보한 가설물을 무엇이라 하는가? [2점]

____

02 비계공사의 달비계에 대하여 간단히 설명하시오. [2점]

____

____

03 가설공사 중 통나무비계에 관한 시공 순서를 〈보기〉에서 골라 번호로 나열하시오. [3점]

보기

① 장선	② 비계기둥	③ 발판
④ 가새 및 버팀대	⑤ 띠장	⑥ 재료 현장 반입

____

04 비계에 대한 분류이다. 알맞은 용어를 쓰시오. [5점]

비계를 재료면에서 분류하면 (①), (②)로 나눌 수 있고, 비계를 매는 형식면에서 분류하면 (③), (④), (⑤)로 나눌 수 있다.

① ________ ② ________ ③ ________

④ ________ ⑤ ________

05 시멘트의 창고 저장 시 저장 및 관리 방법에 대하여 4가지 서술하시오. [4점]

① ______________________________

② ______________________________

③ ______________________________

④ ______________________________

해답

01

비계

02

건물에 고정된 보나 지지대에 와이어로 달아맨 비계로 외부수리, 치장공사, 마감청소 등에 사용한다.

03

⑥ → ② → ⑤ → ④ → ① → ③

04

① 통나무비계
② 파이프비계
③ 외줄비계
④ 겹비계
⑤ 쌍줄비계

05

① 쌓기 포대 수는 13포대 이하로 보관
② 방습상 지면에서 30cm 이상 띄우고 방습 처리
③ 출입구 이외의 개구부는 설치하지 않으며, 반입구·반출구는 따로 낸다.
④ 창고 주위에 배수도랑을 설치하여 우수 침입을 방지

해답

06
① 통나무비계
② 단관파이프비계
③ 강관틀비계
• 달비계

07
① (나) ② (가)
③ (다) ④ (라)
⑤ (바) ⑥ (마)

08
① 비계기둥
② 장선
③ 띠장
④ 비계발판

09
① 연결철물
② 결속철물
③ 받침철물

10
① 마찰형
② 전단형
③ 조임형

06 재료에 따른 비계의 종류 3가지를 나열하시오. [3점]

① ______ ② ______ ③ ______

07 다음 비계의 용도와 서로 관련 있는 것끼리 번호로 연결하시오. [3점]

① 외줄비계	(가) 고층건물 외벽의 중량의 마감공사
② 쌍줄비계	(나) 설치가 비교적 간단하고 외부공사에 이용
③ 틀비계	(다) 40m 이하의 높이로 현장 조립이 용이
④ 달비계	(라) 외벽의 청소 및 마감공사에 많이 이용
⑤ 말비계(발돋움)	(마) 내부 천장공사에 많이 이용
⑥ 수평비계	(바) 이동이 용이하며, 높지 않은 간단한 내부공사

① ______ ② ______ ③ ______
④ ______ ⑤ ______ ⑥ ______

08 다음 그림과 같은 통나무비계의 명칭을 쓰시오. [4점]

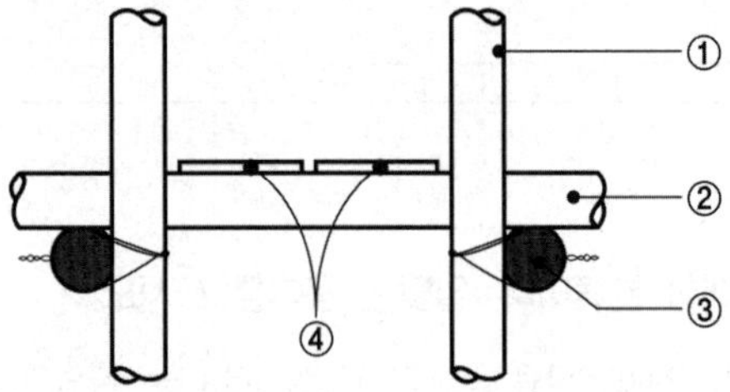

① ______ ② ______
③ ______ ④ ______

09 단관파이프비계 설치 시 필요한 부속철물 3가지를 쓰시오. [3점]

① ______ ② ______ ③ ______

10 파이프비계의 연결철물 종류 3가지를 쓰시오. [3점]

① ______ ② ______ ③ ______

11 다음에 설명하는 비계 명칭을 쓰시오. [3점]

① 건물 구조체가 완성된 다음에 외부수리에 쓰이며, 구체에서 형강재를 내밀어 로프로 작업대를 고정한 비계
② 도장공사, 기타 간단한 작업을 할 때 건물 외부에 한 줄 기둥을 세우고, 멍에를 기둥 안팎에 매어 발판이 없이 발디딤을 할 수 있는 비계
③ 철관을 미리 사다리꼴 또는 우물정자(井) 모양으로 만들어 현장에서 짜 맞추는 비계

① ______ ② ______ ③ ______

12 다음은 파이프비계에 사용하는 부속철물에 관한 설명이다. ( ) 안에 알맞은 용어를 쓰시오. [4점]

파이프비계의 이음철물 종류는 (①), (②)이 있으며, 베이스철물 종류는 (③), (④)이 있다.

① ______ ② ______
③ ______ ④ ______

13 단관파이프비계의 부속재료명 3가지를 쓰시오. [3점]

① ______ ② ______ ③ ______

14 다음 ( ) 안의 물음에 해당하는 답을 쓰시오. [3점]

(가) 가설공사 중에서 강관 비계기둥의 간격은 띠장 방향으로 (①)이고, 간사이 방향으로 (②)로 한다.
(나) 가새의 수평 간격은 (③) 내외로 하고, 각도는 (④)로 걸쳐 대고, 비계기둥에 결속한다.
(다) 띠장의 간격은 (⑤) 내외로 하고, 지상 제1띠장은 지상에서 (⑥) 이하의 위치에 설치한다.

① ______ ② ______
③ ______ ④ ______
⑤ ______ ⑥ ______

해답

11
① 달비계
② 겹비계
③ 강관틀비계

12
① 마찰형
② 전단형
③ 고정형
④ 조절형

13
① 직선 커플러
② 자재형 커플러
③ 베이스 플레이트

14
① 1.5 ~ 1.8m
② 0.9 ~ 1.5m
③ 15m
④ 45°
⑤ 1.5m
⑥ 2m

해답

15
① 5.5m
② 7.5m
③ 14m
④ 45°

16
① 720cm
② 낙엽송
③ 8
④ 10

17
① 90cm
② 30°
③ 7m
④ 90cm

18
① 띠장(수평)틀
② 세로틀
③ 교차가새

15 다음 (　　) 안에 알맞은 말을 쓰시오. [4점]

(가) 통나무비계의 벽체 연결은 수직 방향으로 (①) 이하로 하고, 수평 방향은 (②) 이하의 간격으로 연결한다.

(나) 가새는 수평 간격 (③) 내외의 각도 (④)로 걸쳐 대어 비계기둥에 결속한다.

① ______________ ② ______________

③ ______________ ④ ______________

16 다음은 통나무비계에 대한 설명이다. (　　) 안을 채우시오. [4점]

비계용 통나무는 직경 10 ~ 12cm 이내, 끝마무리 지름 4.5cm, 길이 (①)cm 정도의 (②), 삼나무를 사용한다. 결속선은 철선 #(③) ~ #(④)을 달구어 쓴다.

① ______________ ② ______________

③ ______________ ④ ______________

17 다음 (　　) 안에 소요규격과 단위를 써넣으시오. [4점]

비계다리는 너비 (①) 이상, 경사는 (②) 이하를 표준으로 하되, 되돌음 또는 참을 (③) 이내마다 설치하고, 높이 (④) 이상의 난간 손스침을 설치한다.

① ______________ ② ______________

③ ______________ ④ ______________

18 실내시공에서 간단히 조립될 수 있는 강관틀비계의 중요 부품 3가지를 쓰시오. [3점]

① ____________ ② ____________ ③ ____________

chapter
02 조적공사

01 벽체의 종류

구분	특징
내력벽	벽체, 바닥, 지붕 등의 하중을 받아 기초에 전달하는 벽
장막벽	상부의 하중을 받지 않고 자체 하중만을 받는 벽(비내력벽, 칸막이벽)
중공벽 (공간벽)	외벽에 **방음, 방습, 단열** 등의 목적으로 벽체의 중간에 공간을 두어 이중으로 쌓는 벽(공간벽)

※ 벽량: 내력벽 길이의 합계를 그 층의 바닥면적으로 나눈 값으로 단위 바닥면적에 대한 벽 길이의 비율

02 벽돌공사

2.1 벽돌의 종류

구분	특징 및 종류
보통벽돌	• 점토에 모래를 섞어 성형 소성한 벽돌 • 붉은벽돌(소성벽돌), 시멘트벽돌 등
내화벽돌	• 내화점토를 사용하여 고온에서 소성한 벽돌 • SK등급: 내화도를 나타내며, 소성온도에 맞춰 **제게르콘**이 연화 용융점에 의해 녹는 상태에 따라 번호가 매겨짐
이형벽돌	• 보통벽돌과 형상 및 치수가 다른 특수한 형태의 벽돌 • 원형벽돌, 아치벽돌, 둥근모벽돌 등
경량벽돌	• 톱밥 등을 혼합하여 만든 벽돌로, 경량화 및 단열 목적에 사용 • 공동벽돌, 다공벽돌 등
포도벽돌	• 경질벽돌로 도로의 포장이나 바닥용으로 사용
신더벽돌	• 석탄재와 시멘트로 만든 벽돌
광재벽돌	• 광재를 주원료로 만든 벽돌

2.2 벽돌의 규격

구분	길이	너비	두께
표준형	190mm	90mm	57mm
재래형(기존형)	210mm	100mm	60mm
내화벽돌	230mm	114mm	65mm
허용오차	±3mm	±3mm	±4mm

학습 POINT

산업 실내건축산업기사 시공실무 출제
기사 실내건축기사 시공실무 출제

✿ 내력벽, 장막벽, 중공벽 용어 설명 산업 기사
✿ 중공벽(공간벽) 목적 산업 기사

✿ 벽량 용어 설명 기사

✿ 점토벽돌의 종류 산업 기사
• 벽돌 구성

✿ 내화벽돌 SK 의미 산업
✿ 제게르콘 용어 설명 기사

✿ 벽돌의 종류별 치수 산업 기사
• 벽돌쌓기의 두께

구분	표준형	재래형
0.5B	90	100
1.0B	190	210
1.5B	290	320
2.0B	390	430

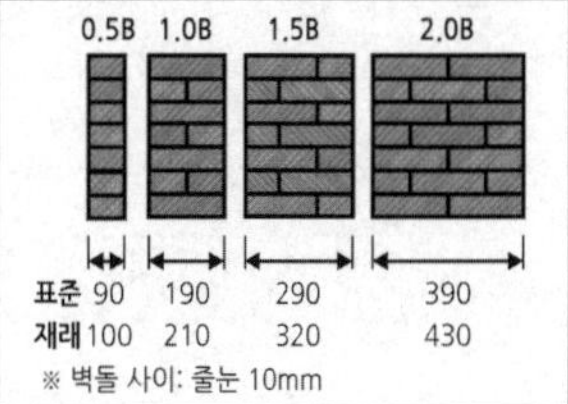

2.3 벽돌의 마름질

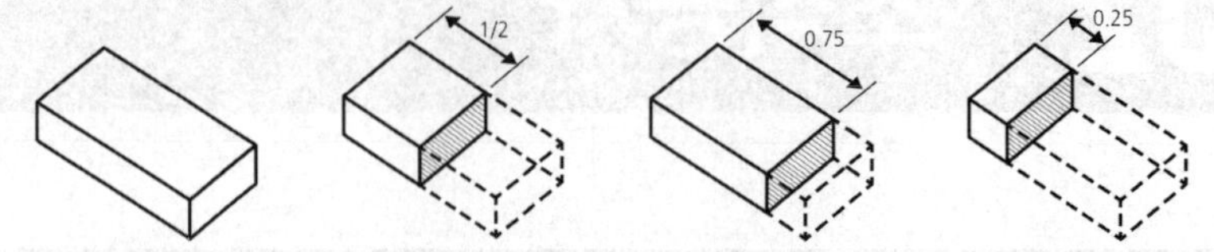

[온장] [반토막] [칠오토막] [이오토막]

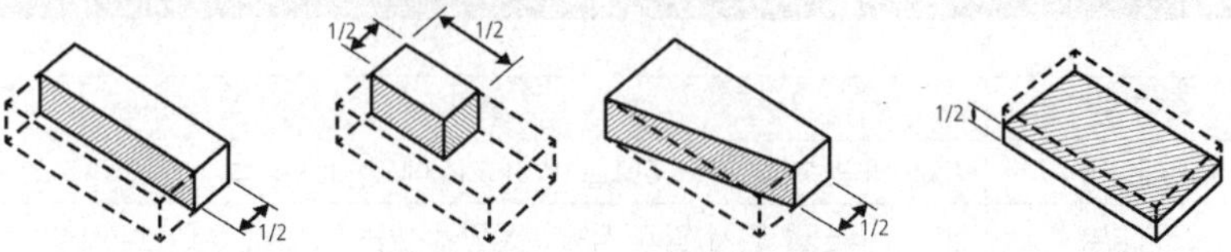

[반절] [반반절] [경사반절] [반격지]

2.4 모르타르 및 줄눈

(1) 모르타르

① 시멘트와 모래를 용적배합하여 물을 부어 사용하며, 굳은 후에는 벽돌 강도 이상이 되는 것을 원칙으로 한다.

② 시멘트의 응결은 가수 후 1시간부터 시작되므로 배합 후 1시간 이내에 사용한다.

③ 모르타르 배합비(시멘트 : 모래)

조적용	아치쌓기	치장줄눈
1:3	1:2	1:1

(2) 줄눈

① 벽돌과 벽돌 사이의 모르타르 부분을 줄눈이라고 한다.

② 줄눈 두께는 일반벽돌은 10mm, 내화벽돌은 6mm를 표준으로 한다.

③ 조적조의 줄눈은 응력분산을 위해 막힌줄눈을 원칙으로 한다.

(3) 치장줄눈

① 치장줄눈의 형태

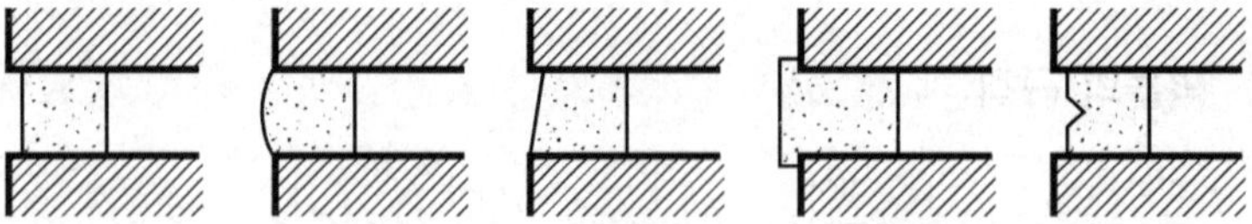

[평줄눈] [볼록줄눈] [빗줄눈] [내민줄눈] [홈줄눈]

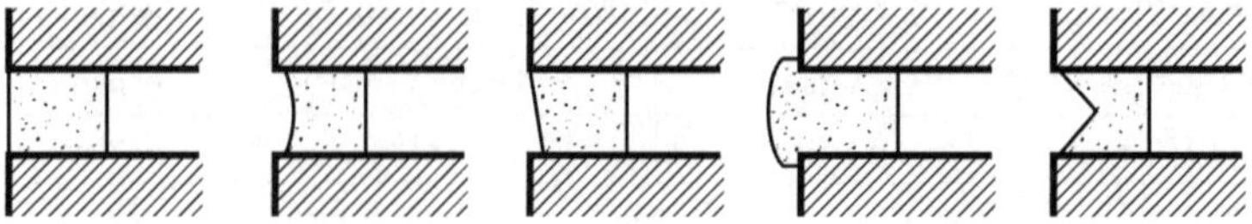

[민줄눈] [오목줄눈] [엇빗줄눈] [둥근내민줄눈] [줄쌔기줄눈]

학습 POINT

✿벽돌 마름질의 종류 산업 기사
✿벽돌 마름질 그림 맞추기 산업

✿모르타르 배합비 산업 기사
• 막힌줄눈과 통줄눈

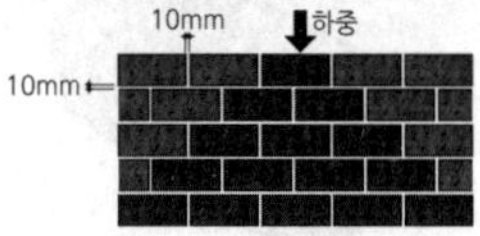

[막힌줄눈]

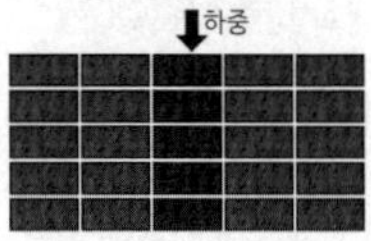

[통줄눈]

✿치장줄눈 종류 산업 기사
✿치장줄눈 그림 맞추기 산업 기사
✿치장줄눈 그림 그리기 산업 기사

학습 POINT

✿ 치장줄눈의 특징 및 의장성 기사

② 치장줄눈의 용도 및 의장성

구분	용도	의장성
평줄눈	벽돌의 형태가 고르지 않을 경우	질감(texture)의 거침
민줄눈	형태가 고르고 깨끗한 벽돌	깨끗한 질감, 일반적인 형태
빗줄눈	색조의 변화가 많은 경우	벽면의 음영 차, 질감 강조
볼록줄눈	면이 깨끗하고 반듯한 벽돌	순하고 부드러운 느낌, 여성스러운 선의 느낌, 볼륨감
오목줄눈	면이 깨끗한 벽돌	약한 음영 표시, 여성적 느낌, 평줄눈과 민줄눈의 중간효과
내민줄눈	벽면이 고르지 않을 경우	줄눈의 효과를 강조

2.5 벽돌쌓기법

✿ 벽돌쌓기의 종류 산업 기사
✿ 벽돌쌓기의 특징 산업 기사

(1) 나라별 벽돌쌓기법

구분	특징	비고
영식 쌓기	한 켜는 길이쌓기, 다음 켜는 마구리쌓기로 하며, 마구리켜의 모서리에 반절 또는 이오토막 사용	가장 튼튼한 형식, 내력벽에 사용
화란식 쌓기(네덜란드)	한 켜는 길이쌓기, 다음 켜는 마구리쌓기로 하며, 길이 켜의 모서리(끝 벽)에 칠오토막 사용	우리나라에서 가장 많이 사용
불식 쌓기(프랑스)	한 켜에 길이쌓기, 마구리쌓기로 번갈아 쌓는 방식	비내력벽, 치장용
미식 쌓기	전면에 5켜는 길이쌓기를 하고 다음 켜는 마구리쌓기로 하며, 본벽돌에 물리고 뒷면은 영식 쌓기	치장용

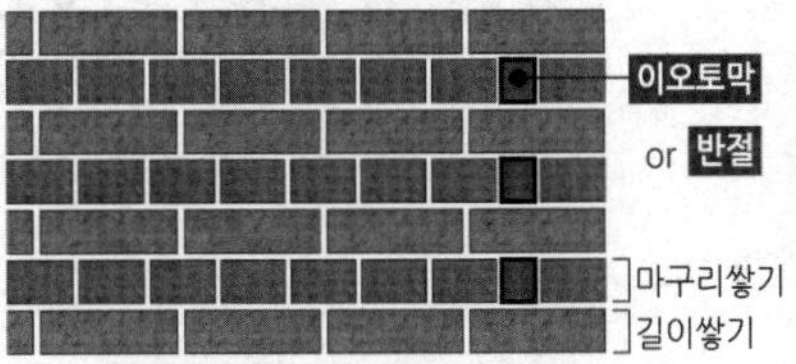

[영식 쌓기]

[화란식 쌓기]

[불식 쌓기]

[미식 쌓기]

✿ 기타 벽돌쌓기 용어 산업 기사

(2) 기타 벽돌쌓기

구분	특징	비고
마구리쌓기	마구리 면이 보이도록 벽돌을 쌓는 방법	두께 1.0B
길이쌓기	길이 면이 보이도록 벽돌을 쌓는 방법	두께 0.5B
길이세워쌓기	길이 면을 수직으로 세워 벽돌을 쌓는 방법	내력벽, 의장효과

구분		특징	비고
옆세워쌓기		마구리 면을 수직으로 세워 벽돌을 쌓는 방법	내력벽, 의장효과
장식쌓기	엇모쌓기	45° 각도로 모서리가 보이도록 벽돌을 쌓는 방법	치장용
	영롱쌓기	벽면에 벽돌을 비워 구멍을 두어 쌓는 방법	치장용

[길이쌓기]

[마구리쌓기]

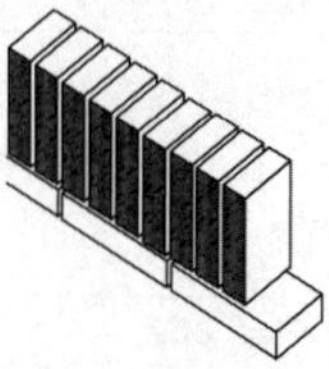
[길이세워쌓기]

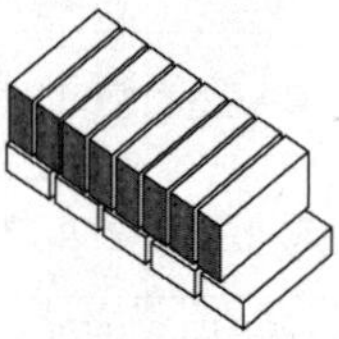
[옆세워쌓기]

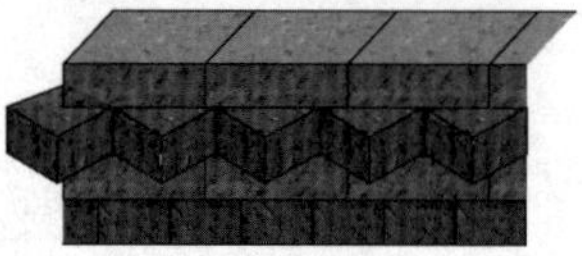
[엇모쌓기]

[영롱쌓기]

2.6 각부 벽돌쌓기

학습 POINT

✿공간쌓기 용어 설명 산업 기사

✿공간쌓기 목적 산업 기사

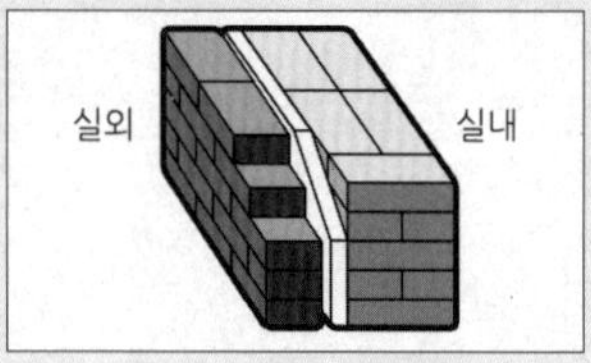

(1) 공간쌓기

① 공간쌓기: 외벽에 방음, 방습, 단열 등의 목적으로 벽체의 중간에 공간을 두어 이중으로 쌓는 벽

② 목적: 방음, 방습, 단열

③ 공간 너비: 50 ~ 100mm

④ 연결철물: 4.2mm 아연도금 철선, 6mm 철근 꺾쇠형

⑤ 철물 간격: 수직 40cm 이하(6켜), 수평 90cm 이하

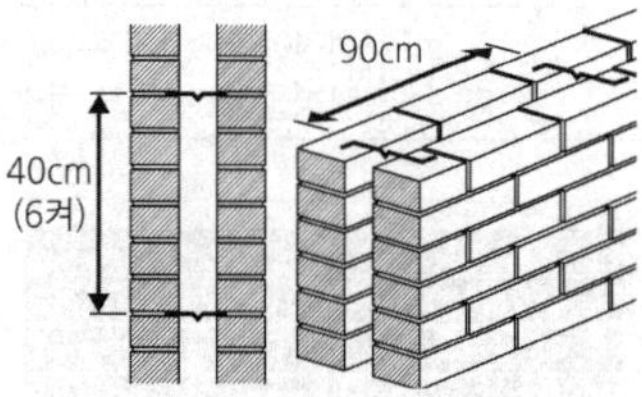

[공간쌓기]

✿기초쌓기 용어 설명 기사

(2) 기초쌓기

① 1/4B씩 한 켜 또는 두 켜씩 내들여 쌓는다.

② 기초 맨 밑의 너비는 벽두께의 2배 정도로 쌓는다.

③ 밑 켜는 길이쌓기로 한다.

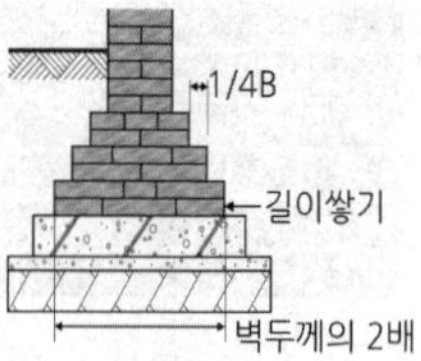

[기초쌓기]

✿내쌓기 용어 설명 기사

✿벽돌 벽면에서 내쌓기 할 때는 두 켜씩 (1/4)B 내쌓고, 한 켜씩 (1/8)B 내쌓기로 하며, 최대 (2.0)B 내쌓기 한다. 이때 내쌓기는 (마구리)쌓기로 하는 것이 강도상 · 시공상 유리하다. 기사

(3) 내쌓기

① 벽면에 마룻널 설치, 박공벽·수평띠 등의 모양을 내기 위해 벽면을 내쌓는 방법

② 한 켜씩 내밀 때는 1/8B, 두 켜씩 내밀 때는 1/4B 내쌓는다.

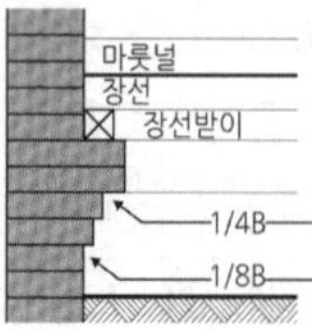

[마룻널 쌓기]

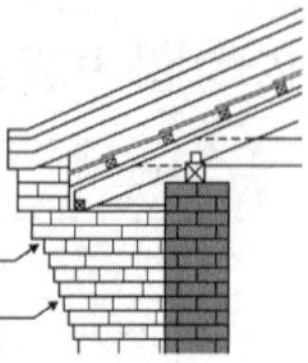
[박공벽 내쌓기]

③ 마구리쌓기로 하는 것이 강도상, 시공상 유리하다.
④ 최대 내쌓기의 한도는 2.0B로 한다.

(4) 벽체 개구부 및 홈파기

① 개구부 길이의 합계는 당해 벽길이의 1/2 이하로 한다.
② 개구부의 너비가 1.8m 이상일 경우 철근콘크리트 인방을 설치한다.
③ 개구부 상호 간 거리, 개구부와의 대린벽 중심과의 수평거리는 그 벽두께의 2배 이상으로 해야 한다.
④ 개구부 수직 간 거리는 60cm 이상이 되도록 한다.
⑤ 가로홈의 깊이는 벽두께의 1/3 이하, 길이는 3m 이하가 되도록 하며, 세로홈은 층고의 3/4 이하의 길이 홈을 설치 시 깊이는 벽두께의 1/3 이하로 한다.

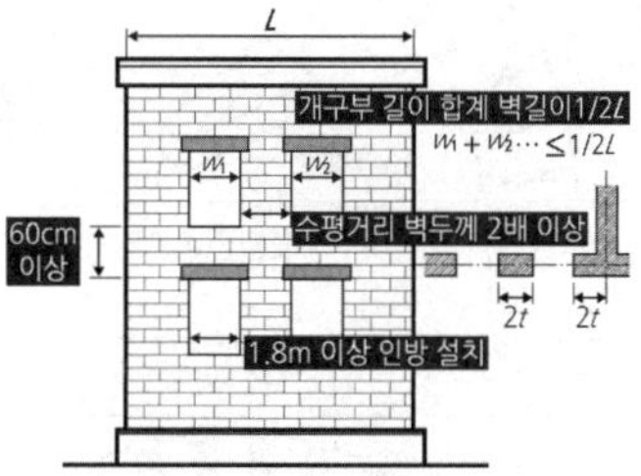

[벽체 개구부]

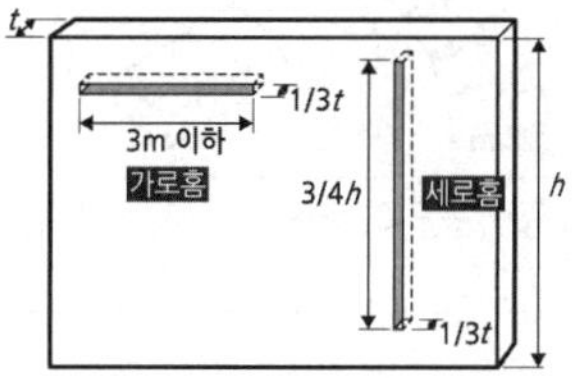

[벽체 홈파기]

(5) 창대쌓기

① 창대벽돌을 15° 내외로 경사지게 쌓는다.
② 창대벽돌의 앞 끝은 벽면에서 1/4 ~ 1/8B 정도로 내밀어 쌓는다.
③ 창대 밑에 15mm 들어가 물리게 한다.
④ 창틀 주위에 물이 스며들지 않도록 방수 모르타르를 틈새가 없게 시공하고 코킹(caulking) 처리한다.

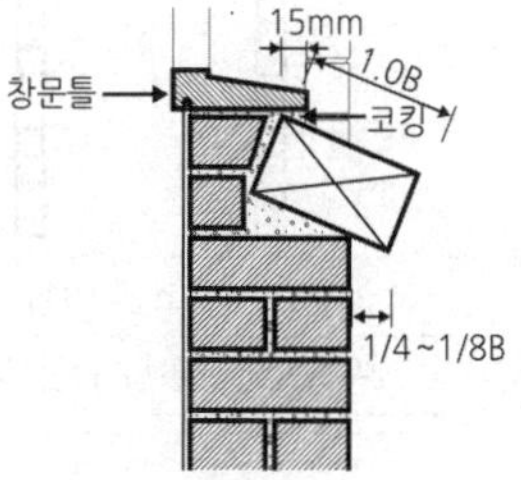

[창대쌓기]

(6) 아치(arch)쌓기

상부에서 오는 하중을 아치 축선에 따라 압축력으로 작용하도록 하고, 아치 하부에 인장력이 작용하지 않도록 하는데 이때 아치의 모든 줄눈은 원호 중심으로 모이도록 한다.

학습 POINT

✿개구부 설치 기준 산업 기사
✿홈파기 설치 기준 산업 기사

✿가로홈의 깊이는 벽두께의 (1/3) 이하로 하며, 가로홈 길이는 (3m) 이하로 한다. 세로홈의 길이는 층높이의 (3/4) 이하로 하며, 깊이는 벽두께의 (1/3) 이하로 한다. 산업

학습 POINT

✿아치공법 설명 산업 기사
벽돌을 주문제작한 것을 사용해서 쌓는 아치를 (본아치), 보통벽돌을 쐐기 모양으로 다듬어 쓴 것을 (막만든아치), 현장에서 보통벽돌을 써서 줄눈을 쐐기 모양으로 한 (거친아치), 아치 너비가 넓을 때에는 반장별로 층을 지어 겹쳐 쌓는 (층두리아치)가 있다.

✿아치 종류 산업 기사
• 본아치

• 거친아치

• 층두리아치

✿아치형태 및 의장효과 산업
• 반원아치(왼쪽)와 평아치

✿벽돌쌓기 시공 순서 산업 기사

① 아치의 공법별 종류

본아치	막만든아치
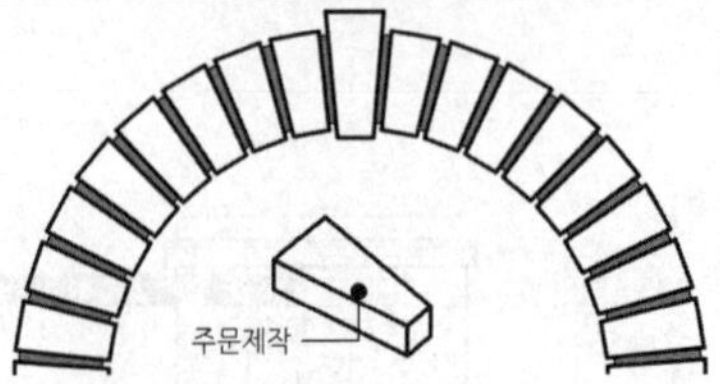	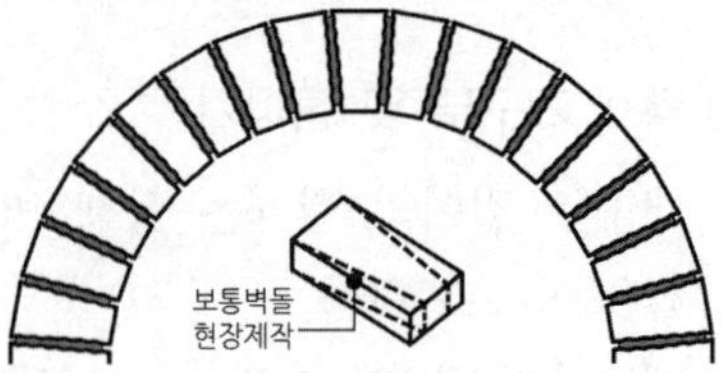
공장에서 특수한 형태로 주문제작한 벽돌로 쌓는 아치	보통벽돌을 현장에서 쐐기 모양으로 다듬어 쌓는 아치
거친아치	**층두리아치**
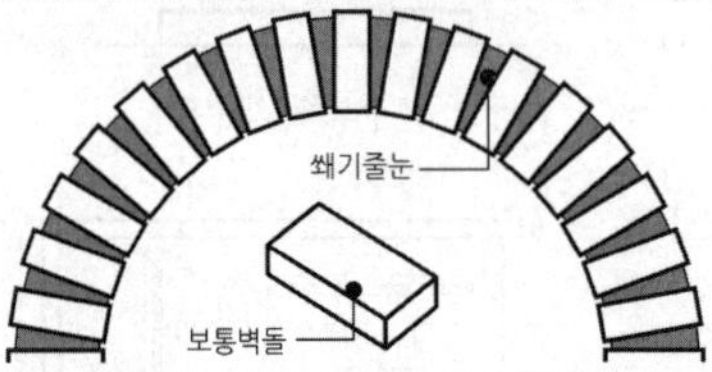	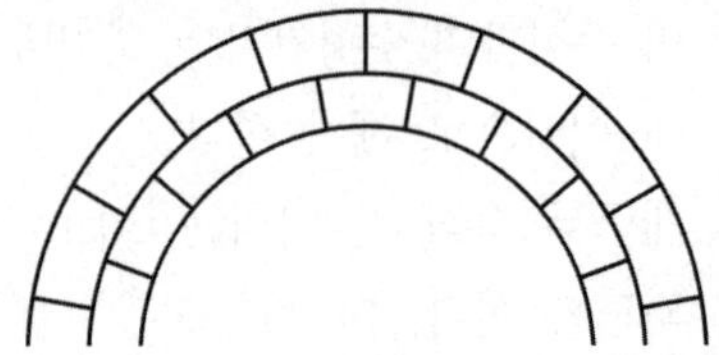
보통벽돌을 아치쌓기에 사용하여 줄눈이 쐐기 모양으로 쌓는 아치	아치 너비가 넓을 때 반장별로 층을 지어 겹쳐 쌓는 아치

② 아치의 형태 및 의장효과

반원아치(Roman or Semicircular Arch)	결원아치(Segmental Arch)

자연스러우며 우아한 느낌	변화감 조성
평아치(Jack or Flat Arch)	**고딕(첨두)아치(Gothic Arch)**

이질적인 분위기 연출	경쾌한 반면 엄숙한 분위기 연출

2.7 벽돌쌓기 시공

(1) 벽돌쌓기 순서

① 청소 → (② 벽돌 물축이기) → ③ 모르타르 건비빔 → (④ 세로규준틀 설치) → ⑤ 벽돌 나누기 → (⑥ 기준(규준)벽돌 쌓기) → ⑦ 수평실 치기 → (⑧ 중간부 쌓기) → ⑨ 줄눈 누르기 → (⑩ 줄눈 파기) → ⑪ 치장줄눈 → ⑫ 양생

- 세로규준틀의 기입사항
  - 쌓기 단수 및 줄눈의 표시
  - 창문틀 위치, 치수의 표시
  - 매립철물, 보강철물의 설치 위치
  - 인방보, 테두리보의 설치 위치
- 세로규준틀의 설치 위치
  - 건물 모서리
  - 교차부
  - 벽 중간(벽이 긴 경우)

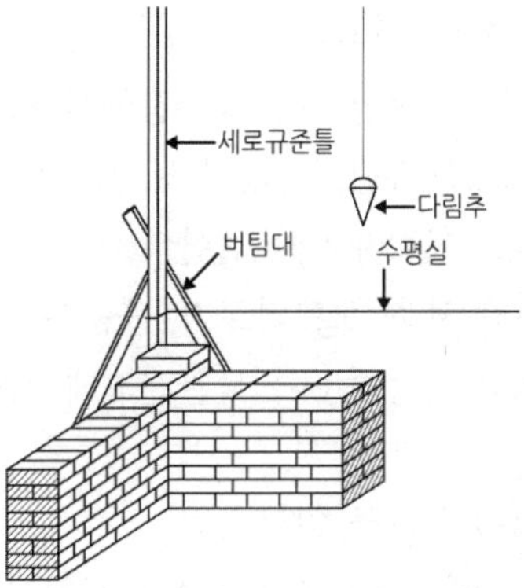

[벽돌쌓기 개념도]

(2) 벽돌쌓기의 주의사항

① 굳기 시작한 모르타르는 사용하지 않는다(가수 후 1시간 이내 사용).
② 벽돌을 쌓기 전에 충분한 물축임을 한다.
③ 하루에 쌓기 높이는 1.2~1.5m(18~22켜) 정도로 하며, 공간쌓기를 할 때는 3.6m 이하로 쌓는다.
④ 가로, 세로 줄눈의 너비는 10mm를 표준으로 하고, 세로줄눈은 통줄눈이 되지 않도록 쌓는다.
⑤ 도중에 쌓기를 중단할 때에는 벽 중간은 층단떼어쌓기, 벽 모서리는 켜거름들여쌓기로 한다.
⑥ 벽돌벽이 블록벽과 서로 직각으로 만날 때에는 연결철물을 만들어 블록 3단마다 보강하여 쌓는다.
⑦ 벽돌쌓기는 공사시방서에 정한 바가 없을 때에는 영식 쌓기 또는 화란식 쌓기로 한다.

2.8 벽돌벽의 하자 및 대책

(1) 벽돌벽의 균열

계획 설계상 미비로 인한 균열	시공상 결함으로 인한 균열
① 벽돌 벽체의 강도 부족 ② 건물의 평면, 입면의 불균형 및 불합리한 배치 ③ 기초의 부동침하 ④ 불균형한 하중 ⑤ 불합리한 개구부의 크기 및 배치의 불균형	① 벽돌 및 모르타르의 강도 부족 ② 재료의 신축성 ③ 다져 넣기의 부족 ④ 모르타르 바름의 들뜨기현상 ⑤ 이질재와의 접합부

(2) 백화현상

벽에 침투하는 빗물에 의해서 모르타르의 석회분이 공기 중의 탄산가스와 반응하여 벽돌 벽면에 흰가루가 생기는 현상

원인	대책
① 재료 및 시공의 불량 ② 모르타르 채워 넣기 부족으로 빗물 침투에 의한 화학반응(빗물+소석회+탄산가스)	① 소성이 잘된 양질의 벽돌을 사용한다. ② 벽돌 표면에 파라핀도료를 발라 염류 유출을 방지한다. ③ 줄눈에 방수제를 섞어 밀실 시공한다. ④ 빗물막이를 설치하여 물과의 접촉을 최소화시킨다.

학습 POINT

✿ 세로규준틀 기입사항 산업 기사

✿ 벽돌쌓기의 주의사항 산업 기사
✿ 벽돌 하루쌓기 높이 산업
✿ 하루의 쌓기 높이는 (1.2)m를 표준으로 하고, 최대 (1.5)m 이하로 한다. 가로 및 세로줄눈의 너비는 도면 또는 공사시방서에 정한 바가 없을 때에는 (10)mm를 표준으로 한다. 벽돌벽이 블록벽과 서로 직각으로 만날 때에는 연결철물을 만들어 블록 (3)단마다 보강하여 쌓는다. 산업
✿ 조적공사 시 가로, 세로줄눈의 너비는 (10)mm를 표준으로 한다. 세로줄눈은 통줄눈이 되지 않도록 하고, 도면 또는 공사시방서에 정한 바가 없을 때에는 (영식) 쌓기, (화란식) 쌓기로 한다. 기사
✿ 설계상 균열 원인 기사
✿ 시공상 균열 원인 기사
• 벽돌벽 균열

✿ 백화현상 용어 설명 산업 기사
✿ 백화현상 원인 및 대책 산업 기사
• 백화현상

학습 POINT

✿조적벽체 누수현상의 원인 기사

(3) 누수현상

① 조적방법이 불완전하게 시공되었을 때
② 물흘림, 물끊기 및 빗물막이의 불완전
③ 이질재와의 접합부
④ 사춤 모르타르가 불충분하게 시공되었을 때
⑤ 치장줄눈이 불완전하게 시공되었을 때

✿(수평)줄눈 아래에 방습층을 설치하며, 시방서가 없을 경우 현장을 관리감독하는 책임자에게 허락을 맡아 (액체 방수제)를 혼합한 모르타르를 (10)mm로 바른다. 기사

✿방습층 설치의 목적, 위치, 재료에 대해 기술 산업 기사

(4) 방습층 설치

수평줄눈 아래에 방습층을 설치하며, 시방서가 없을 경우 현장 관리 책임자에게 허락을 맡아 액체 방수제를 혼합한 모르타르를 10mm로 바른다.

① 목적	지중 습기가 벽체를 타고 상승하는 것을 막기 위해 방습층 설치
② 위치	지반과 마루 밑 또는 콘크리트 바닥 사이
③ 재료	방수 모르타르, 아스팔트 모르타르를 1 ~ 2cm 두께로 바름

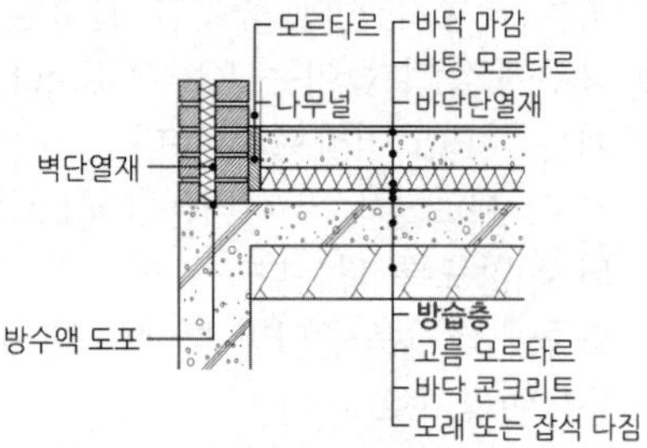

[바닥 부분 상세]

2.9 바닥벽돌 깔기법

✿바닥벽돌 깔기법의 종류 기사

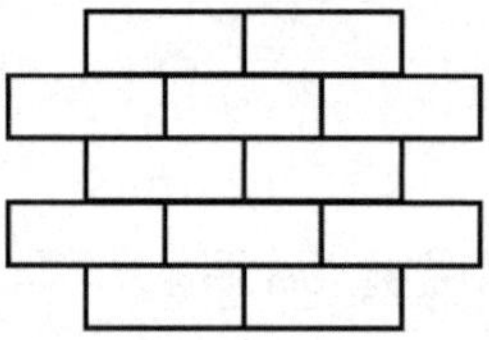
[평깔기]

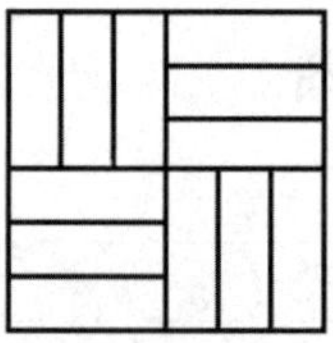
[엮세워깔기]

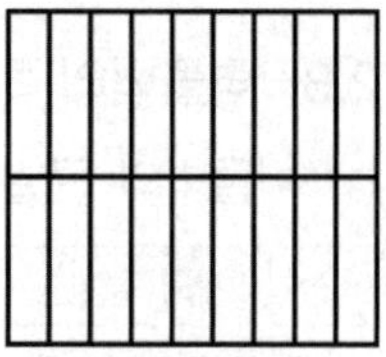
[반절깔기]

03 블록공사

3.1 블록벽의 종류

✿블록벽 용어 설명 산업 기사

(1) 블록장막벽

상부 하중을 받지 않는 칸막이벽에 블록을 쌓는 것

(2) 보강블록조

블록을 통줄눈으로 하여 중공부에 철근과 콘크리트를 부어 넣어 보강한 구조

(3) 거푸집블록조

블록으로 형틀을 만들고 그 속에 철근과 콘크리트를 채워 넣는 구조

3.2 블록의 치수

구분	치수[mm]			허용오차[mm]	
	길이	높이	두께	길이, 두께	높이
기본형 블록	390	190	100, 150, 190, 210	±2	±3
장려형 블록	290	190	100, 150 190		
이형 블록	길이, 높이, 두께의 최소치수를 90mm 이상으로 한다.				

3.3 블록의 명칭

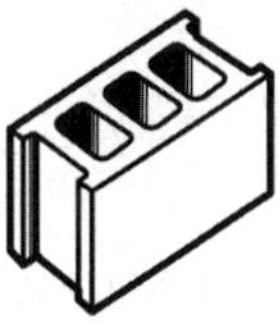
[기본블록]

[반블록]

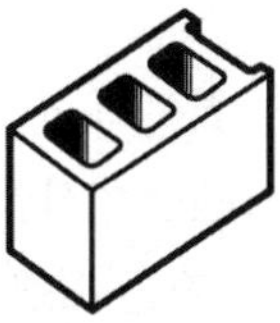
[한마구리평블록]

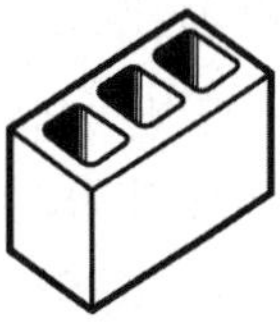
[양마구리블록]

[창대블록]

[인방블록]

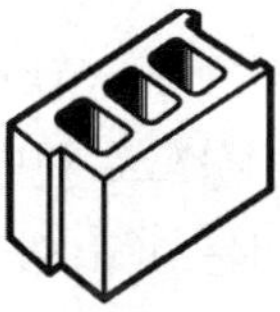
[창쌤블록]

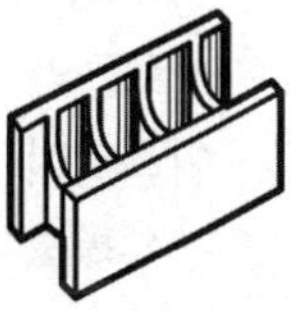
[가로배근용 블록]

3.4 이형블록의 종류 및 특징

구분	특징	위치
창대블록	창문틀 밑에 쌓는 블록	창문 아래
인방블록	문골 위에 쌓아 철근과 콘크리트를 다져 넣어 보강하는 U자형 블록	창문 위
창쌤블록	창문틀 옆에 창문이 잘 끼워지도록 만든 블록	창문 옆

3.5 블록쌓기

(1) 시공도 기입사항

① 블록 나누기, 블록의 종류

② 벽과 중심 간 치수

③ 창문틀 등 개구부의 안목치수

④ 철근의 삽입 및 이음 위치, 철근의 지름 및 개소

⑤ 나무벽돌, 앵커볼트, 급배수관, 전기배선관의 위치

학습 POINT

✿ 블록의 치수 산업 기사

• 블록의 구성

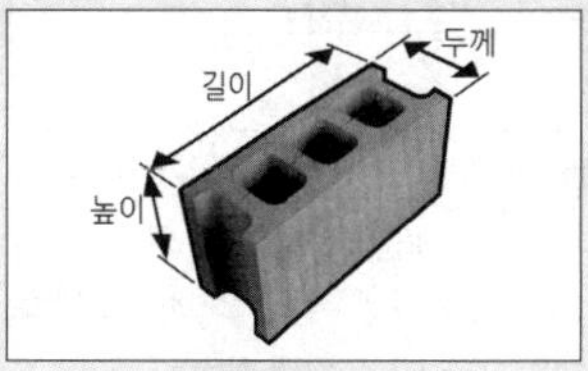

✿ 이형블록 사용 위치 산업 기사

✿ 인방블록 용어 설명 기사

✿ 시공도 기입사항 기사

(2) 블록쌓기의 주의사항

① 일반 블록쌓기는 막힌줄눈으로, 보강블록조는 통줄눈으로 한다.
② 블록의 모르타르 접촉면은 적당히 물축임을 한다.
③ 하루에 쌓는 높이는 1.2 ~ 1.5m(6 ~ 7켜) 정도로 한다.
④ 쌓기용 모르타르 배합비는 1:3(시멘트 : 모래) 정도를 사용한다.
⑤ 블록의 살 두께가 두꺼운 쪽이 위로 가게 쌓는다.

3.6 보강블록조

(1) 특징

블록을 통줄눈으로 하여 중공부에 철근을 대고 콘크리트를 채워 보강하는 구조를 말하며, 구조 형식이 튼튼하여 3 ~ 5층 정도까지 시공이 가능하다.

(2) 시공방법

① 일반적으로 줄눈은 철근의 배근이 용이하도록 통줄눈으로 시공한다.
② 내력벽의 두께는 15cm 이상이 되게 한다.
③ 세로근의 정착길이는 철근 직경(d)의 40배 이상이어야 하고, 기초보 하단에서 테두리보 상단까지 이어 대지 않고 배근하며, 철근 간격은 80cm 이내로 배치한다.
④ 가로근의 철근 간격은 60~80cm 정도로 하고, 가로근용 블록을 사용하며 이음길이는 25d 이상으로 한다. 모서리의 가로근은 세로근 바깥쪽으로 구부리고 정착길이는 40d 이상으로 한다.
⑤ 그라우트 및 모르타르의 세로 피복두께는 20mm 이상으로 한다.
⑥ 모서리, 교차부, 개구부 주위, 벽 끝은 반드시 세로철근 배근 및 사춤 모르타르로 한다.

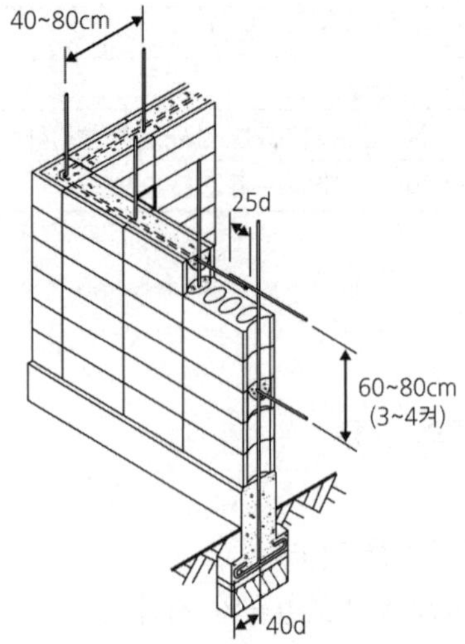

[보강블록조 시공]

학습 POINT

✿ 블록쌓기 주의사항 산업 기사

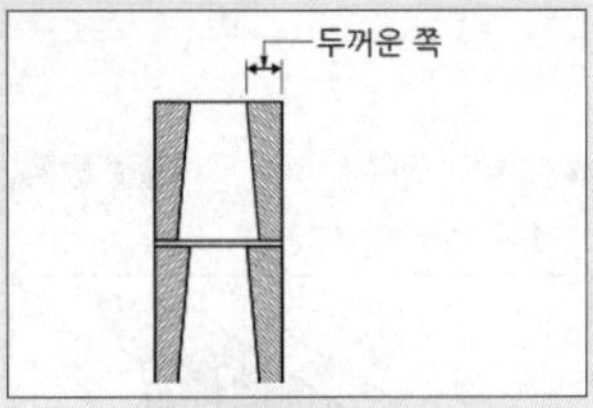

✿ 시멘트블록 쌓기에서 높이는 하루 최대 (1.5)m, (7)켜, (두꺼운) 쪽의 살이 위로 가게 하며, 쌓기용 모르타르 배합비는 (1 : 3)의 비율로 한다. 산업

✿ 보강블록조 특징 산업 기사

✿ 세로근의 정착길이는 철근 직경(d)의 (40)배 이상이어야 하고, 그라우트 및 모르타르 세로 피복 두께는 (20) mm 이상으로 한다. 기사

✿ 보강블록조 사춤 모르타르 및 세로 철근 부위 산업 기사

3.7 인방보와 테두리보

(1) 인방보

① 보강블록조의 가로근을 배근하는 것으로, 창호 상부에 설치하여 테두리보의 역할을 한다.

② 인방블록을 좌우 벽면에 20cm 이상 걸치고 철근의 정착길이는 40d 이상으로 하며, 인방보 상부의 벽은 균열이 생기지 않게 사춤한다.

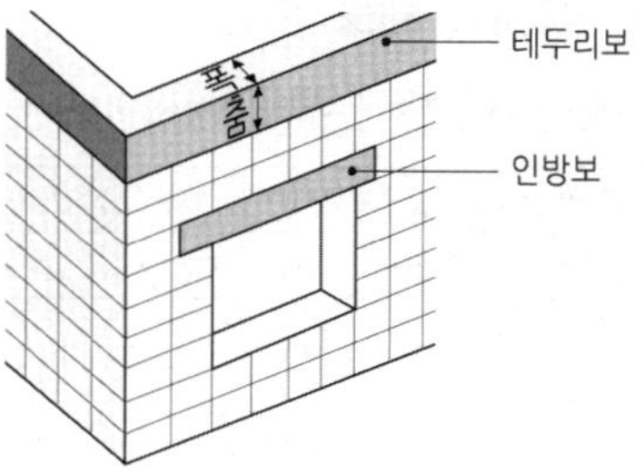

(2) 테두리보

① 분산된 벽체를 일체로 하여 하중을 균등하게 분산시킨다.

② 수직균열을 방지한다.

③ 세로철근을 정착시킨다.

④ 집중하중을 받는 부분의 보강재 역할을 한다.

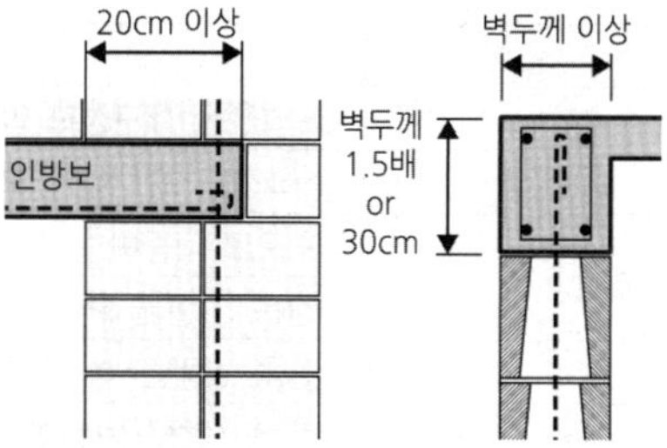

[인방보] [테두리보]

(3) 테두리보의 치수

① 춤: 벽두께의 1.5배 이상 또는 30cm 이상

② 너비: 벽두께 이상

3.8 ALC(Autoclaved Lightweight Concrete)블록

경량기포 콘크리트의 일종으로 생석회, 규사, 시멘트, 플라이애시 등을 원료로 하여 고온·고압하에서 증기양생한 블록을 말한다.

(1) 장점(특징)

① 흡음성과 차음성이 우수하고 단열성이 좋다.

② 불연재료이고 경량으로 취급이 용이하며, 현장에서 절단 및 가공이 용이하다.

③ 건조 수축률이 작고 균열의 발생이 적다.

(2) 단점

① 강도가 비교적 약하다.

② 다공성 제품으로 흡수성이 크며 동해에 대한 방수, 방습 처리가 필요하다.

학습 POINT

✿ 인방보 설치방법 기사

✿ 창호 상부에 설치하는 (인방보)는 좌우 벽면에 (20)cm 이상 겹치도록 한다. 기사

✿ 인방용 블록인 경우 좌우 벽면에 (20)cm 이상 걸치고, 인방보 상부의 벽은 균열이 생기지 않게 (사춤)한다. 산업

✿ 테두리보 설치 목적 산업 기사

• ALC블록

✿ ALC블록 특징 기사

04 석재공사

4.1 석재의 재료 특성

(1) 석재 성인별 분류

구분	특성	종류
화성암	마그마가 지표면에서 냉각, 응고된 석재	화강암, 안산암, 현무암
수성암 (퇴적암)	분쇄된 물질이 퇴적되어 땅속에 묻혀 응고된 석재	점판암, 사암, 응회암, 석회암
변성암	땅속에서 오랜 시간 동안 열과 압력에 의해 변질, 결정화된 석재	화성암계: 사문암, 반석 수성암계: 대리석, 트래버틴

(2) 석재의 특성

구분		특성
화성암	화강암	내·외장용. **내구성과 압축강도가 우수**하다.
	안산암	내·외장용. 광택이 없으며 **대재를 구하기 어렵다.**
수성암 (퇴적암)	점판암	판형으로 가공이 쉽고, 재질이 치밀하여 **지붕 재료**에 쓰인다.
	사암	내장용, 경량골재용. **흡수율이 크고 변색되며, 내구력이 약하다.**
	응회암	내장용, 경량골재용. **흡수율이 가장 크고 가공이 용이하나 강도가 작다**(부석).
변성암	대리석	내장용. **내화학성(산과 열)이 약하며, 무늬가 미려**하다.

(3) 석재의 강도, 흡수율

① 압축강도: 화강암 > 대리석 > 안산암 > 점판암 > 사암 > 응회암

② 흡수율: 응회암 > 사암 > 안산암 > 화강암 > 점판암 > 대리석

4.2 석재공사의 장단점

장점	단점
① 다양한 색조와 광택, 외관이 미려하다. ② 내구성, 내마모성, 내수성, 내약품성이 있다. ③ 방한, 방서적이고 차음성이 있다. ④ 압축강도가 매우 좋다.	① 운반, 가공이 어렵고 고가다. ② 큰 재를 얻기 어렵다. ③ 인장강도가 작다. ④ 일체식 구조가 어려워 내진에 문제가 있다.

4.3 석재공사의 주의사항

① 석재는 중량이 무거우므로 운반상의 제한 등을 고려하여 최대치수를 정한다.

② 휨, 인장강도가 약하므로 압축응력을 받는 곳에만 사용한다.

③ $1m^3$ 이상 되는 석재는 높은 곳에 사용하지 않는다.

④ 내화가 필요한 경우는 열에 강한 석재를 사용한다.

⑤ 가공 시 예각은 피한다.

* 동절기의 습식 시공온도는 최저 5℃ 이상 유지하고, 건식 시공온도는 −10℃ 이상에서 실시하는 것을 원칙으로 하며, 이 외의 경우에는 동절기 시공계획서를 작성하여 감독원의 승인을 얻은 후 실시한다.

학습 POINT

✿ 석재 성인별 분류 기사

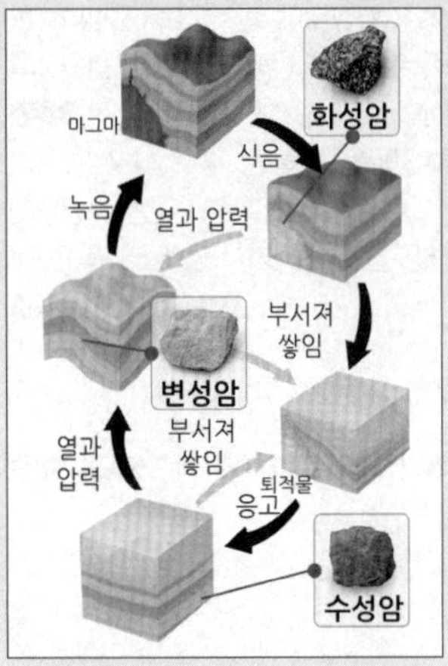

✿ 석재별 특성 기사

• 화강암

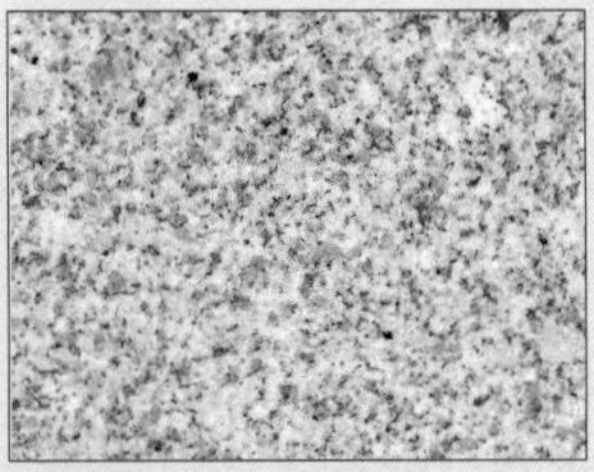

• 점판암

• 대리석

✿ 석재공사 장점 산업 기사

✿ 석재공사 주의사항 기사

✿ 동절기의 습식 시공온도는 최저 (5)℃ 이상 유지하고, 건식 시공온도는 (−10)℃ 이상에서 실시하는 것을 원칙으로 한다. 산업

4.4 석재 마무리공법

(1) 표면 마무리공법

구분		용구	표면 상태	가공법
손다듬기	혹두기 (메다듬)			쇠메를 이용하여 원석의 두드러진 면과 큰 요철만 없애는 작업
		쇠메: 쇠로 만든 망치로 타격력을 주어 거친 석재를 처음 다듬을 때 사용		
	정다듬			망치와 정으로 쪼아 내어 석재 표면을 어느 정도 평탄하게 하는 작업
		정: 한쪽 끝은 뾰족하고 반대쪽은 머리 부분으로 이루어져 있으며, 망치로 두드려 석재를 다듬는 도구		
	도드락 다듬			도드락망치를 이용하여 정다듬한 면을 좀 더 평탄하게 하는 작업
		도드락망치: 망치 표면에 돌기가 있으며, 석재면을 평평하고 곱게 다듬는 망치		
	잔다듬			날망치를 이용하여 표면을 매끄럽게 다듬는 작업
		날망치: 도끼처럼 날이 있으며 선에 맞추어 나가면서 고르게 찍어 다듬는 공구		
	물갈기			금강사, 숫돌 등에 물을 뿌려가며 표면을 매끈하게 갈아 내는 작업
		숫돌, 금강사		
기계다듬기 (플래너마감법)		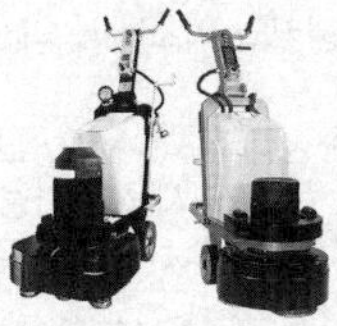		석재 표면을 연마기계로 매끄럽게 깎아 내어 다듬는 마감법
		플래너, 연마기, 연삭기, 글라인더 등		

학습 POINT

- 표면가공법 종류 산업 기사
- 표면가공법 순서 산업 기사
- 각 공법별 용구 산업 기사
- 각 용구별 용어 설명 기사
- 플래너마감법 설명 기사

학습 POINT

✿ 석재의 특수 마무리공법의 종류 및 방법 기사

(2) 특수 마무리공법

구분	모래분사법	화염분사법(버너구이)	착색돌
시공			
가공법	석재 표면에 고압으로 모래를 분사시켜 면을 곱게 마무리하는 공법	버너로 석재 표면을 달군 후 찬물로 급랭시켜 표면을 거칠게 하는 공법	석재의 흡수성을 이용하여 석재의 내부까지 착색시키는 방법

✿ 대리석 갈기의 마무리 산업 기사

(3) 대리석 갈기의 마무리 종류

구분	갈기(기계가공)	바탕	
		평면	쇠시리면
거친갈기	• #180 카보런덤 숫돌로 간다.	최종 #80의 카보런덤 숫돌로 간다.	#40 다음에 #80 카보런덤 숫돌로 간다.
물갈기	• #220 카보런덤 숫돌로 간다. • 쇠시리면은 고운 숫돌로 간다.		
본갈기	• 고운 숫돌, 숫돌 가루를 사용하고 원반에 걸어 마무리한다.		

✿ 석재의 모치기 종류 산업 기사

(4) 석재의 모치기

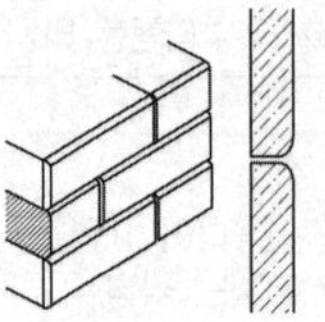
[둥근모치기]

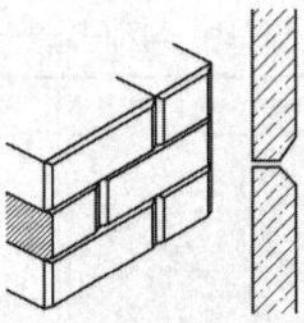
[빗모치기]

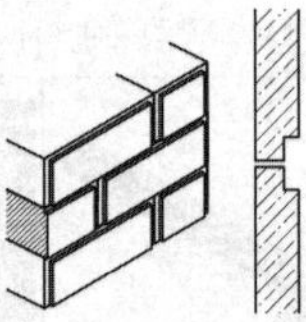
[두모치기]

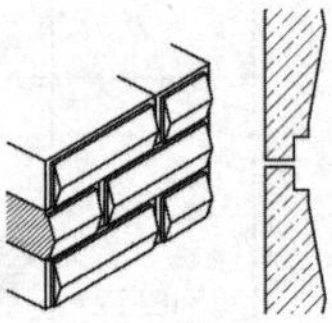
[세모치기]

4.5 석재의 붙임공법

✿ 건식 돌붙임공법의 종류 산업 기사
✿ 앵커긴결공법의 특징 기사

• 앵커긴결공법

• 강재트러스 지지공법

(1) 붙임공법

구분		세부 내용
습식공법		구조체와 석재면 사이에 모르타르와 연결철물을 사용하여 일체화시킨 공법
건식공법	본드공법	규격재의 석재를 에폭시계 본드 등으로 붙여 마감하는 공법
	앵커 긴결공법	건물 구조체에 단위 석재를 앵커와 파스너에 의해 독립적으로 설치하는 공법 특징: • 건식공법으로 백화현상이 없어 유지·관리가 용이 • 물을 사용하지 않아 동절기 시공이 가능 • 앵커 고정으로 상부 하중이 하부로 전달되지 않음
	강재트러스 지지공법	각 파이프를 구조체에 먼저 긴결시킨 후 석재판을 파스너로 긴결시키는 공법
GPC공법		강재 거푸집에 화강석 석재를 배치하고 석재 뒷면에 긴결철물을 설치한 후 콘크리트를 타설하여 석재와 콘크리트를 일체화시킨 PC판으로 제작하는 공법

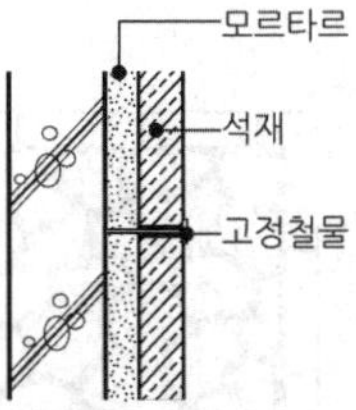

[습식공법]

[앵커긴결공법]

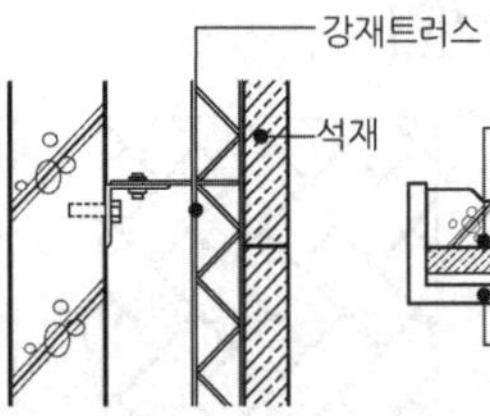

[강재트러스공법]

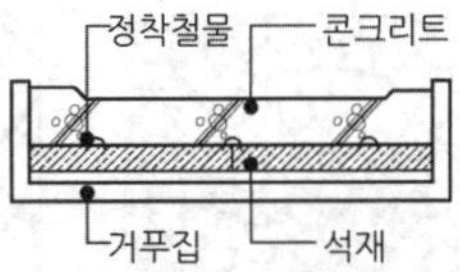

[GPC공법]

(2) 연결철물

구분	종류		
전통방식	① 은장	② 꺾쇠	③ 촉
현대방식	① 앵커	② 파스너(앵글)	③ 연결촉(연결핀)

4.6 석재쌓기법

(1) 쌓는 형태에 따른 분류

① 바른층쌓기	돌쌓기의 1켜의 높이는 모두 동일한 것을 쓰고 수평줄눈이 일직선으로 연결되도록 쌓는 것
② 허튼층쌓기	면이 네모진 돌을 수평줄눈이 부분적으로만 연속되게 쌓으며, 일부 상하 세로줄눈이 통하게 된 것
③ 층지어쌓기	막돌, 둥근돌 등을 중간 켜에서는 돌의 모양대로 수평·수직줄눈에 관계없이 흐트려 쌓되 2～3켜마다 수평줄눈이 일직선으로 연속되게 쌓는 것
④ 막쌓기	막돌, 잡석, 둥근돌, 야산석 등을 수평·수직줄눈에 관계없이 돌의 생김새대로 흐트려 놓아 쌓는 것

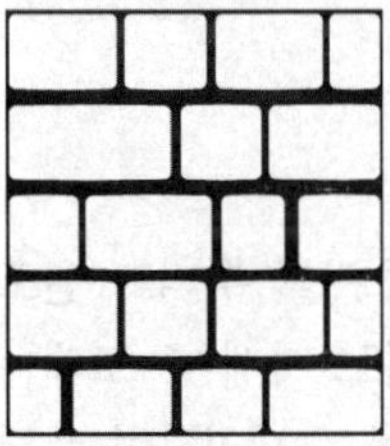

[바른층쌓기]

[허튼층쌓기]

[층지어쌓기]

[막쌓기]

(2) 기타 쌓기법

① 메쌓기(dry masonry)	돌과 돌 사이를 서로 맞물려 가며 메워 나가듯이 쌓는 방법
② 찰쌓기(wet masonry)	돌과 돌 사이의 간격(줄눈)에 모르타르를 바르고 돌 뒷부분에 콘크리트로 사이사이를 채우는 방식

학습 POINT

- 석재 연결철물 종류 기사
- 석재 건식공법 연결철물의 종류 기사
- 석재쌓기 용어 산업 기사
- 석재쌓기 그림 맞추기 기사
- 메쌓기, 찰쌓기 용어 설명 기사

학습 POINT

✿ 석재 바닥깔기 종류 산업 기사

4.7 석재 바닥깔기법

[원형 깔기]

[오늬무늬깔기]

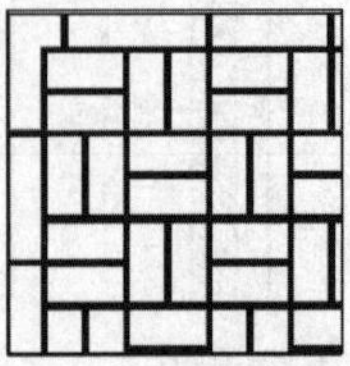
[비자무늬깔기]

[화문깔기]

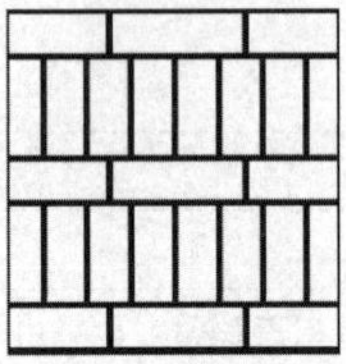
[마루깔기]

[일자깔기]

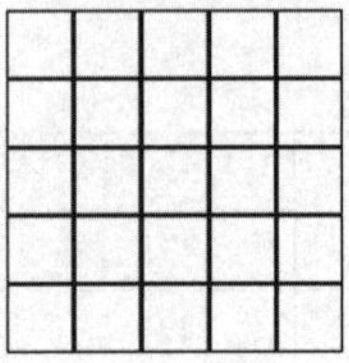
[격자깔기]

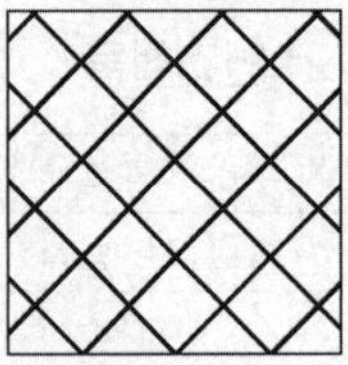
[마름모깔기]

✿ 대리석 보양 및 청소 산업 기사

① 설치 완료 후 (마른/ 젖은) 걸레로 청소한다.

② (산류/ 알칼리류)는 사용하지 않는다.

③ 공사 완료 후 인도 직전에 모든 면에 걸쳐서 (마른/ 젖은) 걸레로 닦는다.

✿ 가공검사 항목 산업 기사

4.8 보양 및 가공 후 검사 내용

(1) 대리석 보양 및 청소

① 대리석 설치 완료 후 마른걸레로 청소한다.

② 산류는 사용하지 않는다.

③ 공사 완료 후 인도 직전까지 모든 면에 걸쳐서 마른걸레로 닦는다.

(2) 가공 후 검사 내용

① 마무리치수의 정도 ② 다듬기 정도

③ 면의 평활도 ④ 모서리각 여부

✿ 인조대리석 습식시공 시 바닥면에서 (30)mm 이상 모르타르를 깐 다음 붙임용 페이스트를 뿌리고 인조대리석을 놓은 후 (고무망치)로 타격하여 고정시킨다. 모르타르 자재 중 모래는 양질의 (강모래)를 사용하며, 해사는 사용하지 않는다. 기사

✿ 인조대리석 모르타르 자재 중 모래는 양질의 강모래를 사용하며 해사는 사용하지 않는다. 다만, 물로 세척하여 품질기준 및 체가름 기준이 충족된 (해사)는 사용할 수 있다. 이 경우 조개껍질 등의 이물질이 섞이지 않아야 한다. 인조대리석 뒤채움 모르타르는 (30)mm를 표준으로 한다. 기사

4.9 인조대리석 공사

(1) 습식시공

바닥면에서 30mm 이상 모르타르를 깐 다음 붙임용 페이스트를 뿌리고 인조대리석을 놓은 후 고무망치로 타격하여 고정시킨다. 모르타르 자재 중 모래는 양질의 강모래를 사용하며, 해사는 사용하지 않는다. 단, 물로 세척하여 품질기준 및 체가름 기준이 충족된 해사는 사용할 수 있으며, 조개껍질 등의 이물질이 섞이지 않아야 한다.

(2) 건식시공

건식용 인조대리석의 두께는 30mm 이상, 반건식은 두께 20mm 이상을 사용하고, 핀 구멍의 깊이는 20mm를 천공한다. 습기가 응집될 우려가 있는 부분의 줄눈에는 숨구멍 또는 환기구를 설치한다.

(3) 본드 접착공법

접착제는 친환경 접착제를 제조업체의 시방에 따라 주제와 경화제가 충분히 배합된 것을 사용하며, 구조체에 3mm 정도 바르고, 수직 · 수평을 맞추어 설치한다.

chapter

02 연습문제

01 점토벽돌의 품질에 따른 종류 4가지를 쓰시오. [4점]

① ______________ ② ______________

③ ______________ ④ ______________

02 ( ) 안에 벽돌쌓기 방식을 쓰시오. [3점]

① 한 켜는 마구리쌓기, 다음 켜는 길이쌓기로 하고, 마구리쌓기 층의 모서리에 이오토막을 사용한다. ( )

② 영식 쌓기와 같으나 길이 층의 모서리에 칠오토막을 사용한다. ( )

③ 매 켜에 길이쌓기와 마구리쌓기가 번갈아 나오게 쌓는 방식이다. ( )

① ______________ ② ______________ ③ ______________

03 다음 〈보기〉의 벽돌쌓기와 서로 관련된 것을 연결하시오. [4점]

보기 ① 영식 쌓기 ② 불식 쌓기 ③ 미식 쌓기 ④ 화란식 쌓기

(가) 한 켜는 마구리쌓기, 한 켜는 길이쌓기로 하고 이오토막을 사용한다.

____

(나) 표면에 치장벽돌로 5켜 길이쌓기, 1켜는 마구리쌓기로 쌓는다.

____

(다) 길이쌓기 모서리 층에 칠오토막을 사용한다. ______________

(라) 길이쌓기와 마구리쌓기가 번갈아 나오게 쌓는 방식이다. ______________

04 다음 그림은 치장줄눈의 형태이다. 치장줄눈의 명칭을 쓰시오. [3점]

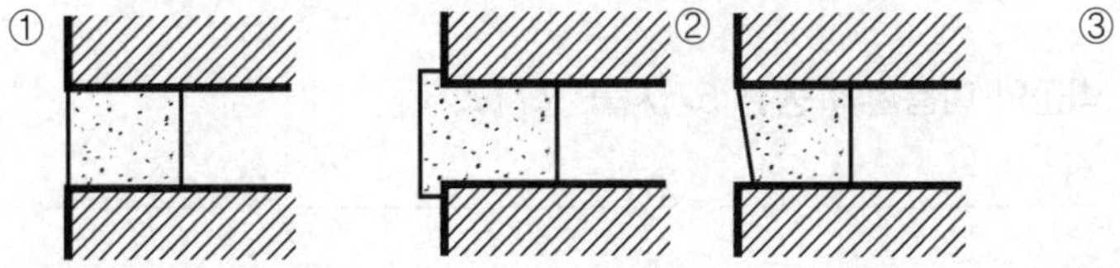

① ______________ ② ______________ ③ ______________

해답

01
① 보통벽돌
② 내화벽돌
③ 이형벽돌
④ 경량벽돌

02
① 영식 쌓기
② 화란식 쌓기
③ 불식 쌓기

03
(가) ① (나) ③
(다) ④ (라) ②

04
① 민줄눈
② 엇빗줄눈
③ 내민줄눈

해답

05

① 평줄눈
② 민줄눈
③ 볼록줄눈
④ 오목줄눈
⑤ 빗줄눈
⑥ 내민줄눈

06

① 마구리쌓기
② 길이쌓기
③ 옆세워쌓기
④ 길이세워쌓기

07

① 평줄눈
② 내민줄눈
③ 둥근내민줄눈
④ 엇빗줄눈
⑤ 홈줄눈
⑥ 민줄눈

08

① 반토막
② 이오토막
③ 칠오토막
④ 반절
⑤ 반반절

05 조적공사에 있어서 치장줄눈 6가지를 쓰시오. [3점]

① ______ ② ______ ③ ______
④ ______ ⑤ ______ ⑥ ______

06 다음 설명에 적합한 조적쌓기 종류를 쓰시오. [4점]

① 마구리 면이 보이게 쌓는 것: ______
② 길이 면이 보이게 쌓는 것: ______
③ 마구리를 세워 쌓는 것: ______
④ 길이를 세워 쌓는 것: ______

07 다음은 치장줄눈의 종류이다. 줄눈의 명칭을 쓰시오. [3점]

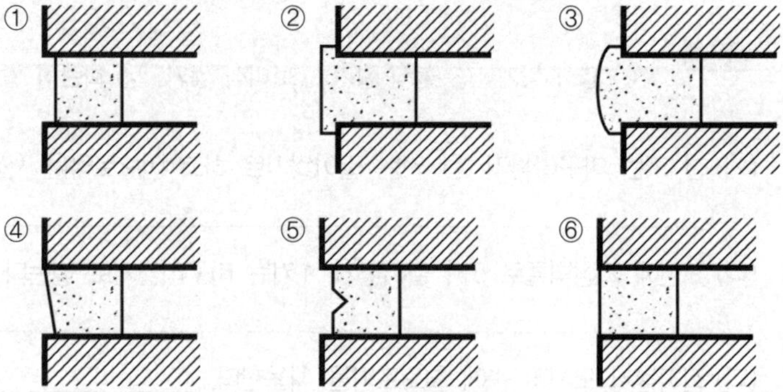

① ______ ② ______ ③ ______
④ ______ ⑤ ______ ⑥ ______

08 벽돌의 마름질의 종류 5가지를 쓰시오. [5점]

① ______ ② ______ ③ ______
④ ______ ⑤ ______

09 다음 (   ) 안에 알맞은 말을 〈보기〉 중에서 골라 써넣으시오. [4점]

보기
① 본아치 ② 층두리아치 ③ 막만든아치 ④ 거친아치

(가) 벽돌을 주문하여 제작한 것을 사용하는 아치: ______

(나) 보통벽돌을 쐐기 모양으로 다듬어 만든 아치: ______

(다) 현장에서 보통벽돌을 써서 줄눈을 쐐기 모양으로 한 아치: ______

(라) 아치 너비가 넓을 때 반장별로 층을 지어 겹쳐 쌓는 아치: ______

10 벽돌쌓기 시 주의사항 5가지를 기술하시오. [5점]

① ______

② ______

③ ______

④ ______

⑤ ______

11 다음 〈보기〉에서 벽돌 줄눈의 특징 중 알맞은 것을 고르시오. [3점]

보기
① 볼록줄눈 ② 오목줄눈 ③ 민줄눈
④ 평줄눈 ⑤ 내민줄눈

	사용 경우	의장성
(가)	벽돌의 형태가 고르지 않을 경우	질감(texture)의 거침
(나)	면이 깨끗하고 반듯한 벽돌	순하고 부드러운 느낌, 여성적 선의 흐름
(다)	벽면이 고르지 않을 경우	줄눈의 효과를 확실히 함
(라)	면이 깨끗한 벽돌	약한 음영 표시, 여성적 느낌, 평줄눈과 민줄눈의 중간적 성격
(마)	형태가 고르고 깨끗한 벽돌	질감을 깨끗하게 연출, 일반적인 형태

(가) ______ (나) ______ (다) ______

(라) ______ (마) ______

해답

09
(가) ① (나) ③
(다) ④ (라) ②

10
① 굳기 시작한 모르타르는 사용하지 않는다.
② 벽돌을 쌓기 전에 충분한 물축임을 한다.
③ 하루쌓기의 높이는 1.2～1.5m 정도로 한다.
④ 통줄눈이 생기지 않도록 쌓는다.
⑤ 도중에 쌓기를 중단할 때에는 벽 중간은 층단떼어쌓기, 벽 모서리는 켜거름들여쌓기로 한다.

11
(가) ④ (나) ①
(다) ⑤ (라) ②
(마) ③

12 벽돌쌓기 공사에서 공간쌓기의 효과를 3가지 쓰시오. [3점]

① ______ ② ______ ③ ______

13 아치 모양에 따른 종류 4가지를 쓰시오. [4점]

① ______ ② ______

③ ______ ④ ______

14 아치쌓기에 대한 설명이다. (　　) 안에 알맞은 말을 써넣으시오. [3점]

벽돌의 아치쌓기는 상부에서 오는 하중을 아치 축선에 따라 (①)으로 작용하도록 하고, 아치 하부에 (②)이 작용하지 않도록 하는데, 이때 아치의 모든 줄눈은 (③)에 모이도록 한다.

① ______ ② ______ ③ ______

15 벽돌쌓기에 대한 설명이다. (　　) 안에 알맞은 말을 써넣으시오. [3점]

벽돌 1일 쌓기의 높이는 (①)m 이하, 보통 (②)m, 공간쌓기를 할 때는 (③)m 이하로 쌓는다.

① ______ ② ______ ③ ______

16 다음 벽의 홈파기에서 (　　) 안에 알맞은 숫자를 기입하시오. [4점]

(가) 가로홈의 깊이는 벽두께의 (①) 이하로 하며, 가로홈의 길이는 (②)m 이하로 한다.

(나) 세로홈의 길이는 층높이의 (③) 이하로 하며, 깊이는 벽두께의 (④) 이하로 한다.

① ______ ② ______ ③ ______ ④ ______

해답

12
① 방습
② 방음
③ 단열

13
① 반원아치
② 결원아치
③ 평아치
④ 고딕아치

14
① 압축력
② 인장력
③ 원호 중심

15
① 1.2 ~ 1.5m
② 1.2m
③ 3.6m

16
① 1/3
② 3m
③ 3/4
④ 1/3

17 조적조 벽돌벽의 균열 원인을 설계, 계획적 측면에서의 문제점 5가지를 기술하시오. [5점]

① ______________________

② ______________________

③ ______________________

④ ______________________

⑤ ______________________

18 벽돌조건물에서 시공상 결함에 의해 생기는 균열의 원인을 4가지만 쓰시오. [4점]

① ______________________

② ______________________

③ ______________________

④ ______________________

19 바닥벽돌 깔기법 3가지를 쓰시오. [3점]

① ____________ ② ____________ ③ ____________

20 벽돌벽의 백화현상의 원인과 방지대책을 2가지 쓰시오. [4점]

(가) 원인: ① ______________________

② ______________________

(나) 대책: ① ______________________

② ______________________

해답

17

① 벽돌 벽체의 강도 부족
② 건물의 평면, 입면의 불균형 및 불합리한 배치
③ 기초의 부동침하
④ 불균형한 하중
⑤ 불합리한 개구부의 크기 및 배치의 불균형

18

① 벽돌 및 모르타르의 강도 부족
② 재료의 신축성
③ 다져 넣기의 부족
④ 모르타르 바름의 들뜨기현상

19

① 평깔기
② 옆세워깔기
③ 반절깔기

20

(가) 원인
① 재료 및 시공의 불량
② 모르타르 채워 넣기의 부족
(나) 대책
① 소성이 잘된 벽돌 사용
② 벽돌 표면에 파라핀도료를 발라 염류 유출 방지

21 치장벽돌 쌓기 순서를 〈보기〉에서 골라 채우시오. [5점]

보기
(가) 세로규준틀 (나) 규준벽돌 쌓기 (다) 줄눈 파기
(라) 중간부 쌓기 (마) 물축이기

① 청소 → ② ( ) → ③ 건비빔 → ④ ( ) → ⑤ 벽돌 나누기 → ⑥ ( ) → ⑦ 수평실 치기 → ⑧ ( ) → ⑨ 줄눈 누름 → ⑩ ( ) → ⑪ 치장줄눈 → ⑫ 보양

22 콘크리트블록 쌓기에 대한 것으로서 알맞은 용어를 ( ) 안에 쓰시오. [4점]

콘크리트블록 쌓기에 있어서 1일 쌓는 높이는 최고 (①)m 높이, (②)켜로 한다. 쌓기용 모르타르 배합은 1:(③)으로 한다. 그리고 블록의 살 두께가 (④) 부분이 위로 가게 쌓는다.

① ______ ② ______ ③ ______ ④ ______

23 조적조에서 테두리보를 설치하는 목적 3가지만 쓰시오. [3점]

① ______
② ______
③ ______

24 보강블록조에서 반드시 사춤 모르타르를 채워야 하는 곳 4가지를 쓰시오. [4점]

① ______ ② ______
③ ______ ④ ______

해답

21
② (마) ④ (가)
⑥ (나) ⑧ (라)
⑩ (다)

22
① 1.5
② 7
③ 3
④ 두꺼운

23
① 분산된 벽체를 일체로 하여 하중을 균등하게 분산
② 수직균열을 방지
③ 세로철근을 정착
• 집중하중을 받는 부분의 보강재 역할

24
① 벽 끝
② 모서리
③ 교차부
④ 개구부 주위

25 블록쌓기 시공도에 기입하여야 할 사항에 대해 5가지만 쓰시오. [5점]

① ______ ② ______ ③ ______
④ ______ ⑤ ______

26 다음 〈보기〉의 용어를 설명하시오. [3점]

보기
① 블록장막벽 ② 보강블록조 ③ 거푸집블록조

① ______
② ______
③ ______

27 다음 ( ) 안에 알맞은 용어와 규격을 쓰시오. [2점]

조적공사 시 창호 상부에 설치하는 (①)는 좌우 벽면에 (②) 이상 걸친다.

① ______ ② ______

28 다음 블록의 명칭을 쓰시오. [4점]

① 용도에 의해 블록의 형상이 기본블록과 다르게 만들어진 블록의 총칭
② 창문틀 위에 쌓아 철근과 콘크리트를 다져 넣어 보강하게 된 U자형 블록
③ 기건비중이 1.9 이상인 속이 빈 콘크리트블록
④ 창문틀 옆에 잘 맞게 제작된 특수형 블록

① ______ ② ______ ③ ______ ④ ______

29 다음 이형블록의 사용 위치를 간략히 쓰시오. [3점]

보기
① 창대블록 ② 인방블록 ③ 창쌤블록

① ______ ② ______ ③ ______

해답

25
① 블록의 종류
② 블록 나누기
③ 마감치수
④ 쌓기 단수 및 줄눈의 표시
⑤ 창문틀의 위치

26
① 상부 하중을 받지 않는 칸막이벽 블록쌓기
② 블록 중공부에 철근과 콘크리트를 부어 보강한 구조
③ 블록으로 형틀을 만들어 철근과 콘크리트를 채워 넣는 구조

27
① 인방보
② 20cm

28
① 이형블록
② 인방블록
③ 중량블록
④ 창쌤블록
• 기건비중 1.9 이상: 중량블록
기건비중 1.9 미만: 경량블록

29
① 창문 아래
② 창문 위
③ 창문 옆

해답

30

② 화강암
④ 현무암
⑤ 안산암

31

(가) ④ 대리석
(나) ⑤ 점판암
(다) ③ 응회암

32

(가) ⑤ 대리석
(나) ④ 사암
(다) ② 안산암

30 다음 〈보기〉에서 화성암을 고르시오. [3점]

보기

① 점판암 ② 화강암 ③ 응회암 ④ 현무암
⑤ 안산암 ⑥ 대리석 ⑦ 석회암

31 다음 〈보기〉를 보고 각 항목에 해당되는 석재를 고르시오. [3점]

보기

① 화강암 ② 편마암 ③ 응회암
④ 대리석 ⑤ 점판암

(가) 석회석이 변화되어 결정화된 석재로 강도는 매우 높지만, 열에 약하고 풍화되기 쉬우며 산에 약하기 때문에 실외용으로 적합하지 않다.
(나) 석질이 치밀하고 박판으로 채취할 수 있으므로 슬레이트로 지붕, 외벽 등에 쓰인다.
(다) 화산에서 분출된 마그마가 급속히 냉각되어 가스가 방출되면서 응고된 다공질의 유리질로서 부석이라고도 불리며 경량콘크리트 골재, 단열재로도 사용된다.

(가) ________________ (나) ________________ (다) ________________

32 다음에서 설명하고 있는 석재를 〈보기〉에서 골라 쓰시오. [3점]

보기

① 화강암 ② 안산암 ③ 사문암
④ 사암 ⑤ 대리석 ⑥ 화산암

(가) 석회석이 변화되어 결정화한 것으로 강도는 높지만, 내화성이 낮고 풍화되기 쉬우며 산에 약하기 때문에 실외용으로 적합하지 않다.
(나) 수성암의 일종으로 함유 광물의 성분에 따라 암석의 질, 내구성, 강도에 현저한 차이가 있다.
(다) 강도·경도·비중이 크고 내화력도 우수하여 구조용 석재로 쓰이지만, 조직 및 색조가 균일하지 않고 석리가 있기 때문에 채석 및 가공이 용이하지만 대재를 얻기 어렵다.

(가) ________________ (나) ________________ (다) ________________

33 다음 〈보기〉의 암석 종류를 성인별로 찾아 기호를 쓰시오. [3점]

보기

① 점판암 ② 화강암 ③ 대리석 ④ 사문석
⑤ 석회암 ⑥ 현무암 ⑦ 안산암 ⑧ 사암

(가) ______ (나) ______ (다) ______

34 석재가공 및 표면마무리 공정에서 사용되는 대표적인 공구 4가지를 쓰시오. [4점]

① ______ ② ______
③ ______ ④ ______

35 다음은 석재의 가공 순서이다. 시공 순서에 맞게 번호를 배열하시오. [3점]

보기

① 정다듬 ② 메다듬 ③ 도드락다듬
④ 물갈기 ⑤ 잔다듬

______

36 다음은 석재의 가공 순서이다. (   ) 안에 들어갈 각 단계별 공구를 써넣으시오. [3점]

구분	혹두기	정다듬	도드락다듬	잔다듬	물갈기
공구	(①)	(②)	(③)	(④)	(⑤)

① ______ ② ______ ③ ______
④ ______ ⑤ ______

해답

33
(가) ②, ⑥, ⑦
(나) ①, ⑤, ⑧
(다) ③, ④

34
① 쇠메
② 정
③ 도드락망치
④ 날망치

35
② 메다듬 → ① 정다듬 → ③ 도드락다듬 → ⑤ 잔다듬 → ④ 물갈기

36
① 쇠메
② 정
③ 도드락망치
④ 날망치
⑤ 숫돌, 금강사

해답

37

① 쇠메: 쇠로 만든 망치로, 타격력을 주어 거친 석재를 처음 다듬을 때 사용
② 도드락망치: 망치 표면에 돌기가 있으며, 석재면을 평평하고 곱게 다듬는 망치
③ 날망치: 도끼처럼 날이 있으며 선에 맞추어 나가면서 고르게 찍어 다듬는 공구

38

① 거친갈기
② 물갈기
③ 본갈기

39

① 둥근모치기
② 빗모치기
③ 두모치기
• 세모치기

40

① 본드공법
② 앵커긴결공법
③ 강재트러스 지지공법

41

① 압축강도가 매우 좋다.
② 다양한 색조와 광택, 외관이 미려하다.
• 방한 · 방서적이고 차음성, 내구성, 내마모성, 내수성, 내약품성이 있다.

37 석재가공 시 사용하는 특수공구 3가지를 쓰고 각각에 대한 설명을 쓰시오. [3점]

① ______________________
② ______________________
③ ______________________

38 대리석의 갈기 공정에 대한 마무리 종류를 (   ) 안에 써넣으시오. [3점]

(①): #180 카보런덤 숫돌로 간다.
(②): #220 카보런덤 숫돌로 간다.
(③): 고운 숫돌, 숫돌 가루를 사용하고 원반에 걸어 마무리한다.

① __________ ② __________ ③ __________

39 석재의 표면 형상의 모치기 종류를 3가지 쓰시오. [3점]

① __________ ② __________ ③ __________

40 건식 돌붙임에서 석재를 고정, 지지하는 방법 3가지를 쓰시오. [3점]

① ______________________
② ______________________
③ ______________________

41 건축재료 중 석재의 대표적인 장점 2가지를 쓰시오. [2점]

① ______________________
② ______________________

42 석재 시공 시 앵커긴결공법의 특징 3가지를 쓰시오. [3점]

① ______________________

② ______________________

③ ______________________

43 다음의 건축공사 중 표준시방서에 따른 대리석공사의 보양 및 청소에 관한 설명 중 (　　) 안에 알맞은 내용을 선택하여 동그라미로 표시하시오. [3점]

① 설치 완료 후 (마른 / 젖은) 걸레로 청소한다.
② (산류 / 알칼리류)는 사용하지 않는다.
③ 공사 완료 후 인도 직전에 모든 면에 걸쳐서 (마른 / 젖은) 걸레로 닦는다.

① ________ ② ________ ③ ________

44 석재공사 시 가공 및 시공상 주의사항 4가지를 쓰시오. [4점]

① ______________________

② ______________________

③ ______________________

④ ______________________

45 석재가공이 완료되었을 때 실시하는 가공검사 항목 4가지를 쓰시오. [4점]

① ________ ② ________

③ ________ ④ ________

해답

42

① 건식공법으로 백화현상이 없어 유지·관리가 용이하다.
② 물을 사용하지 않아 동절기 시공이 가능하다.
③ 앵커 고정으로 상부 하중이 하부로 전달되지 않는다.

43

① 마른
② 산류
③ 마른

44

① 석재는 중량이 무거우므로, 운반상의 제한 등을 고려하여 최대치수를 정한다.
② 휨, 인장강도가 약하므로 압축응력을 받는 곳에만 사용한다
③ $1m^3$ 이상 되는 석재는 높은 곳에 사용하지 않는다.
④ 내화가 필요한 경우는 열에 강한 석재를 사용한다.

45

① 마무리치수의 정도
② 다듬기 정도
③ 면의 평활도
④ 모서리각 여부

해답

46

① 흡음성과 차음성이 우수하고 단열성이 좋다.
② 불연재료이고 경량으로 취급이 용이하며, 현장에서 절단 및 가공이 용이하다.
③ 건조 수축률이 작고 균열의 발생이 적다.

47

① 막쌓기
② 층지어쌓기
③ 바른층쌓기
④ 허튼층쌓기

46 ALC블록의 장점 3가지를 쓰시오. [3점]

① ______________________________

② ______________________________

③ ______________________________

47 다음 그림에 맞는 돌쌓기의 종류를 쓰시오. [4점]

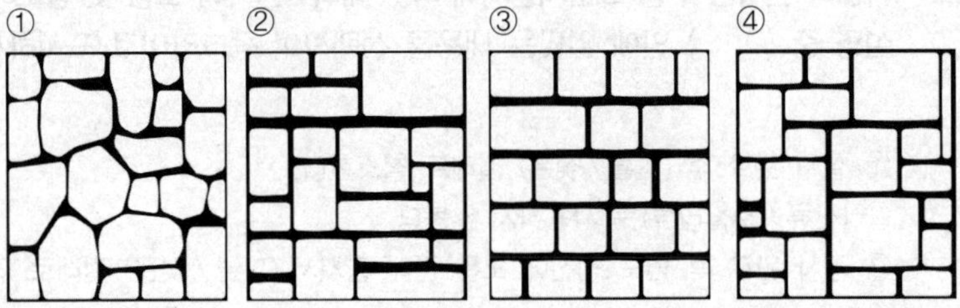

① ______________ ② ______________

③ ______________ ④ ______________

chapter 03

목공사

01 목재의 일반사항

1.1 목재의 종류

(1) 수종별 종류

구분	용도	종류
침엽수	건축용 구조재로 많이 이용	소나무, 노송나무, 전나무, 삼나무, 낙엽송, 잣나무, 측백나무 등
활엽수	치장재, 가구재로 많이 이용	참나무, 느티나무, 떡갈나무, 밤나무, 버드나무, 오동나무, 은행나무 등

(2) 용도별 종류

구분	구조용	수장용(치장재)	
종류	구조재	창호재	가구재

1.2 목재의 특징 및 용도

(1) 목재의 특징

장점	단점
① 가공이 용이하다. ② 비중에 비해 강도가 크다(경량). ③ 열전도율이 작다(방한, 방서). ④ 내산성, 내약품성이 있고 염분에 강하다. ⑤ 수종이 다양하고 무늬가 미려하다.	① 긴 스팬(span)의 구조가 불가능하다. ② 비내화적이다. ③ 비내구적이다. ④ 함수율에 따른 변형이 크다(흡수성이 크다).

(2) 목재의 용도별 요구조건

구조용	수장용(치장재)
① 강도가 크고, 곧고 긴 부재 ② 충해에 대한 저항성이 큰 부재 ③ 수축과 팽창의 변형이 적은 부재 ④ 질이 좋고 공작이 용이할 것	① 변형(수축, 굽음, 비틀림)이 없을 것 ② 재질감이 우수할 것 ③ 결, 무늬, 빛깔 등이 아름다울 것 ④ 건조가 잘된 것

1.3 목재의 규격 및 치수

(1) 치수의 종류

① 제재치수	제재소에서 톱켜기로 한 치수(구조재, 수장재)
② 마무리치수	톱질과 대패질로 마무리한 치수(창호재, 가구재)
③ 정치수	제재목을 지정치수대로 한 것

학습 POINT

산업 실내건축산업기사 시공실무 출제
기사 실내건축기사 시공실무 출제

✿ 목재의 수종 구분 산업 기사
다음 침엽수와 활엽수를 구분하시오.

① 노송나무	② 떡갈나무
③ 낙엽송	④ 측백나무
⑤ 오동나무	⑥ 느티나무

- 침엽수: ①, ③, ④
- 활엽수: ②, ⑤, ⑥

✿ 목재의 특징 산업 기사

✿ 구조용 목재 요구조건 기사
✿ 수장용 목재 요구조건 산업 기사

✿ 제재치수, 마무리치수 용어 설명 산업 기사

✿ 목재의 단면을 표시하는 치수는 구조재 · 수장재일 경우 (제재치수)로 하고, 창호재 · 가구재의 단면치수는 (마무리치수)로 한다. 산업

학습 POINT

✿ 목재의 정척길이

• 취급 단위

구분	기본 단위
m^3	$1m \times 1m \times 1m = 1m^3$ = 약 300才
1재(才)	1치×1치×12자 = $0.00334m^3$
1평(坪)	6자×6자 = $3.3m^2$

• 1푼 = 0.303cm, 1치 = 3.03cm, 1자 = 30.3cm

※ 2001년 이후 재래단위 사용 불가

✿ 심재와 변재

구분	심재	변재
비중	크다	작다
신축	작다	크다
내구성	크다	작다
흡수율	작다	크다

(2) 목재의 정척길이

① 정척물	길이가 1.8m(6자), 2.7m(9자), 3.6m(12자)인 것
② 장척물	길이가 정척물보다 0.9m(3자)씩 길어진 것, 4.5m(15자) 이상인 것
③ 단척물	길이가 1.8m(6자) 미만인 것
④ 난척물	길이가 정척물이 아닌 것

02 목재의 구조 및 성질

2.1 목재의 구조

(1) 목재구조의 명칭

① 심재: 나무줄기의 중앙 부분으로 수분이 적고 단단하다.

② 변재: 껍질에 가까운 부분으로 부피가 크고 심재보다 무르다.

③ 춘재: 봄, 여름에 걸쳐서 성장하는 세포로 비교적 크고 세포막이 연약하다.

④ 추재: 가을, 겨울에 성장하는 세포로 세포막이 두꺼우며 조직이 치밀하다.

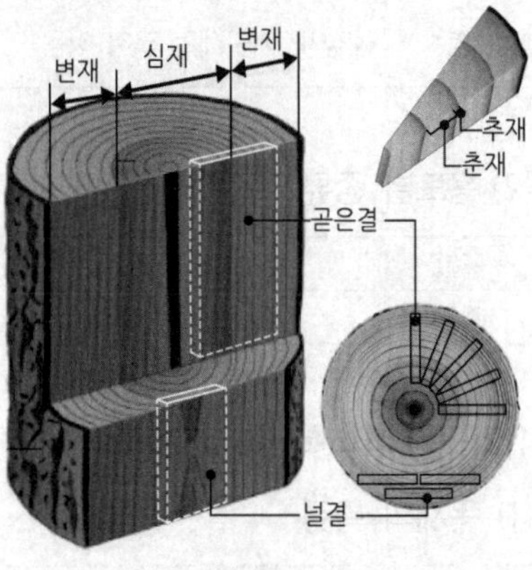

[목재구조의 명칭]

✿ 목재 나뭇결 종류 산업 기사

(2) 목재의 나뭇결

① 곧은결: 연륜에 평행하게 제재한 목재면

② 널결: 연륜에 직각 방향으로 제재한 목재

③ 엇결: 제재목의 결이 심하게 경사진 결(휘어진 나무, 가지치기·옹이 부분)

④ 무늬결: 여러 원인으로 불규칙하게 아름다운 무늬결

2.2 목재의 성질

✿ 목재의 함수율 산업 기사

✿ 목재의 함수율은 구조재 (20)%, 수장재 (15)%, 기건재 (10) ~ (15)%, 섬유포화점 (30)%이다. 기사

(1) 목재의 함수율

구분	함수율	비고
전건재	0%	절대건조 상태(인공건조법)
기건재	**10 ~ 15%**	대기 노출 함수 상태(대기건조법)
섬유포화점	**30%**	섬유포화점 이상에서는 강도 변화가 없음
구조재	약 **20%**(24% 이하)	–
수장재	약 **15%**(18% 이하)	–

(2) 목재의 강도

① 비중과 강도: 목재의 강도는 비중과 비례한다.

② 함수율과 강도: 함수율이 섬유포화점 이상에서는 강도는 일정하고, 섬유포화점 이하에서는 함수율의 감소에 따라 강도가 커진다.

③ 가력 방향과 강도: 섬유의 평행 방향의 강도가 직각 방향보다 크다.

④ 심재와 변재의 강도: 심재가 변재보다 강도가 크다.

⑤ 흠과 강도: 목재의 옹이, 갈라짐, 썩음(썩정이) 등의 흠이 있으면 강도가 떨어진다.

⑥ 강도의 순서: 인장 > 휨 > 압축 > 전단

(3) 목재의 수축변형

① 심재보다 변재의 수축변형이 크다.

② 나뭇결: 섬유 방향 < 곧은결 방향 < 널결 방향

③ 목재 방향: 축 방향(0.35%) < 지름 방향(8%) < 촉 방향(14%)

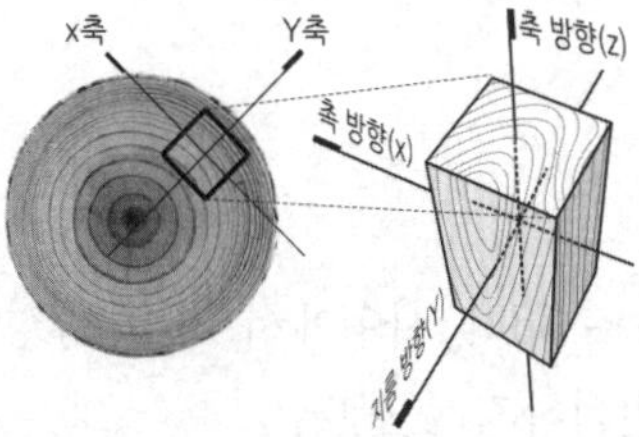

[목재의 방향]

(4) 목재의 결함

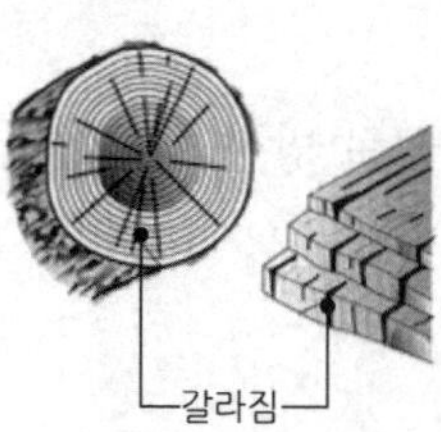

[갈라짐(갈램)]

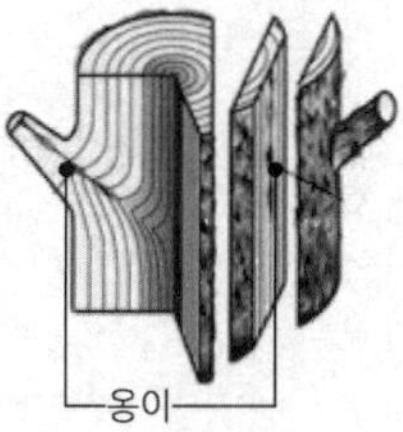

[옹이]

[껍질박이]

[썩음(썩정이)]

(5) 목재의 반입검사

① 목재의 치수와 길이가 맞는지 확인한다.

② 목재에 옹이, 갈라짐 등의 결함이 있는지 확인한다.

학습 POINT

✿ 강도의 구분

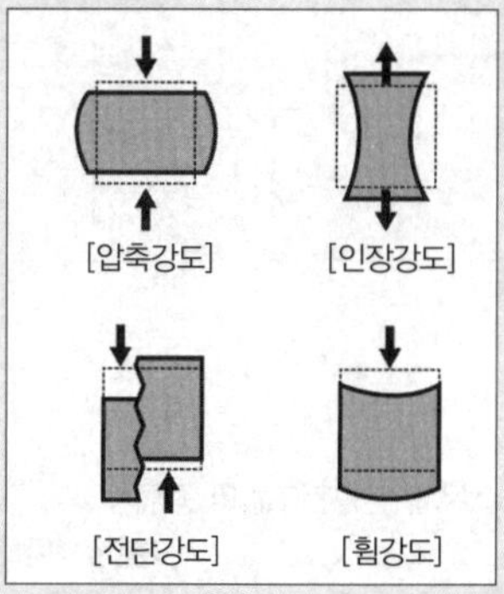

✿ 목재의 결함 종류 산업 기사

✿ 목재의 반입검사 항목 기사

학습 POINT

03 목재의 건조, 방부, 방화

3.1 목재의 건조

(1) 자연건조법

구분	내용
대기건조법	옥외에 방치하여 기건 상태까지 건조(건조시간이 오래 걸림)
침수건조법	생목을 수중에 약 3～4주 정도 침수시켜 수액을 뺀 후 대기에서 건조시키는 방법(건조시간 단축)

✿목재 인공건조법의 종류 산업 기사

✿훈연법 용어 설명 기사

(2) 인공건조법

구분	내용
증기법	건조실의 증기로 가열하여 건조
훈연법	짚이나 톱밥 등을 태운 연기를 건조실에 도입하여 건조
열기법	건조실 내의 공기를 가열하거나 가열공기를 넣어 건조
진공법	원통형 탱크 속에 목재를 넣고 밀폐하여 고온, 저압 상태에서 수분 제거

3.2 목재의 방부

✿목재의 부패조건 및 주의사항 산업 기사

✿균이 번식하기 위해서는 (온도), (습도), (공기), 양분이 있어야 한다. 그것이 없으면 균은 절대 번식하지 않는다. 기사

(1) 목재의 부패조건

① 온도: 부패균은 25～35℃ 사이에서 가장 왕성하고, 4℃ 이하, 55℃ 이상에서는 거의 번식하지 못한다.

② 습도: 함수율이 20% 이상이 되면 균이 발육하기 시작하여 40～50%에서 가장 왕성하고, 15% 이하로 건조하면 번식을 멈춘다.

③ 공기: 부패균은 생장에 공기가 필요하므로 공기를 차단하면 부패하지 않는다.

④ 양분: 섬유세포를 영양분으로 해서 번식 및 성장하므로 방부 처리한다.

✿목재의 보관방법 산업 기사

(2) 목재의 보관방법

① 직접 땅에 닿지 않게 저장한다.

② 오염, 손상, 변색, 썩음을 방지한다.

③ 건조가 잘되게 저장한다.

④ 습기가 차지 않도록 저장한다.

⑤ 흙, 먼지, 시멘트 가루가 묻지 않도록 한다.

⑥ 종류, 규격, 용도별로 저장한다.

(3) 목재의 방부법

구분	내용
생리적 주입법	벌목 전 뿌리에 방부제를 주입하여 목질부 내에 침투
가압주입법	압력탱크에서 고압으로 방부제 주입
표면탄화법	목재 표면 3～4mm를 태워 수분을 제거
침지법	방부제 용액이나 물에 담가 산소 공급을 차단
도포법	방부제를 솔을 이용하여 도포

(4) 목재의 유성방부제

① 크레오소트
② 콜타르
③ 아스팔트
④ 유성페인트
⑤ PCP

3.3 목재의 방화

(1) 목재의 방화법

① 목재의 표면에 불연성 도료를 도포하여 방화막을 만든다.
② 목재에 방화제를 주입하여 인화점을 높인다.

(2) 목재의 방염제

① 인산암모늄
② 황산암모늄
③ 규산나트륨
④ 탄산나트륨

04 목재의 가공

4.1 가공 순서

(1) 용어

① 먹매김	마름질, 바심질을 하기 위하여 먹줄을 넣고 가공 형태를 그리는 것
② 마름질	목재의 크기에 따라 소요치수로 자르는 것
③ 바심질	이음, 맞춤, 쪽매 등 깎아 내고 구멍·홈파기, 대패질 등으로 목재를 다듬는 것

(2) 가공 순서

① 목재 건조 처리 → ② 먹매김 → ③ 마름질 → ④ 바심질 → ⑤ 세우기

학습 POINT

✿ 목재 방부법의 종류 산업 기사

✿ 유성방부제 종류 산업 기사
• 수용성 방부제: 황산구리, 염화아연, PF, CCA
• 유용성 방부제: PCP (펜타클로로페놀)

✿ 목재 방염제의 종류 산업 기사

✿ 마름질, 바심질 용어 설명 산업 기사

✿ 목공사의 가공 순서 산업 기사

학습 POINT

✿먹매김 그림 맞추기 산업 기사

✿대패질 순서 산업 기사

✿모접기 용어 설명 산업 기사
✿모접기 그림 맞추기 산업

✿합판 용어 설명 산업 기사

[합판] [집성목재]

4.2 가공의 세부사항

(1) 먹매김 부호

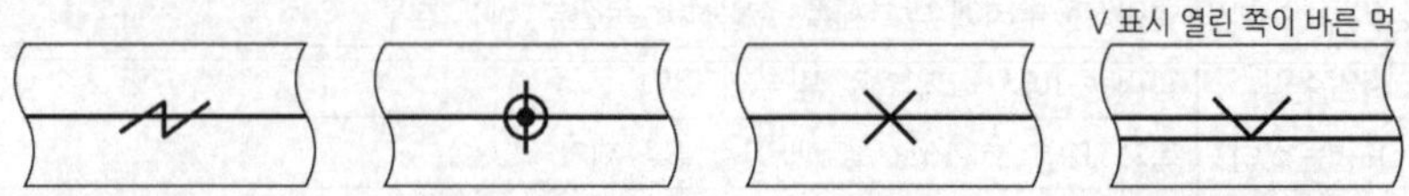

[심먹(중심먹)] [볼트 구멍] [먹지우기] [정오 표시(잘못된 먹)]

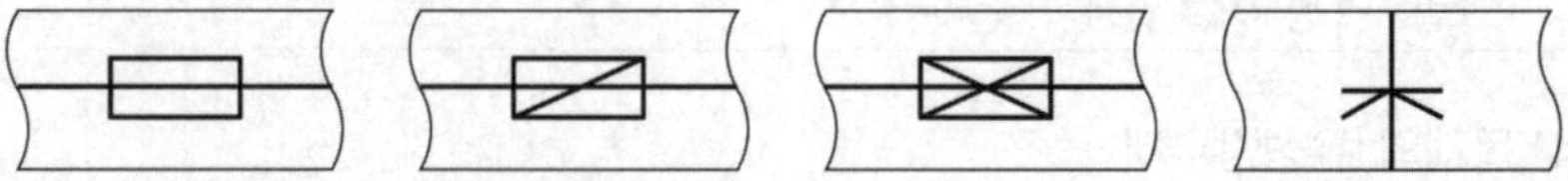
[장부 구멍] [반내다지장부] [내다지장부] [절단]

(2) 마무리(대패질)

① 막대패질(거친대패) → ② 중대패질 → ③ 마무리 대패질(고운대패)

① 막대패질(거친대패)	제재 톱자국이 간신히 없어질 정도의 대패질(기계대패)
② 중대패질	제재 톱자국이 완전히 없어지고 평활한 정도의 대패질
③ 마무리 대패질(고운대패)	미끈하여 완전 평활한 대패질

(3) 모접기

나무나 석재의 면을 깎아 밀어서 두드러지게 또는 오목하게 하는 것

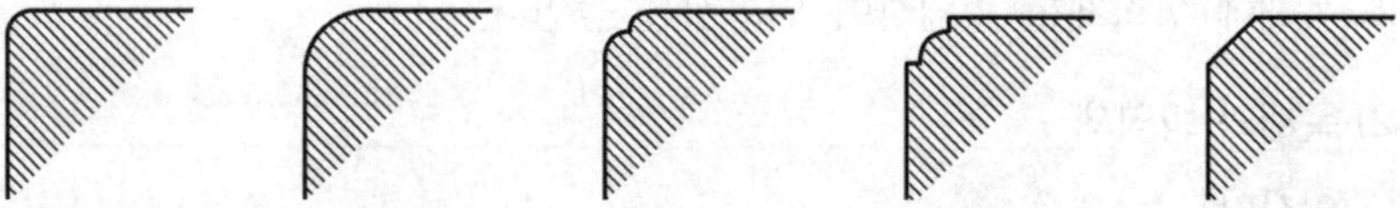
[실모] [둥근모] [쌍사모] [게눈모] [큰모]

[실오리모] [평골모] [티밀이] [쁨모접기] [등밀이]

4.3 가공제품

(1) 합판

3매 이상의 얇은 나무판을 1매마다 섬유 방향에 직교하도록 접착제로 겹쳐서 붙여 놓은 제품이다.

(2) 집성목재

① 두께 15 ~ 50mm의 판재를 여러 장 겹쳐서 접착시켜 만든 제품이다.
② 집성목재의 장점
- 접합을 통해 자유로운 형상을 만들 수 있다.
- 비교적 긴 스팬의 설계가 가능하다.

- 일반목재보다 1.5배 이상의 강도를 가진다.
- 뒤틀림 및 변형이 적다.

(3) 파티클보드(particle board)

① 목재의 소편(작은 조각)을 주원료로 하여 유기질 접착제로 성형, 열압하여 판재로 만든 제품이다.

② 특징
- 강도의 방향성이 없다.
- 큰 면적의 판을 제작할 수 있다.
- 표면이 평탄하고 균질한 판재를 만들 수 있다.
- 가공성이 양호하다.

(4) 파이버보드(MDF, Medium Density Fiberboard; 중밀도 섬유판)

식물 섬유질(목질재료, 톱밥)을 주원료로 하여 섬유화, 펄프화하여 접착제를 섞어 압축가공해서 합판 모양의 판재로 만든 제품이다.

(5) 코르크판

코르크나무 껍질에서 채취한 소편을 가열 · 가압하여 판재로 만든 제품으로 흡음재, 단열재 등으로 사용한다.

(6) 강화목재(경화적층재)

합판의 단판에 페놀수지 등을 침투시켜 고압력으로 열압하여 만들며, 보통목재의 3～4배의 강도로 금속대용품 등에 쓰인다.

(7) 코펜하겐리브

두께 3cm, 넓이 10cm의 긴 판에 자유곡선형 리브를 파내서 만든 것으로 면적이 넓은 강당, 극장의 안벽에 음향 조절, 장식효과로 사용한다.

(8) OSB(Oriented Strand Board)

목재의 얇은 나뭇조각(strand)에 접착제를 넣어 일정 두께가 되도록 배열하고 열압하여 판재로 만든 제품이다.
건축용 지붕, 벽, 바닥의 덮개, 작업선반대, 포장대 등으로 사용된다.

05 목재의 접합

5.1 이음, 맞춤, 쪽매

(1) 용어의 이해

① 이음	부재를 길이 방향으로 길게 접합하는 것
② 맞춤	부재를 서로 직각 또는 일정한 각도로 접합하는 것
③ 쪽매	부재를 섬유 방향과 평행하게 옆 대어 붙이는 것

학습 POINT

✿ 집성목재의 장점 및 종류 기사

[파티클보드] [MDF]

✿ 파티클보드 용어 설명 산업 기사

✿ 목재의 작은 조각 (소편)으로 합성수지 접착제를 첨가하여 열압 제판한 보드(board)는 (파티클보드)이다. 산업

✿ 파티클보드의 특징 기사

✿ MDF 용어 설명 산업 기사

✿ 코르크판 용어 설명 기사

✿ 강화목재의 특징 기사

✿ 코펜하겐리브의 특징 산업 기사

✿ OSB의 특징 기사

✿ 이음, 맞춤, 쪽매 산업 기사

✿ 부재의 길이 방향으로 주재를 길게 접합하는 것 또는 그 자리를 (이음)이라고 하고, 부재와 서로 직각으로 접합하는 것 또는 그 자리를 (맞춤)이라고 한다. 또 부재를 섬유 방향과 평행으로 옆 대어 넓게 붙이는 것을 (쪽매)라 한다. 산업

학습 POINT

✿ 목재접합의 주의사항 산업 기사

(2) 접합(이음 및 맞춤) 시 주의사항

① 단면 방향은 응력에 직각이 되게 한다.
② 모양에 치우치지 말고 단순하게 한다.
③ 적게 깎아서 약해지지 않게 한다.
④ 응력이 작은 곳에서 한다.
⑤ 응력에 균등하게 전달되게 한다.
⑥ 큰 응력, 약한 부분은 철물로 보강한다.

5.2 이음

(1) 정의

부재를 길이 방향으로 길게 접합하는 것

✿ 위치별 이음의 종류 산업 기사

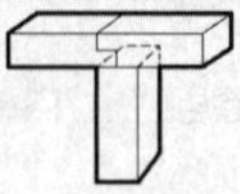
[심이음]

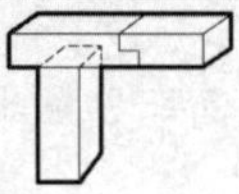
[내이음]

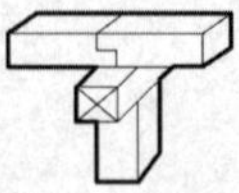
[베개이음]

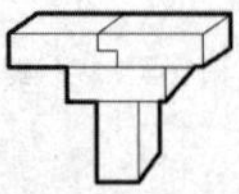
[보아지이음]

✿ 이음 중 가로재를 이을 때 지지목의 중심에서 잇는 것을 (심이음)이라 하고, 중심에서 벗어난 위치에서 잇는 것을 (내이음)이라 한다. 기사

(2) 위치별 이음의 종류

① 심이음: 부재의 중심에서 이음한 것
② 내이음: 부재의 중심에서 벗어난 위치에서 이음한 것
③ 베개이음: 가로 받침대를 대고 이음한 것
④ 보아지이음: 심이음에 보아지를 댄 것

✿ 빗이음, 엇빗이음 용도 산업 기사

(3) 이음의 특징 및 용도

구분	특징	용도
맞댄이음	부재를 서로 맞대고 덧판(널, 철판)을 써서 볼트 또는 못치기를 한 이음	평보 등
겹친이음	부재를 서로 맞대고 못, 볼트, 듀벨 등을 친 이음	간단한 구조, 통나무비계
반턱이음	턱을 내어 부재를 겹쳐 대고 못, 볼트, 듀벨 등을 친 이음	장선 등
주먹장이음	가장 손쉽고 비교적 좋은 이음	**토대, 멍에, 도리**
빗이음	경사로 맞대어 이음을 한 것	**서까래, 지붕널**
엇빗이음	부재의 반을 갈라서 서로 반대 경사로 빗이음을 한 것	**반자틀, 반자살대**
턱솔이음	옆으로 물러나지 못하도록 하는 이음촉의 총칭	일반 수장재이음

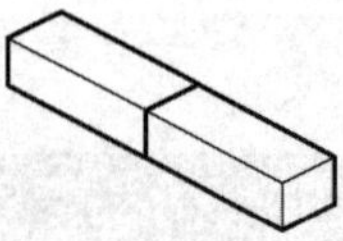
[맞댄이음]

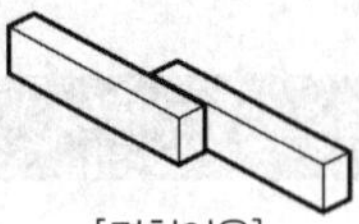
[겹친이음]

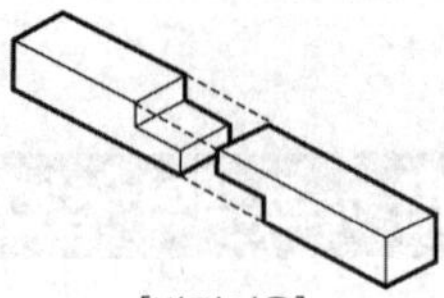
[반턱이음]

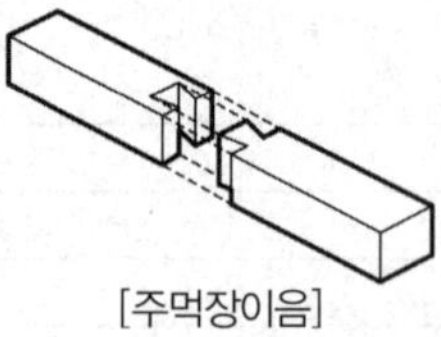
[주먹장이음]

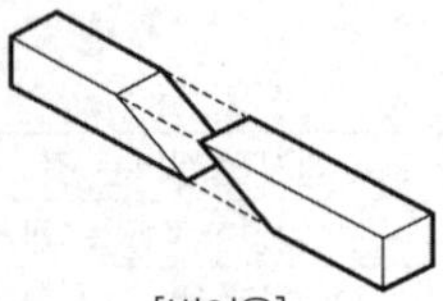
[빗이음]

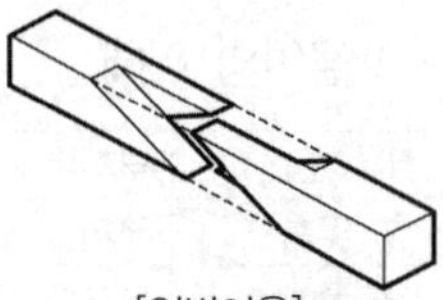
[엇빗이음]

5.3 맞춤

(1) 정의

부재를 서로 직각 또는 일정한 각도로 접합하는 것

(2) 맞춤의 특징 및 용도

학습 POINT

✿ 걸침턱맞춤, 주먹장부맞춤, 턱장부맞춤, 안장맞춤의 용도 기사

구분	특징	용도
반턱맞춤	가장 간단한 직교재 모서리 부분의 맞춤	일반용
걸침턱맞춤	한 부재의 턱을 따내고 직교하는 부재를 내려 끼우는 맞춤	**지붕보와 도리, 층보와 장선 등**
주먹장부맞춤	한 부재는 주먹장을 내고 상대 부재는 옆구리에 주먹장부구멍을 두어 맞춤하는 방식	**토대 T형 부분, 토대와 멍에**
턱장부맞춤	장부에 작은 턱을 끼워맞춤	**토대, 창문의 모서리**
안장맞춤	작은 재를 두 갈래로 중간을 파내고 큰 재의 쌍으로 파낸 부위에 끼워맞춤	**평보와 ㅅ자보**
연귀맞춤	**직교되거나 경사로 교차되는 부재의 마구리가 보이지 않게 45° 빗잘라 대는 맞춤**	가구, 창문의 모서리 맞춤

✿ 연귀맞춤의 특징 기사

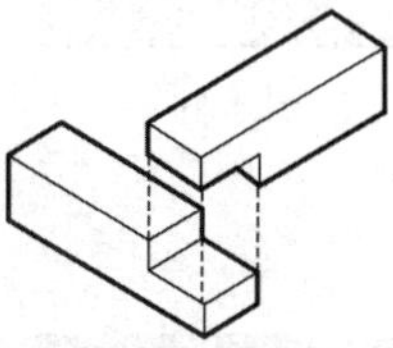
[반턱맞춤]

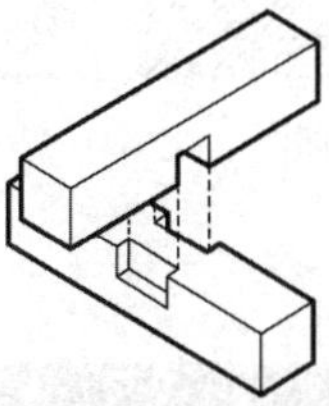
[걸침턱맞춤]

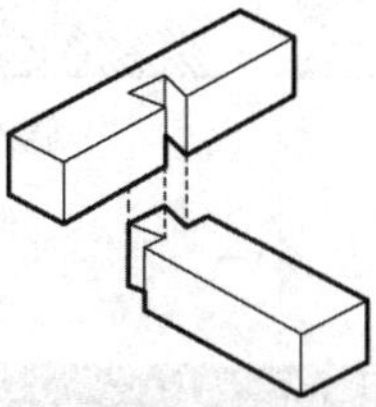
[주먹장부맞춤]

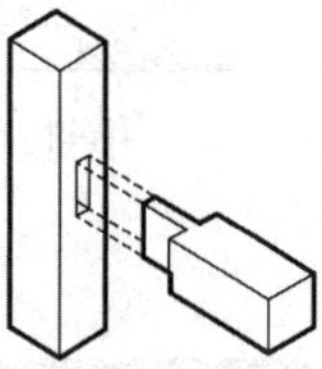
[턱장부맞춤]

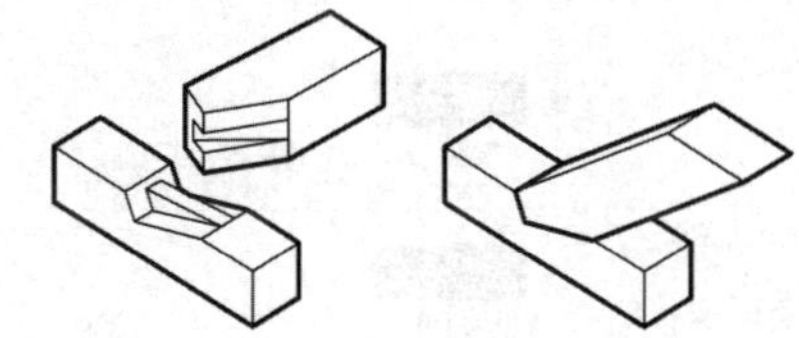
[안장맞춤]

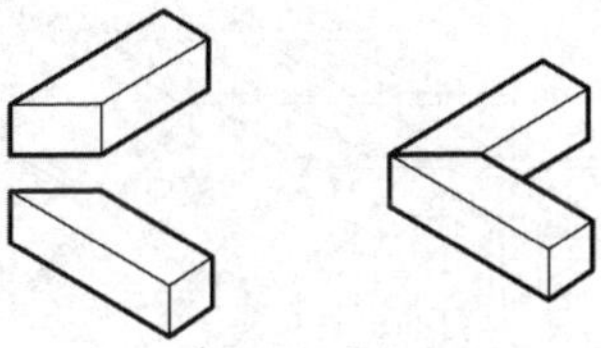
[연귀맞춤(정연귀)]

(3) 연귀맞춤의 종류

✿ 연귀맞춤의 종류 산업 기사

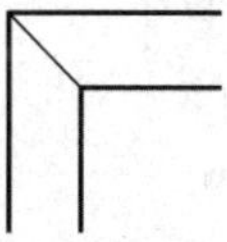
[정연귀]

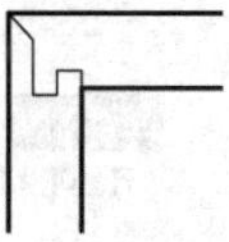
[안촉연귀]

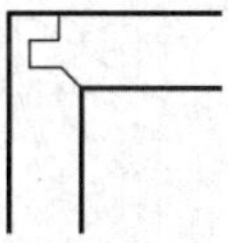
[밖촉연귀]

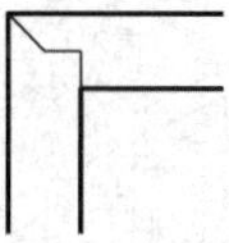
[반연귀]

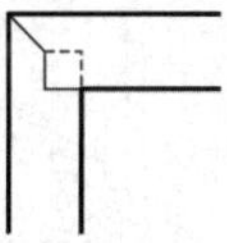
[사개연귀]

5.4 쪽매

(1) 정의

부재를 옆으로 섬유 방향과 평행으로 옆 대어 붙이는 것

학습 POINT

- 제혀쪽매의 특징 산업 기사
- 빗쪽매, 오늬쪽매, 제혀쪽매, 틈막이쪽매의 용도 산업 기사

(2) 쪽매의 특징 및 용도

구분	특징	용도
맞댄쪽매	널을 단순히 맞댄 것으로 경미한 구조에 이용	경미한 구조
빗쪽매	널을 비스듬하게 깎아 다듬은 후 설치하는 쪽매	**반자널, 지붕널**
반턱쪽매	반턱을 내어 서로 물리게 한 쪽매	15mm 미만의 널, 거푸집
오늬쪽매	두 부재의 양면을 오늬 모양으로 다듬어 맞대는 쪽매	**흙막이 널말뚝**
틈막이쪽매 (틈막이대쪽매)	널의 한 면에 반턱을 내어 틈막이대를 설치하고 서로 맞대는 쪽매	**징두리판벽, 천장**
제혀쪽매	널 한쪽에 홈을 파고 딴 쪽에는 혀를 내어 물리게 한 쪽매	**마룻널 깔기**
딴혀쪽매	널의 양면 중앙부에 홈을 파서 틈막이대를 끼워 대고 서로 맞댄 쪽매	마룻널 깔기

- 쪽매 그림 맞추기 산업 기사
- 쪽매 그림 그리기 산업

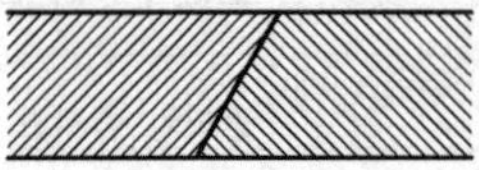
[빗쪽매]

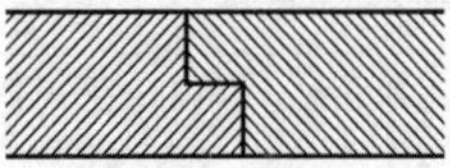
[반턱쪽매]

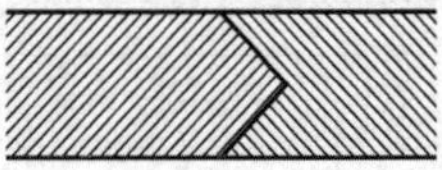
[오늬쪽매]

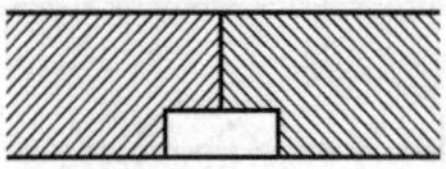
[틈막이쪽매]

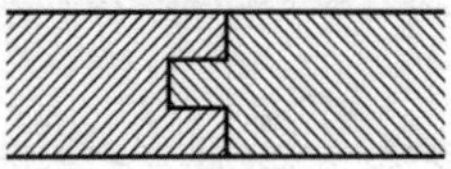
[제혀쪽매]

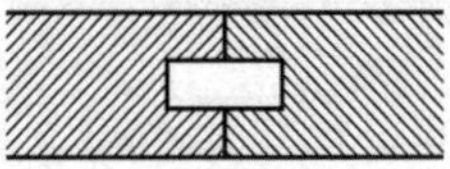
[딴혀쪽매]

06 목구조

- 목구조 건축물

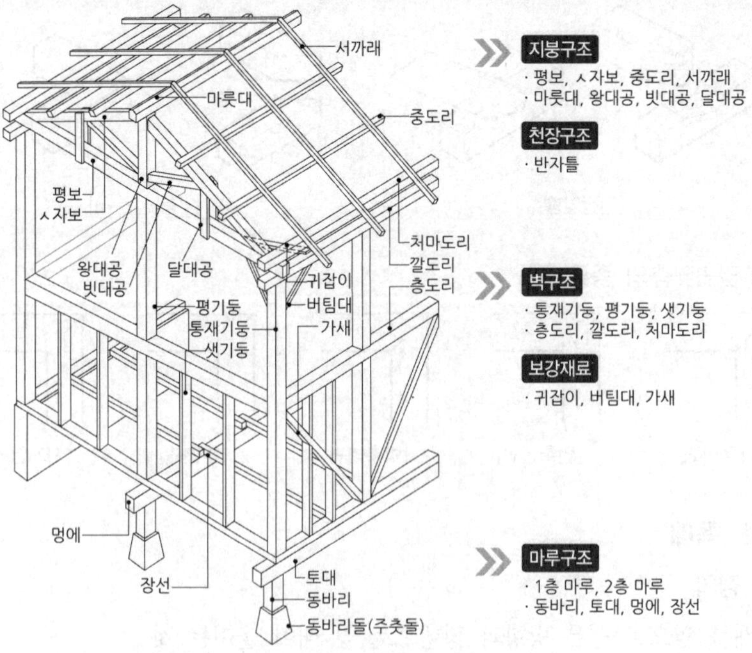

6.1 벽구조

(1) 기둥

① 통재기둥: 밑층에서 위층까지 한 개의 부재로 상하층 기둥이 되는 것
② 평기둥: 한 개 층 높이로 세워지는 기둥으로 약 2m 간격으로 배치
③ 샛기둥: 본기둥 사이에 설치하는 단면기둥으로 가새의 옆 휨을 막고 뼈대 역할을 하는 기둥

(2) 도리

① 층도리: 2층 마룻바닥이 있는 부분에 수평으로 대는 가로 방향의 부재
② 깔도리: 기둥 또는 벽 위에 놓아 평보를 받는 도리
③ 처마도리: 테두리벽 위에 건너 대어 서까래를 받는 도리로 깔도리와 같은 방향으로 설치

(3) 보강방법

① 가새: 수평력에 견디게 하기 위해 사선 방향으로 경사지게 설치한 부재
② 버팀대: 기둥과 도리가 직각으로 연결되는 부위에 경사지게 대어 설치한 횡력 보강 부재
③ 귀잡이: 가로재(토대, 보, 도리)가 서로 수평이 맞추어지는 귀를 안정적 삼각구조로 보강한 횡력 보강 부재

(4) 시공 순서

구분	시공 순서
목조건축물	토대 → 1층 벽체 뼈대 → 2층 마루틀 → 2층 벽체 뼈대 → 지붕틀
목조벽체 뼈대	기둥 → 인방보 → 층도리 → 큰보(입주상량)

※ 입주상량: 목재의 마름질, 바심질이 끝난 다음 기둥 세우기, 보·도리 등의 짜 맞추기를 하는 일(목공사의 40%가 완료된 상태)

6.2 지붕구조

(1) 구조의 이해

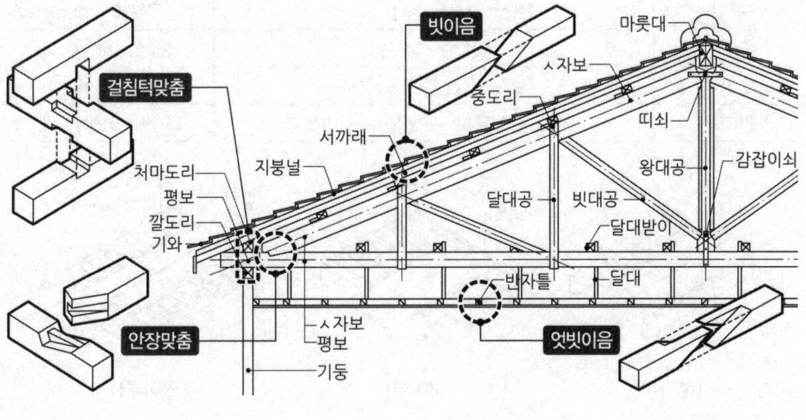

> **학습 POINT**
>
> ✿기둥은 (통재기둥)과 (평기둥)으로 모서리, 칸막이벽과의 교차부 또는 집중하중이 오는 위치에 두고, 벽이 될 때에는 약 (2m) 간격으로 배치한다. 산업
>
> ✿깔도리, 처마도리 용어 기사
> ✿목조 양식구조는 (깔도리) 위에 지붕틀을 얹고, 지붕틀의 (평보) 위에 깔도리와 같은 방향으로 (처마도리)를 걸쳐 댄다. 기사
>
> ✿목구조체 횡력에 대한 보강방법의 종류 산업 기사
> ✿보강재 용어 설명 기사
>
> ✿목조건축물 시공 순서 산업 기사
> ✿목조벽체 뼈대 시공 순서 기사
> ✿입주상량 용어 설명 기사
>
> ✿평보와 ㅅ자보 – 안장맞춤
> ✿지붕보와 도리, 층보와 장선 – 걸침턱맞춤
> ✿반자틀 – 엇빗이음
> ✿서까래 – 빗이음

학습 POINT

- 반자의 설치 목적 산업 기사
- 반자틀 시공 순서 산업 기사
- 동바리마루 시공 순서 산업
- 납작마루 시공 순서 기사
- 마룻널 이중깔기 시공 순서 산업
- 2층 마루의 종류 및 특징 설명 산업 기사
- 짠마루 시공 순서 산업 기사

(2) 반자

① 반자의 종류: 회반죽반자, 널반자, 살대반자, 우물반자, 구성반자

② 반자의 설치 목적: 지붕·마루 밑을 감추어 보기 좋게 하고, 먼지 등을 방지하며, 음·열·기류 차단에 효과가 있게 한다.

(3) 반자틀 시공 순서

시공 순서	구성
① 달대받이 ② 반자돌림대 ③ 반자틀받이 ④ 반자틀 ⑤ 달대 ⑥ 반자널	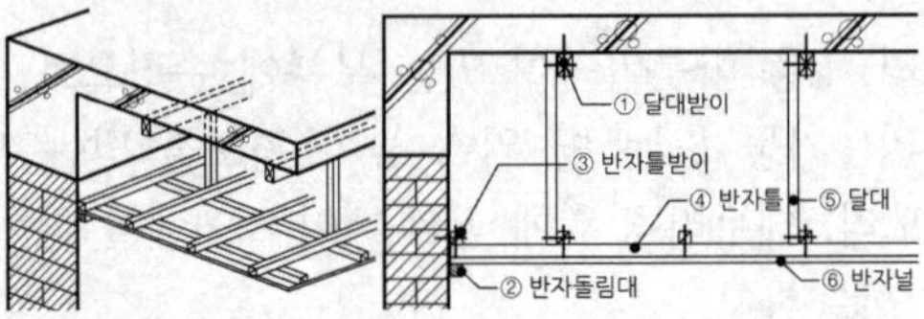

6.3 마루구조

(1) 1층 마루

구분	시공 순서
동바리마루	동바리돌(주춧돌) → 동바리 → 멍에 → 장선 → 마룻널
납작마루	동바리(기초) → 멍에 → 장선 → 마룻널
마룻널 이중깔기	동바리(기초) → 멍에 → 장선 → 밑창널 깔기 → 방수지 깔기 → 마룻널 깔기

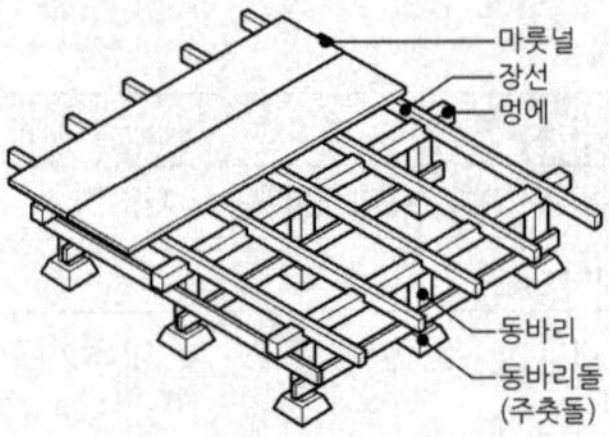

[동바리마루]

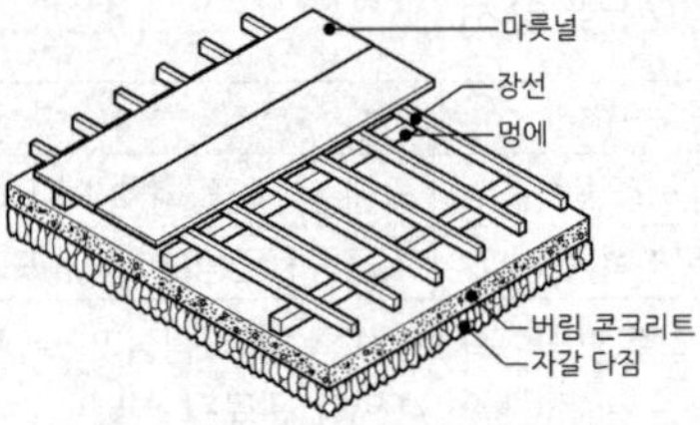

[납작마루]

(2) 2층 마루

구분	시공 순서	간사이(span)
홑마루	장선 → 마룻널	2.4m 이하일 때
보마루	보 → 장선 → 마룻널	2.4m 이상일 때
짠마루	큰보 → 작은보 → 장선 → 마룻널	6.4m 이상일 때

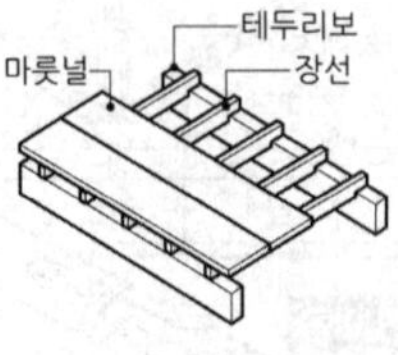

[홑마루]

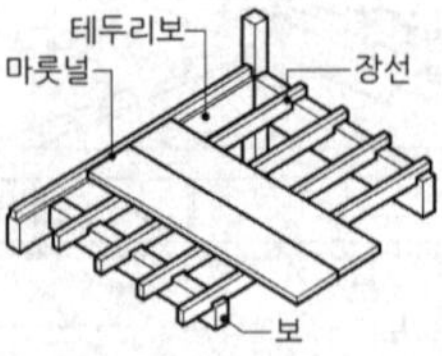

[보마루]

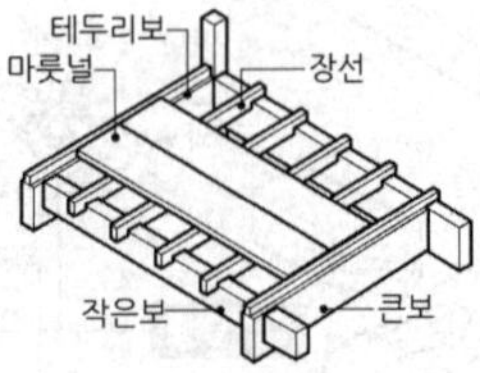

[짠마루]

6.4 목조계단

(1) 용어

① 단너비: 계단의 한 디딤판의 너비
② 단높이: 계단 한 단의 높이 (챌판)
③ 계단참: 계단을 오르내릴 때 쉬거나 돌아 올라가는 넓게 된 부분
④ 계단실: 건물 내에서 계단이 점유하는 공간 부분

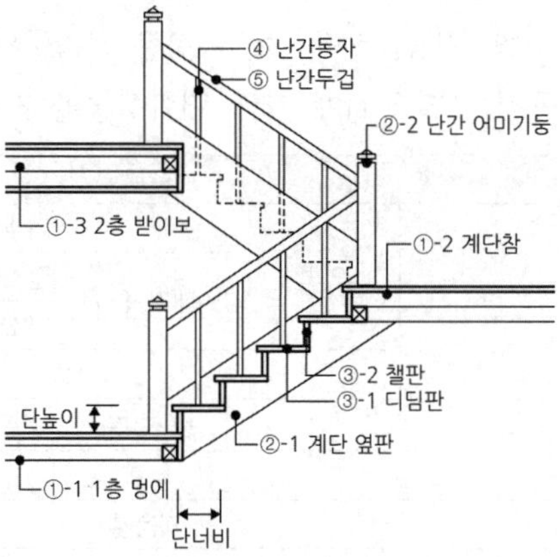

[목조계단]

(2) 시공 순서

① (1층 멍에 → 계단참 → 2층 받이보) → ② (계단 옆판 → 난간 어미기둥) → ③ (디딤판 → 챌판) → ④ (난간동자) → ⑤ (난간두겁)

6.5 판벽

(1) 외부판벽

① 영식 비널판벽
② 덕솔(독일식) 비늘판벽
③ 누름대 비늘판벽

(2) 내부판벽

기둥, 샛기둥에 띠장을 30 ~ 60cm 간격으로 대고 널을 세워 댄 것

(3) 양판

걸레받이와 두겁대 사이에 끼우는 넓고 길지 아니한 널판

(4) 징두리판벽

실내벽 하부에서 1 ~ 1.5m(보통 1.2m) 정도 높이의 징두리에 판재를 붙인 벽

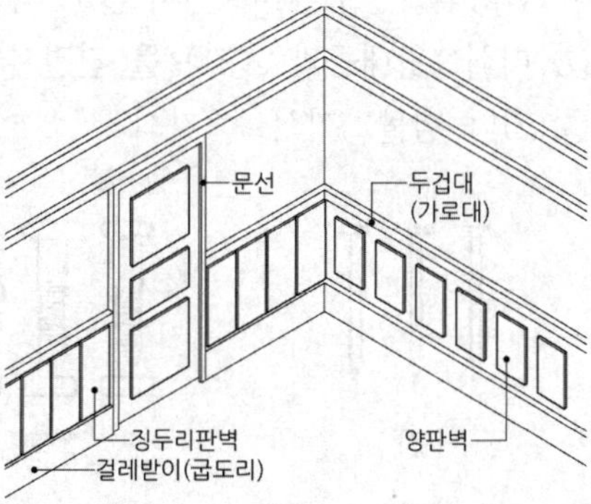

[판벽]

학습 POINT

✿ 계단의 용어 설명 산업 기사
계단의 구성에서 계단이 있는 방을 (계단실)이라 하고, 계단의 한 단의 바닥을 (디딤판) 또는 디딤면이라 하며, 수직면을 (챌판)이라 한다. 또 계단의 중간에 단이 없이 넓게 되어 있는 다리쉼과 돌림에 쓰이는 부분을 (계단참)이라 한다.

✿ 목조계단 시공 순서 산업 기사

✿ 양판, 징두리판벽의 특징 산업

✿ 바닥에서 1m 정도 높이의 하부벽을 (징두리판벽)이라 한다.

학습 POINT

✿ 목구조 방화설계 내화성능 산업

6.6 방화설계

벽, 기둥, 바닥, 보, 지붕은 건축물의 「피난 · 방화구조 등의 기준에 관한 규칙」 [별표 1]에 따라 내화성능을 가진 내화구조로 하여야 한다.

구분				내화시간
벽	외벽	내력벽		1~3시간
		비내력벽	연소 우려가 있는 부분	1~1.5시간
			연소 우려가 없는 부분	0.5시간
	내벽			1~3시간
보 · 기둥				1~3시간
바닥				1~2시간
지붕틀				0.5~1시간

주1) 지붕 및 바닥 아래 천장이 방화재료로 피복되어 있을 경우에는 해당 천장을 지붕 및 바닥의 일부로 본다.
2) 외벽의 재하가열시험은 내측면만 가열한다.

6.7 철물, 공구, 목수

✿ 목공사 철물 종류 산업 기사

✿ 못은 판두께의 (3)배를 원칙으로 하고, 충분한 고정강도를 얻을 수 있는 길이를 갖는 것을 사용하고, 나사는 강제바탕 이면에 (10)mm 이상의 여장길이를 확보할 수 있는 것을 사용한다. 산업

✿ 듀벨은 (볼트)와 함께 사용하며 듀벨은 (전단력)에, (볼트)는 (인장력)에 견디어 상호작용하여 목재의 (파손)을 방지한다. 산업

✿ 평보와 대공에 달아맬 때 평보를 감아 대공에 긴결시키는 보강철물은 (감잡이쇠)이며, 가로재와 세로재가 교차하는 모서리 부분에 각이 변하지 않도록 보강하는 철물은 (주걱볼트)이고, 큰보를 따 내지 않고 작은보를 걸쳐 받게 하는 보강철물은 (안장쇠)이다. 기사

(1) 철물

① 못(나사못): 못은 판두께의 3배를 원칙으로 하고, 충분한 고정강도를 얻을 수 있는 길이를 갖는 것을 사용하고, 나사못은 강제바탕 이면에 10mm 이상의 여장 길이를 확보할 수 있는 것을 사용

② 볼트: 구조용 12mm, 경미한 곳에는 9mm 지름의 볼트를 사용하며, 인장력을 받을 때 사용

③ 듀벨: 두 부재의 접합부에 끼워 볼트와 같이 써서 전단력에 견디도록 한 보강철물로, 볼트의 인장력과 상호작용하여 목재의 파손을 방지

④ 감잡이쇠: 평보를 왕대공에 달아맬 때 긴결시키는 보강철물

⑤ 주걱볼트: 가로재와 세로재가 교차하는 곳에 모서리각이 변하지 않도록 보강하는 철물

⑥ 안장쇠: 큰보를 따 내지 않고 작은보를 걸쳐 받게 하는 보강철물

⑦ 띠쇠: 왕대공과 ㅅ자보를 긴결시키는 보강철물

⑧ 기타 철물: 꺾쇠, ㄱ자쇠

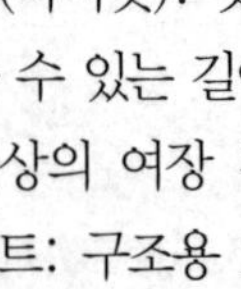
[못]

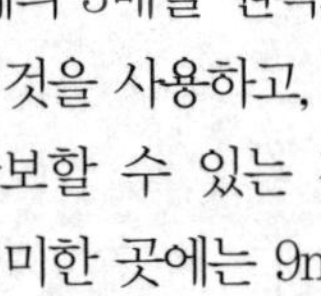
[볼트]

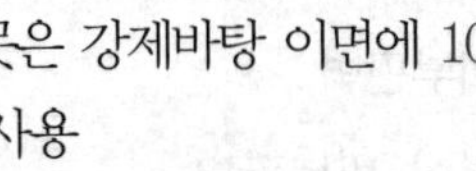
[듀벨]

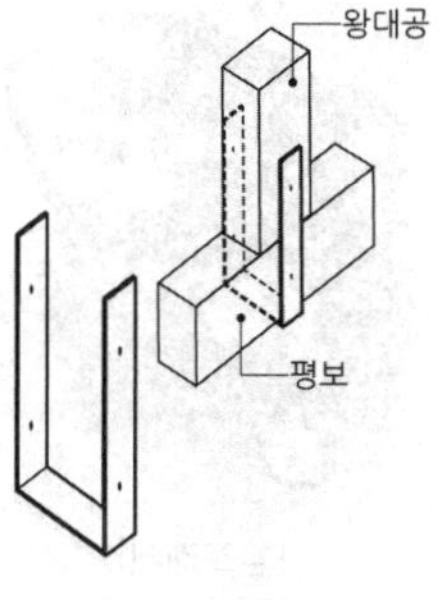

[감잡이쇠]

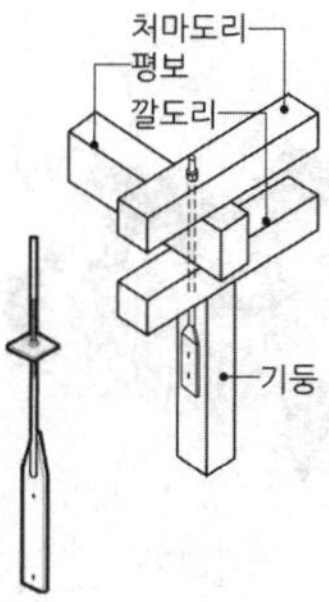

[주걱볼트]

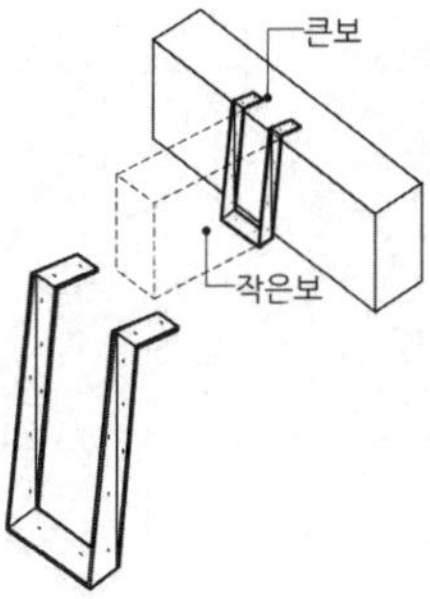

[안장쇠]

[꺾쇠]

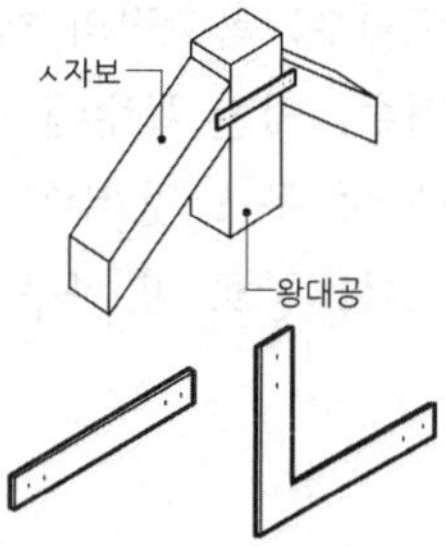

[띠쇠] [ㄱ자쇠]

(2) 기계공구

① 끌: 홈, 구멍을 파는 데 이용

② 톱: 목재를 절단하는 데 이용

③ 대패: 목재의 면을 평활하게 마무리하는 데 이용

④ 루터기: 홈대패라고 하며, 목재의 몰딩이나 홈을 팔 때 쓰는 공구

⑤ 직소기: 판재, 합판, MDF 등을 절단하는 데 이용하는 전동공구

⑥ 타카: 컴프레서의 압축공기를 이용하여 망치 대신 사용하는 공구

[전기대패]

[루터기]

[직소기]

학습 POINT

- 기둥과 깔도리 – 주걱볼트
- 큰보와 작은보 – 안장쇠
- 왕대공과 평보 – 감잡이쇠

- 목공사 공구 종류 산업 기사
- 타카, 루터기 용어 설명 산업

학습 POINT

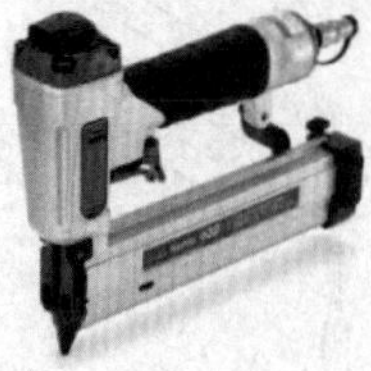

[타카]

[컴프레서]

목수 구분 기사

(3) 목수

① 도편수: 목수직의 책임자
② 편수: 일반 목수에 해당하는 직책
③ 대목: 구조 및 수장 일을 하는 목수
④ 소목: 창호 및 가구 등의 일을 하는 목수

chapter

03 연습문제

01 다음 〈보기〉의 목재를 침엽수와 활엽수로 분류하시오. [2점]

보기
① 노적송 ② 낙엽송 ③ 오동나무
④ 측백나무 ⑤ 느티나무 ⑥ 떡갈나무

(가) 침엽수: ______

(나) 활엽수: ______

02 목공사에서 구조용으로 쓰이는 목재의 조건을 3가지 쓰시오. [3점]

① ______

② ______

③ ______

03 실내마감 목공사인 수장공사에 사용하는 부재에 요구되는 사항 4가지를 기입하시오. [4점]

① ______

② ______

③ ______

④ ______

04 다음은 목공사의 단면치수 표기법이다. ( ) 안에 알맞은 용어를 쓰시오. [2점]

보기
목재의 단면을 표시하는 치수는 구조재·수장재 나무는 (①)로 하고, 창호재·가구재의 단면치수는 (②)로 한다.

① ______ ② ______

해답

01

(가) ① 노적송
② 낙엽송
④ 측백나무

(나) ③ 오동나무
⑤ 느티나무
⑥ 떡갈나무

02

① 강도가 크고, 곧고 긴 부재
② 충해에 대한 저항성이 큰 부재
③ 수축과 팽창의 변형이 적은 부재
• 질이 좋고 공작이 용이할 것

03

① 변형(수축, 굽음, 비틀림)이 없을 것
② 재질감이 우수할 것
③ 결, 무늬, 빛깔 등이 아름다울 것
④ 건조가 잘된 것

04

① 제재치수
② 마무리치수

05 목재의 제재목에 나타나는 무늬의 종류 4가지를 쓰시오. [4점]

① ________ ② ________ ③ ________ ④ ________

06 목재의 결함 4가지를 기술하시오. [4점]

① ________ ② ________ ③ ________ ④ ________

07 목재를 길이에 따라 4가지로 분류하고, 그 용어를 설명하시오. [4점]

① ________________

② ________________

③ ________________

④ ________________

08 다음 (   ) 안에 알맞은 수치를 쓰시오. [4점]

목재의 함수율은 구조용재 (①)%, 기건재 (②) ~ (③)%, 섬유포화점 (④)%이다.

① ________ ② ________ ③ ________ ④ ________

09 다음 (   ) 안에 알맞은 수치를 쓰시오. [2점]

목재의 함수율은 수장재인 경우 (①)%, 구조재는 (②)%가 알맞다.

① ________________ ② ________________

10 다음 (   ) 안에 적당한 말을 써넣으시오. [3점]

(가) 목공사에서 둥근못을 박는 데 필요한 못의 길이는 널재 두께의 (①)배이다.
(나) 목재의 수장재의 함수율은 약 (②)%이다.
(다) 목재의 구조재의 함수율은 약 (③)%이다.

① ________ ② ________ ③ ________

해답

05
① 곧은결
② 널결
③ 무늬결
④ 엇결

06
① 갈라짐(갈램)
② 옹이
③ 껍질박이
④ 썩음

07
① 정척물: 길이가 1.8m, 2.7m, 3.6m인 것
② 장척물: 길이가 정척물보다 0.9m씩 길어진 것
③ 단척물: 길이가 1.8m 미만인 것
④ 난척물: 길이가 정척물이 아닌 것

08
① 20
② 10
③ 15
④ 30

09
① 15
② 20

10
① 2.5 ~ 3
② 15
③ 20

11 다음은 목재의 단면치수 표기법에 대한 설명이다. (　　) 안에 알맞은 용어를 써넣으시오. [2점]

도면에 주어진 창문의 치수는 (①)치수이므로 제재소에 주문 시에는 3mm 정도 더 크게 (②)치수로 해야 한다.

① ______________ ② ______________

12 목재의 건조법 중 인공건조법 3가지를 쓰시오. [3점]

① ________ ② ________ ③ ________

13 목재의 저장 시 유의사항 중 아래 사항을 채우시오. [3점]

① 직접 땅에 닿지 않게 저장한다.

② 오염, 손상, 변색, 썩음을 방지할 수 있도록 저장한다.

③ 건조가 잘되게 저장한다.

④ ______________

⑤ ______________

⑥ ______________

14 목재의 결점 중의 하나인 부식의 원인이 되는 환경조건과 이에 대한 사용상 주의사항에 대해 기술하시오. [4점]

① 온도: ______________

② 습기: ______________

③ 공기: ______________

④ 양분: ______________

해답

11

① 마무리
② 제재

12

① 증기법
② 훈연법
③ 열기법
• 진공법

13

④ 습기가 차지 않도록 저장한다.
⑤ 흙, 먼지, 시멘트 가루 등이 묻지 않도록 저장한다.
⑥ 종류, 규격, 용도별로 저장한다.

14

① 부패균은 25～35℃ 사이에서 가장 왕성하고 4℃ 이하, 55℃ 이상에서는 거의 번식하지 못한다.
② 함수율이 20% 이상이 되면 균이 발육하기 시작하여 40～50%에서 가장 왕성하고 15% 이하로 건조하면 번식을 멈춘다.
③ 부패균은 생장에 공기가 필요하므로 공기를 차단하면 부패하지 않는다.
④ 섬유세포를 영양분으로 해서 번식 및 성장하므로 방부 처리한다.

15 목재의 방부처리 방법을 5가지 쓰시오. [5점]

① ______ ② ______ ③ ______

④ ______ ⑤ ______

16 목재의 부패를 방지하기 위해 사용하는 유성방부제의 종류를 4가지 쓰시오. [4점]

① ______ ② ______

③ ______ ④ ______

17 목재의 방염제 4가지를 쓰시오. [4점]

① ______ ② ______

③ ______ ④ ______

18 다음 대패질 순서에 맞추어 (   ) 안에 알맞은 용어를 쓰시오. [3점]

(①) → (②) → (③)

① ______ ② ______ ③ ______

19 다음 〈보기〉에서 목공사의 순서를 번호로 쓰시오. [2점]

보기			
① 마름질	② 건조 처리	③ 바심질	④ 먹매김

______

해답

15
① 생리적 주입법
② 가압주입법
③ 표면탄화법
④ 침지법
⑤ 도포법

16
① 크레오소트
② 콜타르
③ 아스팔트
④ 유성페인트

17
① 인산암모늄
② 황산암모늄
③ 규산나트륨
④ 탄산나트륨

18
① 막대패질
② 중대패질
③ 마무리 대패질

19
② 건조 처리 → ④ 먹매김 → ① 마름질 → ③ 바심질

20 다음 설명에 해당되는 용어를 기입하시오. [2점]

(가) 구멍 뚫기, 홈파기, 면접기 및 대패질로 목재를 다듬는 일: (①)
(나) 목재를 크기에 따라 각 부재의 소요길이로 잘라 내는 일: (②)

① ________________ ② ________________

21 다음 그림에 알맞은 것을 골라 연결하시오. [3점]

① ② ③ ④ ⑤ ⑥

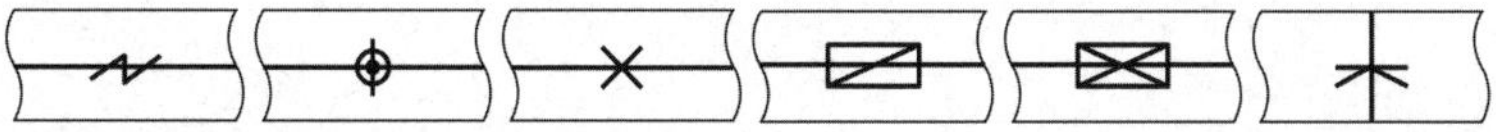

(가) 중심먹 (나) 먹지우기 (다) 볼트 구멍
(라) 내다지장부 구멍 (마) 반내다지장부 구멍 (바) 절단
(사) 북 방향으로 위치 (아) 잘못된 먹매김 위치 표시

① ____________ ② ____________ ③ ____________

④ ____________ ⑤ ____________ ⑥ ____________

22 다음 목공사에 있어서 바심질 시공 순서를 〈보기〉에서 골라 번호로 쓰시오. [3점]

보기

① 필요한 번호, 기호 등을 입면에 기입
② 먹매김
③ 자르기와 이음, 맞춤, 장부 등을 깎아 내기
④ 세우기
⑤ 세우기 순서대로 정리
⑥ 구멍 파기, 홈파기, 대패질

____

23 다음 설명에 맞는 용어를 쓰시오. [2점]

목질재료를 주원료로 하여 고온에서 섬유화하여 얻은 목섬유를 합성수지 접착제로 결합시켜 열압성형하여 만든 밀도 0.4 ~ 0.8g/cm^{3}의 목질 판상의 제품

____

해답

20
① 바심질
② 마름질

21
① (가) ② (다)
③ (나) ④ (마)
⑤ (라) ⑥ (바)

22
② → ③ → ⑥ → ① → ⑤ → ④

23
MDF(중밀도섬유판)

해답

24

(가) ③ (나) ①
(다) ② (라) ④

25

(가) ① (나) ②
(다) ③ (라) ④
(마) ⑤ (바) ⑦
(사) ⑥

26

파티클보드

24 다음 그림은 나무 모접기이다. 〈보기〉에서 알맞은 것을 골라 연결하시오. [4점]

보기			
① 큰모	② 실모	③ 쌍사모	④ 빰모접기

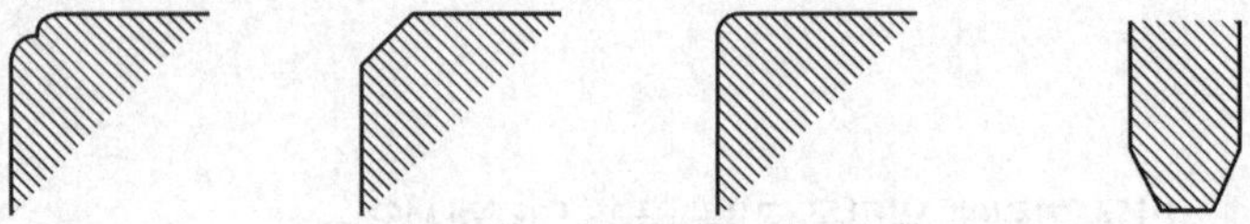

(가) ________ (나) ________ (다) ________ (라) ________

25 다음 그림은 나무 모접기이다. 〈보기〉에서 알맞은 것을 골라 연결하시오. [3점]

보기			
① 실모	② 둥근모	③ 쌍사모	④ 게눈모
⑤ 큰모	⑥ 평골모	⑦ 실오리모	⑧ 쇠시리

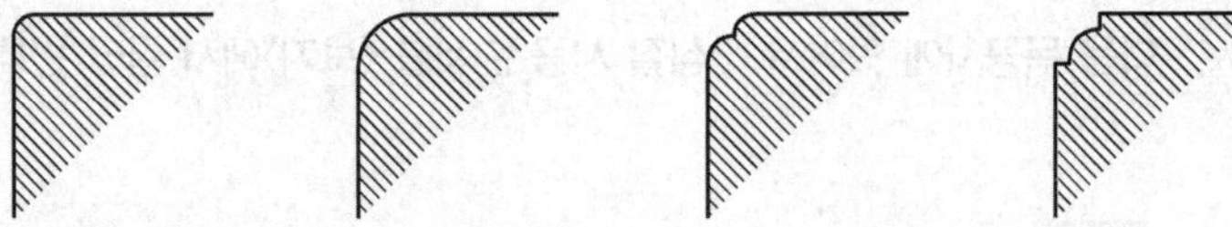

(가) ________ (나) ________ (다) ________ (라) ________

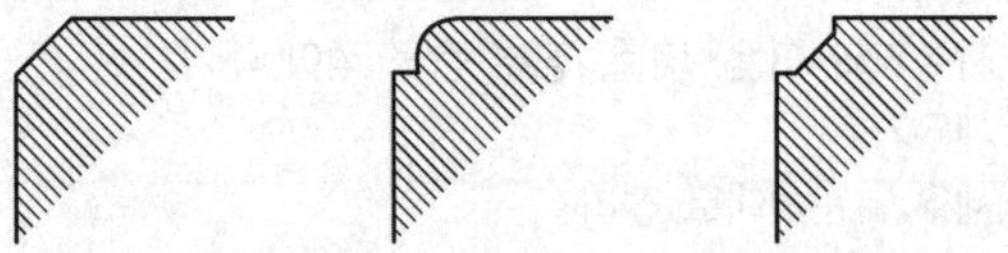

(마) ________ (바) ________ (사) ________

26 다음 설명에 맞는 용어를 쓰시오. [2점]

목재의 부스러기를 합성수지 접착제를 섞어 가열, 압축한 판재

____

27 집성목재의 장점 3가지를 쓰시오. [3점]

① ______

② ______

③ ______

28 다음 용어를 설명하시오. [3점]

① 이음: ______

② 맞춤: ______

③ 쪽매: ______

29 목재의 접합 시 주의사항 4가지만 쓰시오. [4점]

① ______

② ______

③ ______

④ ______

30 다음은 목공사의 위치별 이음의 설명이다. 해당하는 명칭을 쓰시오. [3점]

① 부재의 중심에서 이음: ______

② 중심에서 벗어난 위치에서 이음: ______

③ 가로받침을 대고 이음: ______

31 목재의 연귀맞춤의 세부적인 종류를 4가지 쓰시오. [4점]

① ______ ② ______

③ ______ ④ ______

해답

27

① 접합을 통해 자유로운 형상을 만들 수 있다.
② 비교적 긴 스팬의 설계가 가능하다.
③ 일반목재보다 1.5배 이상의 강도를 가진다.
• 뒤틀림 및 변형이 적다.

28

① 부재를 길이 방향으로 길게 접합하는 것
② 부재를 서로 직각 또는 일정한 각도로 접합하는 것
③ 부재를 섬유 방향과 평행하게 옆대어 붙이는 것

29

① 단면 방향은 응력에 직각이 되게 한다.
② 모양에 치우치지 말고, 단순하게 한다.
③ 적게 깎아서 약해지지 않게 한다.
④ 응력이 작은 곳에서 한다.

30

① 심이음
② 내이음
③ 베개이음

31

① 안촉연귀
② 밖촉연귀
③ 반연귀
④ 사개연귀

32 마룻널의 쪽매 명칭을 4가지 쓰시오. [4점]

① ________ ② ________

③ ________ ④ ________

33 다음 목재의 쪽매를 그림으로 그리시오. [2점]

① 제혀쪽매 ② 오늬쪽매

34 각 문제와 관련이 있는 것을 〈보기〉에서 골라 쓰시오. [4점]

보기
① 주먹장부맞춤 ② 안장맞춤
③ 걸침턱맞춤 ④ 턱장부맞춤

(가) 평보와 ㅅ자보에 쓰인다. ________

(나) 지붕보와 도리, 층보와 장선 등의 맞춤에 쓰인다. ________

(다) 토대나 창호 등의 모서리 맞춤에 쓰인다. ________

(라) 토대의 T형 부분이나 토대와 멍에의 맞춤, 달대공의 맞춤에 쓰인다.
____

35 목재가공 시 사용되는 쪽매이다. 이름을 쓰시오. [3점]

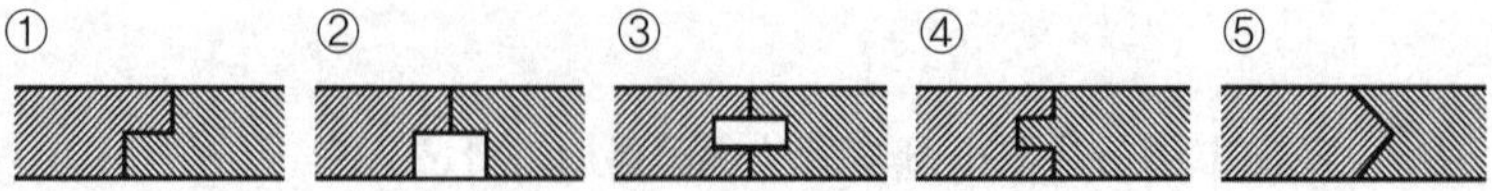

① ________ ② ________ ③ ________

④ ________ ⑤ ________

해답

32

① 반턱쪽매
② 오늬쪽매
③ 딴혀쪽매
④ 제혀쪽매
• 빗쪽매, 틈막이쪽매

33

① 제혀쪽매

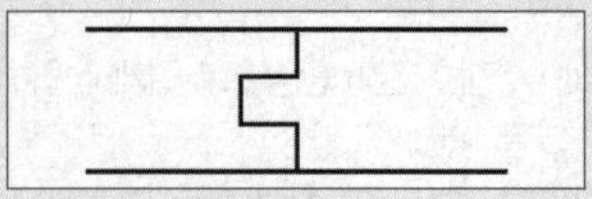

② 오늬쪽매

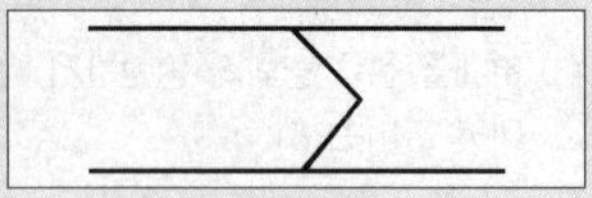

34

(가) ② 안장맞춤
(나) ③ 걸침턱맞춤
(다) ④ 턱장부맞춤
(라) ① 주먹장부맞춤

35

① 반턱쪽매
② 틈막이쪽매(틈막이대쪽매)
③ 딴혀쪽매
④ 제혀쪽매
⑤ 오늬쪽매

36 다음 쪽매와 그 사용 용도를 맞게 연결하시오. [4점]

보기
① 빗쪽매 (가) 흙막이 널말뚝
② 오늬쪽매 (나) 징두리판벽
③ 틈막이대쪽매 (다) 마룻널
④ 제혀쪽매 (라) 반자널

① ______ ② ______ ③ ______ ④ ______

37 1층 납작마루의 시공 순서를 4가지로 쓰시오. [4점]

① ______ ② ______ ③ ______ ④ ______

38 다음 내용의 (　　) 안을 채우시오. [3점]

목조 양식구조는 (①) 위에 지붕틀을 얹고 지붕틀의 (②) 위에 깔도리와 같은 방향으로 (③)를 걸쳐 댄다.

① ______ ② ______ ③ ______

39 각 문제와 관련이 있는 것을 〈보기〉에서 골라 쓰시오. [4점]

보기
① 안장맞춤 ② 엇빗이음 ③ 걸침턱맞춤 ④ 빗이음

(가) 반자틀, 반자살대 등에 쓰인다. ______
(나) 서까래, 지붕널 등에 쓰인다. ______
(다) 지붕보와 도리, 층보와 장선 등의 맞춤에 쓰인다. ______
(라) 평보와 ㅅ자보에 쓰인다. ______

40 다음은 2층 목조건물의 세우기 순서이다. (　　) 안에 알맞은 것을 쓰시오. [3점]

토대 → (①) → (②) → (③) → 지붕틀

① ______ ② ______ ③ ______

해답

36
① (라) ② (가)
③ (나) ④ (다)

37
① 동바리
② 멍에
③ 장선
④ 마룻널

38
① 깔도리
② 평보
③ 처마도리

39
(가) ② 엇빗이음
(나) ④ 빗이음
(다) ③ 걸침턱맞춤
(라) ① 안장맞춤

40
① 1층 벽체 뼈대
② 2층 마루틀
③ 2층 벽체 뼈대

해답

41
기둥 → 인방보 → 층도리 → 큰보

42
③ → ① → ④ → ② → ⑥ → ⑤

43
⑤ → ② → ④ → ③ → ①

44
① 가새
② 버팀대
③ 귀잡이

45
① 계단실
② 디딤판
③ 챌판
④ 계단참

41 다음 목조건물의 뼈대 세우기 순서를 쓰시오. [2점]

____

42 다음은 마룻널 이중깔기의 시공 순서이다. 번호를 바르게 나열하시오. [3점]

보기
① 멍에　② 밑창널 깔기　③ 동바리
④ 장선　⑤ 마룻널 깔기　⑥ 방수지 깔기

순서: ______________________

43 목조계단 설치 시공 순서를 〈보기〉에서 골라 번호를 쓰시오. [3점]

보기
① 난간두겁　② 계단 옆판, 난간 어미기둥
③ 난간동자　④ 디딤판, 챌판
⑤ 1층 멍에, 계단참, 2층 받이보

순서: ______________________

44 목구조체의 횡력에 대한 변형, 이동 등을 방지하기 위한 대표적인 보강방법을 3가지만 쓰시오. [3점]

① ________ ② ________ ③ ________

45 다음 (　　) 안에 알맞은 용어를 쓰시오. [4점]

계단의 구성에서 계단이 있는 방을 (①)이라 하고, 계단 한 단의 바닥을 (②) 또는 디딤면이라고 하고, 수직면을 (③)이라 한다. 또 중간에 단이 없게 넓게 된 다리쉼과 돌림에 쓰이는 부분을 (④)이라 한다.

① ________ ② ________ ③ ________ ④ ________

46 목공사에 쓰이는 연귀맞춤에 대해 간략히 서술하시오. [2점]

____

47 공사 현장에서 쓰이는 공구에 대한 설명이다. 설명에 해당하는 공구의 이름을 쓰시오. [2점]

① 압축공기를 빌려 망치 대신 사용하는 공구: ____________

② 목재의 몰딩이나 홈을 팔 때 쓰는 연장: ____________

48 다음은 목공사에 사용되는 철물에 관한 설명이다. (　　) 안에 해당되는 철물을 써넣으시오.

평보를 대공에 맬 때 평보를 감아 대공에 긴결시키는 보강철물은 (①)이며, 가로재와 세로재가 교차하는 곳의 모서리 부분에 각이 변하지 않도록 보강하는 철물은 (②)이고, 큰보를 따 내지 않고 작은보를 걸쳐 받게 하는 보강철물은 (③)이다.

① ________ ② ________ ③ ________

49 목재의 연결철물의 종류 4가지만 쓰시오. [4점]

① ______ ② ______ ③ ______ ④ ______

50 목재 반자틀을 짜는 순서를 나열하시오. [3점]

보기
① 달대　② 반자돌림대　③ 반자틀 설치
④ 달대받이 설치　⑤ 반자틀받이 설치

순서: ______________________________

해답

46
직교되거나 경사로 교차되는 부재의 마구리가 보이지 않게 45°로 깎아 맞대는 맞춤

47
① 타카
② 루터

48
① 감잡이쇠
② 주걱볼트
③ 안장쇠

49
① 못
② 볼트
③ 듀벨
④ 띠쇠

50
④ → ② → ⑤ → ③ → ①

MEMO

chapter 04 미장 및 타일 공사

01 미장공사

1.1 미장재료

(1) 미장재료의 분류

구분		종류	구성재료
기경성 (수축성)	석회질	회반죽	소석회 + 모래 + 해초풀 + 여물
		회사벽	석회죽 + 모래
		돌로마이트 플라스터(마그네시아 석회)	돌로마이트 석회 + 모래 + 여물
	진흙	진흙	진흙 + 모래 + 짚여물 + 물
	아스팔트	아스팔트 모르타르	아스팔트 + 모래 + 돌가루
수경성 (팽창성)	석고질	순석고 플라스터	순석고 + 모래 + 물
		혼합석고 플라스터	배합석고 + 모래 + 물
		경석고 플라스터(킨즈 시멘트)	무수석고 + 모래 + 물
	시멘트	시멘트모르타르	시멘트 + 모래 + 물
		인조석 바름(테라초)	종석 + 시멘트 + 안료 + 물
알칼리성		회반죽, 돌로마이트 플라스터, 시멘트모르타르, 인조석 바름	

(2) 석회와 석고

구분	성질
석회질	① 기경성이다. ② 수축성이다.
석고질	① 수경성이다. ② 팽창성이다.

1.2 미장 바름

(1) 용어 이해

① 바탕 처리: 요철 또는 변형이 심한 개소를 고르게 덧바르거나 깎아 내어 마감 두께가 균등하게 되도록 조정하는 것

② 덧먹임: 바르기의 접합부 또는 균열의 틈새, 구멍 등에 반죽된 재료를 밀어 넣어 때우는 것

③ 라스 먹임: 미장 바름을 위해 바탕에 철망(메탈라스, 와이어라스)을 붙이는 작업

④ 고름질: 바름 두께 또는 마감 두께가 고르지 않거나 요철이 심할 때 초벌 바름 위에 발라서 면을 고르는 것(흙손, 규준대)

학습 POINT

산업 실내건축산업기사 시공실무 출제
기사 실내건축기사 시공실무 출제

✿ 미장재료의 성질
- 기경성: 공기 중에 경화되는 성질. 석회질, 진흙 등
- 수경성: 물에 의해 경화되는 성질. 석고질, 시멘트 등

✿ 기경성, 수경성 미장재료의 종류 산업 기사

✿ 수축성, 팽창성 미장재료의 종류 기사

✿ 알칼리성 미장재료의 종류 기사

✿ 석회질, 석고질의 성질 산업 기사

✿ 바탕 처리 용어 설명 기사

✿ 덧먹임 용어 설명 기사

✿ 라스 먹임 용어 설명 기사

✿ 고름질 용어 설명 기사

학습 POINT

❁ 러프코트, 리신 바름 공법 설명 기사

⑤ 러프코트(rough coat): 시멘트, 모래, 잔자갈, 안료 등을 반죽하여 바탕 바름이 마르기 전에 뿌려 바르는 거친 벽 마무리로 일종의 인조석 바름이다.
⑥ 리신 바름(lithin coat): 돌로마이트에 화강석 부스러기, 색모래, 안료 등을 섞어 정벌바름하고 충분히 굳지 않은 상태에서 표면을 거친 솔, 얼레빗 같은 것으로 긁어 거친 면으로 마무리한 것이다.

❁ 미장 바름 바탕의 종류 기사
❁ 미장 바름의 종류 산업 기사
❁ 미장 표면마무리의 종류 기사

(2) 미장 바름의 종류

바름 바탕의 종류	바름 종류	표면마무리
① 콘크리트 바탕 ② 조적 바탕 ③ 라스 바탕 ④ 졸대 바탕	① 시멘트모르타르 바름 ② 회반죽 바름 ③ 인조석 바름 ④ 플라스터 바름 ⑤ 흙 바름	① 흙손 마무리 ② 뿜칠 마무리 ③ 긁어 내기 ④ 씻어 내기 ⑤ 리신(규산석회) 마무리 ⑥ 색모르타르

❁ 미장 바르기 순서는 (위)에서부터 (아래)의 순으로 한다. 즉 실내는 (천장), (벽), (바닥)의 순으로 하고 외벽은 옥상 난간에서부터 (지층)의 순으로 한다. 산업

(3) 바름 순서

① 일반적: 위 → 아래
② 실내: 천장 → 벽 → 바닥
③ 외벽: 옥상 난간 → 지층

❁ 미장공사 시공 순서 기사

(4) 시공 순서

① 바탕 처리 → ② 초벌바름 및 라스 먹임 → ③ 고름질 → ④ 재벌바름 → ⑤ 정벌바름

❁ 미장공사(회반죽) 주의사항 기사

(5) 미장공사 시 일반적 주의사항

① 양질의 재료를 사용하여 배합을 정확하게, 혼합은 충분하게 한다.
② 바탕면에 적당한 물축임과 면을 거칠게 해 둔다.
③ 1회 바름 두께는 바닥을 제외하고 6mm를 표준으로 한다.
④ 급격한 건조를 피하고, 시공이나 양생 중에는 진동을 피한다.
⑤ 초벌 후 재벌까지의 기간을 충분히 가진다.
⑥ 기온이 2℃ 이하일 때는 공사를 중단하거나 5℃ 이상 난방하여 시공한다.

❁ 동절기공사 중지조건
• 석회질: 2℃ 이하(회반죽)
• 석고질: 5℃ 이하(석고 플라스터)

❁ 미장공사 결함의 종류 기사

(6) 결함의 원인

① 구조적 원인: 설계 미숙으로 인한 구조결함, 구조재의 수축 및 변형
② 재료적 원인: 재료별 배합비의 불량, 재료의 수축 및 팽창
③ 바탕면 원인: 바탕면의 청소 불량, 이질재와 접촉부의 마무리 불량
④ 시공적 원인: 바름 두께의 불균형, 양생 불량

(7) 결함대책

① 철망 매입

② 줄눈대 설치

③ 배합비 준수

④ 혼화제 사용

1.3 시멘트모르타르 바름

(1) 재료 구성

① 시멘트, 모래, 물의 혼합물로 시멘트는 분말도가 작은 것이 유리하고 모래는 입자가 굵은 것이 강도 및 균열 방지상 유리하다.

② 모르타르는 물 배합 후 1시간 이내에 사용한다.

(2) 모르타르의 종류 및 용도

구분		용도
보통시멘트	보통시멘트모르타르	구조용, 수장용
	백시멘트모르타르	치장용, 줄눈용, 착색용
특수시멘트	바라이트 모르타르	방사선 차단용
	질석 모르타르	단열용, 경량구조용
	석면 모르타르	단열용, 균열방지용
	합성수지 모르타르	광택용
방수 모르타르		방수용
아스팔트 모르타르		내산바닥용

(3) 모르타르 부위별 바름 두께

구분	바름 부위	바름 두께
콘크리트 바탕, 조적 바탕 등	바깥벽, 바닥	24mm
	내벽	18mm
	천장	15mm

(4) 시공 순서

구분	시공 순서
벽 바름(3회)	바탕 처리 → 물축이기 → 초벌바름 → 고름질 → 재벌 → 정벌
바닥 바름	청소 및 물씻기 → 시멘트풀 도포 → 모르타르 바름 → 규준대 밀기 → 나무흙손 고름질 → 쇠흙손 마감

학습 POINT

✿ 시멘트모르타르 배합

✿ 백시멘트, 바라이트, 석면, 방수, 합성수지, 아스팔트 모르타르의 용도 기사

✿ 모르타르 바름 두께 기사

• 규준대

• 나무흙손, 쇠흙손

✿ 모르타르 3회 벽 바름 순서 산업

✿ 모르타르 바닥 바름 순서 산업 기사

학습 POINT

1.4 회반죽 바름

✿ 회반죽재료 종류 산업 기사

(1) 재료(소석회 + 모래 + 해초풀 + 여물)

① 소석회: 공기 중의 탄산가스(CO_2)에 의해서 경화되는 기경성 재료
② 모래: 점도 조절재의 역할
③ 해초풀: 점성·부착력·강도 증가, 균열 방지
④ 여물: 균열 방지

✿ 해초풀의 기능 산업 기사
✿ 여물의 종류 산업

구분	특징
해초풀	• 점도 증대, 강도 증대, 부착력 증가, 균열 방지
여물	• 균열 방지 역할 • 종류: 짚여물, 삼여물, 종이여물, 털여물

✿ 졸대 바탕 회반죽 바름 순서 기사
(바탕처리) → 재료 반죽 → (수염 붙이기) → 초벌 → 고름질 및 덧먹임 → (재벌) → 정벌 → (마무리 및 보양)
• 수염: 회반죽의 박리를 방지하기 위한 보강재료

(2) 시공 순서

구분	시공 순서
회반죽 바름	바탕 처리 → 재료 반죽 → 수염 붙이기 → 초벌바름 → 고름질 및 덧먹임 → 재벌바름 → 정벌바름 → 마무리 및 보양

1.5 인조석 테라초 바름

(1) 재료

백시멘트 + 종석 + 안료 + 물

✿ 테라초 시공 순서 기사
• 테라초

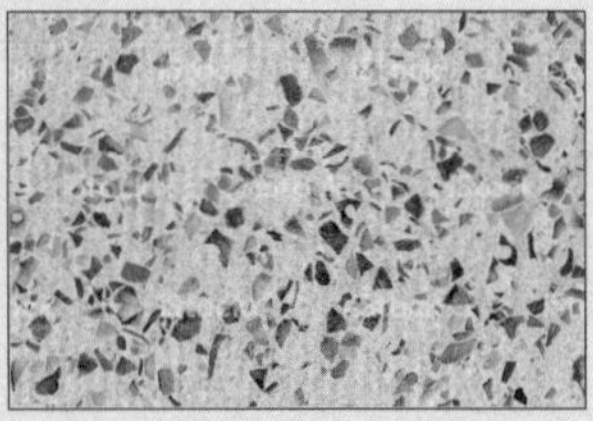

(2) 테라초

백시멘트에 종석과 안료를 혼합하여 바르고 양생 후 바닥면을 연마한 인조석

(3) 시공 순서

구분	시공 순서
테라초 현장 갈기	바탕 처리 → 황동줄눈대 대기 → 테라초 종석 바름 → 양생 및 경화 → 초벌 갈기 → 시멘트풀 먹임 → 정벌 갈기 → 왁스칠

✿ 줄눈대 설치의 목적 산업 기사
• 황동줄눈대 및 바닥 연마기

(4) 줄눈대 설치의 목적

① 재료의 수축, 팽창에 의한 균열 방지
② 바름 구획의 구분
③ 보수 용이

✿ 인조석 갈기는 손갈기 또는 (기계) 갈기를 보통 3회로 한다. 그리고 (수산) 가루를 뿌려 닦아 내고 (왁스)를 바르며, 광내기로 마무리한다. 기사

(5) 인조석 갈기

인조석 갈기는 손갈기 또는 기계갈기를 보통 3회로 한다. 그리고 수산 가루(표백, 연마)를 뿌려 닦아 내고 왁스를 바르며, 광내기로 마무리한다.

(6) 인조석 표면마감법

① 잔다듬: 인조석이 경화된 후 석재 다듬용 공구인 날망치로 마무리
② 물갈기: 인조석이 경화된 후에 갈아 내기를 반복하여 숫돌로 광내기를 마무리
③ 씻어 내기: 시멘트가 완전히 경화하지 않은 시기에 표면을 씻어 내어 종석을 노출

학습 POINT

✿인조석 표면마감법 종류, 설명 기사

1.6 셀프레벨링(self leveling)재

(1) 재료

① 석고계 셀프레벨링재: 석고+모래+경화지연제, 유동화제
② 시멘트계 셀프레벨링재: 시멘트+모래+분산제, 유동화제

✿셀프레벨링재의 종류 기사
✿셀프레벨링재의 특징 및 혼합재료 기사

(2) 특징

자체 유동성을 가지고 있어 스스로 평탄해지는 성질을 이용하여 바닥 마름질 공사에 사용되는 재료이다. 시공 후 물결무늬가 생기지 않도록 개구부를 밀폐하고 시공 전후 온도가 5℃ 이하가 되지 않도록 한다.

✿셀프레벨링재의 특징 산업

(3) 시공 순서

재료의 혼합반죽 → 실러바름 → 셀프레벨링재 붓기 → 이어치기 부분의 처리

✿셀프레벨링재 시공 순서 산업 기사

02 타일공사

2.1 점토제품

(1) 점토제품의 분류

구분	토기	도기	석기	자기
소성온도	700 ~ 900 ℃	1,000 ~ 1,300 ℃	1,300 ~ 1,400 ℃	1,300 ~ 1,500 ℃
흡수율	20 ~ 30 %	15 ~ 20 %	8 % 이하	1% 이하
시약	무유	시유	식염유	시유
색조	유색, 백색	유색, 백색	유색	백색
주 용도	벽돌, 기와, 토관	내장타일, 위생도기, 테라코타	내·외장타일, 클링커타일	외장타일, 바닥타일

※ 흡수성이 큰 순서: 토기 > 도기 > 석기 > 자기
※ 소성온도가 큰 순서: 자기 > 석기 > 도기 > 토기(양호도가 좋은 순서)

✿흡수성이 큰 순서 산업 기사

(2) 제조성형에 의한 분류

구분	성형방법	용도
건식법	원재료를 건조 분말 상태에서 **가압(press)성형**하여 제조	내장, 바닥타일
습식법	원재료를 물반죽하여 형틀에 넣고 **압출성형**하여 제조	외장타일

✿타일 성형방법에는 건식과 습식의 2가지 방법이 있다. 건식은 원재료를 건조 분말하여 (가압)성형한 것이고, 습식은 원재료를 물반죽하여 형틀에 넣고 (압출)성형한 것이다. 산업

학습 POINT

(3) 타일의 용도상 분류 및 요구성능

구분		요구성능
재료상	자기질타일	• 화학적 내구성과 내열성 우수 • 강도가 높아 주로 바닥타일과 외장타일 시공이 용이
	도기질타일	• 색상과 외관이 미려하나 강도가 다소 약함 • 외관이 미려하여 주로 내장타일 시공에 사용
용도상	외부바닥용 타일	• 흡수성이 적을 것 • 외기에 저항력이 강하고 단단한 것
	내부벽용 타일	• 흡수성이 다소 있는 것 • 미려하고 위생적이며 청소가 용이한 것
	내부바닥용 타일	• 단단하고 내구성이 강한 것 • 흡수성이 적은 것 • 자기질, 석기질의 무유로 표면이 미끄럽지 않은 것 • 내마모성이 좋고 충격에 강한 것

✿ 타일의 재료상 특징 기사

✿ 타일의 용도상 분류 산업

✿ 내부바닥용 타일 성질 산업 기사

(4) 타일의 종류 및 기타 용어

구분	내용
클링커타일	• 석기질로 외부바닥용 타일에 주로 이용한다.
아트모자이크타일 (art mosaic tile)	• 극히 작은 타일로 무늬 모양이나 회화적 표현을 연출할 때 쓰인다.
하드롤지 (hard rolled paper)	• 모자이크타일 뒷면의 종이로 보양용으로도 쓰인다.
오픈타임 (open time)	• 타일 붙임 모르타르의 기본 접착강도를 얻을 수 있는 최대의 한계시간으로 보통 내장타일은 10분, 외장타일은 20분 정도의 오픈타임을 가진다.
무유, 시유	• 무유: 표면에 유약을 바르지 않은 것으로 바닥용 타일에 이용 • 시유: 표면에 유약을 바른 것으로 외장용 타일에 이용
테라코타 (terra cotta)	• 속이 빈 고급 점토제품으로 구조용과 장식용이 있으며 공동벽돌, **난간벽, 돌림띠, 기둥 주두** 등에 쓰인다.
표면특수처리타일	• 스크래치타일 • 태피스트리타일 • 천무늬타일

✿ 클링커타일 용어 설명 기사

✿ 모자이크타일 및 하드롤지 산업 기사

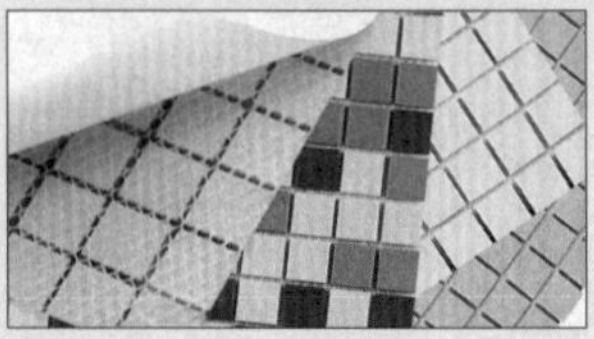

✿ 오픈타임 용어 설명 기사

✿ 테라코타 용어 및 사용 용도 산업 기사

✿ 표면특수처리타일 종류 기사

2.2 타일 붙이기

(1) 붙임재료(모르타르: 시멘트 + 모래 + 물)

모르타르는 부착력 및 강도 유지를 위해 건비빔 후 3시간 이내에 사용, 물반죽 후 1시간 이내에 사용한다.

(2) 모르타르 배합비(시멘트 : 모래)

경질타일	연질타일	치장줄눈
1:2	1:3	1:1

※ 흡수성이 큰 타일은 필요시 **가수(加水)**하여 사용

✿ 타일 붙이기에 적당한 모르타르 배합은 경질타일일 때 (1 : 2)이고, 연질타일일 때는 (1 : 3), 흡수성이 큰 타일일 때는 필요시 (가수)하여 사용한다. 산업

(3) 줄눈 너비

대형(외부)	대형(내부)	소형	모자이크
9mm	6mm	3mm	2mm

(4) 타일의 시공 순서

구분	시공 순서
타일공사	바탕 처리 → 타일 나누기 → 타일 붙이기 → 치장줄눈 → 보양

(5) 타일 시공별 주의사항

구분	주의사항
1. 바탕 처리	① 바탕면의 들뜸·균열 등을 보수하고, 불순물 제거 후 타일 부착이 잘되도록 표면은 약간 거칠게 처리한다. ② 바탕 처리 후 1주일 이상 경과 후에 타일 붙임을 원칙으로 한다. ③ 흡수성이 있는 타일은 가수(加水)하여 사용하고, 바탕면도 적당한 물축임을 한다. ④ 바탕 고르기 모르타르 바름을 1회 10mm 이하로 하고 2회에 나누어 한다.
2. 타일 나누기	① 가능한 한 온장을 사용할 수 있도록 계획한다. ② 벽과 바닥을 동시에 계획하여 가능한 한 줄눈을 맞추도록 한다. ③ 수전 및 매설물 위치를 파악한다. ④ 모서리 및 개구부 주위는 특수타일로 계획한다.
3. 타일 붙이기	① 붙임 모르타르의 바름 두께는 벽 15 ~ 25mm, 바닥 20 ~ 30mm가 적당하다. ② 벽타일 붙이기는 **밑에서 위로** 붙여 나간다. ③ 벽타일의 1일 붙이기 높이는 1.2 ~ 1.5m 이하로 한다. ④ 벽타일의 줄눈 파기는 **세로 → 가로** 방향
4. 치장줄눈	① 타일 붙임 후 **3시간** 경과 후에 줄눈 파기를 하여 **24시간** 경과 후 치장줄눈한다. ② 치장줄눈 작업 직전에 물을 뿌려 습윤하게 한다. ③ 치장줄눈 너비가 **5mm** 이상일 때는 2회로 나누어 빈틈없이 누른다. ④ 개구부나 바탕 모르타르에 신축줄눈 시공 시 실링재로 완전히 채운다. ⑤ 라텍스, 에멀션 후에는 48시간 이상 지난 후 물로 씻어 낸다.
5. 보양	① 한중공사 시 동해 및 온도 변화의 손상을 피하도록 외기의 기온이 **2℃** 이하일 때는 타일 작업장의 온도가 **5℃** 이상이 되도록 보온한다. ② 타일을 붙인 후 **3일간**은 진동이나 보행을 금한다. ③ 줄눈을 넣은 후 **24시간** 이내에 비가 올 염려가 있는 경우, 폴리에틸렌 필름 등으로 차단 보양한다.

(6) 타일나누기도

현장 실측 결과를 토대로 작성한 것으로 다음 사항이 포함되어야 한다.

① 타일의 마름질 크기와 줄눈폭

② 구배 및 드레인 주위 처리상세

③ 각종 부착물(수전류, 콘센트 등) 주위 및 주방용구 설치 부위 처리상세

④ 문틀 주위 코킹홈 상세

⑤ 문양타일이나 별도의 색상타일을 사용할 경우 그 위치

⑥ 외장타일의 코너타일 시공상세

학습 POINT

✿ 타일 종류별 줄눈 너비

✿ 타일의 시공 순서 산업 기사

✿ 바탕처리 방법의 기술 기사

✿ 타일 나누기 주의사항 산업 기사

✿ 벽타일 붙이기는 (밑)에서 (위)로 한다. 산업

✿ 벽타일의 줄눈 파기는 (세로) 후에 (가로)로 작업한다. 산업

✿ 타일을 붙이고 (3)시간이 경과한 후 줄눈파기를 하여 줄눈부분을 충분히 청소하며, (24)시간 경과한 뒤 붙임 모르타르의 경화 정도를 보아 작업 직전에 줄눈 바탕에 물을 뿌려 습윤케 한다. 치장줄눈의 폭이 (5)mm 이상일 때는 고무흙손으로 충분히 눌러 빈틈이 생기지 않게 시공한다. 기사

✿ 외기기온이 (2)℃ 이하일 때는 작업장 온도를 (5)℃ 이상이 되도록 보온하며, 타일을 붙인 후 (3)일간 보행을 금지하고 줄눈을 넣은 후 (24)시간 이내에 비가 올 염려가 있는 경우 비닐로 보양한다. 기사

✿ 타일나누기도 포함사항 산업 기사

학습 POINT

✿공법 선정 시 고려사항 기사

✿타일 붙임공법 종류 산업 기사

✿압착공법 특징 기사

✿개량 압착공법 시공법 기사

✿접착공법 시공상 주의사항 기사

2.3 타일공법

(1) 타일공법 선정 시 고려사항

① 타일의 성질
② 기후조건
③ 시공 위치

(2) 타일공법의 종류 및 특징

구분		특징
적층법 (떠붙이기)	떠붙임공법	• 재래식 공법으로 타일 뒷면에 모르타르를 얹어서 바탕면에 직접 붙이는 공법
	개량 떠붙임공법	• 바탕 모르타르 위에 타일 뒷면에 모르타르를 연하게 바르고 붙이는 공법
압착법 (압착 붙이기)	압착공법	• 평탄하게 만든 바탕 모르타르 위에 붙임 모르타르를 바르고 그 위에 타일을 두드려 압착하는 공법 • 바탕면 붙임 모르타르의 1회 바름면적은 **1.2m²** 이하로 하고, 붙임시간(open time)은 모르타르 배합 후 **15분** 이내로 한다.
	개량 압착공법	• 평탄하게 만든 바탕 모르타르 위에 붙임 모르타르를 바르고 타일 뒷면에도 모르타르를 얇게 발라 두드려 압착하는 공법 • 바탕면 붙임 모르타르의 1회 바름면적은 **1.5m²** 이하로 하고, 붙임시간(open time)은 모르타르 배합 후 **30분** 이내로 한다.
접착제 붙임공법 (접착제 붙이기)		• 합성수지 접착제를 바탕면에 바르고 그 위에 타일을 붙이는 방법 • 주의사항: ① 바탕면을 충분히 건조한 후 시공한다. ② 접착제 1회 바름은 2m² 이하로 한다.

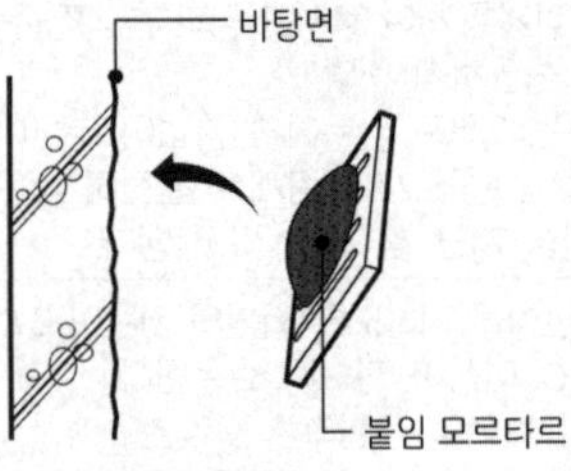

[떠붙임공법]

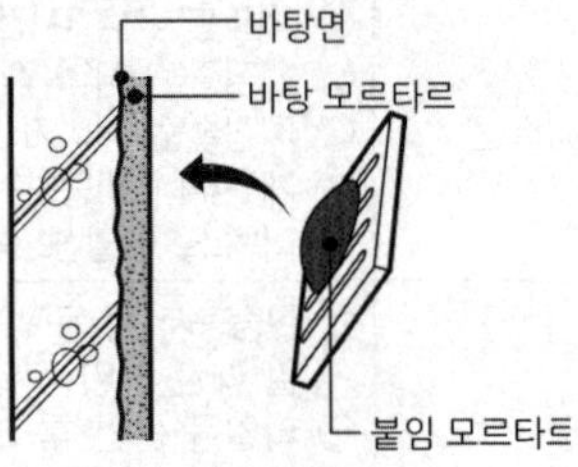

[개량 떠붙임공법]

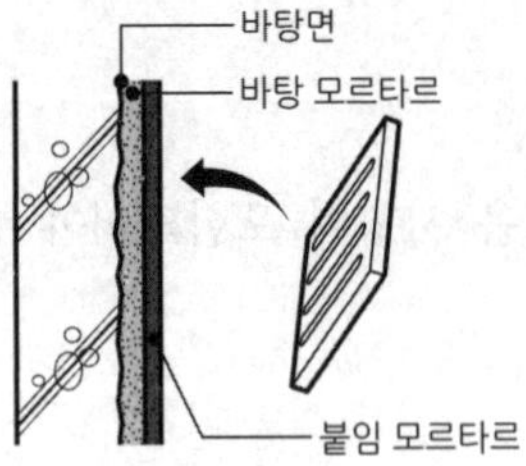

[압착공법]

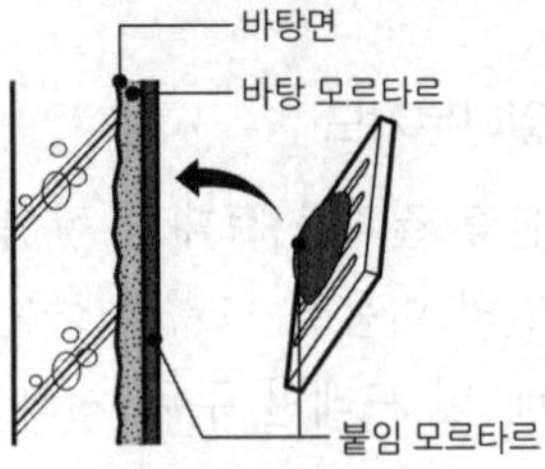

[개량 압착공법]

(3) 적층공법과 압착공법의 특징 비교

구분	특징
적층공법	① 한 장씩 붙여 가므로 작업속도가 더디고 시간이 걸린다. ② 모르타르의 공극으로 백화현상의 우려가 있다. ③ 박리하는 경우가 비교적 적다. ④ 숙련된 노무자가 필요하며, 시공 관리가 용이하다.
압착공법	① 작업속도가 빠르고 능률이 높다. ② 타일 이면에 공극이 적어 백화현상이 적다. ③ 동해의 발생이 적다. ④ 적층공법에 비해 숙련을 요하지 않는다.

(4) 기타 공법

구분	특징
판형 붙임공법	• 유닛타일 공법이라고 하며, 공장에서 모자이크타일을 하드롤지에 붙여 일정한 규격으로 만든 후 시공하는 공법
밀착공법(동시줄눈 공법)	• 압착공법의 개량법으로 타일면에 진동기(vibrator)로 충격을 주어 붙이는 공법으로 모르타르를 올라오게 밀실 시공하는 방법 • 바탕면 붙임 모르타르의 1회 바름면적은 **1.5m²** 이하로 하고, 붙임 시간(open time)은 모르타르 배합 후 **20분** 이내로 한다.
타일거푸집 선붙임공법 (TPC 공법)	• 거푸집에 타일을 우선 배치하고 콘크리트를 타설하여 구조체와 타일을 일체화시키는 공법 • 장점: 박리, 공극의 하자가 적다. • 단점: 결함이 발생하면 보수가 어렵다. • 종류: ① 타일시트법 ② 줄눈틀법 ③ 줄눈대법

2.4 타일공사의 하자 및 검사

(1) 타일 박리현상의 원인 및 대책

원인	대책
① 붙임시간(open time) 불이행	① 붙임시간(open time) 준수
② 바름 두께의 불균형	② 바름 두께를 균일하게 실시
③ 붙임 모르타르 접착강도의 부족	③ 모르타르 배합비를 정확하게
④ 모르타르 충전의 불충분	④ 사춤 모르타르
⑤ 존치기간 부족 및 양생 불량	⑤ 적절한 보양 실시
⑥ 바탕재와 타일의 신축, 팽창 차이	⑥ 접착 면적이 넓은 압출형 타일 사용

(2) 타일의 동결현상 및 대책

현상	대책
① **동해**	① 소성온도가 높은 양질의 타일 사용
② **백화**	② 흡수율이 낮은 타일 사용
③ **균열**	③ 줄눈 누름을 잘하여 빗물 침투 방지
④ **박리**	④ 접착 모르타르의 배합비를 좋게 함

학습 POINT

- 압착공법의 장점 기사
- 타일거푸집 선붙임공법 종류 기사
- 타일거푸집 선붙임공법 용어 설명 산업
- 타일 박리현상의 원인 산업
- 타일 동결현상 종류 산업 기사
- 타일 동해방지법 산업 기사

학습 POINT

✿타일 시공 후 박락검사 종류 기사

✿타일 시공도 작성 시 주의사항 기사

(3) 타일의 박락 방지를 위한 검사

시공 중 검사	시공 후 검사
임의로 타일을 떼어서 타일 붙임 모르타르 확인	• 주입시험검사 • 인장시험검사 • 타음법

2.5 타일 시공도 작성 시 주의사항

① 바름 두께를 감안하여 실측하고 작성한다.

② 매수, 크기, 이형물, 매설물의 위치를 명시한다.

③ 타일 규격과 줄눈을 포함한 값을 기준규격으로 한다.

④ 가능한 한 수전은 줄눈 교차부에 둔다.

chapter 04

연습문제

01 다음 미장재료 중에서 수경성 재료를 〈보기〉에서 골라 기호를 쓰시오. [2점]

보기
① 시멘트모르타르 ② 회반죽
③ 돌로마이트 플라스터 ④ 인조석 바름

02 다음의 〈보기〉 중에서 기경성인 재료를 모두 골라 번호를 쓰시오. [3점]

보기
① 킨즈 시멘트 ② 돌로마이트 플라스터
③ 마그네시아 시멘트 ④ 시멘트모르타르
⑤ 진흙질 ⑥ 회반죽

03 다음의 〈보기〉 중에서 기경성인 재료를 모두 골라 번호를 쓰시오. [3점]

보기
① 시멘트모르타르 ② 아스팔트 모르타르
③ 킨즈 시멘트 ④ 돌로마이트 플라스터
⑤ 회반죽 ⑥ 순석고
⑦ 마그네시아 시멘트

04 다음의 〈보기〉 중에서 기경성 재료와 수경성 재료를 골라 번호를 쓰시오. [4점]

보기
① 회반죽 ② 진흙질
③ 킨즈 시멘트 ④ 돌로마이트 플라스터
⑤ 시멘트모르타르 ⑥ 아스팔트 모르타르
⑦ 소석회

(가) 기경성: ____________ (나) 수경성: ____________

해답

01
① 시멘트모르타르
④ 인조석 바름

02
② 돌로마이트 플라스터
⑤ 진흙질
⑥ 회반죽

03
② 아스팔트 모르타르
④ 돌로마이트 플라스터
⑤ 회반죽

04
(가) 기경성: ①, ②, ④, ⑥, ⑦
(나) 수경성: ③, ⑤

해답

05
② 시멘트모르타르
④ 돌로마이트 플라스터
⑤ 회반죽

06
석회질은 기경성 · 수축성이고,
석고질은 수경성 · 팽창성이다.

07
(가) 석회질: ① 기경성, ② 수축성
(나) 석고질: ① 수경성, ② 팽창성

08
① 콘크리트 바탕
② 조적 바탕
③ 라스 바탕
④ 졸대 바탕

09
① 천장
② 벽
③ 바닥

05 다음 〈보기〉에서 알칼리성을 갖는 것을 골라 기호로 쓰시오. [3점]

보기

① 석회석 플라스터	② 시멘트모르타르
③ 순석고 플라스터	④ 돌로마이트 플라스터
⑤ 회반죽	⑥ 경석고 플라스터

______

06 미장재료인 석회질과 석고질에 대해 간단히 설명하시오. [2점]

______

07 미장재료에서 석회질과 석고질의 성질을 각각 2가지씩 쓰시오. [4점]

(가) 석회질: ① ______ ② ______

(나) 석고질: ① ______ ② ______

08 미장 바름 바탕의 종류 4가지를 쓰시오. [4점]

① ______ ② ______

③ ______ ④ ______

09 다음 실내면의 미장 시공 순서를 기입하시오. [3점]

보기

실내 3면의 시공 순서는 (①), (②), (③)의 시공 순서로 공사한다.

① ______ ② ______ ③ ______

10 미장공사의 치장마무리 방법을 5가지 쓰시오. [5점]

① ________ ② ________
③ ________ ④ ________
⑤ ________

11 다음은 미장공사 시 사용되는 모르타르의 종류이다. 각각의 특성을 골라 연결하시오. [3점]

보기
① 광택 ② 방사선 차단 ③ 착색
④ 내산성 ⑤ 단열 ⑥ 방수

(가) 백시멘트모르타르: ________ (나) 바라이트 모르타르: ________
(다) 석면 모르타르: ________ (라) 방수 모르타르: ________
(마) 합성수지계 모르타르: ________ (바) 아스팔트 모르타르: ________

12 다음 물음에 해당되는 시멘트모르타르의 바름 두께를 쓰시오. [4점]

① 바닥: ________ ② 안벽: ________
③ 바깥벽: ________ ④ 천장: ________

13 시멘트모르타르 미장공사 중 바닥 바름의 시공 순서를 나열하시오. [3점]

보기
① 나무흙손 고름질 ② 규준대 밀기
③ 청소 및 물씻기 ④ 순시멘트 페이스트 도포
⑤ 쇠흙손 마감 ⑥ 모르타르 바름

____

해답

10
① 흙손 마무리
② 뿜칠 마무리
③ 긁어 내기
④ 리신(규산석회) 마무리
⑤ 색모르타르 바름

11
(가) ③ (나) ②
(다) ⑤ (라) ⑥
(마) ① (바) ④

12
① 24mm
② 18mm
③ 24mm
④ 15mm

13
③ → ④ → ⑥ → ② → ① → ⑤

14 시멘트모르타르 3회 바르기 순서를 바르게 나열하시오. [4점]

보기
① 초벌바름 ② 청소 및 물씻기 ③ 고름질
④ 물축이기 ⑤ 재벌 ⑥ 정벌

15 회반죽의 재료 종류 4가지를 쓰시오. [4점]

① ②
③ ④

16 회반죽 바름에 사용되는 혼합재료 2가지를 쓰시오. [2점]

① ②

17 회반죽에서 해초풀의 역할과 기능 4가지를 기술하시오. [4점]

①
②
③
④

18 미장재료에서 사용되는 여물 3가지를 쓰시오. [3점]

① ② ③

해답

14
② → ④ → ① → ③ → ⑤ → ⑥

15
① 소석회
② 모래
③ 해초풀
④ 여물

16
① 해초풀
② 여물

17
① 강도 증가
② 점도 증가
③ 부착력 증가
④ 균열 방지

18
① 짚여물
② 삼여물
③ 종이여물

19 졸대 바탕벽 모르타르 바르기 순서를 바르게 나열하시오. [4점]

(①) → 재료 반죽 → (②) → 초벌 → 고름질 및 덧먹임 → (③) → 정벌 → (④)

① ______ ② ______

③ ______ ④ ______

20 테라초(terrazzo) 현장 갈기의 시공 순서를 〈보기〉에서 골라 기호를 쓰시오. [4점]

보기

① 왁스칠 ② 시멘트풀 먹임 ③ 양생 및 경화
④ 초벌 갈기 ⑤ 정벌 갈기 ⑥ 테라초 종석 바름
⑦ 황동줄눈대 대기

______

21 다음 테라초(terrazzo)에 대해서 간략히 기술하시오. [3점]

______

22 바닥에 설치하는 줄눈대의 목적을 2가지만 쓰시오. [4점]

① ______

② ______

23 다음 (   ) 안에 알맞은 용어를 쓰시오. [4점]

미장 바르기 순서는 (①)에서부터 (②)의 순으로 한다. 즉 실내는 (③), (④), (⑤)의 순으로 하고, 외벽은 옥상 난간에서부터 (⑥)의 순으로 한다.

① ______ ② ______ ③ ______

④ ______ ⑤ ______ ⑥ ______

해답

19
① 바탕 처리
② 수염 붙이기
③ 재벌
④ 마무리 보양

20
⑦ → ⑥ → ③ → ④ → ② → ⑤ → ①

21
백시멘트에 종석과 안료를 혼합하여 바르고 양생 후 바닥면을 연마한 인조석

22
① 재료의 수축, 팽창에 의한 균열 방지
② 바름 구획의 구분
• 보수 용이

23
① 위
② 아래
③ 천장
④ 중간
⑤ 바닥
⑥ 지층

해답

24
(가) 자체 유동성을 갖고 있어 스스로 평탄해지는 성질을 이용하여 바닥 마름질공사에 사용되는 재료로, 시공 후 물결무늬가 생기지 않도록 개구부를 밀폐하고 시공 전후 온도가 5℃ 이하가 되지 않도록 한다.
(나) ① 경화지연제
② 유동화제

25
(가) ①
(나) ③
(다) ②

26
(가) ②
(나) ①
(다) ③

27
① 가압(프레스)
② 압출

24 미장공사 중 셀프레벨링재에 대해 설명하고 혼합재료를 2가지 쓰시오. [4점]

(가) 셀프레벨링재: ____________________

(나) 혼합재료: ① __________ ② __________

25 다음 〈보기〉와 관련 있는 것끼리 연결하시오. [3점]

보기 ① 방사선 차폐용 ② 경량용 ③ 경도, 치밀성, 광택성

(가) 바라이트 모르타르: ____________________
(나) 합성수지 혼합 모르타르: ____________________
(다) 질석 모르타르: ____________________

26 다음은 미장공사에 대한 기술이다. 알맞은 용어를 〈보기〉에서 골라 서로 연결하시오. [3점]

보기 ① 바라이트 ② 라스 먹임 ③ 덧먹임

(가) 메탈라스, 와이어라스 등의 바탕에 최초로 발라 붙이는 작업
(나) 방사선 차단용으로 시멘트 바라이트 분말, 모래를 섞어 만든다.
(다) 바르기의 접합부 또는 균열의 틈새, 구멍 등에 반죽된 재료를 밀어 넣는 작업

(가) __________ (나) __________ (다) __________

27 다음은 타일의 제조법 설명이다. (　　) 안에 알맞은 말을 써넣으시오. [2점]

타일의 성형방법에는 건식과 습식의 2가지 방법이 있다. 건식은 원재료를 건조 분말하여 (①)성형한 것이고, 습식은 원재료를 물반죽하여 형틀에 넣고 (②) 성형한 것이다.

① __________ ② __________

28 다음 〈보기〉의 타일을 흡수성이 큰 순서대로 배열하시오. [2점]

보기
① 자기질 ② 토기질 ③ 도기질 ④ 석기질

29 타일의 선정 및 선별에서 타일의 용도상 종류를 구별하여 3가지 쓰시오. [3점]

① ② ③

30 내부바닥용 타일이 가져야 할 성질 4가지를 쓰시오. [4점]

①
②
③
④

31 벽타일 붙이기 시공 순서이다. 〈보기〉에서 골라 그 번호를 나열하시오. [4점]

보기
① 타일 나누기 ② 치장줄눈 ③ 보양
④ 벽타일 붙이기 ⑤ 바탕 처리

32 타일 붙이기 공사에서 바탕처리 방법을 기술하시오. [4점]

①
②

해답

28
② > ③ > ④ > ①

29
① 외부벽용 타일
② 내부벽용 타일
③ 내부바닥용 타일

30
① 단단하고 내구성이 강한 것
② 흡수성이 적은 것
③ 자기질, 석기질의 무유로 표면이 미끄럽지 않은 것
④ 내마모성이 좋고 충격에 강한 것

31
⑤ → ① → ④ → ② → ③

32
① 바탕 처리 후 타일 부착이 잘되도록 표면은 약간 거칠게 처리한다.
② 바탕 처리 후 1주일 이상 경과 후 타일 붙임을 원칙으로 한다.

33 벽타일 붙이기 시공 순서를 쓰시오. [5점]

(①) → (②) → (③) → (④) → (⑤)

① ________ ② ________ ③ ________

④ ________ ⑤ ________

34 다음은 타일의 배합비에 관한 내용이다. (　　) 안에 알맞은 말을 써넣으시오. [3점]

타일 붙이기에 적당한 모르타르 배합은 경질타일일 때 (①)이고, 연질타일일 때는 (②)이며, 흡수성이 큰 타일일 때는 필요시 (③)하여 사용한다.

① ________ ② ________ ③ ________

35 다음 사용 위치별 타일의 줄눈 두께를 쓰시오. [4점]

① (대형) 외부타일: ________ ② (대형) 내부타일: ________

③ 소형타일: ________ ④ 모자이크타일: ________

36 타일공법 중 압착공법의 장점 4가지를 기술하시오. [4점]

① ________

② ________

③ ________

④ ________

37 벽타일 붙임에서 접착제 붙이기 공법의 시공상 주의사항 2가지를 쓰시오. [4점]

① ________

② ________

해답

33

① 바탕 처리
② 타일 나누기
③ 타일 붙이기
④ 치장줄눈
⑤ 보양

34

① 1:2
② 1:3
③ 가수

35

① 9mm
② 6mm
③ 3mm
④ 2mm

36

① 작업속도가 빠르고 능률이 높음
② 타일 이면에 공극이 적어 백화현상이 적음
③ 동해의 발생이 적음
④ 적층공법에 비해 숙련을 요하지 않음

37

① 바탕면을 충분히 건조한 후 시공한다.
② 접착제 1회 바름은 $2m^2$ 이하로 한다.

38 타일 시공 시 공법을 선정할 때 고려해야 할 사항을 3가지 쓰시오. [3점]

① ________ ② ________ ③ ________

39 테라코타에 대한 용어 설명을 기술하시오. [2점]

____

40 장식용 테라코타의 용도 3가지를 쓰시오. [3점]

① ________ ② ________ ③ ________

41 타일 시공 시 동결현상 4가지를 쓰시오. [4점]

① ________ ② ________ ③ ________ ④ ________

42 타일의 동해방지법 4가지를 쓰시오 [4점]

① ________
② ________
③ ________
④ ________

해답

38

① 타일의 성질
② 기후조건
③ 시공 위치

39

속이 빈 고급 점토제품으로 구조용과 장식용이 있으며 공동벽돌, 난간벽, 돌림띠, 기둥 주두 등에 쓰인다.

40

① 난간벽
② 돌림띠
③ 기둥 주두

41

① 박리
② 균열
③ 백화
④ 동해

42

① 소성온도가 높은 양질의 타일을 사용한다.
② 흡수율이 낮은 타일을 사용한다.
③ 줄눈 누름을 잘하여 빗물 침투를 방지한다.
④ 접착 모르타르의 배합비를 좋게 한다.

MEMO

chapter

05 유리 및 창호 공사

01 유리공사

학습 POINT

산업 실내건축산업기사 시공실무 출제
기사 실내건축기사 시공실무 출제

1.1 유리의 일반사항

(1) 유리의 특징

장점	단점
① 빛과 시선을 투과시킨다. ② 불연재료이다. ③ 내구성이 크고 반영구적이다.	① 충격에 약하여 파손되기 쉽다(취성). ② 불에 약하다. ③ 파편이 예리하여 위험하다. ④ 두께가 얇으면 단열, 차음효과가 작다.

(2) 판유리의 두께

박판유리	보통 판유리	후판유리
두께 3mm 미만의 판유리	두께 3 ~ 5mm의 판유리	두께 6mm 이상의 판유리

✿ 3mm 이하의 유리는 (박판유리)라 하고, 3 ~ 5mm 정도를 (보통 판유리)라 하며, 6mm 이상의 유리를 (후판유리)라 한다. 산업

1.2 유리의 종류

(1) 보통 판유리 종류

종류	특징
보통 판유리 (crawn glass)	주성분에 의해 소다석회유리라고 불리며, 보통 판유리로서 9.29m²(100ft²)를 한 상자 단위로 판매한다.
플로트유리 (float glass)	플로트공법으로 생산되는 맑은 유리로 거울, 접합유리, 복층유리 등에 사용되며 대형 판유리 제작이 가능하다.

(2) 안전유리 종류

종류	특징	용도
강화유리 (tempered glass)	• 판유리를 600℃로 가열한 후 급랭시킨 안전유리 • 강도가 보통 유리의 3 ~ 5배 강하다(휨강도 6배). • 유리 파손 시 모가 작아 안전하다. • 내열성이 우수하다(200℃에서 깨지지 않음). • 현장에서 재가공이 어렵다.	자동차, 현관 유리문, 에스컬레이터
망입유리 (wire glass)	• 유리 내부에 금속망을 삽입하고 압착성형한 유리 • 유리 파손에도 금속망에 의한 도난방지 효과 • 화재 발생 시 산란하는 위험 방지 • 현장 절단이 가능	화재 방지용(방화용), 도난 방지용(방도용)

✿ 안전유리 종류 산업 기사
✿ 강화유리 용어 설명 및 특징 산업 기사

• 강화유리

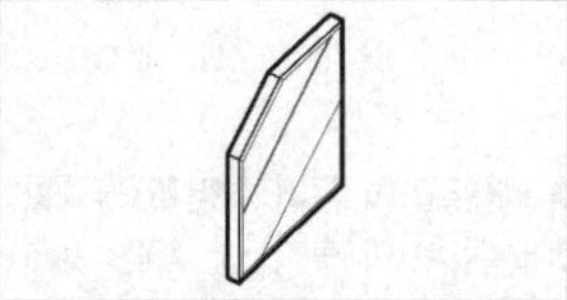

✿ 망입유리 용도 산업 기사

• 망입유리

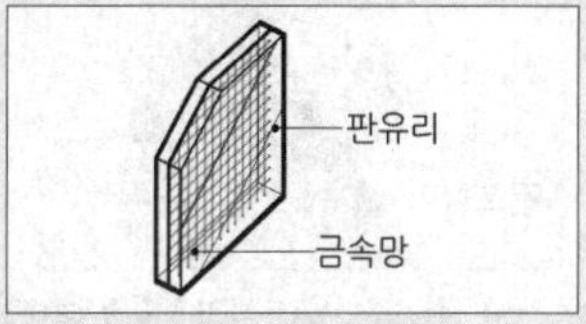

학습 POINT

✿ 접합유리 용어 설명 및 특징 산업 기사

• 접합유리

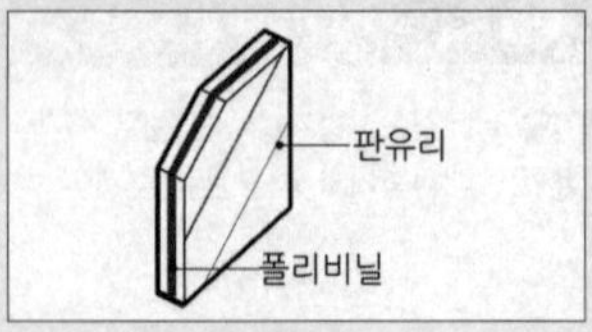

✿ 트리플렉스 용어 설명 기사

• 방탄유리

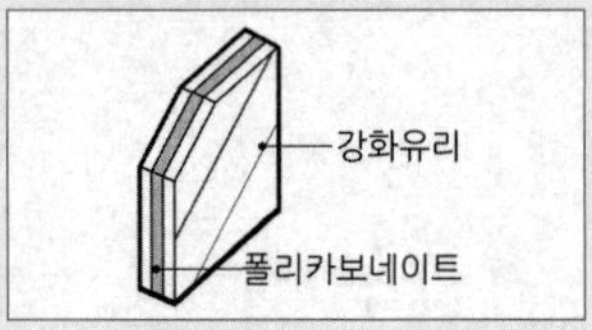

✿ 갈은유리의 용도 산업

✿ 샌드블라스트 기법 산업 기사

✿ 부식유리의 특징 및 용도 기사

✿ 형판유리의 특징 산업 기사

✿ 반사유리의 용어 설명 기사

✿ 컷글라스의 용어 설명 산업

✿ 자외선차단유리 용도 산업 기사

✿ 자외선투과유리 용도 산업 기사

✿ 방사선차단유리의 용도 기사

✿ 로이유리의 용어 설명 기사

✿ 복층유리의 용어 설명 산업 기사

✿ 복층유리의 특징 산업 기사

• 복층유리

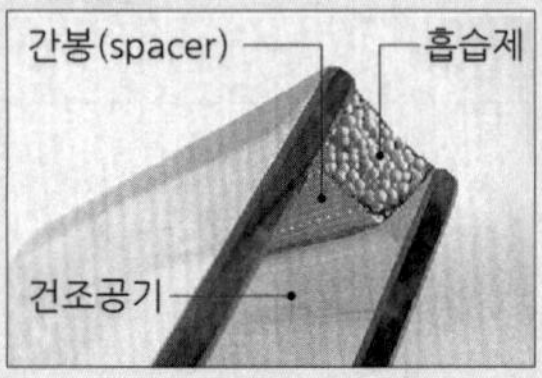

✿ 간봉, 흡습제 용어설명 산업 기사

종류	특징	용도
접합(합판)유리 (laminate glass)	• 2장 이상의 판유리 사이에 합성수지를 넣고, 고열로 강하게 접합한 유리로 강도가 크다. • 여러 겹이라 다소 하중이 무겁지만 견고하다. • 유리 파손 시 산란이 방지된다. • 현장 절단이 가능하다.	자동차, 고층건물, 방탄유리
방탄유리 (triplex glass)	• 접합유리의 일종으로 유리 사이에 폴리카보네이트를 넣고 고온으로 접합한 방탄성능의 특수 안전유리	자동차, 특수건물

(3) 표면가공 및 특수유리 종류

종류	특징	용도
갈은(마판)유리 (polished plate glass)	• 후판유리의 한 면, 양면을 연마하여 광택을 낸 유리	고급 유리, 쇼윈도, 거울
흐린(서리)유리 (sand blast glass)	• 고압 분사기를 이용하여 금강사, 모래 등을 분사해 면을 거칠게 만들어 흐리게 가공한 유리	장식용 창
부식(에칭)유리 (etching glass)	• 유리에 파라핀을 바르고 철필로 무늬를 새겨 부식시킨 유리	조각유리, 실내장식용
형판(무늬)유리 (embossed glass)	• 판유리 한 면에 각종 무늬를 만든 유리	거실 출입문, 천창
반사유리 (reflective glass)	• 반사막이 광선을 차단, 반사시켜 실내에서 외부를 볼 때에는 전혀 지장이 없으나 외부에서는 거울처럼 보이게 되는 유리	거실창
컷글라스(cut glass)	• 표면에 광택이 있는 홈줄을 새겨 모양을 낸 유리	장식용 창
열선흡수유리	• 태양광선 중 적외선(열선)을 흡수하여 실내 냉방효과를 증대시킨 유리 • 철, 니켈, 크롬 등을 가하며 적외선흡수유리, 열선차단유리라고 함	서향 창, 자동차
열선반사유리	• 표면에 열반사막을 입힌 유리로 태양의 복사선을 반사하여 실내 냉방효과에 효과적임	사무실의 외벽 유리
자외선흡수유리	• 태양광선 중 자외선을 흡수, 차단한 담청색의 투명유리(자외선차단유리)	박물관, 상점, 의류진열장
자외선투과유리	• 자외선의 살균효과를 위해 50～90%의 자외선을 투과시킨 유리	병원 선룸, 온실, 요양소
방사선차단유리	• 산화연(PbO)의 함유로 의료용 X선이나 원자력 관계 방사선을 차단하는 유리	X－ray 촬영실
로이유리 (low－emissivity glass)	• 유리 표면에 금속(은)을 얇게 코팅한 것으로 열의 이동을 최소화하는 에너지 절약형 유리 • 가시광선(빛)은 투과시키고, 장파장의 적외선은 효과적으로 차단하여 여름철의 외부열은 차단하고, 겨울의 내부 난방열이 외부로 빠져나가는 것을 차단하여 냉난방의 효율을 극대화하는 에너지 절약형 유리	주거시설, 업무시설, 학교시설
복층유리 (pair glass)	• 2장의 판유리 중간에 건조공기를 봉입한 유리 • **단열성능** • **방음성능** • **결로방지 효과** • 부속재 － **간봉(spacer)**: 알루미늄 또는 단열소재로 된 바(bar) 형태의 스페이서로, 유리와 유리 사이의 간격을 유지하고 밀실하게 하며, 결로방지 및 단열성을 유지해주는 역할 － **흡습제**: 간봉 안에 있으며, 복층유리 내부 공기의 미량의 습기를 흡수하여 건조공기층을 유지하는 건조제	단열창 유리

종류	특징	용도
복층유리 (pair glass)	– **백업재**: 실링 시공 시 부재의 측면과 유리면 사이에 연속적으로 충전하여 유리를 고정하고 실의 받침 역할을 하는 부재료 – 24mm 복층유리 구성: 6mm 유리+12mm 공기층+6mm 유리	단열창 유리
유리블록	• 투명 유리상자로 내부 공기층에 의해 열전도율이 적은 유리 • 방음, 단열효과가 크며 장식적 효과로 사용	거실·계단실 채광, 의장용, 구조용
프리즘유리	• 한 면에 톱날 모양의 홈이 있어 광선을 조절, 확산하여 실내를 밝게 하는 유리(포도유리)	지하실 채광용
유리타일	• 불투명한 유리로 광택이 좋고, 비흡수성·화학저항성이 크며, 내부장식용으로 사용	내부벽
스테인드글라스	• 금속 테두리로 여러 가지 모양을 만든 다음 그 사이에 색유리를 도안에 맞게 끼워서 만든 유리	장식용
유리섬유, 기포유리	• 단열성·흡음성·내식성·내수성이 좋으며, 각종 단열재료로 사용	단열재

1.3 유리 끼우기

(1) 유리 퍼티의 종류

유리 퍼티에는 반죽퍼티, 나무퍼티, 고무퍼티 등이 있다.

(2) 유리 끼우기 재료의 종류

① 퍼티(putty) ② 나무졸대
③ 실란트(sealant) ④ 개스킷(gasket)

(3) 유리 끼우기 공법

① 퍼티 대기법	• 반죽퍼티 대기 • 나무퍼티 대기 • 고무퍼티 대기 • 누름대 대기
② 부정형 실(seal)재 끼움법	• 유리를 세팅블록(setting block)으로 고인 후 고정철물을 설치하고 퍼티나 탄성 실란트로 고정하는 법
③ 개스킷 시공법	• 그레이징 채널 고정법 • 그레이징 비드 고정법 • 구조 개스킷 시공법
④ 장부 고정법	• 나사 고정법 • 철물 고정법 • 접착제 고정법

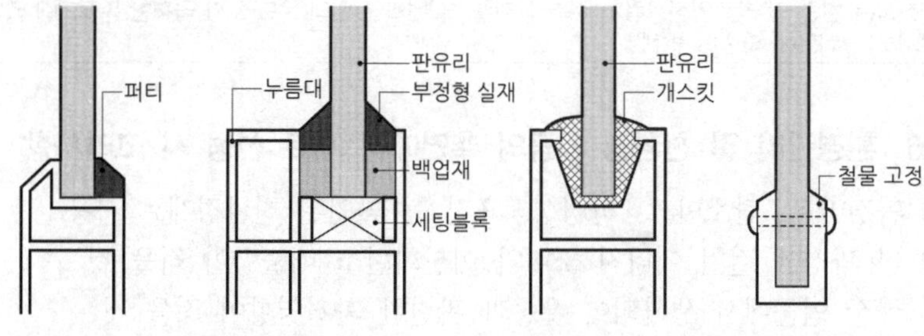

[퍼티 대기법] [부정형 실재 끼움법] [개스킷 시공법] [장부 고정법]

학습 POINT

- 24mm 복층유리 구성 산업
- 유리블록의 용도 산업 기사
- 프리즘의 용도 산업
- 유리타일의 특징 기사
- 스테인드글라스 용도 산업 기사
- 유리섬유의 용도 기사
- 유리 퍼티의 종류 산업 기사
- 유리 끼우기 재료 산업 기사
- 유리 끼우기 공법 기사

• 실란트(sealant)

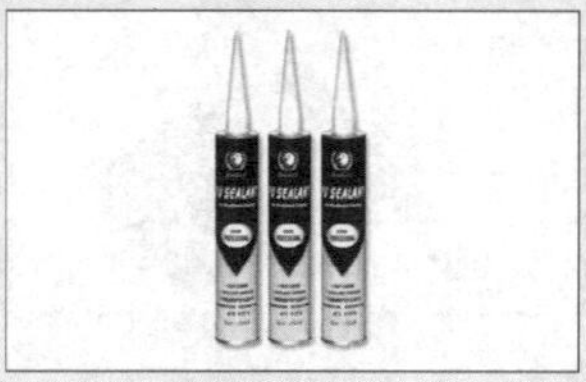

• 개스킷(gasket)

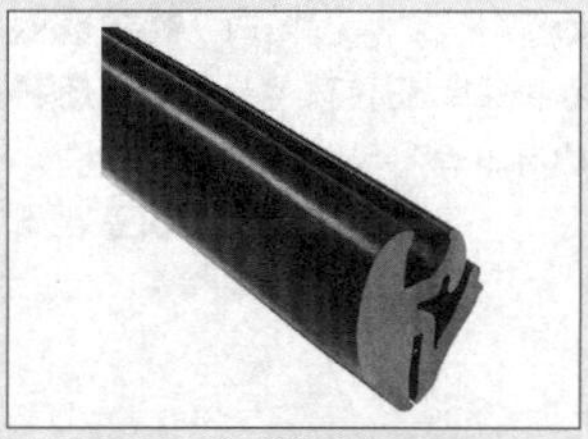

• 유리 고정철물(장부 고정)

학습 POINT

✿ 서스펜션공법 설명 기사

• SGS공법

• 서스펜션공법

• DPG공법

• 유리칼

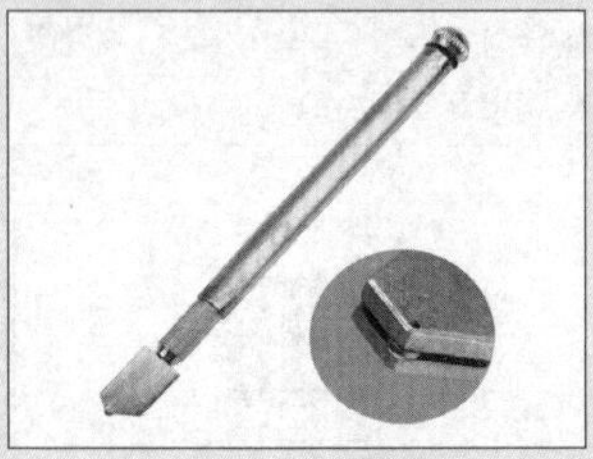

✿ 접합, 망입유리의 절단방법 기사

✿ 절단 불가능한 유리 산업 기사

✿ 플로트 판유리 검사 항목 산업

✿ 유리의 열파손 이유와 특징 산업 기사

✿ 환경관리 및 친환경 시공의 측면에서 재료 선정 시 고려사항 기사

(4) 대형 판유리 시공법(커튼월)

① SGS공법 (Structural sealant Glazing System)	건물의 창과 외벽을 구성하는 유리와 패널류를 구조 실란트(structural sealant)를 사용하여 실내 측의 멀리온(mullion)이나 프레임(frame) 등에 접착 고정하는 방법이다.
② 서스펜션공법 (suspension system)	대형 판유리를 멀리온(mullion)이 없이 유리만으로 세우는 공법이다. 상단에 특수 고정철물을 달아매고 유리의 접합부에 리브유리(stiffener)를 사용하며, 유리 사이 줄눈은 고성능 실란트로 마감한다.
③ DPG공법 (Dot Point Glazing system)	4점 지지 유리시공법으로서 기존의 프레임(frame)을 사용하지 않고 강화유리판에 구멍을 뚫어 특수가공 볼트(bolt)를 사용하여 유리를 고정하는 법으로 자연미, 개방감, 채광효과가 우수하다.

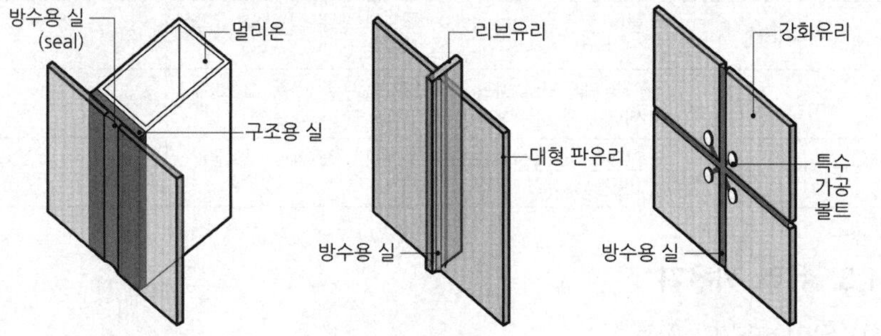

[SGS공법] [서스펜션공법] [DPG공법]

1.4 유리의 절단 및 검사 항목

(1) 유리의 절단

① 두꺼운 유리	유리칼로 금을 긋고 고무망치로 뒷면을 두드려 절단
② 접합유리	양면을 유리칼로 자르고 면도날로 중간에 끼운 필름을 절단
③ 망입유리	유리칼로 자르고 철망 꺾기를 반복하여 절단

(2) 절단 불가능한 유리

강화유리, 복층유리, 유리블록, 스테인드글라스 등

(3) 검사 항목

만곡, 두께, 치수, 겉모양 등을 검사한다.

1.5 유리의 열파손의 원인 및 특징

원인	특징
태양광에 의해 열을 받게 되면 유리의 중앙부는 팽창하는 반면 단부는 인장응력과 수축 상태를 유지하기 때문에 파손이 발생	주로 열흡수가 많은 색유리에 많이 발생하며, 실내와 실외의 온도 차가 급격한 동절기에 많이 발생

1.6 환경관리 및 친환경 시공의 측면에서 재료 선정 시 고려사항

① 환경마크, 탄소마크, 환경성적표지 등 공인된 친환경재료 사용
② 전 과정에 걸쳐 에너지 소비와 이산화탄소 배출량이 적을 것
③ 현장 인근에서 생산되어 운송과 관련한 환경영향이 적을 것
④ 재사용, 재활용이 용이한 제품 사용

⑤ 순환자재의 사용 적극 고려
⑥ 로이유리 등 단열성능이 우수한 친환경재료 사용

02 창호공사

2.1 창호의 일반사항

(1) 용어 설명

① 박배	창문을 창문틀에 달아매는 일
② 마중대	미닫이, 여닫이 문짝이 서로 맞닿는 선대
③ 여밈대	미서기(미세기), 오르내리창이 서로 여며지는 선대
④ 풍소란(풍서란)	창호가 닫혔을 때 각종 선대가 서로 접하는 부분의 틈새에 댄 바람막이
⑤ 멀리온(mullion)	창 면적이 클 때 기존의 창문틀(frame)을 보강해 주는 중간선대
⑥ 샌드블라스트 (sand blast)	유리면에 오려 낸 모양판을 붙이고, 모래를 고압증기로 뿜어 마모시킨 유리
⑦ 세팅블록 (setting block)	금속재 창호에 유리를 끼울 때 틀 내부 밑에 대는 재료로 유리와 금속 창호틀 사이의 고정 및 완충작용을 목적으로 한다.
⑧ 에어도어, 에어커튼 (air door, curtain)	건물의 출입구에서 상하로 분리시킨 공기층을 이용하여 건물 내외의 공기 유통을 차단하는 장치가 설치된 특수문

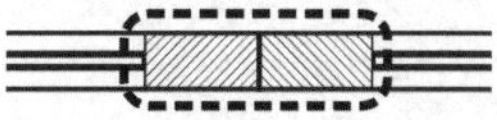
[마중대]

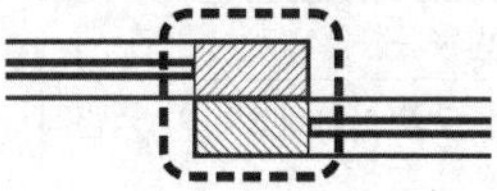
[여밈대]

[풍소란]

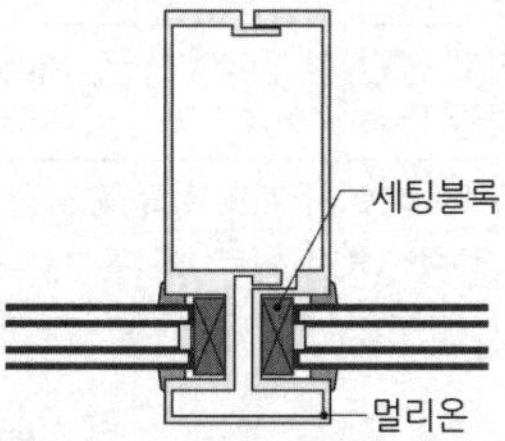

[멀리온, 세팅블록]

[에어도어, 에어커튼]

(2) 문 개폐방법에 따른 평면상 표현

[외여닫이문]

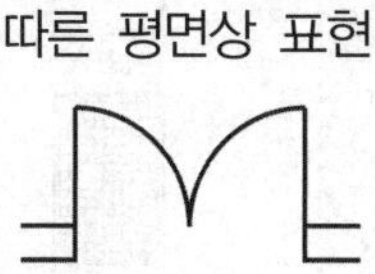
[쌍여닫이문]

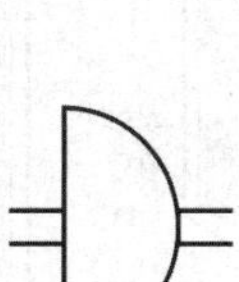
[자재문]

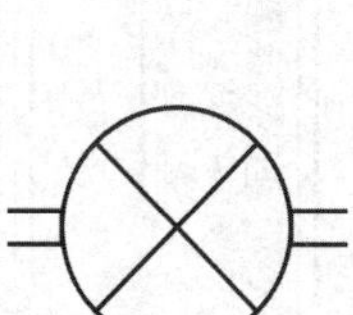
[회전문]

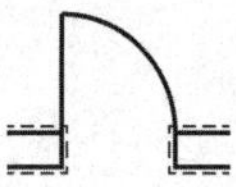
[방화외여닫이문]

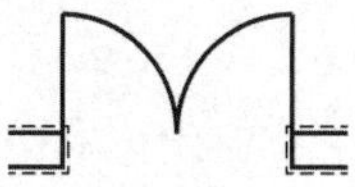
[방화쌍여닫이문]

[미서기문]

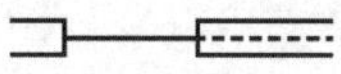
[미닫이문]

학습 POINT

- 박배 용어 설명 산업
- 마중대 용어 설명 산업 기사
- 여밈대 용어 설명 산업
- 풍소란 용어 설명 기사
- 멀리온 용어 설명 산업 기사
- 샌드블라스트 기법 산업 기사
- 세팅블록 용어 설명 기사
- 에어도어 용어 설명 기사
- 문 평면 그리기 기사

학습 POINT

✿창호 입면 용어 산업 기사

(3) 창호 개폐방법에 따른 입면상 표현

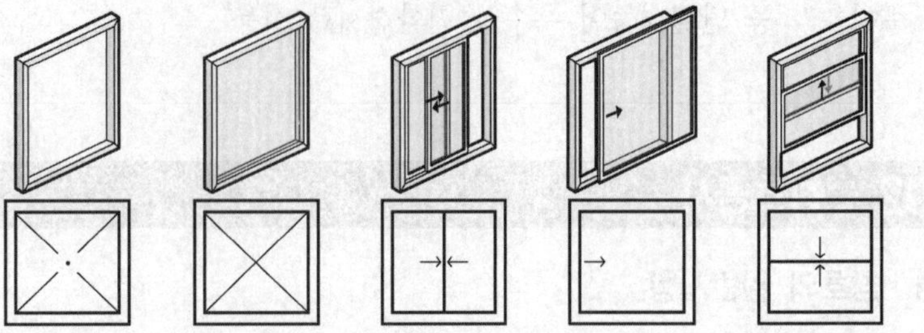

open window [오픈창] fixed window [고정창] sliding window [미서기창] sliding window [미닫이창] double hung window [오르내리창]

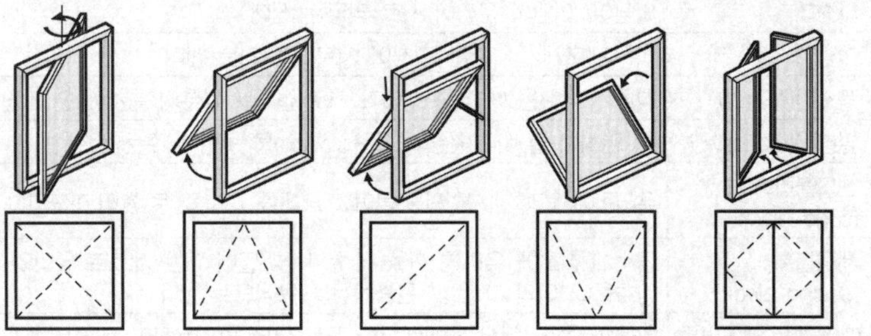

pivot window [회전창] project window [들창] swing window [미들창] tilt window [젖힘창] casement window [여닫이창]

2.2 목재창호

✿양판문 용어 설명 산업

✿플러시도어 용어 설명 산업 기사

✿살창 용어 설명 산업 기사

✿살창의 종류 기사

① 양판문	• 울거미의 중심에 넓은 판재를 댄 문
② 징두리 양판문	• 상부에는 유리, 높이 1m 정도 하부에만 양판을 댄 문
③ 플러시도어 (flush door)	• 울거미를 짜고 중간 살 간격을 벌집(허니콤) 모양으로 배치하여 양면에 널판을 교착한 문
④ 살창	• 창 울거미를 짠 후 여러 개의 살들을 일정한 간격으로 모양을 내어 수직·수평 방향 등으로 꽂아 만든 창 • 살창의 종류: 띠살창, 완자살창, 용자살창, 정자살창, 빗살창 등

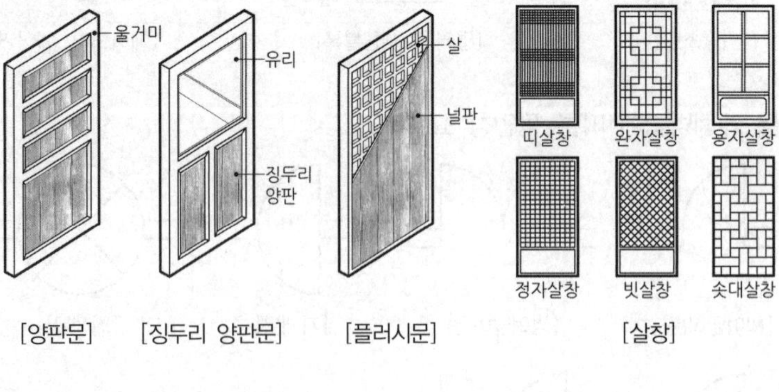

[양판문] [징두리 양판문] [플러시문] [살창]

2.3 강재창호

(1) 특징

장점	단점
① 내구성이 강하다. ② 보안성이 우수하다.	① 녹슬 우려가 있다. ② 타 창호에 비해 무겁다.

(2) 시공 순서

① 제작 순서	원척도 작성 → 신장녹 떨기 → 변형 바로잡기 → 금긋기 → 절단 → 구부리기 → 조립 → 용접 → 마무리 → 설치
② 현장 설치 순서	현장 반입 → 변형 바로잡기 → 녹막이칠 → 먹매김 → 구멍 파기, 따 내기 → 가설치 및 검사 → 묻음발 고정 → 창문틀 주위 모르타르 사춤 → 보양

2.4 알루미늄창호

(1) 특징

장점	단점
① 비중이 철의 1/3 정도로 가볍다. ② 잘 녹슬지 않아 사용 내구연한이 길다. ③ 공작이 자유롭고, 기밀성이 유리하다. ④ 개폐 조작이 경쾌하다.	① **강도가 작다.** ② 알칼리에 약하다. ③ **내화성** 및 염분에 **약하다.** ④ 이질금속 접촉 시 부식된다.

(2) 취급 시 주의사항

① 강도가 약하므로 취급 시 주의한다.

② 모르타르, 회반죽 등 알칼리성에 약하므로 직접적인 접촉을 피한다.

③ 이질재 접촉 시 부식되므로 동일 재료의 창호철물을 사용하거나 녹막이칠을 한다.

2.5 창호의 종류 및 특징

구분	특징	용도
양판철문	강판을 압착성형한 철문으로 피벗 힌지(pivot hinge)를 사용	방화문
행거도어	대형 호차를 레일 위와 문 양옆에 부착	창고, 격납고
접문	문짝끼리 정첩으로 연결, 상부에 도어행거 사용	대형 개구부
주름문	세로살, 마름모살로 구성, 상하 가드레일 설치	방도용
무테문	강화유리(12mm), 아크릴판(20mm)을 울거미 없이 설치한 문, 플로어 힌지 사용	현관 출입문
아코디언도어	특수 합성수지를 이용하여 아코디언처럼 접었다가 펼치기 용이하도록 설치한 문, 도어행거 사용	칸막이 대용
회전문	회전 지도리 사용	방풍 출입문
셔터	셔터 케이스, 홈대, 핸들 박스, 슬랫(slat)	방도용, 방화용

학습 POINT

- 강재창호 장단점 산업 기사
- 강재창호 현장 설치 순서 기사
- 알루미늄창호의 장점 산업 기사
  경금속창호 중 알루미늄새시는 스틸새시에 비하여 강도가 (작고), 내화성이 (약)하지만, 비중은 철의 (1/3)이고, 녹슬지 않으며, 사용연한이 길다. 그리고 콘크리트, 모르타르, 회반죽 등의 알칼리성에 대단히 약하다.
- 알루미늄창호 취급 시 주의사항 산업 기사
- 양판철물 용도, 철물 산업 기사
- 행거도어 용도 산업 기사
- 접문 창호철물 산업 기사
- 주름문 용도 산업 기사
- 무테문 용도, 철물 산업 기사
- 아코디언도어 용도, 창호철물 산업 기사
- 회전문 용도, 철물 산업 기사
- 셔터의 구성품 기사

학습 POINT

- 정첩의 용도 산업 기사
- 자유정첩의 용도 산업 기사
- 레버토리 힌지의 특징, 용도 산업 기사
- 플로어 힌지의 특징, 용도 산업 기사
- 피벗 힌지의 특징, 용도 산업 기사
- 도어클로저의 용도 산업 기사
- 도어스톱의 용도 산업 기사
- 크레센트의 용도 산업 기사
- 레일의 용도 산업 기사
- 지도리의 용도 산업 기사
- 도르래의 용도 산업 기사
- 오목손잡이의 용도 산업 기사
- 바퀴의 용도 산업 기사
- 도어행거의 용도 산업 기사

[양판철문]

[행거도어]

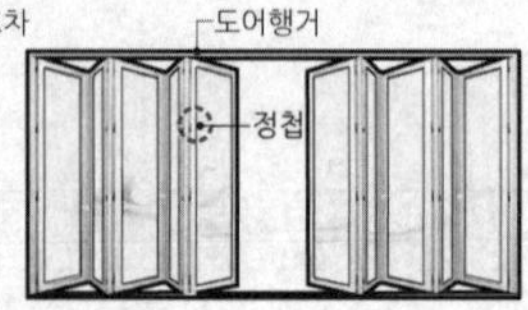

[접문]

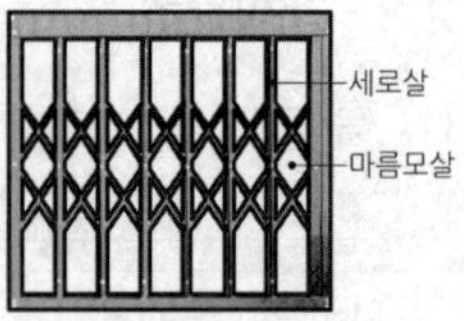

[주름문]

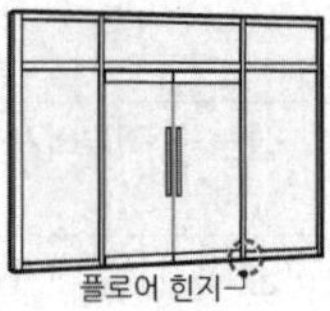

[무테문]

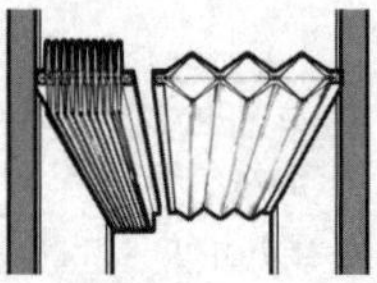
[아코디언도어]

[회전문]

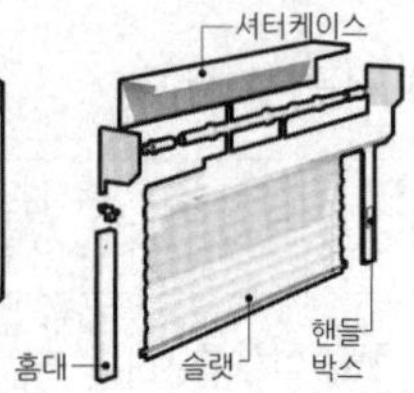

[셔터]

2.6 창호철물

(1) 창호철물의 종류 및 특징

구분	특징	용도
정첩 (hinge)	한쪽은 문틀에, 다른 한쪽은 문에 고정	여닫이창·문
자유정첩 (spring hinge)	스프링이 설치되어 안팎으로 개폐할 수 있는 정첩	자재문
레버토리 힌지 (lavatory hinge)	일종의 스프링 힌지로 내부에서 잠금장치를 사용하지 않고 15cm 정도 열려지는 창호철물	공중화장실, 전화부스
플로어 힌지 (floor hinge)	정첩으로 지탱할 수 없는 무거운 자재의 여닫이문에 사용	현관문, 자재문
피벗 힌지 (pivot hinge)	용수철을 쓰지 않고 문장부 식으로 된 힌지, 가장 무거운 중량문에 사용	방화문
도어클로저 (door closer)	문 위틀과 문짝에 설치하여 문을 자동적으로 닫히게 하는 장치	현관문 상부
도어스톱 (door stop)	열려진 문을 받아 벽과 문의 손잡이를 보호하고 문을 고정하는 장치	여닫이문 하부
크레센트 (crescent)	창의 잠금장치(자물쇠)	미서기창
레일 (rail)	문틀의 마모를 방지하고 바퀴가 잘 이동하도록 설치	미서기창·문 미닫이창·문
지도리 (socket hinge)	회전문 등의 축으로 사용되는 철물	회전창·문
도르래 (movable pulley)	창호의 하중을 감소	오르내리창
오목손잡이	창이나 문의 손잡이 역할	미서기창·문
바퀴(호차)	창호가 잘 움직이도록 설치	미서기, 미닫이
도어행거 (door hanger)	문 상부에 설치하여 좌우로 연결 이동하는 철물	접문, 행거도어

학습 POINT

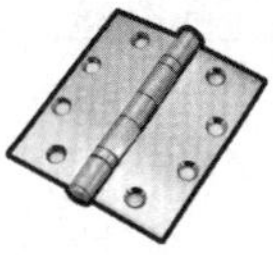

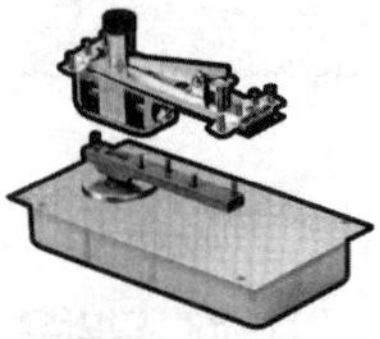
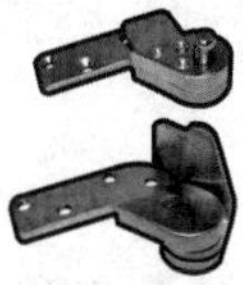

[정첩] [자유정첩] [레버토리 힌지] [플로어 힌지] [피벗 힌지]

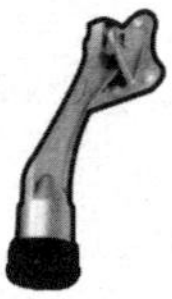

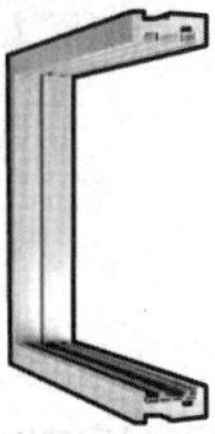

[도어클로저] [도어스톱] [크레센트] [레일] [지도리]

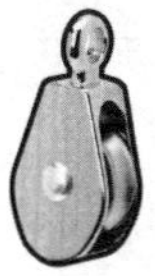
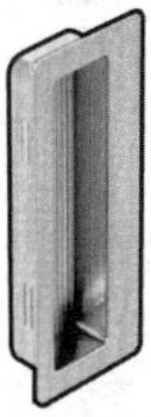
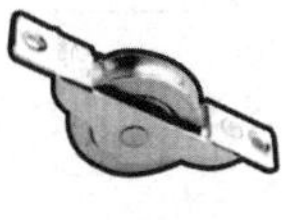
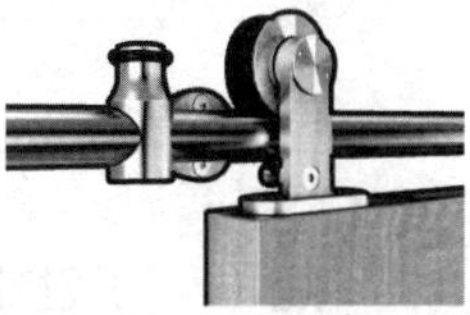

[도르래] [오목손잡이] [바퀴(호차)] [도어행거]

(2) 미서기, 미닫이, 오르내리창의 창호철물

① 미서기창, 미닫이창	레일, 바퀴(호차), 크레센트, 오목손잡이, 꽂이쇠
② 오르내리창	도르래, 로프, 추, 손걸이, 크레센트

✿미서기창 창호철물 산업 기사
✿개폐 창호철물 기사

2.7 창호공사 시공상세도 및 표기사항

(1) 시공상세도

✿창호 시공상세도 종류 산업 기사

구분	도면 표기사항
창호배치도	설치 위치, 부호, 개폐방법 등
창호일람표	부호, 형상, 치수, 수량, 부재, 부품의 재료, 성능, 표면처리, 창호철물 등
창호상세도	재질, 형상, 치수, 표면처리, 부속철물, 부착철물 위치, 고정방법, 방수처리, 방식처리 및 주위 마감재, 유리 종류(재질, 색상 등), 유리 두께 등
재료일람표	개스킷, 합성고무 등 부속재료의 재질, 형상, 치수

2.8 창호공사 하자 및 대책

(1) 누수 원인 및 대책

✿외부창호 누수 원인 기사

원인	대책
① 사춤불량 ② 외부창호 코킹 및 방수 부실 ③ 창호 난간의 앵커시공 시 콘크리트 균열	사춤 전 바탕처리를 확실하게 하며, 방수액을 혼합한 모르타르를 틈새가 없도록 사춤 시공하고 코킹 처리한다.

chapter 05

연습문제

01 다음 ( ) 안에 알맞은 말을 넣으시오. [3점]

3mm 이하의 유리는 (①)(이)라 하고, 두께 3 ~ 5mm 정도를 (②)(이)라 하며, 5mm 이상의 유리를 (③)(이)라 한다.

① ______ ② ______ ③ ______

02 건축 창호에 사용되는 유리의 종류 6가지를 쓰시오. [4점]

① ______ ② ______ ③ ______

④ ______ ⑤ ______ ⑥ ______

03 다음 ( ) 안에 알맞은 용어를 쓰시오. [2점]

보통 유리에 비하여 3 ~ 5배의 강도로 내열성이 있어 200℃에서도 깨지지 않고, 일단 금이 가면 전부 콩알만한 조각으로 깨어지는 유리를 (①)유리라고 한다.

______

04 취성을 보강할 목적으로 사용되는 유리 중 안전유리로 분류할 수 있는 유리의 명칭을 3가지 쓰시오. [3점]

① ______ ② ______ ③ ______

05 다음 용어를 설명하시오. [2점]

페어글라스(pair glass)

______

06 복층유리의 특징 3가지만 쓰시오. [3점]

① ______ ② ______ ③ ______

해답

01

① 박판유리
② 보통 판유리
③ 후판유리

02

① 강화유리
② 접합유리
③ 망입유리
④ 복층유리
⑤ 형판유리
⑥ 로이유리

03

강화

04

① 강화유리
② 망입유리
③ 접합유리

05

복층유리, 이중유리라고 하며 판유리 중간에 건조공기를 삽입하여 봉입한 유리로 방음, 단열, 결로 방지에 우수하다.

06

① 방음
② 단열
③ 결로 방지

07 유리 끼우기에 사용되는 퍼티의 종류 3가지만 쓰시오. [3점]

① ________ ② ________ ③ ________

08 유리 끼우기에 사용되는 재료 3가지만 쓰시오. [3점]

① ________ ② ________ ③ ________

09 유리 끼우기 공법 4가지를 쓰시오. [4점]

① ________ ② ________

③ ________ ④ ________

10 안전유리 중 강화유리의 특성 4가지를 쓰시오. [4점]

① ________

② ________

③ ________

④ ________

11 합판유리의 특성 4가지를 기술하시오. [4점]

① ________

② ________

③ ________

④ ________

해답

07

① 반죽퍼티
② 나무퍼티
③ 고무퍼티

08

① 퍼티
② 실란트
③ 개스킷
• 나무졸대

09

① 반죽퍼티 대기
② 나무퍼티 대기
③ 고무퍼티 대기
④ 누름대 대기

10

① 파손 시 모가 작아 안전하다.
② 강도가 일반 유리에 비해 크다.
③ 내열성이 우수하다.
④ 현장에서 재가공이 어렵다.

11

① 2장 이상의 판유리 사이에 폴리비닐을 넣고 접합한 유리로 강도가 크다.
② 여러 겹이라서 다소 하중이 무겁지만 견고하다.
③ 유리 파손 시 산란을 방지한다.
④ 현장 절단이 가능하다.

해답

12

① 반사유리: 반사막이 광선을 차단, 반사시켜 실내에서 외부를 볼 때에는 전혀 지장이 없으나 외부에서는 거울처럼 보이게 되는 유리
② 접합유리: 2장 이상의 판유리 사이에 합성수지를 넣고 고열로 강하게 접합한 유리로 강도가 크다.
③ 강화유리: 판유리를 600℃로 가열한 후 급랭시킨 안전유리로 강도가 보통 유리보다 3～5배 크다.
④ 망입유리: 유리 내부에 금속망을 삽입하고 압착성형한 유리로 도난 방지 효과가 크다.

13

① (라)
② (다)
③ (가)

14

① 프리즘유리
② 유리블록
③ 망입유리

12 다음 유리의 특성을 쓰시오. [4점]

① 반사유리: ______________________

② 접합유리: ______________________

③ 강화유리: ______________________

④ 망입유리: ______________________

13 다음은 여러 가지 유리에 관한 설명이다. 이에 알맞은 용어를 〈보기〉에서 골라 번호를 쓰시오. [3점]

보기
(가) 복층유리 (나) 강화유리 (다) 망입유리
(라) 형판유리 (마) 접합유리

① 한쪽 면에 각종 무늬를 넣은 것: ______________________
② 방도용 또는 화재, 기타 파손 시 산란하는 위험을 방지하는 데 쓰인다.
____
③ 보온, 방음, 결로 방지에 유리하다.
____

14 다음의 설명에 해당되는 유리의 명칭을 쓰시오. [3점]

① 한 면이 톱날형의 홈으로 된 판유리로서 광선을 조절, 확산하여 실내를 밝게 하는 용도로 사용: ______________________
② 채광과 의장을 겸한 구조용 유리벽돌의 용도로 사용: ______________________
③ 유리 중간에 금속망을 넣은 것으로 화재, 기타 파손 시 산란하는 위험을 방지하는 용도로 사용: ______________________

15 다음 유리에 관한 내용을 서로 상관관계가 있는 것끼리 연결하시오. [5점]

보기
(가) 접합유리 (나) 프리즘유리 (다) 유리섬유
(라) 유리블록 (마) 유리타일

① 벽돌 모양으로 된 중공유리는 채광 및 의장성이 좋다. ______

② 2 ~ 3장의 유리 사이에 합성수지를 끼워 접착한 유리: ______

③ 보온, 방음, 흡음 등의 효과가 있다. ______

④ 투사광선의 방향을 변화시키거나 집중, 확산시킬 목적으로 사용: ______

⑤ 불투명의 두꺼운 판유리를 소형으로 자른 것: ______

16 다음 〈보기〉에서 관계있는 것을 골라 쓰시오. [5점]

보기
(가) 구조용 유리 (나) 프리즘유리 (다) 유리블록
(라) 유리타일 (마) 유리섬유

① 한 면이 톱날형의 홈으로 된 판유리: ______

② 투명유리로서 상자형으로 열전도율이 적음: ______

③ 광택이 좋고 비흡수성·화학저항성이 있으며 균열 발생 억제: ______

④ 보온재, 흡음재, 방음재: ______

⑤ 불투명유리로 장식효과가 있다. ______

17 서로 관계있는 것끼리 번호로 연결하시오. [3점]

① 유리블록	(가) 부식유리
② 방탄유리	(나) 거울
③ 장식장용 유리	(다) 복층유리
④ 단열용 유리	(라) 프리즘유리
⑤ 갈은유리	(마) 합판유리
⑥ 방화유리	(바) 망입유리

① ______ ② ______ ③ ______

④ ______ ⑤ ______ ⑥ ______

해답

15
① (라) ② (가)
③ (다) ④ (나)
⑤ (마)

16
① (나) ② (다)
③ (가) ④ (마)
⑤ (라)

17
① (라) ② (마)
③ (가) ④ (다)
⑤ (나) ⑥ (바)

해답

18

① 트리플렉스유리: 접합유리의 일종으로 유리 사이에 폴리카보네이트를 넣고 고온으로 접합한 방탄성능의 특수 안전유리
② 컷글라스: 표면에 광택이 있는 홈줄을 새겨 모양을 낸 유리

19

① (다) ② (가)
③ (나) ④ (라)

20

① 지하실 채광, 천창 채광
② 의류 진열장, 약품 창고, 박물관
③ 병원 선룸, 온실, 요양소

21

① (다) ② (마)
③ (가) ④ (라)
⑤ (나) ⑥ (바)

18 유리공사에 쓰이는 용어이다. 간단히 쓰시오. [4점]

① 트리플렉스유리(triplex glass): ______________________

② 컷글라스(cut glass): ______________________

19 다음 〈보기〉 중 적합한 유리재를 골라 써넣으시오. [4점]

보기
(가) 유리블록 (나) 자외선투과유리
(다) 복층유리 (라) 포도유리(프리즘)

① 방음, 단열, 결로 방지: ______________
② 의장성, 계단실 채광: ______________
③ 병원, 온실: ______________
④ 지하실 채광: ______________

20 다음 유리의 사용 용도를 적으시오. [3점]

① 프리즘유리: ______________
② 자외선차단유리: ______________
③ 자외선투과유리: ______________

21 다음 유리에 관한 내용을 서로 상관관계가 있는 것끼리 연결하시오. [3점]

보기
(가) 지하실 채광용 (나) 방탄용 (다) 실내장식용
(라) 방도용 (마) 거울용 (바) 단열용

① 부식유리: __________ ② 갈은유리: __________
③ 포도유리: __________ ④ 망입유리: __________
⑤ 합판유리: __________ ⑥ 복층유리: __________

22 다음에 해당하는 항목을 〈보기〉에서 골라 번호를 쓰시오. [4점]

보기
(가) 합판유리 (나) 보통판유리
(다) 강화유리 (라) 철망입유리

① 양면을 유리칼로 자르고, 필름은 면도칼로 절단한다. ______

② 유리칼, 포일커터로 절단한다. ______

③ 절단이 불가능한 유리이다. ______

④ 유리는 칼로 자르고 철망 꺾기를 반복하여 철을 절단한다. ______

23 현장에서 절단이 가능한 다음 유리의 절단방법에 대하여 서술하고, 현장에서 절단이 어려운 유리제품 2가지를 쓰시오. [4점]

① 접합유리: ______

② 망입유리: ______

③ ______

④ ______

24 현장에서 절단이 불가능한 유리를 3가지 쓰시오. [3점]

① ______ ② ______ ③ ______

25 다음 유리에 대해 설명하시오. [2점]

Low-e유리

______

26 유리공사에서 서스펜션(suspension)공법에 대하여 설명하시오. [2점]

______

해답

22
① (가) ② (나)
③ (다) ④ (라)

23
① 접합유리: 양면을 유리칼로 자르고 면도날로 중간에 끼운 필름을 절단
② 망입유리: 유리칼로 자르고 철망 꺾기를 반복하여 절단
③ 강화유리
④ 방탄유리

24
① 강화유리
② 복층유리
③ 유리블록

25
가시광선(빛)은 투과시키고 장파장의 적외선은 효과적으로 차단하여 냉난방효율을 극대화한 에너지 절약형 유리

26
대형 판유리를 멀리온이 없이 유리만으로 세우는 공법으로 유리의 접합부에 리브유리를 사용하며, 유리 사이 줄눈은 고성능 실란트로 마감한 유리

27 플로트(float) 판유리 검사 항목 4가지를 쓰시오. [4점]

① ________ ② ________ ③ ________ ④ ________

28 다음 〈보기〉가 설명하는 유리재료들은 안전을 목적으로 한다. 해당 유리재료명을 쓰시오. [3점]

보기

(가) 방도용 또는 화재, 기타 파손 시 산란하는 위험을 방지하는 데 쓰인다.

(나) 성형 판유리를 500～600℃로 가열하고, 압착한 유리로 열처리 후에는 가공이 불가능하다.

(다) 물질의 노화와 변색을 방지하기 위하여 사용되는 것으로 의류 진열장, 박물관 진열장 등에 쓰인다.

① ________ ② ________ ③ ________

29 다음 창호공사에 관한 용어에 대해 설명하시오. [2점]

① 풍소란: ________

② 마중대: ________

30 다음이 설명하는 용어를 쓰시오. [4점]

① 창문을 창문틀에 달아매는 일: ________

② 창호가 닫혀졌을 때 각종 선대가 접하는 부분의 틈새에 대어 주는 것: ________

③ 미서기 또는 오르내리창이 서로 여며지는 선대: ________

④ 미닫이, 여닫이의 상호 맞댐면: ________

해답

27
① 만곡
② 겉모양
③ 치수
④ 형상

28
① 망입유리
② 강화유리
③ 자외선차단유리

29
① 창호가 닫혀졌을 때 각종 선대가 서로 접하는 부분의 틈새에 댄 바람막이
② 미닫이, 여닫이 문짝이 서로 맞닿는 선대

30
① 박배
② 풍소란
③ 여밈대
④ 마중대

31 다음은 유리공사에 대한 용어이다. 용어를 간단히 설명하시오. [4점]

① 샌드블라스트(sand blast) : ______________________________

____

② 세팅블록(setting block) : ______________________________

____

32 다음 용어를 설명하시오. [4점]

① 에어도어(air door) : ______________________________

____

② 멀리온(mullion) : ______________________________

____

33 출입구 여닫이문의 평면을 형태별로 구분하여 4가지를 간략히 그리시오. [4점]

① ② ③ ④

__________ __________ __________ __________

34 다음은 창호의 도면 표기방법이다. 각각 명칭을 쓰시오. [4점]

①
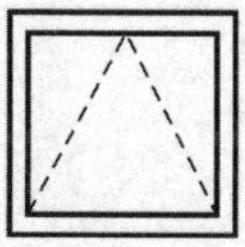
②

③
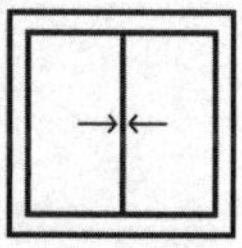
④
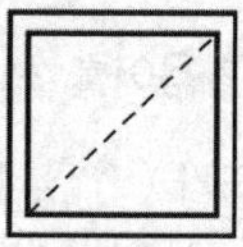
⑤
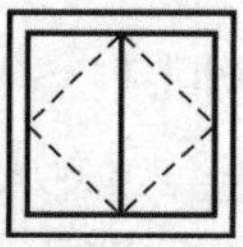

① __________ ② __________ ③ __________

④ __________ ⑤ __________

해답

31

① 유리면에 오려 낸 모양판을 붙이고, 모래를 고압증기로 뿜어 마모시킨 유리

② 금속재 창호에 유리를 끼울 때 틀 내부 밑에 대는 재료로 유리와 금속 창호틀 사이의 고정 및 완충작용을 목적으로 한다.

32

① 건물의 출입구에서 상하로 분리시킨 공기층을 이용하여 건물 내외의 공기 유통을 차단하는 장치가 설치된 특수문

② 창의 면적이 클 때 기존의 창문틀을 보강해 주는 중간선대

33

① 외여닫이문
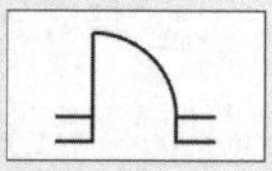
② 쌍여닫이문

③ 외여닫이 자재문
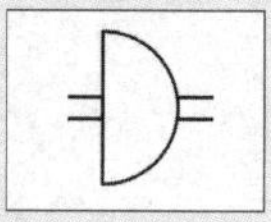
④ 쌍여닫이 자재문
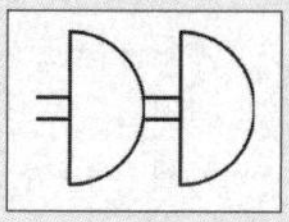

34

① 들창
② 회전창
③ 미서기창
④ 미들창
⑤ 쌍여닫이창

해답

35

- 용어: 창 울거미를 짠 후 여러 개의 살들을 일정한 간격으로 모양을 내어 꽂아 만든 창

① 띠살창
② 완자살창
③ 용자살창

36

(가) 장점: ① 내구성이 강하다.
② 보안성이 우수하다.
(나) 단점: ① 녹슬 우려가 있다.
② 타 창호에 비해 무겁다.

37

① 변형 바로잡기
② 먹매김
③ 가설치 및 검사
④ 창문틀 주위 모르타르 사용

38

① 작고
② 약
③ 1/3

35 창호의 종류 중 살창에 대해서 설명하고, 살창의 종류를 3가지 쓰시오. [4점]

용어: ______________________________

____

① ____________ ② ____________ ③ ____________

36 강재창호는 강판 또는 새시바를 주재료로 하고, 용접 또는 장부죔에 의하여 조립하는데 이것의 장점, 단점을 2가지씩 쓰시오. [4점]

(가) 장점: ① ____________
② ____________
(나) 단점: ① ____________
② ____________

37 강재창호의 현장 설치 순서를 쓰시오. [4점]

보기
현장 반입 → (①) → 녹막이칠 → (②) → 구멍 파내기, 따 내기 → (③) → 묻음발 고정 → (④) → 보양

① ____________ ② ____________
③ ____________ ④ ____________

38 알루미늄새시에 관한 설명이다. (　　) 안에 알맞은 용어를 쓰시오. [3점]

경금속창호 중 알루미늄새시는 스틸새시에 비하여 강도가 (①), 내화성이 (②)(하)지만, 비중은 철의 (③)이고, 녹슬지 않으며, 사용연한이 길다. 그리고 콘크리트, 모르타르, 회반죽 등의 알카리성에 대단히 약하다.

① ____________ ② ____________ ③ ____________

39 다음 알루미늄새시 시공에 대한 유의사항 3가지를 기술하시오. [3점]

① ______________________

② ______________________

③ ______________________

40 다음 창호의 용도로 가장 상관성이 있는 것을 한 가지씩 〈보기〉에서 골라 쓰시오. [3점]

보기
(가) 주름문 (나) 회전문 (다) 아코디언도어 (라) 무테문

① 방풍용: ____________ ② 현관용: ____________

③ 칸막이용: ____________ ④ 방도용: ____________

41 다음 창호철물 중 가장 관계가 큰 것 하나씩을 〈보기〉에서 골라 그 번호를 쓰시오. [4점]

보기
(가) 레일 (나) 정첩 (다) 도르래
(라) 자유정첩 (마) 지도리

① 여닫이문: ____________ ② 자재문: ____________

③ 미닫이문: ____________ ④ 회전문: ____________

42 각 창호에 필요한 창호철물을 〈보기〉에서 골라 쓰시오. [4점]

보기
플로어 힌지, 도르래, 정첩, 지도리, 레일

① 오르내리창: ____________ ② 여닫이창: ____________

③ 회전문: ____________ ④ 미서기창: ____________

해답

39
① 강도가 약하므로 취급 시 주의한다.
② 모르타르, 회반죽 등 알칼리성에 약하므로 직접적인 접촉을 피한다.
③ 이질재 접촉 시 부식되므로 동일재료의 창호철물을 사용하거나 녹막이칠을 한다.

40
① (나) ② (라)
③ (다) ④ (가)

41
① (나) ② (라)
③ (가) ④ (마)

42
① 도르래
② 정첩
③ 지도리
④ 레일

해답

43
① (다) ② (라)
③ (가) ④ (나)
⑤ (마)

44
① (바) 오르내리꽂이쇠
② (라) 벌집심
③ (나) 피벗 힌지
④ (마) 행거레일

45
① 레일
② 바퀴(호차)
③ 크레센트
④ 오목손잡이

46
① 정첩
② 레일
③ 바퀴(호차)
④ 크레센트

43 창호 부속철물에 대한 설명이다. 관계가 있는 것끼리 연결하시오. [5점]

보기
(가) 자동닫이장치
(나) 오르내리창이나 미서기창의 자물쇠
(다) 안팎 개폐용 철물
(라) 공중용 변소, 전화실 출입문
(마) 보통 정첩으로 유지할 수 없는 무거운 자재문

① 정첩, 자유정첩: ______ ② 레버토리 힌지: ______
③ 도어클로저: ______ ④ 크레센트: ______
⑤ 플로어 힌지: ______

44 다음 〈보기〉의 창호부품에서 관계있는 부품의 번호를 쓰시오. [4점]

보기
(가) 핸들 박스(handle box) (나) 피벗 힌지(pivot hinge)
(다) 풍소란 (라) 벌집(허니콤)심
(마) 행거레일(hanger rail) (바) 오르내리꽂이쇠

① 여닫이문(swing door): ______
② 플러시도어(flush door): ______
③ 무테문(frameless door): ______
④ 아코디언도어(accordion door): ______

45 미서기창에 필요한 철물 4가지를 쓰시오. [4점]

① ______ ② ______
③ ______ ④ ______

46 창호철물에 쓰이는 부속품 4가지를 쓰시오. [4점]

① ______ ② ______
③ ______ ④ ______

47 창호철물 중 개폐 작동 시 필요한 철물의 종류 4가지를 쓰시오. [4점]

① ____________ ② ____________

③ ____________ ④ ____________

48 다음 〈보기〉의 설명에 해당하는 철물의 종류를 골라 번호를 쓰시오. [3점]

보기

(가) 도어체크 (나) 도어스톱 (다) 레일
(라) 크레센트 (마) 플로어 힌지

① 미서기, 미닫이 창문의 밑틀에 깔아 대어 문바퀴를 구르게 하는 것:
____

② 미서기창이나 오르내리창을 잠그는 데 사용하는 것: ____________

③ 열려진 여닫이문이 저절로 닫아지게 하는 장치: ____________

④ 열려진 문을 받아 벽을 보호하고, 문을 고정하는 장치: ____________

⑤ 보통 경첩으로 유지할 수 없는 무거운 자재문에 사용: ____________

49 다음은 창호철물의 명칭이다. 간략히 설명하시오. [2점]

① 도어스톱: ____________

② 레버토리 힌지: ____________

50 유리의 열손실을 막기 위한 방법 2가지를 쓰시오. [2점]

① ____________

② ____________

해답

47
① 도어클로저
② 플로어 힌지
③ 피벗 힌지
④ 자유정첩

48
① (다) ② (라)
③ (가) ④ (나)
⑤ (마)

49
① 열려진 문을 받아 벽과 문의 손잡이를 보호하고 문을 고정하는 장치
② 일종의 스프링 힌지로 내부에서 잠금장치를 사용하지 않고 15cm 정도 열려지는 창호철물

50
① 두 장의 유리 사이에 건조공기를 넣어 밀봉한 복층유리로 열손실을 막는다.
② 로이유리와 같이 복사열을 반사시키는 특수표면유리로 열손실을 막는다.

해답

51
① 너비가 큰 새시바를 사용한다.
② 중간틀을 보강한다.
③ 멀리온을 설치한다.

52
① 셔터 케이스
② 홈대
③ 슬랫
• 핸들 박스

51 창문틀이 클 경우 유리의 파손 방지책을 3가지만 쓰시오. [2점]

① ____________________

② ____________________

③ ____________________

52 셔터 시공 시 설치 부품명을 3가지만 쓰시오. [3점]

① __________ ② __________ ③ __________

chapter
06 금속공사

01 비철금속

1.1 구리(동) 및 구리합금

종류		특징	용도
구리(동)		• 연성과 전성이 크다. • 열전도율 및 전기전도율이 가장 크다. • 산 및 알칼리에 약하며 암모니아에 침식된다. • 습기를 받으면 이산화탄소와 부식하여 녹청색이 되나 표면만 부식되고 내부를 보호한다.	전선, 방열기
구리합금	황동	• 구리에 **아연**을 혼합하여 만든 합금강 • 구리보다 단단하여 주조가 잘되며, 가공하기 쉽다. • 강도 및 **내구성**이 크다.	창호철물, 논슬립
	청동	• 구리에 **주석**을 혼합하여 만든 합금강 • 표면은 특유의 청록색을 띠며 대기 중에서 **내식성**이 강하다.	장식철물, 공예재료

1.2 알루미늄

종류	특징	용도
알루미늄	• 강도가 약하나 경금속이다(비중: 2.7, 철의 1/3). • 잘 녹슬지 않아 사용 내구연한이 길다. • 공작이 자유롭고 기밀성에 유리하나, 내화성이 약하다. • 알칼리에 약하므로 콘크리트 접촉 부위에는 방식 처리한다.	창호철물

02 기성제품

2.1 고정철물

(1) 철물의 종류

종류	특징
인서트 (insert)	콘크리트 슬래브 밑에 설치하여 반자틀, 기타 구조물을 달아매고자 할 때 달대볼트의 걸침이 되는 수장철물
익스팬션 볼트 (expansion bolt)	확장볼트, 팽창볼트라 불리며, 콘크리트 · 벽돌 등의 면에 띠장 · 문틀 등의 다른 부재를 고정하기 위하여 설치하는 특수볼트
세트 앵커볼트 (set anchor bolt)	콘크리트 벽이나 바닥에 구멍을 뚫은 후 볼트를 삽입하여 타격하면 파이프가 벌어지면서 고정되는 나중에 매입하는 앵커볼트
스크루 앵커 (screw anchor)	콘크리트, 벽돌, 석고보드 등의 면에 비교적 경량부재를 고정하기 위하여 나중에 매입하는 앵커

학습 POINT

산업 실내건축산업기사 시공실무 출제
기사 실내건축기사 시공실무 출제

✿ 연성: 재료에 인장력을 주어 가늘고 길게 늘어나는 성질
✿ 전성: 재료를 두들길 때 얇게 퍼지는 성질

✿ 황동은 동과 (아연)을 합금하여 강도가 크며 (내구성)이 강하다. 청동은 동과 (주석)을 합금하여 대기 중에서 (내식성)이 우수하다. 산업 기사

✿ 고정철물의 종류 산업
✿ 인서트, 익스팬션 볼트 용어 설명 산업 기사

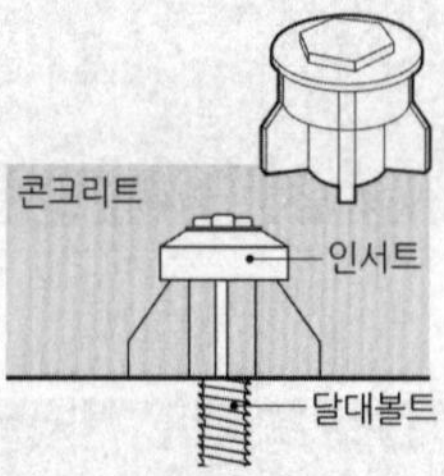

[인서트]

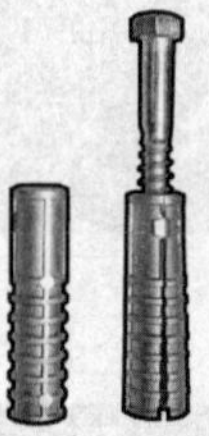
[익스팬션 볼트]

[세트 앵커볼트]

[스크루 앵커]

(2) 고정용 공구

종류	특징
드라이브이트 건 (drive-it gun)	• 타정총이라 불리며, 소량의 화약을 이용하여 콘크리트, 벽돌벽, 강재 등에 특수가공한 못(drive pin)을 순간적으로 처박는 공구 • 장점: ① 공기의 단축 ② 노동력의 절감 ③ 시공작업의 용이성

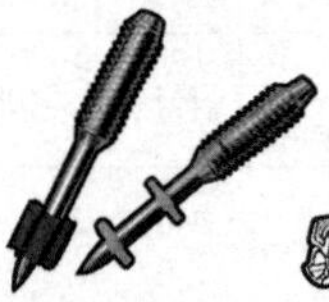
[드라이브 핀]

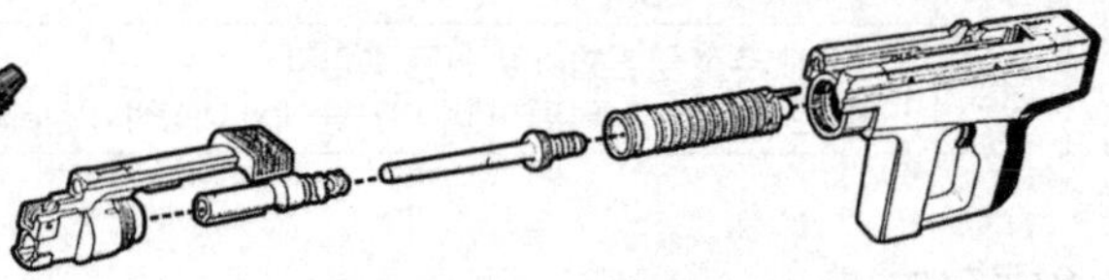
[드라이브이트 건]

2.2 기성철물

종류	특징
논슬립 (non-slip)	• 논슬립은 계단의 **디딤판** 끝에 대어 **미끄럼 방지** 역할을 하는 철물이다. 계단폭 끝에서 5cm 정도 떼어 시공한다. • 논슬립 고정법: **고정매입법, 나중매입법, 접착제법**
황동줄눈대	• 미장 바닥재의 구획을 위해 설치하는 철물로 균열과 연속 파손을 방지하며, 파손으로 인한 부분적 보수를 용이하게 한다. • 줄눈대 설치의 목적: ① **재료의 수축, 팽창으로 인한 균열 방지** ② **바름 구획의 구분** ③ **보수 용이**
코너비드 (corner bead)	• 기둥, 벽 등의 **모서리**에 대어 미장 바름 및 마감재를 보호하는 철물 • 시방서에서 정한 바가 없으면 **아연도금 철재**로 하고 길이는 **1,800mm**로 한다.
조이너 (joiner)	• 벽, 천장에 텍스, 보드, 금속판 등의 **이음새**를 감추어 누르는 데 쓰이는 철물
메탈라스 (metal lath)	• 얇은 철판에 일정한 간격으로 자름 금을 내어서 당겨 구멍을 그물처럼 만든 철망
와이어라스 (wire lath)	• 아연도금한 굵은 철선을 꼬아서 그물처럼 만든 철망
와이어메시 (wire mesh)	• 연강철선을 직교시켜 전기용접하여 만든 철망
펀칭메탈 (punching metal)	• 얇은 철판을 여러 가지 모양으로 구멍을 뚫어 만든 철망

학습 POINT

✿ 드라이브이트 건 용어 설명, 드라이브이트 건 장점 기사
• 드라이브이트 건

✿ 기성철물 용어 설명 산업 기사
• 논슬립, 황동줄눈대

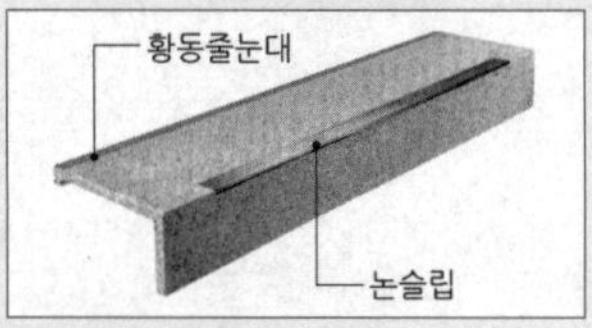

• 코너비드, 조이너

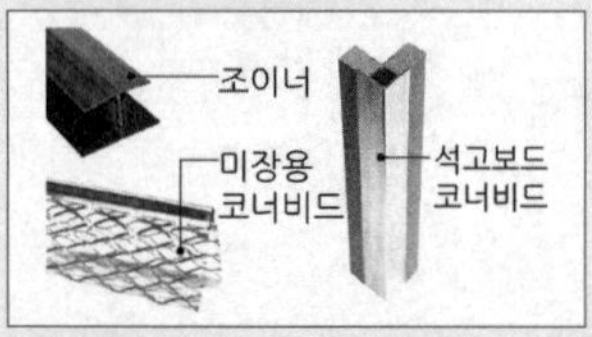

✿ 코너비드 재료 및 길이 기사
✿ 코너비드는 기둥이나 벽 등 모서리 부분의 미장바름을 보호하기 위한 철물로, 공사시방서에서 정한 바가 없을 때에는 (아연도금 철재)로 하고, 길이는 (1,800)mm로 한다. 기사
• 메탈라스

• 와이어라스

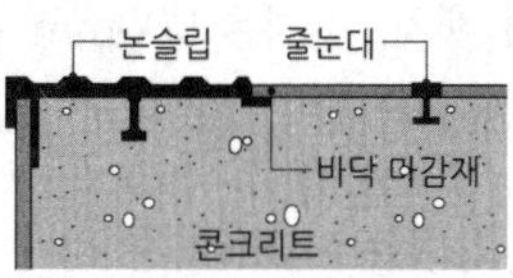

[논슬립, 줄눈대]

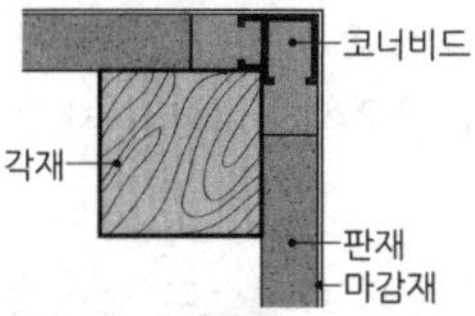

[코너비드]

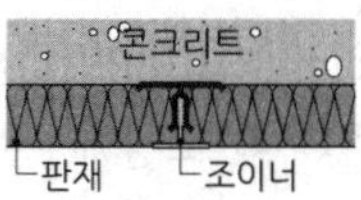

[조이너]

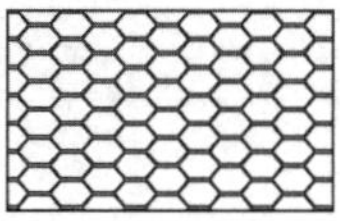
[메탈라스]

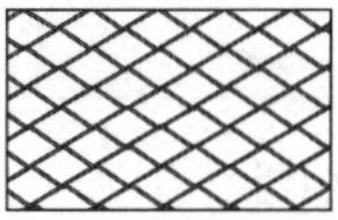
[와이어라스]

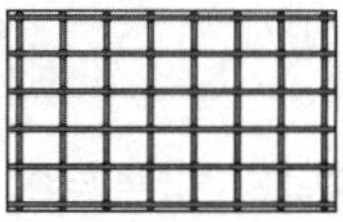
[와이어메시]

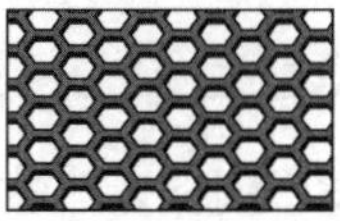
[펀칭메탈]

03 경량철골 반자틀

3.1 반자의 설치 목적

① 미관적 구성
② 분진(먼지) 방지
③ 음과 열 차단
④ 배선, 배관 등의 차폐

3.2 M-바(bar) 시스템(system)

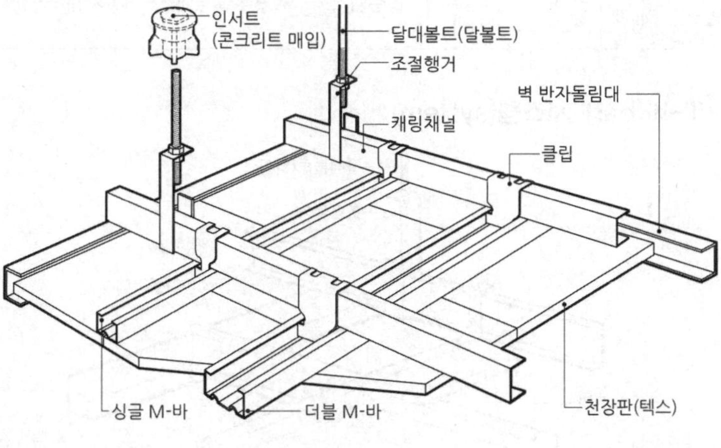

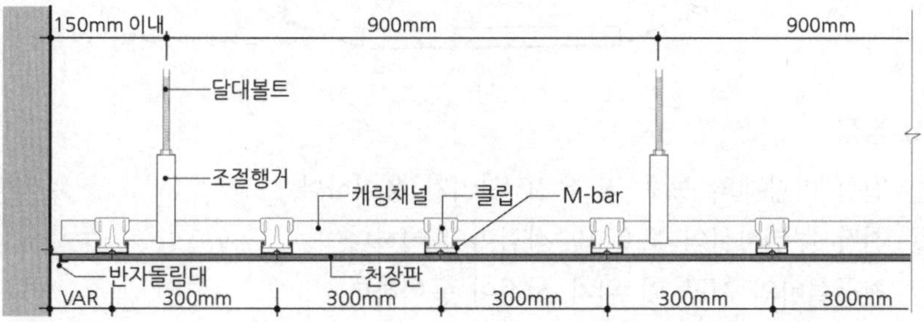

학습 POINT

• 와이어메시

• 펀칭메탈

✿반자의 설치 목적 산업 기사

• M–바 시스템의 시공 사진

학습 POINT

✿ 달대볼트는 주변부의 단부로부터 150mm 이내에 배치하고 간격은 (900)mm 정도로 한다. 천장 깊이가 1.5m 이상인 경우에는 가로, 세로 (1.8)m 정도의 간격으로 달대볼트의 흔들림 방지용 보강재를 설치한다. 기사

✿ M–바 시스템의 사용 용도 기사

✿ 반자틀 4단계 시공 순서 산업
✿ 반자틀 5단계 시공 순서 산업
✿ 반자틀 8단계 시공 순서 기사

• T–바 시스템의 시공 사진

✿ T–바 시스템의 장점 기사

① 달대볼트: 주변부의 단부로부터 150mm 이내 배치, 간격은 900mm 천장 깊이가 1.5m 이상인 경우에는 가로, 세로 1.8m 정도의 간격으로 흔들림 방지용 보강재 설치
② 천장판은 300mm 이내의 간격으로 접합용 나사못으로 고정, 각 나사못의 위치가 일직선이 되도록 설치

(1) 사용 용도

① 조절행거: 캐링채널과 달볼트의 연결
② 클립: M–바와 캐링채널의 연결
③ 싱글(single) M–바: 천장판의 중간 부분
④ 더블(double) M–바: 천장판의 연결 부분

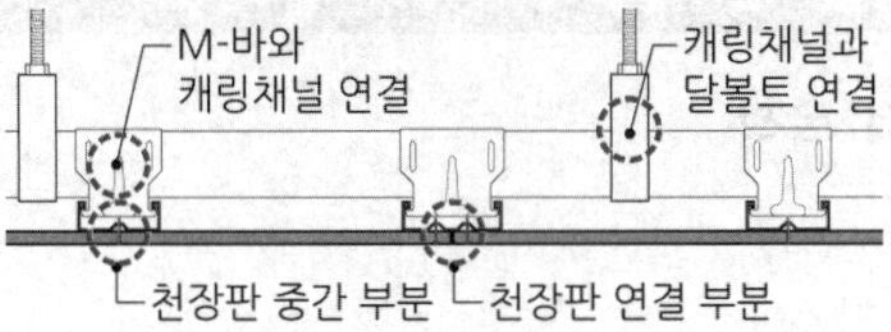

(2) 시공 순서

① 반자틀 4단계	앵커 설치 → 달대 설치 → 천장틀 설치 → 텍스 붙이기
② 반자틀 5단계	인서트 → 행거볼트 → 캐링채널 → M–바 → 석고보드
③ 반자틀 8단계	인서트 → 달볼트 → 조절행거 → 벽 반자돌림대 → 캐링채널 → 클립 → M–바 → 천장판

3.3 T–바(bar) 시스템(system)

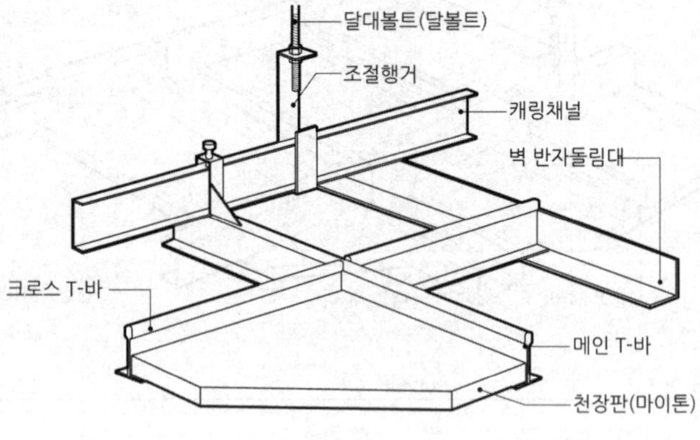

(1) 장점

① 천장 마감재의 보수 및 유지·관리가 용이하다.
② 천장 내부시설의 보수 및 점검이 용이하다.
③ 천장설비의 시공 및 위치 선정이 용이하다.

chapter 06

연습문제

01 다음 (　　) 안에 알맞은 말을 넣으시오. [4점]

황동은 동과 (①)을 합금하여 강도가 크며 (②)이 크다.
청동은 동과 (③)을 합금하여 대기 중에서 (④)이 우수하다.

① ________________ ② ________________

③ ________________ ④ ________________

02 콘크리트, 벽돌 등의 면에 다른 부재를 고정하거나 달아매기 위해 설치하는 철물 4가지를 쓰시오. [4점]

① ________________ ② ________________

③ ________________ ④ ________________

03 다음 용어를 설명하시오. [2점]

인서트(insert)

____

04 다음 용어를 설명하시오. [2점]

익스팬션 볼트(expansion bolt)

____

05 다음 철물의 사용 목적 및 위치를 쓰시오. [2점]

① 인 서 트: ________________________

② 코너비드: ________________________

해답

01
① 아연
② 내구성
③ 주석
④ 내식성

02
① 인서트
② 익스팬션 볼트
③ 세트 앵커볼트
④ 스크루 앵커

03
콘크리트 슬래브 밑에 설치하여 반자틀, 기타 구조물을 달아매고자 할 때 달대볼트의 걸침이 되는 수장철물

04
확장볼트, 팽창볼트라 불리며 콘크리트, 벽돌 등의 면에 띠장, 창문틀, 문틀 등의 다른 부재를 고정하기 위하여 묻어 두는 특수볼트

05
① 콘크리트 슬래브 밑에 설치하여 반자틀, 기타 구조물을 달아매고자 할 때 달대볼트의 걸침이 되는 수장철물
② 기둥, 벽 등의 모서리에 대어 미장 바름 및 마감재를 보호하는 철물

해답

06

소량의 화약을 이용하여 콘크리트, 벽돌벽, 강재 등에 특수가공된 못(drive pin)을 순간적으로 처박는 공구

07

① 공기의 단축
② 노동력의 절감
③ 시공작업의 용이성

08

① 디딤판
② 미끄럼 방지
③ 5cm

09

① 고정매입법
② 나중매입법
③ 접착제법

10

① 와이어라스
② 펀칭메탈
③ 메탈라스
④ 와이어메시

06 다음 용어를 설명하시오. [2점]

드라이브이트(drive-it) 건(gun)

____

____

07 드라이브이트(drive-it) 건(gun)의 사용효과에 대한 장점 3가지를 쓰시오. [3점]

① ________ ② ________ ③ ________

08 다음 (　　) 안에 알맞은 말을 넣으시오. [3점]

논슬립은 계단의 (①) 끝에 대어 (②)의 역할을 하며, 계단폭 끝에서 (③) 정도 떼어 시공하기도 한다.

① ________ ② ________ ③ ________

09 금속공사 중 계단의 미끄럼 방지 역할을 하며 시각적으로 디딤판을 유도하는 논슬립의 깔기 고정법 3가지를 쓰시오. [3점]

① ________ ② ________ ③ ________

10 다음 설명이 의미하는 철물명을 쓰시오. [4점]

(가) 철선을 꼬아 만든 철망: (①)
(나) 얇은 철판에 각종 모양을 도려낸 것: (②)
(다) 얇은 철판에 자름 금을 내어 당겨 늘린 것: (③)
(라) 연강선을 직교시켜 전기용접한 철선망: (④)

① ________ ② ________

③ ________ ④ ________

11 다음은 금속공사에 사용되는 철물들이다. 간략하게 설명하시오. [4점]

① 와이어메시: ____________

② 펀칭메탈: ____________

③ 메탈라스: ____________

④ 와이어라스: ____________

12 바닥에 줄눈대를 설치하는 목적을 3가지 쓰시오. [3점]

① ________ ② ________ ③ ________

13 다음 용어를 간략히 설명하시오. [5점]

① 논슬립: ____________

② 코너비드: ____________

③ 익스팬션 볼트: ____________

④ 인서트: ____________

⑤ 조이너: ____________

14 반자의 설치 목적 4가지를 쓰시오. [4점]

① ________ ② ________

③ ________ ④ ________

해답

11

① 연강철선을 직교시켜 전기용접하여 만든 철망
② 얇은 철판을 여러 가지 모양으로 구멍을 뚫어 만든 철망
③ 얇은 철판을 일정한 간격으로 자름금을 내어 당겨 구멍을 그물처럼 만든 철망
④ 아연도금한 굵은 철선을 꼬아서 그물처럼 만든 철망

12

① 재료의 수축, 팽창에 의한 균열 방지
② 바름 구획의 구분
③ 보수 용이

13

① 계단의 디딤판 끝에 대어 미끄럼 방지의 역할을 하는 철물
② 기둥, 벽 등의 모서리에 대어 미장 바름 및 마감재를 보호하는 철물
③ 콘크리트, 벽돌 등의 면에 띠장, 문틀 등의 다른 부재를 고정하기 위해 설치하는 철물
④ 콘크리트 슬래브 밑에 설치하여 반자틀, 기타 구조물을 달아매고자 할 때 달대볼트를 매달기 위한 수장철물
⑤ 벽, 천장에 텍스, 보드, 금속판 등의 이음새를 감추어 누르는 데 쓰이는 철물

14

① 미관적 구성
② 분진 방지
③ 음과 열 차단
④ 배선, 배관 등의 차폐

15 다음 경량철골 천장틀의 사용 용도를 연결하시오. [3점]

보기
(가) 천장판 연결 부분 (나) 천장판 중간 부분
(다) M-bar와 캐링채널 연결 부분

① Clip: ______
② Single M-bar: ______
③ M-bar와 캐링채널 연결 부분: ______

16 다음은 경량철골 천장틀 설치 순서이다. 시공 순서에 맞게 나열하시오. [3점]

보기
① 달대 설치 ② 앵커 설치 ③ 텍스 붙이기 ④ 천장틀 설치

______

17 다음은 경량철골 천장틀 붙이기 시공방법이다. 시공 순서대로 나열하시오. [3점]

보기
① 달볼트 ② 클립 ③ 캐링채널 ④ 조절행거
⑤ M-bar ⑥ 인서트 ⑦ 천장판

______

18 T-bar 시스템의 장점 3가지를 쓰시오. [3점]

① ______
② ______
③ ______

해답

15
① (다)
② (나)
③ (가)

16
② → ① → ④ → ③

17
⑥ → ① → ④ → ③ → ② → ⑤ → ⑦

18
① 천장 마감재의 보수 및 유지·관리가 용이하다.
② 천장 내부시설의 보수 및 점검이 용이하다.
③ 천장설비의 시공 및 위치 선정이 용이하다.

chapter 07

합성수지공사

01 개요

1.1 합성수지와 플라스틱

합성수지	플라스틱
• 석탄, 석유, 천연가스 등의 원료를 인공적으로 합성시켜 만든 분자화합물 • **비중 0.9 ~ 1.5, 인장강도 300 ~ 900kg/㎠, 압축강도 700 ~ 2,400kg/㎠**	• 어떤 온도 범위에서 가소성(plasticity)을 유지하는 물질로 천연 또는 합성의 고분자 화합물

1.2 플라스틱의 특징

장점	단점
① 우수한 가공성으로 성형이 쉽다. ② 경량, 착색이 용이하고 비강도 값이 크다. ③ 내구성, 내수성, 내식성, 내충격성이 강하다. ④ 접착성이 강하고 전기절연성이 있다.	① 내마모성, 표면강도가 약하다. ② 열에 의한 팽창, 수축이 크다. ③ 내열성, 내후성이 약하다. ④ 압축강도 이외의 강도, 탄성계수가 작다.

1.3 합성수지 성형(제조)방법

① 압축성형
② 압출성형
③ 사출성형
④ 주조성형

02 합성수지의 종류 및 특성

2.1 열가소성수지 및 열경화성수지

(1) 특징

열가소성수지	열경화성수지
① 열을 가하면 연화 또는 용융되어 점성이 생기며 냉각하면 다시 고형체로 되는 반응(중합반응) ② 2차 성형 가능 ③ 강도, 연화점이 낮음 ④ 수장재, 마감재로 사용	① 열을 가하면 잘 연화하지 않는 반응(축합반응) ② 2차 성형 불가능 ③ 강도, 연화점이 높음 ④ 내후성 우수 ⑤ 보강 구조재로 사용 가능

학습 POINT

산업 실내건축산업기사 시공실무 출제
기사 실내건축기사 시공실무 출제

✿ 가소성(plasticity): 외력에 의해 형태가 변한 물체가 외력이 없어져도 원래의 형태로 돌아오지 않는 성질

✿ 플라스틱재료의 장단점 기사

학습 POINT

✿ 열가소성수지, 열경화성수지의 종류 산업 기사

✿ 합성수지 시공온도 기사

✿ 멜라민수지의 특징 기사

✿ 멜라민수지의 용어 설명 기사

(2) 종류

열가소성수지		열경화성수지	
① 염화비닐수지	② 초산비닐수지	① 페놀수지	② 요소수지
③ 폴리비닐수지	④ 아크릴수지	③ 멜라민수지	④ 알키드수지
⑤ 폴리아미드수지	⑥ 폴리스틸렌수지	⑤ 폴리에스테르수지	⑥ 우레탄수지
⑦ 불소수지	⑧ 폴리에틸렌수지	⑦ 에폭시수지	⑧ 실리콘수지

(3) 시공온도의 한계

종류		시공온도의 한계
열가소성수지		50℃(단시간 60℃) 이하
열경화성수지	폴리에스테르수지, 요소수지	80℃(단시간 100℃) 이하
	페놀수지, 멜라민수지	100℃(단시간 120℃) 이하

2.2 합성수지 종류별 특성 및 용도

종류		특성	용도
열가소성	염화비닐수지 (PVC)	• 백색, 내약품성·전기절연성·내수성이 우수	수장재, 파이프, 접착제, 도료 등
	초산비닐수지	• 무색투명(가시광선 투과율 89%), 접착성과 내수성 양호	도료, 접착제 등
	아크릴수지	• 투명(가시광선 투과율 91~92%), 유연성·내후성·내화학성 우수 • 착색 자유, 열팽창성과 내충격성이 큼	유리 대용, 채광판, 스크린, 조명기구 등
	폴리아미드수지	• 접착성, 양호한 피막, 내약품성 우수 • 다른 수지와의 상용성 우수	접착제, 전색제, 도료, 퍼티 등
	폴리스틸렌수지 (스티로폼수지)	• 내수성·내화성·전기절연성이 우수하며 가공 용이 • 경량이며 단열성, 흡습성 우수	스티로폼의 주원료, 단열재, 흡음재 등
	불소수지	• 내약품성, 전기절연성, 내마찰성 우수 • 다른 수지와의 접착성이 떨어짐	강판이나 알루미늄의 피복재
	폴리에틸렌수지	• 내화학약품성, 전기절연성, 내수성 양호	방수 및 방습 시트, 방수필름, 전선피복
열경화성	페놀수지	• 전기절연성, 내열성, 내후성, 내수성, 접착성이 양호하나 알칼리에 약함	전기절연재, 피복재, 내수합판 접착제
	요소수지	• 무색으로 착색 자유, 내열성·내용제성·내수성·내화성 양호	내수합판 접착제, 완구, 장식품 등
	멜라민수지	• 무색투명, 착색 자유, 내수성·내용제성 • 내열성(120℃)이 매우 우수 • 기계적 강도, 내마모성이 우수	도료(조리대, 냉장고), 장판, 천장판, 카운터, 내수합판 접착제
	알키드수지	• 접착성 우수, 내후성 양호, 전기적 성능이 우수	도료, 접착제
	폴리에스테르수지	• 포화 폴리에스테르는 내후성, 밀착성, 내수성 우수 • 불포화 폴리에스테르는 경량, 내식성·성형성 우수	도료, 접착제, 욕조, 성형품, 루버, 차량, 선박 등

종류		특성	용도
열경화성	우레탄수지	• 내약품성, 내열성, 방수성, 내마모성, 내후성, 내굴절성 우수	도료, 방수제, 바닥 마감 등
	에폭시수지	• 접착성이 매우 우수 • 내수성, 내약품성, 내용제성, 전기절연성이 뛰어나고 산과 알칼리에 강하다.	접착제와 도료, 내·외장재
	실리콘수지	• 내수성, 발수성, 내열성, 내후성 우수 • 전기적 성능 우수	방수제, 접착제, 전기절연재

학습 POINT

(1) 불포화 폴리에스테르수지[= 폴리퍼티(poly putty)]

✿ 폴리퍼티의 용어 기술 기사

폴리퍼티는 건조가 빠르고 시공성과 후도막성이 우수하며, 기포가 거의 없어 작업 공정을 크게 줄일 수 있는 경량 퍼티이다. 특히 후도막성이 우수하여 금속 표면 도장 시 바탕 퍼티작업에 주로 사용된다.

2.3 합성수지의 주요 특징

(1) 접착제의 종류

✿ 합성수지 접착제 종류 기사

단백질계 접착제		고무계 접착제	합성수지 접착제
동물성 단백질계	식물성 단백질계		
① 카세인 ② 아교 ③ 알부민	① 대두교 ② 소맥 단백질 ③ 녹말(전분)풀	① 아라비아고무 ② 천연 고무풀 ③ 클로로프렌고무 ④ 네오프렌	① 에폭시수지 ② 요소수지 ③ 멜라민수지 ④ 에스테르수지 ⑤ 초산비닐수지

(2) 접착력의 크기 순서

✿ 접착력 크기 순서 기사

에폭시수지 > 요소수지 > 멜라민수지 > 에스테르수지 > 초산비닐수지

(3) 내수성의 크기 순서

실리콘수지 > 에폭시수지 > 페놀수지 > 멜라민수지 > 요소수지 > 아교

chapter 07

연습문제

해답

01

① 0.9 ~ 1.5
② 300 ~ 900kg/cm^2
③ 700 ~ 2,400kg/cm^2
④ 91 ~ 92
⑤ 89

02

(가) 장점
① 우수한 가공성으로 성형이 쉽다.
② 경량, 착색 용이, 비강도 값이 크다.
(나) 단점
① 내마모성, 표면강도가 약하다.
② 열에 의한 팽창, 수축이 크다.

03

① 아크릴
② 염화비닐
③ 폴리에틸렌

04

② 에폭시수지
③ 멜라민수지
④ 페놀수지

01 다음 (　　) 안에 알맞은 말을 넣으시오. [4점]

합성수지의 비중은 (①)이고, 인장강도는 (②), 압축강도는 (③), 가시광선 투과율에 대하여 아크릴수지는 (④)%, 비닐수지는 (⑤)%이다.

① ＿＿＿＿＿＿ ② ＿＿＿＿＿＿ ③ ＿＿＿＿＿＿
④ ＿＿＿＿＿＿ ⑤ ＿＿＿＿＿＿

02 플라스틱재료의 특징을 장점과 단점으로 나누어 2가지씩 기술하시오. [4점]

(가) 장점: ① ＿＿＿＿＿＿
② ＿＿＿＿＿＿
(나) 단점: ① ＿＿＿＿＿＿
② ＿＿＿＿＿＿

03 다음 합성수지 재료 중 열가소성수지를 〈보기〉에서 고르시오. [3점]

보기
① 아크릴 ② 염화비닐 ③ 폴리에틸렌
④ 페놀 ⑤ 에폭시

＿＿＿＿＿＿

04 다음 〈보기〉의 합성수지 재료 중 열경화성수지를 모두 골라 번호를 쓰시오. [3점]

보기
① 아크릴수지 ② 에폭시수지 ③ 멜라민수지
④ 페놀수지 ⑤ 폴리에틸렌수지 ⑥ 염화비닐수지

＿＿＿＿＿＿

05 다음 〈보기〉 중에서 플라스틱의 종류 중 열가소성수지와 열경화성수지를 각각 4가지씩 쓰시오. [3점]

보기
① 페놀수지 ② 요소수지 ③ 염화비닐수지
④ 멜라민수지 ⑤ 스티로폼수지 ⑥ 불소수지
⑦ 초산비닐수지 ⑧ 실리콘수지

(가) 열가소성수지: ____________________

(나) 열경화성수지: ____________________

06 다음 〈보기〉의 합성수지의 성질을 구분하여 번호로 기입하시오. [5점]

보기
① 알키드 ② 실리콘 ③ 아크릴수지
④ 셀룰로이드 ⑤ 프란수지 ⑥ 폴리에틸렌수지
⑦ 염화비닐수지 ⑧ 페놀수지 ⑨ 에폭시
⑩ 불소

(가) 열가소성수지: ____________________

(나) 열경화성수지: ____________________

07 다음 재료의 시공온도에 대해 쓰시오. [3점]

(가) 열가소성수지: (①)℃
(나) 경화 폴리에스테르수지: (②)℃
(다) 페놀수지, 멜라민수지: (③)℃

① __________ ② __________ ③ __________

08 싱크대 상판에 멜라민수지를 발랐을 때의 장점을 쓰시오. [3점]

____

____

해답

05
(가) 열가소성수지: ③, ⑤, ⑥, ⑦
(나) 열경화성수지: ①, ②, ④, ⑧

06
(가) 열가소성수지
: ③, ④, ⑥, ⑦, ⑩
(나) 열경화성수지
: ①, ②, ⑤, ⑧, ⑨

07
① 50 ~ 60
② 80 ~ 100
③ 100 ~ 120

08
무색투명하여 착색이 자유롭고 내수성·내마모성이 뛰어나며, 내열성(120℃)이 매우 우수하기 때문에 고온으로 음식물을 조리하는 싱크대 도료로 적합하다.

해답

09

① 페놀수지 접착제
② 멜라민수지 접착제
③ 에폭시수지 접착제
④ 네오프렌

10

① < ④ < ② < ③

11

폴리퍼티는 건조가 빠르고, 시공성·후도막성이 우수하며, 기포가 거의 없어 작업 공정을 크게 줄일 수 있는 경량 퍼티이다. 특히 후도막성이 우수하여 금속 표면 도장 시 바탕 퍼티작업에 주로 사용된다.

09 다음 문제에 알맞은 합성수지를 〈보기〉에서 골라 쓰시오. [4점]

> 보기
> 카세인, 아교, 페놀수지 접착제, 멜라민수지 접착제, 에폭시수지 접착제, 네오프렌, 비닐수지 접착제, 알부민

① 용제형과 에멀션형이 있으며 요소, 멜라민, 초산비닐을 중합시킨 것도 있다. 가열, 가압에 의해 두꺼운 합판을 쉽게 접합할 수 있으며 목재, 금속재 유리에도 사용된다. ______________

② 요소수지와 같이 열경화성 접착제로 내수성이 우수하여 내수합판용에 사용되나, 금속·고무·유리 등에는 사용하지 않는다. ______________

③ 기본 점성이 크며 내수성, 내약품성, 전기절연성이 모두 우수한 만능형 접착제로 금속, 플라스틱, 도자기 접착에 쓰인다. ______________

④ 내수성, 내화학성이 우수한 고무계 접착제로 고무, 금속, 가죽, 유리 등의 접착에 사용되며 석유계 용제에도 녹지 않는다. ______________

10 합성수지 접착제 중 접착성이 약한 것부터 강한 순서를 다음 〈보기〉에서 골라 쓰시오. [3점]

> 보기
> ① 초산비닐수지 ② 멜라민수지 ③ 요소수지 ④ 에스테르수지

____

11 폴리퍼티(poly putty)에 대하여 설명하시오. [3점]

____

____

chapter
08 도장공사

01 개요

1.1 도장의 일반사항

(1) 도장의 목적

① 건물의 보호	내식성, 내후성, 내수성, 내화성 등의 내구성 향상
② 미적효과 증진	착색, 무늬, 광택 등의 미관 향상
③ 성능 부여	내마모성, 내화학성, 전기절연성, 방사선 차단 등의 특별한 성능

(2) 도장 선택 시 고려사항

① 도장하고자 하는 물체의 사용 목적

② 표면의 재료

③ 도장 시 기후조건

④ 경제성

1.2 도료의 일반사항

(1) 도료의 종류

종류		세부 분류
유용성 도료	유성페인트 (oil paint)	**된반죽**페인트(stiff pasted paint, **견련**페인트), **중반죽**페인트(semi pasted paint, **중련**페인트), **조합**페인트(ready mixed paint)
	유성 바니시 (oil vanish)	스파 바니시(spa vanish), 코펄 바니시(copal vanish), 골드사이즈 바니시(gold size vanish)
수용성 도료	수성페인트 (water paint)	유기질 수성페인트, 무기질 수성페인트
	에멀션페인트 (emulsion paint)	초산비닐계 에멀션페인트, 아크릴계 에멀션페인트
수지계 도료	천연수지	셸락 바니시(shellac vanish)
	합성수지	페놀수지, 멜라민수지, 요소수지, 비닐계 수지 등
섬유계 도료		셀룰로오스(cellulose), 래커(lacquer)
고무계 도료		염화고무 도료, 라텍스 도료

학습 POINT

산업 실내건축산업기사 시공실무 출제
기사 실내건축기사 시공실무 출제

✿ 도장의 목적 기사

✿ 도료 선택 시 고려사항 산업

✿ 도료의 종류 산업
✿ 유성페인트는 반죽 정도에 따라 (견련)페인트, (중련)페인트, (조합) 페인트로 나뉜다. 기사

학습 POINT

- 안료의 조건 산업
- 용제의 종류 산업
- 희석제(신전제)의 목적 산업
- 휘발성 용제 산업
- 스테인칠의 장점 기사

(2) 도료의 원료

원료	특성	성분
안료 (pigment)	• 도료의 색을 발현시키는 색소 • **내후성, 착색성, 은폐성, 내광성**	• 아연화(백색), 산화제이철(적색), 아연황(노랑), 코발트청(청색)
용제, 건성유 (solvent)	• 용질을 녹여서 유동성을 증가 • 광택과 내구성 증가	• **아마인유, 오동유, 마실유**, 대두유, 채종유 등
희석제, 신전제, 휘발성 용제 (thinner)	• 도료를 희석하여 솔질을 좋게 하고 휘발과 건조 속도를 유지 • 교착성 증가시킴	• 송진건류품: 테레빈유 • 석유건류품: 휘발유, 석유, 벤젠 • 타르증류품: 벤졸, 솔벤트 • 알코올류: 메틸알코올, 에틸알코올 • 초산에스테르: 아세톤
수지 (resin)	• 천연수지, 합성수지로 구분 • 점도 증진	• 천연수지(셀락 바니시, 래커 등) • 합성수지(페놀, 멜라민 등)
착색제 (stain)	• 작업 용이, 색상 선명 유지 • 표면을 보호하여 내구성 증대 • 색이 표면에서 박리(들뜸)되는 것을 방지	• 바니시 스테인, 수성 스테인, 알코올 스테인, 유성 스테인
첨가제 (additive)	• 도료의 필요한 기능 부여	• 건조제, 분산제, 침강 방지제, 가소제, 소포제, 색분리 방지제

02 페인트의 종류

2.1 유성페인트(oil paint)

- 유성페인트는 (안료), 건성유 및 (희석제), (건조제)를 조합해서 만든 페인트이다. 산업
- 도료의 원료 종류 기사
- 도료의 성분 구분 기사
- 건조제 종류 기사

(1) 도료의 원료 및 성분

안료	+	건성유(용제)	+	희석제(신전제)	+	건조제
아연화(백색), 산화제이철(적색), 아연황(노랑), 코발트청(파랑) 등		아마인유, 오동유, 마실유, 대두유 등		테레빈유, 벤젠, 알코올, 벤졸, 솔벤트		리사지, 연단, 수산화·이산화 망간, 염화코발트 등

(2) 특징

① 내후성 및 내마모성이 우수하다.
② 내장 및 외장에 시공이 용이하다.
③ 알칼리에 약하므로 콘크리트, 모르타르 면에 시공이 어렵다.

- 유성페인트 종류 기사

(3) 종류

① 된반죽페인트(stiff pasted paint, 견련페인트)
② 중반죽페인트(semi pasted paint, 중련페인트)
③ 조합페인트(ready mixed paint)

2.2 수성페인트(water paint)

(1) 도료의 원료 및 성분

안료	+	교착제	+	물
아연화(백색), 산화제이철(적색), 아연황(노랑), 코발트청(파랑) 등		아교, 전분, 카세인, 아라비아고무 등		–

(2) 특징

① 물을 용제로 하여 경제적이고 공해가 없다.
② 건조가 비교적 빠르다.
③ 알칼리성 재료에 도포가 가능하다.
④ 도포방법이 간단하고 경제적이다.
⑤ 비내수성이며 무광택이다.

(3) 종류

① 유기질 수성페인트
② 무기질 수성페인트

2.3 에멀션페인트(emulsion paint)

(1) 도료의 원료 및 성분

수성페인트	+	유화제	+	합성수지
안료 + 교착제 + 물		수용성 유화제, 유용성 유화제		페놀수지, 멜라민수지, 요소수지, 비닐계 수지 등

(2) 특징

① 수성페인트의 일종으로 발수성이 있다.
② 내·외부 도장에 널리 이용된다.
• 유성페인트와 수성페인트의 중간

2.4 바니시(varnish)

(1) 개요

천연수지 또는 합성수지와 휘발성 용제를 섞어 투명 담백한 막으로 되고, 기름이 산화되어 유성(기름) 바니시, 휘발성 바니시, 래커 바니시로 나뉜다.

(2) 유성 바니시(oil varnish)

① 도료의 원료

유용성 수지	+	건성유(용제)	+	희석제	+	착색제

학습 POINT

✿ 수성페인트의 장점 산업

✿ 바니시는 천연수지와 (휘발성 용제)를 섞어 투명한 막으로 되고, 기름이 산화되어 (유성) 바니시, (휘발성) 바니시, (래커) 바니시로 나뉜다. 기사

✿ 바니시칠의 종류 산업

학습 POINT

② 종류 및 특징

종류	특징
스파 바니시 (spa vanish)	내수성·내마모성이 우수하며, 목부 외부용에 사용한다.
코펄 바니시 (copal vanish)	건조가 빠르고, 목부 내부용에 사용한다.
골드사이즈 바니시 (gold size vanish)	코펄 바니시의 초벌용으로 건조가 빠르고 도막이 견고하며, 연마성이 좋다.

(3) 휘발성 바니시(volatile vanish)

① 도료의 원료

수지류	+	휘발성 용제(희석제)

② 특징

• 천연수지: 목재 등 내부용, 가구용에 사용

• 합성수지: 목재·금속면 등 외부용에 사용, 내후성 우수

(4) 래커 바니시(lacquer vanish)

① 도료의 원료

수지류	+	휘발성 용제(희석제)	+	소화섬유소	+	안료

✿클리어 래커의 특징 산업 기사

② 클리어 래커: 도막이 얇고 견고하나 내수성·내후성이 부족하여 실내용으로 적합하며, 목재 무늬를 살리기 위해 목재용 도장재료로 적당하다.

③ 에나멜 래커: 도막이 얇고 견고하며, 기계적 성질도 우수하고 닦으면 광택이 나지만 불투명 도료이다.

2.5 에나멜페인트(enamel paint)

(1) 도료의 원료 및 성분

안료	+ 유성 바니시 +	건조제
아연화(백색), 산화제이철(적색), 아연황(노랑), 코발트청(파랑) 등	유용성 수지 + 건성유 + 희석제 + 착색제	리사지, 연단, 수산화·이산화 망간, 염화코발트 등

✿에나멜페인트의 특징 산업 기사

용어의 이해

• 비히클(전색제, 건성유): 도료에 섞어서 잘 퍼지게 하고, 건조를 빠르게 하는 물질

(2) 특징

① 유성 바니시를 비히클(vehicle)로 하여 안료를 첨가한 것을 말한다.

② 내후성, 내수성이 특히 우수하여 외장용에 주로 쓰인다.

③ 내열성·내약품성은 우수하나 내알칼리성이 약하고, 금속면에 광택이 잘 난다.

• 유성페인트와 유성 바니시의 중간

2.6 합성수지 페인트(synthetic resins paint)

(1) 도료의 원료 및 성분

안료	+	합성수지	+	중화제
아연화(백색), 산화제이철(적색), 아연황(노랑), 코발트청(파랑) 등		페놀수지, 멜라민수지, 요소수지, 비닐계 수지 등		가성소다, 탄산소다 등

(2) 특징

① 일반용과 내약품용으로 구분되며, 내산성·내알칼리성이 우수해 콘크리트·회반죽 면에 도장이 가능하다.

② 내수성·투광성이 우수하고, 건조가 빠르며, 색이 선명하다.

③ 도막이 단단하여 내마모성이 우수하다.

2.7 기능성 페인트

(1) 기능성 도장

건축재료의 표면에 도포하여 미관 향상 및 부식 등으로부터 보호와 내구성 등을 향상시키기 위한 목적의 도장이다.

(2) 기능성 페인트의 종류

① 방청도료

② 방화도료

③ 방부도료

④ 내산도료

구분		종류	
금속	녹막이칠(방청도료)	① 광명단 ③ 역청질 도료 ⑤ 아연분말 도료	② 징크크로메이트(알루미늄) ④ 알루미늄 도료 ⑥ 산화철 녹막이 도료
목재	방부도료	① 크레오소트 ③ 아스팔트 페인트	② 콜타르 ④ 유성페인트
	방염제	① 인산암모늄 ③ 규산나트륨	② 황산암모늄 ④ 탄산나트륨
방염(방화)도료		① 합성수지 방염페인트(우레탄) ③ 수성 방염페인트	② 바니시 방염페인트(래커) ④ 유성 방염페인트

(3) 철골조에 녹막이칠을 하지 않는 부위

① 콘크리트에 매입되는 부분

② 철골조립에 의해 맞닿는 부분

③ 현장에서 용접하는 부분

학습 POINT

- 합성수지 페인트의 장점 기사
- 비닐수지 도료의 특징 기사
- 기능성 도장 기술 산업 기사
- 녹막이칠 종류 산업 기사
- 알루미늄 녹막이칠 기사
- 목재 유성방부제 산업
- 목재 방염제 산업
- 방화칠 종류 산업
- 철골조에 녹막이칠을 하지 않는 부위 기사

학습 POINT

- 금속의 부식방지법 기사

(4) 금속의 부식방지법

① 상이한 금속은 인접, 접촉시키지 않는다.

② 표면을 평활하고 깨끗한 건조 상태로 유지한다.

③ 도료나 내식성이 큰 재료나 방청제로 보호피막을 입힌다.

03 도장공법

- 도장방법 산업 기사
- 도장방법의 특징 기사
- 도장도구의 종류 산업

3.1 도장 도구별 공법

(1) 도장 도구별 특징

구분	① 솔칠	② 롤러칠	③ 문지름칠	④ 주걱칠	⑤ 뿜칠 (스프레이칠)
도장 도구		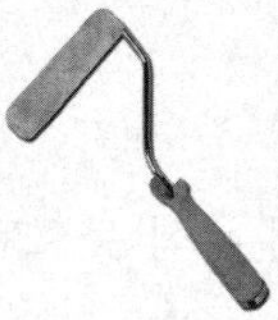	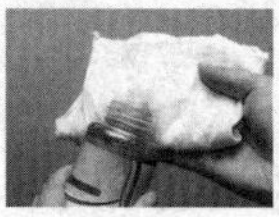		
특징	• 부분면적 또는 잔손 보기 작업 시 사용 • 건조가 빠른 도료에 부적합	• 천장, 벽면처럼 평활하고 넓은 면적에 사용 • 작업시간이 단축	• 면이 고른 가구 등의 표면에 광택 또는 득수 기능성 도장에 사용	• 퍼티작업 또는 도장면 위에 질감 및 패턴 작업 시 사용 • 안티코스터코	• 주로 고급 마감에 사용 • 가장 평활하고 매끄러운 마감을 얻을 수 있는 도장

- 페인트공사의 뿜칠에는 도장용 (스프레이건)을 사용하며, 노즐 구경은 (1～1.5mm)가 있다. 뿜칠의 공기압력은 (2～4kg/cm^2)를 표준으로 하고, 뿜칠 거리는 (30cm)를 표준으로 한다. 산업
- 뿜칠공법 주의사항 기사
- 스프레이건 용어 설명 산업

(2) 뿜칠(스프레이칠)

① 도장용 스프레이건을 사용하는데 스프레이건의 노즐 구경은 1 ~ 1.5mm가 있다. 뿜칠의 공기압력은 2 ~ 4kg/cm^2(보통 3.5kg/cm^2)를 표준으로 하고, 뿜칠 거리는 30cm를 표준으로 한다.

② 스프레이건 사용 시 뿜칠면과 직각이 되도록 하여 평행하게 이동하고 뿜칠 면적은 1/3씩 겹쳐서 끊김이 없이 연속되도록 하며 적정압력이 일정하게 유지되도록 한다.

③ 구성품: 스프레이건(중력식, 흡상식), 에어호스, 컴프레서

[스프레이건]

[에어호스]

[컴프레서]

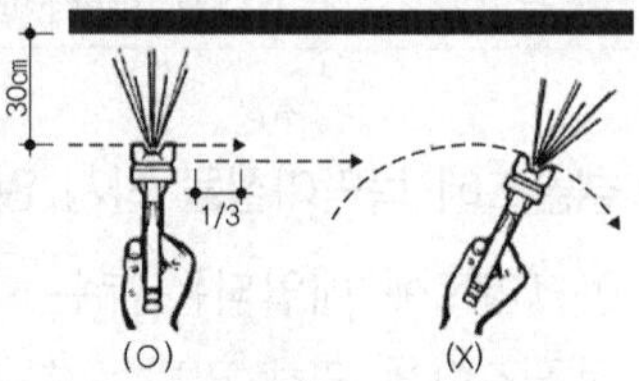

[시공 시 주의사항]

3.2 도장면의 바탕면 만들기

(1) 원인과 대책

바탕면의 유분, 수분, 진, 금속 녹 등은 도료의 부착을 저해하거나 부풀음, 벗겨짐, 터짐 등의 원인이 될 수 있으므로 이를 사전에 제거해야 한다.

(2) 각종 바탕 만들기

구분	공정 순서
목부 바탕 만들기	① 오염, 부착물 제거 → ② 송진 처리 → ③ 연마지 닦기 → ④ 옹이땜 → ⑤ 구멍땜
철부 바탕 만들기	① 오염, 부착물 제거 → ② 유류 제거(휘발유, 비눗물) → ③ 녹 제거(샌드블라스트, 산 담그기) → ④ 화학처리(인산염) → ⑤ 피막 마무리
	• 화학처리 방법 ① 인산피막법: 철에 인산염 피막을 만들어 녹막이 방지 ② 워시프라이머법: 징크크로메이트에 인산을 가해 철제 도장 ③ 용제 세정법: 산의 용제로 금속을 세정하여 녹 제거
콘크리트, 모르타르 바탕 만들기	① 건조 → ② 오염, 부착물 제거 → ③ 구멍땜(석고) → ④ 연마지 닦기

(3) 오염(녹) 제거 공구 및 용제

① 공구: 와이어브러시, 사포

② 용제: 시너, 휘발유, 벤졸, 솔벤트, 나프타

3.3 도장 시공의 순서

(1) 수성페인트 시공 순서

① 바탕 처리(바탕 만들기 → 바탕 누름) → ② 초벌 → ③ 연마지 닦기 → ④ 정벌칠

(2) 유성페인트 시공 순서

구분	시공 순서
목부 바탕	① 바탕 처리 → ② 연마지 닦기 → ③ 초벌칠 → ④ 퍼티 먹임 → ⑤ 연마지 닦기 → ⑥ 재벌칠 → ⑦ 연마지 닦기 → ⑧ 정벌칠
철부 바탕	① 바탕 처리 → ② 녹막이칠 → ③ 연마지 닦기 → ④ 구멍땜, 퍼티 먹임 → ⑤ 연마지 닦기 → ⑥ 재벌칠 → ⑦ 연마지 닦기 → ⑧ 정벌칠

(3) 바니시 페인트 시공 순서

구분	시공 순서
일반적 순서	① 바탕 처리 → ② 눈먹임 → ③ 색올림 → ④ 왁스 문지름
목재 바탕	① 바탕 처리 → ② 눈먹임 → ③ 초벌 착색 → ④ 연마지 닦기 → ⑤ 정벌 착색 → ⑥ 왁스 문지름

학습 POINT

✿ 수분 증발 후 시공하는 이유 기사

✿ 목부 바탕 만들기의 시공 순서 산업

✿ 금속 바탕 화학처리 방법 기사

✿ 오염 제거 공구 및 용제 기사
• 와이어브러시, 사포

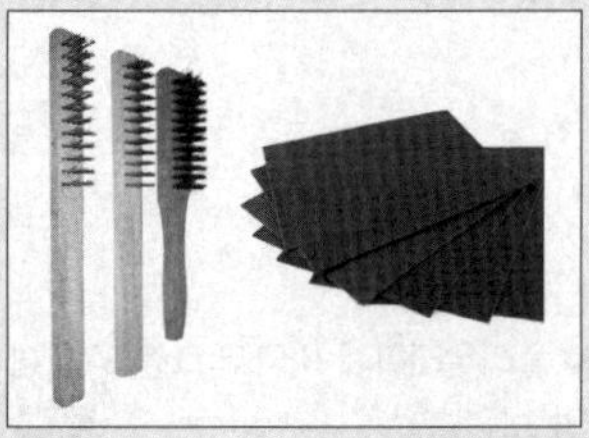

✿ 수성페인트 시공 순서 산업 기사

✿ 목부 유성페인트 공정 순서 기사
✿ 철재 녹막이칠 공정 순서 기사

✿ 바니시칠 시공 순서 산업 기사
✿ 목부 바니시칠 시공 순서 기사

학습 POINT

- 비닐페인트 시공 순서 기사
- 저장 중 결함 종류 기사
- 도료 보관상 주의사항 산업
- 폴리우레아계 바닥재 도장 경화제의 보관방법 산업
- 도장공사 중지조건 산업
- 도료 부착의 저해 요인 산업

(4) 비닐페인트(석고보드) 시공 순서

① 바탕 처리(면정화) → ② 조인트 테이프(이음매) → ③ 퍼티작업(눈먹임) → ④ 연마지 닦기(샌딩작업) → ⑤ 비닐페인트 도장

04 도장공사 시 주의사항 및 기타 공법

4.1 도장공사의 결함

저장 중 결함	시공 중 결함	시공 후 결함
① 피막 형성(skinning 현상) ② 세팅(setting; 안료 침전) ③ 증점(점도 상승) ④ 겔화(굳음) ⑤ 가스 발생 ⑥ 시드닝(seeding; 결정화)	① 도막 불량 ② 실 끌림 ③ 흘러내림 ④ 도막 과다 ⑤ 자국(손, 붓, 건) ⑥ 박리현상 ⑦ 거품현상	① 핀홀(미세구멍) ② 얼룩 ③ 주름 ④ 발포 ⑤ 변색(배합 불량) ⑥ 황변(고온다습) ⑦ 부풀음 ⑧ 균열현상

4.2 도장공사 시 주의사항

(1) 보관상 주의사항

① 직사광선이 들지 않게 보관
② 환기가 잘되는 곳에 보관
③ 화기로부터 먼 곳에 보관
④ 밀폐된 용기에 보관
※ 경화제는 폭발의 위험성이 있으므로 밀폐된 곳에 저장하고 직사광선을 피한다.

(2) 도장공사 시 주의사항

① 솔질은 위에서 밑으로, 왼쪽에서 오른쪽으로, 부재의 길이 방향으로 한다.
② 칠막은 얇게 여러 번 도포하고 충분히 건조한다.
③ 바람이 강하거나 온도 5℃ 이하, 35℃ 이상, 습도 85% 이상 시 작업을 중단한다.
※ 칠막 형성 및 건조조건: 온도 20℃, 습도 70%

(3) 도료 부착의 저해 요인

① 유분
② 수분
③ 진
④ 금속 녹

4.3 기타 공법

(1) 스티플칠(stipple coating)

도료의 묽기를 이용하여 각종 기구(스티플 브러시)로 바름면에 요철무늬가 도드라지게 하고 입체감을 내는 특수 마무리법

(2) 콤비네이션칠(combination painting)

색채의 콤비네이션을 도모한 마무리로서 단색 정벌칠을 한 후에 솔 또는 문지름 등으로 빛깔이 다른 무늬를 도드라지게 마무리한 도장법

(3) 드라이비트(dry-vit)

① 정의: 단열재, 접착제, 유리망섬유, 마감재의 4가지 요소가 서로 유기적으로 결합하면서 외벽 단열마감재로 사용되는 특수 도장기법

② 특징

- 가공이 용이해 조형성이 뛰어나다.
- 다양한 색상 및 질감으로 뛰어난 외관 구성이 가능하다.
- 단열성능이 우수하고 경제적이다.

학습 POINT

✿스티플칠 용어 설명 기사

• 스티플칠의 시공 사진

✿드라이비트의 특징 기사

chapter 08

연습문제

해답

01

① 건물의 보호
② 미적효과 증진
③ 성능 부여

02

① 도장하고자 하는 물체의 사용 목적
② 표면의 재료
③ 도장 시 기후조건
• 경제성

03

(가) ① (나) ②
(다) ③ (라) ④
(마) ⑥

04

① 내후성
② 착색성
③ 은폐성
④ 내광성

---

01 도장의 목적 3가지를 쓰시오. [3점]

① ______
② ______
③ ______

02 도료 선택 시 고려해야 할 사항 3가지를 기술하시오. [3점]

① ______
② ______
③ ______

03 다음 도료들이 해당하는 항목을 〈보기〉에서 골라 번호를 쓰시오. [5점]

보기
① 수지계 도료 ② 합성수지 도료 ③ 고무계 도료
④ 유성도료 ⑤ 수성도료 ⑥ 섬유계 도료

(가) 셀락 바니시 (나) 페놀수지 도료, 멜라민수지 도료, 염화비닐수지 도료
(다) 염화고무 도료 (라) 건성유, 조합페인트, 알루미늄페인트
(마) 셀룰로오스, 래커

(가) ______ (나) ______ (다) ______
(라) ______ (마) ______

04 도장의 원료 중 안료의 조건 4가지를 쓰시오. [4점]

① ______ ② ______
③ ______ ④ ______

05 도료재료 가운데 용제 3가지를 쓰시오. [3점]

① ______ ② ______ ③ ______

06 유성페인트 재료 중 희석제(신전제)의 목적에 대해 간단히 쓰시오. [2점]

______

______

07 도료 중 휘발성 용제 3가지를 쓰시오. [3점]

① ______ ② ______ ③ ______

08 도장공사 시 스테인칠의 장점을 3가지 기술하시오. [3점]

① ______

② ______

③ ______

09 다음 (　　) 안에 알맞은 말을 넣으시오. [3점]

유성페인트는 (①), 건성유 및 (②), (③)를 조합해서 만든 페인트이다.

① ______ ② ______ ③ ______

10 유성페인트의 구성재 4가지를 쓰시오. [4점]

① ______ ② ______

③ ______ ④ ______

해답

05
① 아마인유
② 오동유
③ 마실유

06
도료를 희석하여 솔질을 좋게 하고, 휘발과 건조 속도를 유지하며, 교착성을 증가시킨다.

07
① 테레빈유
② 휘발유
③ 벤졸

08
① 작업이 용이하고 색상을 선명하게 유지한다.
② 표면을 보호하여 내구성이 증대된다.
③ 색이 표면으로부터 박리(들뜸)되는 것을 방지한다.

09
① 안료
② 희석제
③ 건조제

10
① 안료
② 건성유(용제)
③ 희석제(신전제)
④ 건조제

해답

11
①, ④, ⑤, ⑥

12
① 견련(된반죽)
② 중련(중반죽)
③ 조합

13
① 리사지
② 연단
③ 염화코발트

14
(가) ④ (나) ②
(다) ① (라) ③

15
① 물을 용제로 하여 경제적이고 공해가 없다.
② 건조가 비교적 빠르다.
③ 알칼리성 재료에 도포가 가능하다.
④ 도포방법이 간단하고 경제적이다.

11 유성페인트는 안료, 건성유, 희석제, 건조제를 조합한 것이다. 다음 〈보기〉 중 건조제가 아닌 것을 고르시오. [4점]

보기

① 오동유	② 연단	③ 염화코발트
④ 벤젠	⑤ 솔벤트	⑥ 아마인유

____

12 다음 (　　) 안에 알맞은 말을 넣으시오. [3점]

유성페인트는 반죽 정도에 따라 (①)페인트, (②)페인트, (③)페인트로 나뉜다.

① __________ ② __________ ③ __________

13 유성페인트의 구성재 중 건조제 3가지를 쓰시오. [3점]

① __________ ② __________ ③ __________

14 다음 재료에 해당하는 것을 〈보기〉에서 골라 쓰시오. [4점]

보기
① 아마인유 ② 리사지(lithage) ③ 테레빈유 ④ 아연화

(가) 안료: __________ (나) 건조제: __________
(다) 용제: __________ (라) 희석제: __________

15 수성도료의 장점 4가지만 기술하시오. [4점]

① ______________________________
② ______________________________
③ ______________________________
④ ______________________________

16 바니시에 대한 설명이다. (　　) 안을 채우시오. [4점]

바니시는 천연수지와 (①)를 섞어 투명한 막이 되고, 기름이 산화되어 (②) 바니시, (③) 바니시, (④) 바니시로 나뉜다.

① ______________ ② ______________

③ ______________ ④ ______________

17 바니시칠의 종류 3가지를 쓰시오. [3점]

① ____________ ② ____________ ③ ____________

18 합성수지 도료가 유성페인트에 비해 장점인 것을 〈보기〉에서 4개를 찾으시오. [4점]

보기

① 도막이 단단하다.	② 방화성 도료이다.
③ 형광도료의 일종이다.	④ 건조가 빠르다.
⑤ 내마모성이 있다.	⑥ 내산성, 내알칼리성이 있다.

____

19 다음 설명에 알맞은 도료의 종류를 쓰시오. [3점]

① 유성 바니시를 비히클로 하여 안료를 첨가한 것을 말하며, 일반적으로 내알칼리성이 약하다.

② 목재면의 투명도장에 사용되며, 건조는 빠르나 도막이 얇다.

③ 대표적인 것으로 염화비닐, 에나멜이 있으며 일반용과 내약품용도의 것이 있다.

① ____________ ② ____________ ③ ____________

20 도장공사 시 기능성 도장에 대하여 기술하시오. [2점]

____

____

해답

16

① 휘발성 용제
② 유성(기름)
③ 휘발성
④ 래커

17

① 유성(기름) 바니시
② 휘발성 바니시
③ 래커 바니시

18

①, ④, ⑤, ⑥

19

① 유성 에나멜페인트
② 클리어 래커
③ 비닐수지 도료

20

건축재료의 표면에 도포하여 미관 향상 및 부식 등으로부터 보호와 내구성 등을 향상시키기 위한 목적의 도장이다.

해답

21
① 광명단
② 징크크로메이트
③ 역청질 도료
④ 알루미늄 도료
⑤ 아연분말 도료
• 산화철 녹막이 도료

22
징크크로메이트 도료

23
(가) ① (나) ②
(다) ① (라) ①

24
①, ②

25
(가) ④ (나) ①
(다) ② (라) ③

21 철재 녹막이 도료의 종류 5가지를 쓰시오. [5점]

① ____________ ② ____________ ③ ____________
④ ____________ ⑤ ____________

22 알루미늄 녹막이 초벌 사용에 가능한 페인트를 쓰시오. [2점]

____

23 다음 도장공사에 관한 내용 중 (　　) 안에 알맞은 번호를 고르시오. [4점]

(가) 철재에 도장할 때에는 바탕에 (① 광명단, ② 내알칼리페인트)을(를) 도포한다.
(나) 합성수지 에멀션페인트는 건조가 (① 느리다, ② 빠르다).
(다) 알루미늄페인트는 광선 및 열반사력이 (① 강하다, ② 약하다).
(라) 에나멜페인트는 주로 금속면에 이용되며 광택이 (① 잘 난다, ② 없다).

(가) ________ (나) ________ (다) ________ (라) ________

24 다음은 도장공사에 사용되는 재료이다. 녹 방지를 위한 녹막이 도료를 고르시오. [2점]

보기
① 광명단 ② 아연분말 도료
③ 에나멜 도료 ④ 멜라민수지 도료

____

25 다음 〈보기〉의 내용과 맞는 것끼리 연결하시오. [4점]

보기
① 방청제 ② 방부제 ③ 착색제 ④ 희석제

(가) 시너: ____________ (나) 광명단: ____________
(다) 크레오소트: ____________ (라) 오일 스테인: ____________

26 방화칠의 종류 3가지를 쓰시오. [3점]

① ______ ② ______ ③ ______

27 목재의 부패를 방지하기 위해 사용하는 유성방부제의 종류를 4가지 쓰시오. [4점]

① ______ ② ______

③ ______ ④ ______

28 목재의 방염제 4가지를 쓰시오. [4점]

① ______ ② ______

③ ______ ④ ______

29 철골공사 시 철골에 녹막이칠을 하지 않는 부분 3가지만 쓰시오. [3점]

① ______ ② ______ ③ ______

30 건축에서 일반적으로 사용하는 도장공법 4가지만 기술하시오. [4점]

① ______ ② ______

③ ______ ④ ______

31 콘크리트 PC패널의 바탕면에 마감용 합성수지를 바르는 방법 4가지를 쓰시오. [4점]

① ______ ② ______

③ ______ ④ ______

해답

26

① 합성수지 방염페인트(우레탄)
② 바니시 방염페인트(래커)
③ 유성 방염페인트

27

① 크레오소트
② 콜타르
③ 아스팔트 페인트
④ 유성페인트

28

① 인산암모늄
② 황산암모늄
③ 규산나트륨
④ 탄산나트륨

29

① 콘크리트에 매입되는 부분
② 철골조립에 의해 맞닿는 부분
③ 현장에서 용접하는 부분

30

① 솔칠
② 롤러칠
③ 문지름칠
④ 뿜칠
• 주걱칠

31

① 솔칠
② 롤러칠
③ 문지름칠
④ 뿜칠
• 주걱칠

해답

32
① 솔
② 롤러
③ 스펀지, 천
④ 스프레이건
• 주걱

33
(가) ② (나) ①
(다) ④ (라) ③

34
(가) ③ (나) ②
(다) ① (라) ④

35
① 스프레이건
② 1 ~ 1.5mm
③ 2 ~ 4kg/cm^2
④ 30cm

32 도장공사 시 사용되는 도구 4가지를 쓰시오. [4점]

① ______ ② ______
③ ______ ④ ______

33 다음은 도장공사의 칠공법이다. 관계있는 것끼리 서로 짝지으시오. [4점]

보기 ① 솔칠 ② 롤러칠 ③ 뿜칠 ④ 문지름칠

(가) 천장이나 벽면처럼 평활하고 넓은 면을 칠할 때 유리하며, 작업시간이 다른 공법에 비해 간소하다.
(나) 가장 일반적인 공법이며, 건조가 빠른 래커 등에는 부적당하다.
(다) 면이 고르고 광택을 낼 때 쓰인다.
(라) 초기 건조가 빠른 래커 등에 유리하며, 기타 여러 가지 칠에도 많이 이용된다.

(가) ______ (나) ______ (다) ______ (라) ______

34 다음은 도장공사의 칠공법이다. 관계있는 것끼리 서로 짝지으시오. [4점]

보기 ① 주걱칠 ② 스프레이칠 ③ 롤러칠 ④ 솔칠

(가) 수성페인트 등 넓은 면적이나 천장의 도장에 적용하는 방법이다.
(나) 주로 고급의 마감이 요구될 때 적용하는 도장으로 도장면이 평활하고 매끄러운 질감을 얻을 수 있는 도장에 적용하는 방법이다.
(다) 대표적인 것으로 안티코스터코 도장이 있으며, 올퍼티작업으로 면을 잡은 다음 도장을 얹어 질감이나 패턴을 얻고자 할 때 적용하는 방법이다.
(라) 최종 도장 후 잔손 보기 작업을 할 때 사용하는 방법이다.

(가) ______ (나) ______ (다) ______ (라) ______

35 다음 (　　) 안에 알맞은 말을 쓰시오. [4점]

페인트공사의 뿜칠에는 도장용 (①)을 사용하며, 노즐 구경은 (②)가 있으며, 뿜칠의 공기압력은 (③)를 표준으로 하고, 뿜칠 거리는 (④)를 표준으로 한다.

① ______ ② ______
③ ______ ④ ______

36 스프레이건(spray gun)에 대하여 설명하시오. [2점]

37 도장공사에 쓰이는 스프레이건 사용 시 주의사항을 기술하시오. [2점]

38 뿜칠공법에 의한 도장 시 주의사항 3가지를 쓰시오. [3점]

①

②

③

39 유성페인트 도장 시 수분이 완전히 증발된 후에 칠하는 이유를 설명하시오. [2점]

40 목부 바탕 만들기의 공정 순서이다. 순서대로 바르게 나열하시오. [4점]

보기
① 송진 처리 ② 옹이땜 ③ 오염 및 부착물 제거
④ 연마지 닦기 ⑤ 구멍땜

해답

36

도장용 스프레이건을 사용하는데, 노즐 구경은 1 ~ 1.5mm가 있다. 뿜칠의 공기압력은 2 ~ 4kg/cm²(보통 3.5 kg/cm²)를 표준으로 하고, 뿜칠 거리는 30cm를 표준으로 한다.

37

스프레이건 사용 시 뿜칠면과 직각이 되도록 하여 평행하게 이동하고, 뿜칠 면적은 1/3씩 겹쳐서 끊김이 없이 연속되도록 하며 적정압력이 일정하게 유지되도록 한다.

38

① 뿜칠면 30cm 정도 띄워 직각이 되도록 하여 평행하게 이동한다.
② 뿜칠 면적은 1/3씩 겹쳐서 끊김이 없이 연속되도록 뿜칠한다.
③ 적정압력이 일정하게 유지되도록 한다.

39

바탕면의 유분은 도료의 부착을 저해하거나 부풀음, 벗겨짐, 터짐 등의 원인이 될 수 있으므로 이를 사전에 제거해야 한다.

40

③ → ① → ④ → ② → ⑤

해답

41
① 인산피막법
② 워시프라이머법
③ 용제 세정법

42
(가) 공구: ① 와이어브러시
② 사포(연마지)
(나) 용제: 시너, 휘발유, 벤졸

43
① 바탕 처리
② 연마지 닦기
③ 정벌

44
⑤ → ④ → ② → ① → ③

45
③ → ④ → ⑥ → ② → ④ → ⑤ → ④ → ① → ④ → ⑦

41 금속재의 도장 시 사전 바탕처리 방법 중 화학적 방법을 3가지 쓰시오. [3점]

① ________ ② ________ ③ ________

42 철재의 녹 제거 및 오염물질 제거 시 필요한 공구 2가지와 용제를 쓰시오. [2점]

(가) 공구: ① ________ ② ________

(나) 용제: ________

43 다음은 페인트 시공 순서이다. (   ) 안에 알맞은 말을 쓰시오. [3점]

(①) – 초벌 – (②) – (③)

① ________ ② ________ ③ ________

44 다음 〈보기〉는 수성페인트를 바르는 순서이다. 바르게 나열하시오. [3점]

보기	
① 페이퍼 문지름(연마지 닦기)	② 초벌
③ 정벌	④ 바탕 누름
⑤ 바탕 만들기	

____

45 목부 유성페인트의 시공 순서를 바르게 나열하시오. (단, 동일작업 반복 사용 가능) [4점]

보기			
① 재벌 2회	② 퍼티 먹임	③ 바탕 만들기	④ 연마작업
⑤ 재벌 1회	⑥ 초벌	⑦ 정벌	

____

46 철재 녹막이칠의 공정 순서이다. 〈보기〉에서 골라 시공 순서를 나열하시오. [4점]

보기
① 정벌칠　② 녹막이칠　③ 구멍땜 및 퍼티 먹임
④ 바탕 처리　⑤ 연마지 닦기　⑥ 재벌

47 목재 바니시칠의 공정작업 순서를 바르게 나열하시오. [3점]

보기
① 색올림　② 왁스 문지름　③ 바탕 처리　④ 눈먹임

48 외부 바니시칠의 공정 순서이다. 빈칸에 들어갈 공정을 쓰시오. [4점]

바탕 정리 → (①) → 초벌 착색 → (②) → (③) → (④)

① ______　② ______
③ ______　④ ______

49 목부 기름 바니시칠의 시공 순서를 〈보기〉에서 골라 번호로 나열하시오. [3점]

보기
① 착색　② 눈먹임　③ 초벌칠
④ 닦기, 마무리　⑤ 정벌칠　⑥ 바탕 손질

해답

46
④ → ② → ⑤ → ③ → ⑤ → ⑥ → ⑤ → ①

47
③ → ④ → ① → ②

48
① 눈먹임
② 연마지 닦기
③ 정벌 착색
④ 왁스 문지름

49
⑥ → ② → ① → ③ → ⑤ → ④

해답

50
③ → ① → ④ → ② → ⑤

51
①, ⑥, ⑦, ⑧

52
① 직사광선이 들지 않게 보관
② 환기가 잘되는 곳에 보관
③ 화기로부터 먼 곳에 보관
• 밀폐된 용기에 보관

53
① 온도 5℃ 이하
② 온도 35℃ 이상
③ 습도 85% 이상
• 바람이 강한 경우

50 다음은 비닐페인트의 시공 과정을 기술한 것이다. 시공 순서에 맞게 번호를 나열하시오. [3점]

보기
① 이음매 부분에 대한 조인트 테이프를 붙인다.
② 샌딩작업을 한다.
③ 석고보드에 대한 면정화(표면 정리 및 이어 붙임)를 한다.
④ 조인트 테이프 위에 퍼티작업을 한다.
⑤ 비닐페인트를 도장한다.

51 다음 도료 저장 시 일어나는 결함을 〈보기〉에서 모두 고르시오. [4점]

보기

① 피막	② 도막 과다	③ 실 끌림	④ 흐름
⑤ 핀홀	⑥ Setting	⑦ 증점, 겔화	⑧ 가스 발생

52 도장공사 시 가연성 재료의 보관방법을 3가지 쓰시오. [3점]

①
②
③

53 도장공사에서 기후에 따른 공사 중지조건 3가지를 쓰시오. [3점]

① ② ③

54 도료가 바탕에 부착하는 것을 저해하거나 부풀음, 터짐, 벗겨지는 원인이 될 수 있는 요소 4가지를 쓰시오. [4점]

① ______ ② ______

③ ______ ④ ______

55 도장공사에서 스티플칠(stipple coating)에 대해 간략히 기술하시오. [2점]

______

______

56 다음은 도장공사에 관한 설명이다. O, ×로 구분하시오. [3점]

① 도료의 배합비율 및 시너의 희석비율은 부피로 표시된다.
② 도장의 표준량은 평평한 면의 단위면적에 도장하는 도장재료의 양이고, 실제의 사용량은 도장하는 바탕면의 상태 및 도장재료의 손실 등을 참작하여 여분을 생각해 두어야 한다.
③ 롤러 도장은 붓 도장보다 도장속도가 빠르다. 그러나 붓 도장과 같이 일정한 도막 두께를 유지하기가 매우 어려우므로 표면이 거칠거나 불규칙한 부분에는 특히 주의를 요한다.

① ______ ② ______ ③ ______

57 드라이비트(dry-vit) 특징 3가지를 쓰시오. [3점]

① ______

② ______

③ ______

해답

54
① 유분
② 수분
③ 진
④ 금속 녹

55
도료의 묽기를 이용하여 각종 기구(스티플 브러시)로 바름면에 요철무늬가 도드라지게 하여 입체감을 내는 특수 마무리법

56
① ×
② O
③ O

57
① 가공이 용이해 조형성이 뛰어나다.
② 다양한 색상 및 질감으로 뛰어난 외관 구성이 가능하다.
③ 단열성능이 우수하고 경제적이다.

MEMO

chapter 09

내장공사

학습 POINT

산업 실내건축산업기사 시공실무 출제
기사 실내건축기사 시공실무 출제

01 내장공사 일반

1.1 개요

건물 내부의 벽, 천장, 바닥의 설치와 치장을 위주로 한 마무리공사

1.2 내장재료의 종류(벽, 천장)

- 내장재(벽, 천장)의 종류 산업
- 내장재료의 특징 산업 기사

구분	특징
석고보드	소석고를 주원료로 혼화제를 넣고 물반죽을 하여 보드용 원지 사이에 넣어 성형 건조시킨 판재
합판	3매 이상의 얇은 나무판을 1매마다 섬유 방향에 직교하도록 접착제로 겹쳐서 붙여 놓은 제품
집성목재	두께 15～50mm의 판재를 여러 장 겹쳐서 접착시켜 만든 제품
파티클보드	목재의 소편(작은 조각)을 주원료로 하여 유기질 접착제로 성형, 열압하여 판재로 만든 제품
MDF	목질재료, 톱밥 등을 주원료로 하여 접착제를 투입한 후 압축가공해서 합판 모양의 판재로 만든 제품
코르크판	코르크나무 껍질에서 채취한 소편을 가열, 가압하여 판재로 만든 제품으로 흡음재, 단열재 등으로 사용
목모 시멘트판	목재를 얇은 오리로 만들어 액진을 제거하고, 시멘트로 교착하여 가압성형한 제품
텍스	펄프 찌꺼기, 식물섬유, 목재 소편 등을 압축하여 만든 섬유판으로 보온성, 방음성, 차열성이 좋은 제품이며 경량으로 내장 천장재로 사용

1.3 내장공사의 시공 순서

- 실내면의 3면 시공 순서는 (천장), (벽), (바닥)의 시공 순서로 공사한다. 산업

구분	시공 순서	적용 공사
마감 시공 순서	위 → 아래	미장공사, 도장공사, 타일공사(외부), 도배공사
	아래 → 위	타일공사(내부), 도배공사(재벌 정바름)
내부 시공 순서	천장 → 벽 → 바닥	미장공사, 도장공사

02 석고보드공사

2.1 석고보드의 특징

(1) 규격

크기는 일반적으로 900mm×1800mm이며 두께는 9.5mm, 12.5mm, 15mm로 나뉜다.

학습 POINT

✿ 석고보드의 장단점 기사

• 석고보드

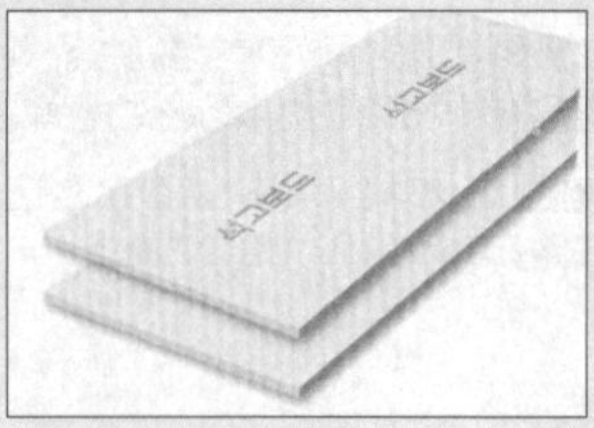

(2) 특징

장점	단점
① 내화성이 큰 불연재료이다. ② 경량이며, 차음성과 단열성이 우수하다. ③ 표면이 평활하여 마감 바탕용으로 적합하다.	① 강도가 약하다. ② 파손의 우려가 있다. ③ 습윤에 약하다.

2.2 석고보드의 종류

✿ 사용 용도에 따른 석고보드의 종류 산업

(1) 사용 용도에 따른 종류

구분	사용처	용도
일반 석고보드	**벽, 천장**면의 바탕재	바탕용
방수 석고보드	부엌, 욕실 등 다습공간	방수용
방화 석고보드	방화, 내화구조의 구성재	방화용
치장 석고보드	벽, 천장면의 마감재	마감용

✿ 형상에 따른 석고보드의 종류 기사

(2) 형상에 따른 종류

① 평보드 (gypsum square board)	② 베벨보드 (bevel edge board)	③ 테이퍼드보드 (gypsum tapered board)
		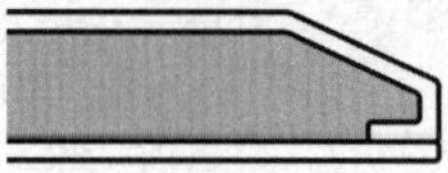

2.3 석고보드 벽체(경량철골 벽체, 건식벽) 시공

(1) 경량철골재료

① 스터드(stud)	아연도금 강판을 소재로 하여 건식벽의 구조적 역할과 표면재를 부착하는 바탕 역할을 하는 경량철골 부재
② 러너(runner)	아연도금 강판을 소재로 하여 천장과 바닥면에 설치되며 스터드를 지지하는 경량철골 부재

• 건식벽의 시공 사진

(2) 건식벽 시공 순서

구분	① 러너 설치	② 스터드 설치	③ 보강채널 삽입	④ 석고보드 붙이기
시공 순서	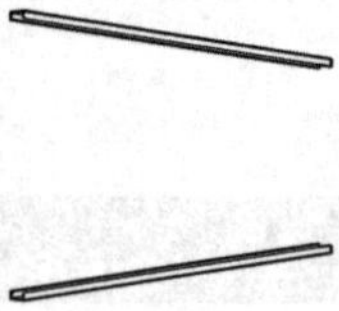	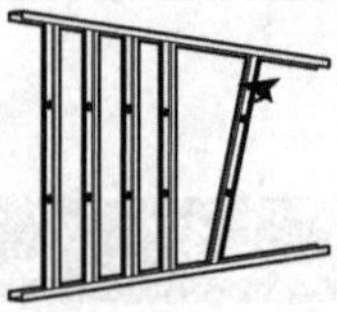	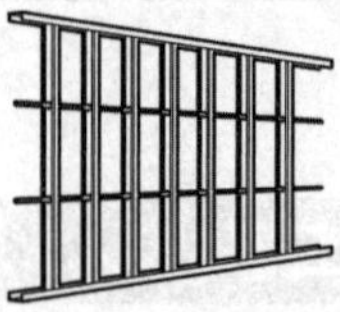	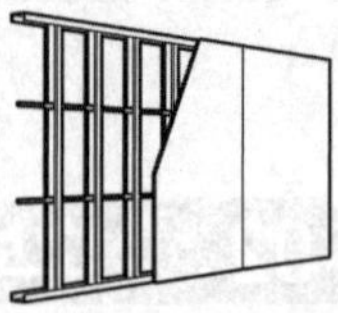
	먹줄을 따라서 천장, 바닥면에 러너 설치	상하 러너 사이에 스터드 설치	필요에 따라 보강채널을 스터디홀에 삽입	나사못, 타카핀을 이용하여 석고보드 고정

✿ 석고보드 이음새의 시공 순서 기사

(3) 석고보드 이음새 마무리 시공 순서

① 조이너 → ② 하도 → ③ 중도 → ④ 상도 → ⑤ 샌딩 처리(연마지 닦기)

2.4 시공 시 주의사항

① 시공온도 30℃ 이하(13 ~ 20℃), 상대습도는 80% 이하에서 시공한다.
② 시공 전후 환기를 위하여 통풍이 잘되도록 한다.
③ 이음새 처리작업 전에 나사못의 머리가 보드 표면에 일치되었는지 확인한다.

학습 POINT

✿ 석고보드 시공 시 주의사항 기사

03 도배공사

3.1 도배지

(1) 도배지(벽지) 선정 시 주의사항

① 장식 기능
② 내오염성
③ 내구성

(2) 도배지의 종류

구분	종류
초배지, 재배지	• 한지(참지, 백지, 피지) • 양지(갱지, 모조지, 마분지)
정배지	• 종이벽지(일반벽지, 코팅벽지, 지사벽지) • 비닐벽지(비닐실크벽지, 발포벽지) • 섬유벽지(직물벽지, 스트링벽지, 부직포벽지) • 초경벽지(갈포벽지, 완포벽지, 황마벽지) • 목질계 벽지(코르크벽지, 무늬목벽지, 목포벽지) • 무기질 벽지(질석벽지, 금속박벽지, 유리섬유벽지)

✿ 초배지 종류 산업
✿ 도배지 종류의 구분 기사

3.2 도배지 풀칠방법

(1) 초배지 풀칠방법

① 밀착초배: 초배지에 온통 풀칠하여 바르고, 바탕을 매끄럽게 하며, 정배지가 잘 붙을 수 있게 하는 도배방법
② 공간초배: 초배지를 정사각형으로 재단하여 갓둘레 부위에 된풀칠을 하여 바르며, 거친 바탕에서 고운 도배면을 얻을 수 있는 상급 도배방법

✿ 초배지 풀칠방법 산업

(2) 도배지(정배지) 풀칠방법

① 온통바름: 종이 전부에 풀칠을 하며, 순서는 중간부터 갓둘레로 칠해 나간다.
② 봉투바름: 종이 주위에 풀칠하여 붙이고 주름은 물을 뿜어 둔다.
③ 비늘바름: 종이의 한쪽에만 풀칠해서 비늘처럼 붙여 나간다.

✿ 도배지 풀칠방법의 종류 산업
✿ 도배지 풀칠방법 산업 기사

학습 POINT

✿도배 시공 순서 산업 기사

✿장판지 시공 순서 기사

✿도배지 보관장소의 온도는 항상 (5)℃ 이상으로 유지되도록 하며, 도배공사를 시작하기 72시간 전부터 시공 후 (48)시간이 경과할 때까지는 적정온도 16℃를 유지한 후 도배지를 완전하게 접착시키기 위하여 롤링 또는 (솔질)을 해야 한다. 기사

✿벽지 시공 시 붙임용 풀은 공사시방서에서 정한 바가 없을 때에는 (밀가루)풀 또는 (쌀가루)풀을 사용한다. 산업

✿기타 용어 설명 산업

3.3 도배 시공

(1) 시공 순서

구분		시공 순서
도배 시공 순서	3단계	① 바탕 처리 → ② 풀칠 → ③ 붙이기
	4단계	① 바탕 처리 → ② 초배지 → ③ 재배지 → ④ 정배지
	5단계-1	① 바탕 처리 → ② 초배지 바름 → ③ 재배지 바름 → ④ 정배지 바름 → ⑤ 굽도리(걸레받이)
	5단계-2	① 바탕 처리 → ② 초배지 바름 → ③ 정배지 바름 → ④ 걸레받이 → ⑤ 마무리 보양
장판지 시공 순서		① 바탕 처리 → ② 초배지 → ③ 재배지 → ④ 장판지 깔기 → ⑤ 굽도리 → ⑥ 마무리칠

(2) 시공 시 주의사항

① 도배지 보관장소의 온도는 항상 5℃ 이상으로 유지되도록 한다.

② 도배공사를 시작하기 72시간 전부터 시공 후 48시간이 경과할 때까지는 적정온도 16℃를 유지하도록 한다.

③ 도배지를 완전하게 접착시키기 위하여 접착과 동시에 롤링을 하거나 솔질을 해야 한다.

④ 벽지 시공 시 붙임용 풀은 공사시방서에서 정한 바가 없을 때에는 밀가루풀 또는 쌀가루풀을 사용한다. 풀은 된풀로 한 다음 물을 섞어 적당한 묽기로 하여 체에 걸러 쓴다.

(3) 도배공사 기타 용어

구분	① 풀귀얄	② 도듬문	③ 맹장지	④ 불발기
내용		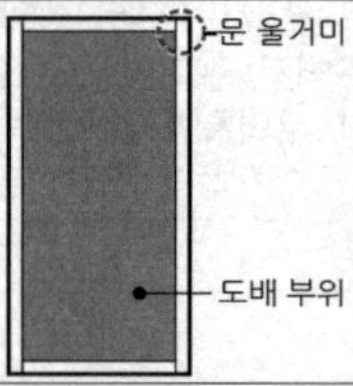	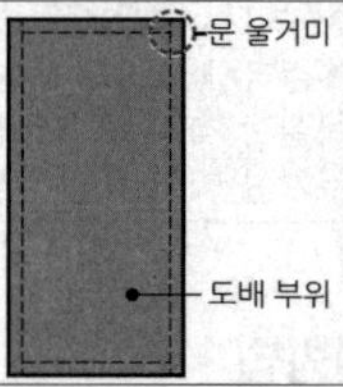	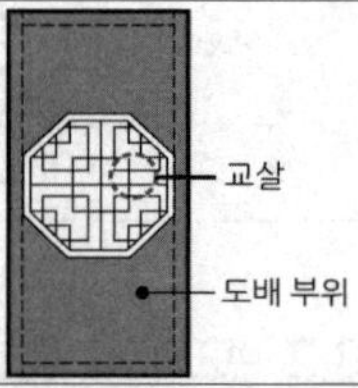
	도배 풀칠에 사용하는 솔은 돼지털을 사용	문 울거미를 남겨 두고, 종이로 중간을 두껍게 바른 것	문 울거미 전체를 종이로 싸서 바른 것	맹장지의 일부에 교살을 짜고, 창호지를 바른 것

04 바닥마감공사

✿실내바닥 마무리는 바름 마무리 외에 (깔기) 마무리, (붙임) 마무리가 있다. 산업

✿바닥재료의 종류 산업 기사

4.1 바닥 마무리의 종류

① 바름 마무리 ② 깔기 마무리 ③ 붙임 마무리

4.2 합성수지 바닥재료

(1) 종류

유지계	고무계	비닐수지계	아스팔트계
리놀륨, 리노타일	고무타일, 고무시트	비닐타일, 비닐시트	아스팔트타일, 쿠마론인덴수지 타일

(2) 시공 시 주의사항

① 재료들은 열팽창계수가 크므로 팽창 및 수축의 여유를 고려한다.
② 재료들은 열에 따른 온도 변화가 크므로 50℃ 이상 넘지 않도록 한다.
③ 마감 후 표면은 흠, 얼룩, 변형 등이 생기지 않게 종이, 천 등으로 보양한다.
④ 시공 시 방화 구획을 두고, 연소방지 대책을 강구한다.
⑤ 양생 후 물, 비눗물, 휘발유 등을 적셔서 깨끗이 청소한다.

(3) 시공 순서

① 바닥 플라스틱타일

1. 시공 순서 4단계	① 바탕 고르기 → ② 프라이머 도포 → ③ 접착제 도포 → ④ 타일 붙이기
2. 시공 순서 8단계	① 콘크리트 바탕 마무리 → ② 콘크리트 바탕 건조 → ③ 프라이머 도포 → ④ 먹줄 치기 → ⑤ 접착제 도포 → ⑥ 타일 붙이기 → ⑦ 타일면 청소 → ⑧ 타일면 왁스 먹임

② 리놀륨(linoleum) 깔기

구분	내용
시공 순서	① 바탕 처리 → ② 깔기 계획 → ③ 임시 깔기 → ④ 정깔기 → ⑤ 마무리, 보양
주의사항	재료의 신축이 끝날 때까지 충분한 기간 동안 임시로 펴놓은 다음 접착제를 바탕면에 발라 들뜸이 없도록 시공한다.

③ 아스팔트타일(asphalt tile) 및 비닐타일(vinyl tile) 깔기

구분	내용
시공 순서	① 바탕 마무리 → ② 바탕 건조 → ③ 프라이머 도포 → ④ 먹줄 치기 → ⑤ 접착제 도포 → ⑥ 타일 붙이기 → ⑦ 타일면 청소 → ⑧ 왁스 먹임
주의사항	• 바탕은 평평하게 하고 충분히 건조 후 프라이머를 바르고 건조시킨다. • 접착제를 바르고 실내 중심선에 따라 먼저 十자형으로 붙이고, 그곳을 기준으로 붙여 나간다.

4.3 카펫(capet)공사

(1) 카펫의 특징

장점	단점
① 탄력성이 있다. ② 흡음성이 있다. ③ 내구성이 있다.	① 유지·관리 및 보수의 어려움 ② 단조로운 패턴 ③ 습기, 오염에 약함

(2) 카펫파일(pile)의 종류

① 루프(loop)	② 컷(cut)	③ 루프(loop) + 컷(cut)
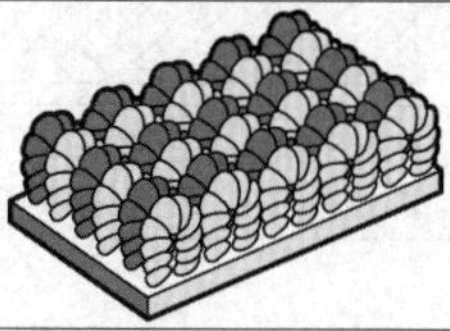	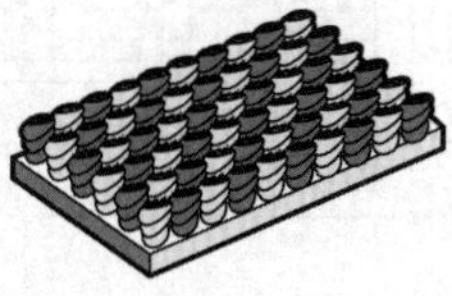	

학습 POINT

✿플라스틱타일의 시공 순서 산업 기사

✿바닥 플라스틱재의 시공 순서 기사

✿리놀륨 깔기 시공 순서 산업

✿카펫파일의 종류 산업

학습 POINT

✿ 카펫깔기 공법 및 특징 기사

• 그리퍼(gripper)

(3) 카펫깔기 공법

구분	특징
그리퍼공법	가장 일반적인 공법으로 주변 바닥에 그리퍼를 설치하고, 카펫을 고정하는 방법
못박기공법	벽 주변에 따라 30mm 정도 꺾어 넣고 끌어당기면서 못을 박아 고정하는 방법
직접붙임공법	바닥에 접착제를 도포하고 카펫을 눌러 붙이는 공법으로 무거운 보행공간에 주로 적용하는 방법
필업공법	쿠션재를 대지 않는 카펫타일 붙임에 주로 쓰이며, 교체가 용이한 부착방법

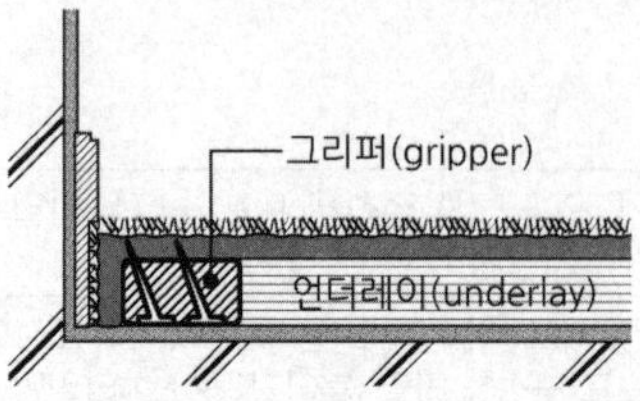

[그리퍼공법]

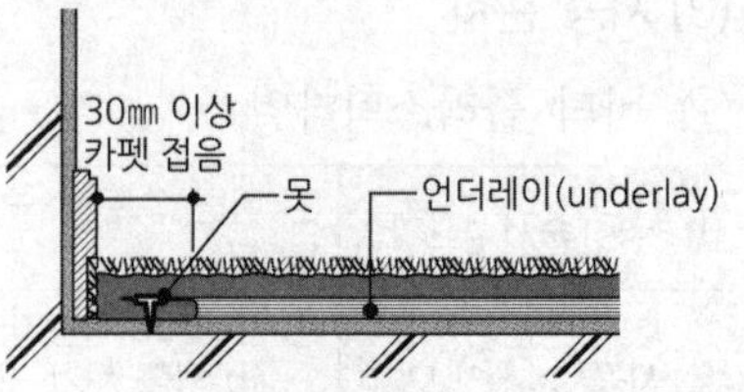

[못박기공법]

✿ 카펫타일 시공방법 기사

• 카펫타일 시공

(4) 카펫타일 시공

① 시공 전에 요철, 굴곡이 없는 평활 상태로 바닥을 정리한다.

② 실내 중심에 따라 4등분된 면적에 접착제를 도포하고 그곳을 기준으로 L자 형태로 부착하며, 지그재그로 시공한다.

③ 접착제는 작업속도를 고려하여 적당 면적만 도포하며, 가장자리 시공 부분은 재단시간을 고려하여 별도로 도포 시공한다.

4.4 마룻널의 종류 및 시공

(1) 마룻널의 종류

① 합판마루

② 원목마루

③ 강화마루

(2) 마룻널 시공

구분	① 쪽매널깔기	② 쪽매판깔기	③ 무늬깔기(헤링본)
내용	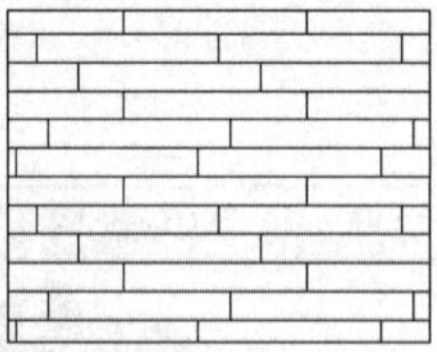 마룻널 한쪽에 쪽매(제혀, 딴혀)로 이어 댄 널마루	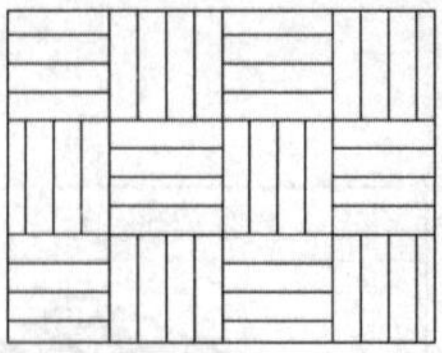 정사각형 블록(flooring block)으로 깐 마룻널	 마룻널을 일정한 각도로 서로 엇갈리게 조합한 깔기법

(3) 기타 마루

① 다다미: 짚 밑이나 위에 돗자리를 씌우고 옆을 헝겊으로 둘러댄 바닥 형식

② 삿자리: 갈대를 쪼개 펴서 무늬로 짠 바닥 형식

③ 대청마루: 안채 중앙에 위치하는 큰 마루로, 우물정자(井) 모양의 우물마루 형태의 바닥 형식

4.5 액세스 플로어(access floor)

(1) 정의

정방향의 플로어 패널(floor panel)을 받침대 구조로 지지시켜 하부 공간에 전선 · 배관이 자유롭게 배치되며, 취출구를 자유롭게 설정할 수 있어 쾌적한 환경조성 및 전선 · 배관을 보호하는 이중바닥 시스템이다.

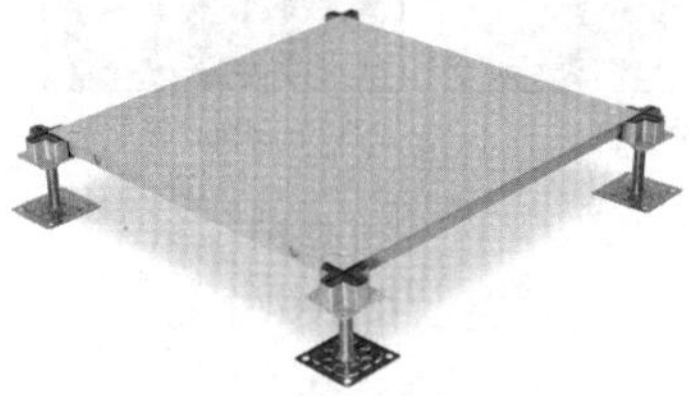

[액세스 플로어]

[액세스 플로어 설치사례]

(2) 지지방식

① 지지각 분리 방식

② 지지각 일체 방식

③ 조정지지각 방식

④ 트렌치 구성 방식

(3) 설치장소

인텔리전트빌딩(intelligent building), 전산실, 통신실, 교환실, 방송국, 연구소, 방재실 등

4.6 기타 특수바닥구조

(1) 전도성 바닥(ESD floor)

병원이나 가연성 공장에서 전격을 방지할 목적으로 전도성 자기타일, 전도성 플라스틱 타일을 사용하는 바닥구조

(2) 합성고분자 바닥바름

에폭시계 등 합성고분자계 재료에 잔골재 등을 혼합한 것을 흙손 바름, 뿜기 등의 방법으로 마감하는 공법

학습 POINT

✿ 기타 마루 용어 설명 기사

• 다다미

• 삿자리

• 대청마루

✿ 액세스 플로어 지지방식 산업

✿ 특수바닥구조 및 공법 기사

학습 POINT

05 커튼공사

5.1 커튼

✿ 커튼레일 구성품 산업

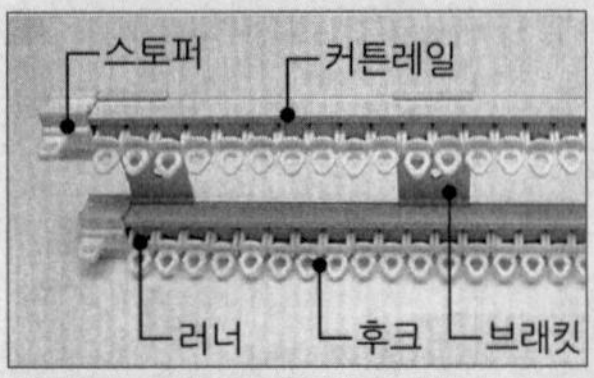

✿ 커튼주름의 종류 산업

(1) 커튼의 구성 및 주름

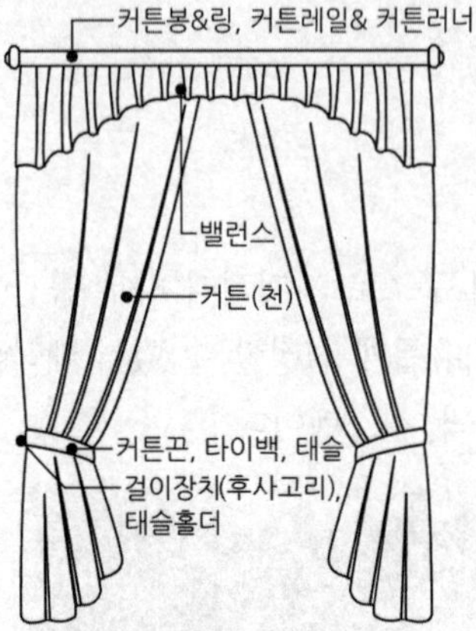

[커튼의 구성]

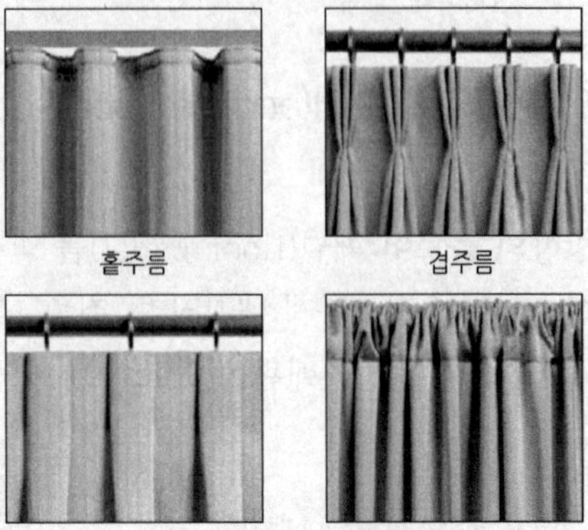

홑주름 겹주름 상자주름 게더(gather)형 주름

[커튼주름]

✿ 커튼 선택 시 주의사항 기사

(2) 커튼 선택 시 주의사항

① 천의 특성과 시각적 의장효과를 고려한다.
② 세탁 후 형태나 치수 변화가 없어야 한다.
③ 화재로 인한 위험을 대비하여 난연제품을 사용한다.
④ 탈색이 되지 않는 제품을 사용한다.

✿ 블라인드 종류 산업 기사

5.2 블라인드

horizontal blind [수평 블라인드] vertical blind [수직 블라인드] roll blind [롤 블라인드] roman shade [로만 셰이드]

chapter 09

연습문제

01 벽이나 천장판에 붙이는 재료의 종류 4가지를 쓰시오. [4점]

① ______________ ② ______________

③ ______________ ④ ______________

02 다음 설명에 알맞은 목재의 이름을 〈보기〉에서 골라 쓰시오. [4점]

보기
① 목모 시멘트판 ② 석고판 ③ 합판
④ 텍스 ⑤ 탄화코르크

(가) 나무를 둥글게 또는 평으로 켜서 직교하여 교착시킨 것
(나) 참나무 껍질을 부순 잔 알들을 압축성형하여 고온으로 탄화시킨 것
(다) 소석고에 톱밥 등을 가하여 물반죽을 한 후 질긴 종이 사이에 끼워 성형 건조시킨 것
(라) 식물섬유, 종이, 펄프 등에 접착제를 가하여 압축한 섬유판

(가) __________ (나) __________ (다) __________ (라) __________

03 다음 설명에 알맞은 목재의 가공제품명을 쓰시오. [4점]

(가) 3매 이상의 얇은 나무판을 1매마다 섬유 방향에 직교하도록 접착제로 겹쳐서 붙여 놓은 것: (①)
(나) 식물 섬유질을 주원료로 하여 이를 섬유화, 펄프화하여 접착제를 섞어 판으로 만든 것: (②)
(다) 목재의 작은 조각(③)(으)로 합성수지 접착제를 첨가하여 열압, 제판한 보드는 (④)이다.

① __________ ② __________ ③ __________ ④ __________

해답

01
① 합판
② 석고보드
③ 텍스
④ 파티클보드

02
(가) ③ (나) ⑤
(다) ② (라) ④

03
① 합판
② MDF
③ 소편
④ 파티클보드

해답

04
(가) ②
(나) ④
(다) ⑤

05
① 천장
② 벽
③ 바닥

06
① 내화성이 큰 불연재료로 경량이며, 차음성과 단열성이 우수하다.
② 강도 및 습윤에 약하며, 파손의 우려가 있다.

07
① 방수 석고보드(방수용)
② 방화 석고보드(방화용)
③ 치장 석고보드(마감용)
• 일반 석고보드(바탕용)

08
① 베벨보드
② 테이퍼드보드

04 다음은 내장판재에 대한 설명이다. 알맞게 연결하시오. [3점]

보기
① 코펜하겐리브 ② 합판 ③ 코르크판
④ 집성재 ⑤ 파티클보드 ⑥ 시멘트목질판

(가) 3장 이상의 단판을 3, 5, 7 등 홀수로 섬유 방향에 직교하도록 접착한 것
(나) 제재 판재 또는 소각재 등의 부재를 서로 섬유 방향에 평행하게 하여, 길이 나비 및 두께 방향으로 접착한 것
(다) 목재 및 기타 식물의 섬유질 소편에 합성수지 접착제를 도포, 가열해 압착성형한 판상재료

(가) ______ (나) ______ (다) ______

05 실내면의 시공 순서를 (   ) 안에 기입하시오. [3점]

실내면의 3면 시공 순서는 (①), (②), (③)의 시공 순서로 공사한다.

① ______ ② ______ ③ ______

06 건축재료에 있어서 석고보드의 장단점을 각각 쓰시오. [4점]

① 장점: ______
② 단점: ______

07 석고보드의 사용 용도에 따른 종류 3가지를 쓰시오. [3점]

① ______ ② ______ ③ ______

08 석고보드의 이음매 부분 형상에 따른 종류 2가지를 쓰시오. [2점]

① ______ ② ______

09 석고보드의 이음새 시공 순서를 〈보기〉에서 골라 순서대로 쓰시오. [3점]

보기
① 조이너 ② 샌딩 ③ 상도
④ 중도 ⑤ 하도

____

10 건축재료에 있어서 석고보드의 시공 시 주의사항을 2가지 쓰시오. [4점]

① ______________________

② ______________________

11 기능상 벽지 선택 시 주의사항 3가지를 쓰시오. [3점]

① __________ ② __________ ③ __________

12 도배공사 시 사용되는 초벌용 밑바름지의 명칭 2가지를 쓰시오. [2점]

① __________ ② __________

13 다음은 벽지에 대한 설명이다. 알맞게 연결하시오. [3점]

보기
① 지사벽지 ② 유리섬유벽지 ③ 직물벽지
④ 코르크벽지 ⑤ 발포벽지 ⑥ 갈포벽지

(가) 종이벽지 (나) 비닐벽지 (다) 섬유벽지
(라) 초경벽지 (마) 목질계 벽지 (바) 무기질 벽지

(가) __________ (나) __________ (다) __________

(라) __________ (마) __________ (바) __________

해답

09

① → ⑤ → ④ → ③ → ②

10

① 시공온도 30℃ 이하, 상대습도 80% 이하에서 시공한다.
② 시공 전후 환기를 위하여 통풍이 잘되도록 한다.
• 이음새 처리작업 전에 나사못의 머리가 보드 표면에 일치되었는지 확인한다.

11

① 장식 기능
② 내오염성
③ 내구성

12

① 참지
② 백지

13

(가) ① (나) ⑤
(다) ③ (라) ⑥
(마) ④ (바) ②

해답

14

① 초배지에 온통 풀칠하여 바르고 바탕을 매끄럽게 하며 정배지가 잘 붙을 수 있게 하는 도배방법
② 초배지를 정사각형으로 재단하여 갓둘레 부위에 된풀칠을 하여 바르며, 거친 바탕에서 고운 도배면을 얻을 수 있는 상급 도배방법

15

① 온통바름(갓둘레바름)
② 봉투바름(외쪽바름)
③ 비늘바름

16

① 봉투바름
② 온통바름
③ 재벌 정바름

17

① 바탕 처리
② 풀칠
③ 붙이기

18

② → ① → ③ → ④

14 다음의 내용을 서술하시오. [4점]

① 밀착초배: ______________________________

____

② 공간초배: ______________________________

____

15 도배공사에서 도배지에 풀칠하는 방법을 쓰시오. [3점]

① ______________ ② ______________ ③ ______________

16 다음은 도배지의 풀칠방법이다. 다음에 설명하는 풀칠법을 쓰시오. [3점]

① 종이 주위에 풀칠하여 붙이고, 주름은 물을 뿜어 둔다.
② 종이 전부에 풀칠하며, 순서는 중간부터 갓둘레로 칠해 나간다.
③ 정배지 바로 밑에 바르며, 밑에서 위로 붙여 올라간다.

① ______________ ② ______________ ③ ______________

17 실내면의 도배 시공 순서를 (　　) 안에 기입하시오. [3점]

(①) → (②) → (③)

① ______________ ② ______________ ③ ______________

18 벽도배의 공정 순서를 〈보기〉에서 골라 번호를 기입하시오. [3점]

보기

① 초배지 바름	② 바탕 처리
③ 재배지 바름	④ 정배지 바름

____

19 도배공사 시공 순서를 〈보기〉에서 찾아 바르게 나열하시오. [4점]

보기
① 정배지 바름 ② 초배지 바름 ③ 재배지 바름
④ 바탕 처리 ⑤ 굽도리

20 도배지 바름의 일반적인 순서이다. ( ) 안에 알맞은 말을 써넣으시오. [3점]

바탕 처리 → (①) → (②) → 걸레받이 → (③)

① ② ③

21 장판지 붙이기의 시공 순서를 〈보기〉에서 골라 순서대로 쓰시오. [4점]

보기
① 재배 ② 걸레받이 ③ 장판지
④ 마무리칠 ⑤ 초배 ⑥ 바탕 처리

22 내장공사에서 사용되는 다음의 용어를 설명하시오. [4점]

① 도듬문:

② 풀귀얄:

③ 맹장지:

④ 불발기:

해답

19
④ → ② → ③ → ① → ⑤

20
① 초배지 바름
② 정배지 바름
③ 마무리 및 보양

21
⑥ → ⑤ → ① → ③ → ② → ④

22
① 문 울거미를 남겨 두고, 종이로 중간을 두껍게 바른 것
② 도배 풀칠에 사용하는 솔로 돼지털을 사용한다.
③ 문 울거미 전체를 종이로 싸서 바른 것
④ 맹장지의 일부에 교살을 짜고, 창호지를 바른 것

23 다음 (   ) 안에 들어갈 말을 써넣으시오. [2점]

실내바닥 마무리는 바름 마무리 외에 (①) 마무리, (②) 마무리가 있다.

① ______________ ② ______________

24 리놀륨 깔기 시공 순서를 〈보기〉를 보고 순서대로 나열하시오. [3점]

보기
① 바닥 정리 ② 마무리 ③ 임시 깔기
④ 정깔기 ⑤ 깔기 계획

____

25 다음은 수장공사에서 리놀륨(linoleum) 깔기의 시공 순서이다. (   ) 안을 채우시오. [3점]

(①) → 깔기 계획 → (②) → 정깔기 → (③)

① ______________ ② ______________ ③ ______________

26 카펫파일(pile)의 종류 3가지를 쓰시오. [3점]

① ______________ ② ______________ ③ ______________

27 카펫깔기 공법 4가지의 내용을 간략히 기술하시오. [4점]

① ______________
② ______________
③ ______________
④ ______________

해답

23
① 붙임
② 깔기

24
① → ⑤ → ③ → ④ → ②

25
① 바탕 처리
② 임시 깔기
③ 마무리 및 보양

26
① 루프
② 컷
③ 루프＋컷

27
① 그리퍼공법: 가장 일반적인 공법으로 주변 바닥에 그리퍼를 설치하고, 카펫을 고정하는 방법
② 못박기공법: 벽 주변에 따라 30mm 정도 꺾어 넣고 끌어당기면서 못을 박아 고정하는 방법
③ 직접붙임공법: 바닥에 접착제를 도포하고 카펫을 눌러 붙이는 공법으로 무거운 보행공간에 주로 적용하는 방법
④ 필업공법: 쿠션재를 대지 않는 카펫타일 붙임에 주로 쓰이며, 교체가 용이한 부착방법

28 카펫타일 시공법 중 접합공법 시 유의사항 3가지를 쓰시오. [3점]

① ______

② ______

③ ______

29 다음 내용이 설명하는 용어를 쓰시오. [4점]

① 짚 밑이나 위에 돗자리를 씌우고 옆을 헝겊으로 둘러댄 것
② 갈대를 쪼개 펴서 무늬로 짠 것
③ 목재를 얇은 오리로 만들어 액진을 제거하고, 시멘트로 교착하여 가압성형한 것
④ 가구나 반침을 고정식, 가구적으로 만든 것

① ______ ② ______

③ ______ ④ ______

30 커튼의 주름방법 4가지를 쓰시오. [4점]

① ______ ② ______

③ ______ ④ ______

31 커튼레일의 부속품 3가지를 쓰시오. [3점]

① ______ ② ______ ③ ______

해답

28

① 시공 전에 요철, 굴곡이 없는 평활 상태로 바닥을 정리한다.
② 실내 중심에 따라 4등분된 면적에 접착제를 도포하고 그곳을 기준으로 L자 형태로 부착하며, 지그재그로 시공한다.
③ 접착제는 작업속도를 고려하여 적당 면적만 도포하며, 가장자리 시공 부분은 재단시간을 고려하여 별도로 도포 시공한다.

29

① 다다미
② 삿자리
③ 목모 시멘트판
④ 붙박이장

30

① 홑주름
② 겹주름
③ 상자주름
④ 게더형 주름

31

① 러너
② 스토퍼
③ 후크
• 브래킷

해답

32

① 천의 특성과 시각적 의장효과를 고려한다.
② 세탁 후 형태나 치수 변화가 없어야 한다.
③ 화재로 인한 위험을 대비하여 난연제품을 사용한다.
• 탈색이 되지 않는 제품을 사용한다.

33

① 수평 블라인드
② 수직 블라인드(버티컬)
③ 롤 블라인드
• 로만 셰이드

34

(가) ④
(나) ②
(다) ③
(라) ①

35

⑤, ⑦

32 커튼 선택 시 주의사항을 3가지만 쓰시오. [3점]

① ______
② ______
③ ______

33 블라인드 종류 3가지를 쓰시오. [3점]

① ______ ② ______ ③ ______

34 다음의 비닐계 수지 바닥재 (가)~(라)와 관계가 있는 것을 〈보기〉에서 골라 쓰시오. [4점]

보기
① 비닐타일 ② 시트
③ 명색계 쿠마론인덴수지 타일 ④ 리놀륨

(가) 유지계: ______ (나) 고무계: ______
(다) 아스팔트계: ______ (라) 비닐수지계: ______

35 다음 비닐계 수지 바닥재 중 유지계를 고르시오. [2점]

보기
① 고무타일 ② 시트 ③ 암색계 아스팔트타일
④ 비닐타일 ⑤ 리놀륨 ⑥ 명색계 쿠마론인덴수지 타일
⑦ 리노타일

______

36 바닥 플라스틱재 타일의 시공 순서를 다음 〈보기〉에서 골라 순서대로 번호를 쓰시오. [2점]

보기
① 프라이머 도포 ② 접착제 도포
③ 바탕 고르기 ④ 타일 붙이기

37 바닥 플라스틱재 타일의 시공 순서이다. ( ) 안을 채우시오. [3점]

바탕 처리 → (①) → (②) → (③) → 타일 붙임 → 청소 및 왁스 먹임

① ____ ② ____ ③ ____

38 바닥 플라스틱재 타일 붙이기 시공 순서에 해당하는 알맞은 내용을 쓰시오. [3점]

바탕 건조 → (①) → 먹줄 치기 → (②) → 타일 붙이기 → (③) → 타일면 청소

① ____ ② ____ ③ ____

39 바닥 플라스틱재 타일의 시공 순서를 다음 〈보기〉에서 골라 순서대로 번호를 쓰시오. [2점]

보기
① 타일 붙이기 ② 접착제 도포
③ 타일면 청소 ④ 타일면 왁스 먹임
⑤ 콘크리트 바탕 건조 ⑥ 콘크리트 바탕 마무리
⑦ 프라이머 도포 ⑧ 먹줄 치기

해답

36
③ → ① → ② → ④

37
① 프라이머 도포
② 먹줄 치기
③ 접착제 도포

38
① 프라이머 도포
② 접착제 도포
③ 보양

39
⑥ → ⑤ → ⑦ → ⑧ → ② → ①
→ ③ → ④

해답

40

① 재료들은 열팽창계수가 크므로 팽창 및 수축의 여유를 고려한다.
② 재료들은 열에 따른 온도 변화가 크므로 50℃ 이상 넘지 않도록 한다.
③ 마감 후 표면은 흠, 얼룩, 변형 등이 생기지 않게 종이, 천 등으로 보양한다.

40 플라스틱재 시공 시 일반적인 주의사항 3가지를 설명하시오. [3점]

① ______________________

② ______________________

③ ______________________

chapter
10 건축공사

학습 POINT

산업 실내건축산업기사 시공실무 출제
기사 실내건축기사 시공실무 출제

01 건축공사 일반

1.1 건축재료

(1) 건축재료의 선정

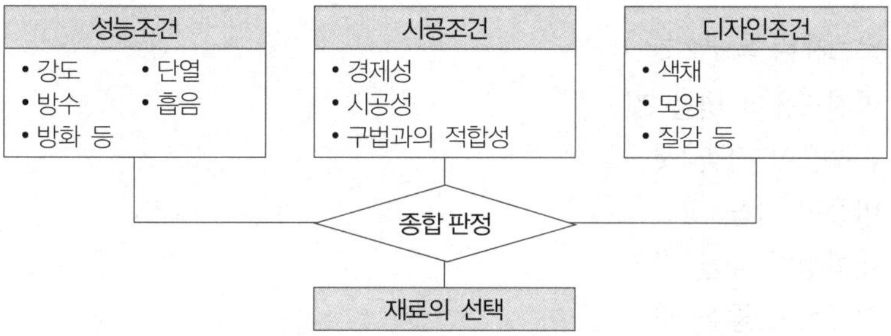

(2) 건축재료의 요구성능

① 역학적 성능	강도, 인성, 탄성계수, 변형, 크리프 등
② 물리적 성능	비중, 경도, 열·음·광 투과와 반사, 수분 차단 등
③ 내구성능	열화, 풍화, 산화, 충해, 부패 등
④ 화학적 성능	방청성, 부식성, 내화학성 등
⑤ 방화·내화성능	불연성, 내열성, 비유독가스 등
⑥ 감각적 성능	색채, 오염, 명도, 촉감 등
⑦ 생산성능	생산성, 시공성, 가공성, 재활용 등

(3) 건축재료 선정 시 요구조건

① 한국산업규격(KS)에서 규정한 품질
② 건축공사 표준시방서의 재료에 대한 사양 및 시공방법
③ 건축법규 및 소방법에서 규정한 안정성

1.2 건축적 내구성능 확보

① 단열
② 방수
③ 방음
④ 방화

학습 POINT

- 단열재의 주요성능 (산업)
- 단열재의 요구성능 (기사)
- 단열재의 종류 및 특징 (산업) (기사)
- 석면, 암면의 특징 (기사)

02 단열공사

2.1 단열재

(1) 단열재의 주요성능

① 보온
② 방한
③ 방서
④ 결로 방지

(2) 단열재의 요구성능

① 열전도율이 낮을 것
② 흡수율이 작을 것
③ 비중이 작을 것
④ 내화성이 높을 것
⑤ 시공성이 좋을 것
⑥ 어느 정도 기계적 강도가 있을 것

(3) 단열재의 구분

① 단열 원리에 의한 구분	② 재료 종류에 의한 구분	③ 물리적 형태에 의한 구분
• 저항형 단열재 • 반사형 단열재 • 용량형 단열재 • 다공성 단열재	• 무기질 단열재 • 유기질 단열재 • 복합질 단열재 • 화학합성질 단열재	• 경질 단열재 • 연질 단열재 • 반사형 단열재 • 단열 모르타르

(4) 단열재의 종류 및 특징

구분	특징
석면	사문석과 각섬석을 이용하여 만들고, 실끈·지포 등으로 제작하여 시멘트와 혼합한 후 판재 또는 관재를 만든다.
암면	현무암과 안산암 등을 이용하여 만들고 접착제를 혼합, 성형하여 판재 또는 원통으로 만들어 표면에 아스팔트펠트 등을 붙여 사용한다.
탄화코르크	떡갈나무·참나무의 껍질을 부수어 열압성형하고, 고온에서 탄화시킨 단열판
광재면	용광로의 광재를 용융하여 고압공기로 뿜어 만든 광물질섬유 단열재
스티로폼 (비드법 보온판)	열가소성 합성수지인 폴리스틸렌수지를 이용하여 스펀지 상태로 만든 단열판
알루미늄박	알루미늄을 아주 얇은 박판으로 만들어 복사열을 표면에서 반사시킬 목적으로 만든 단열판
유리면	결로수가 부착되면 단열성이 떨어져서 방습성이 있는 비닐로 감싸서 사용하는 단열재
경질 우레탄폼	보드형과 현장발포식으로 나누어진다. 발포형에 프레온가스를 사용하기 때문에 열전도율이 낮은 것이 특징

2.2 단열공법

구분		특징
단열재 위치	외벽 단열공법	단열재를 구조체 외측 외벽에 시공 설치하는 공법으로, 단열효과가 우수하나 시공이 어렵고 복잡하다.
	내벽 단열공법	단열재를 구조체 내부에 설치 및 시공하며 결로 발생의 우려에 대한 대비가 필요하다.
	중공벽 단열공법	단열재를 구조체 중간에 설치하고 조적벽, PC판의 단열공사용으로 이용한다. 단열효과가 우수하고 공사비가 많이 든다.
공법	주입 단열공법	단열이 필요한 곳에 단열공간을 만들고 주입구멍과 공기구멍을 뚫어 발포성 단열재를 주입, 충전하는 공법이다.
	붙임 단열공법	단열이 필요한 곳에 일정하게 성형된 단열재를 붙여서 단열성능을 발휘하도록 하는 공법이다.

학습 POINT

✿ 단열공법 용어 설명 기사

03 방수공사

3.1 방수공사 분류

(1) 멤브레인(membrane) 방수 : 얇은 막을 형성하여 방수성능 확보

구분	내용
아스팔트 방수 (개량아스팔트 방수)	• 아스팔트, 아스팔트펠트, 아스팔트루핑을 이용하여 방수층을 형성하며 내후성이 우수하고 보호 누름이 필요하다. • 천연 아스팔트 종류: ① 레이크 아스팔트(lake asphalt) ② 록 아스팔트(rock asphalt) ③ 아스팔타이트(asphaltite) • 석유계 아스팔트의 종류 및 특징 ① 아스팔트 프라이머: 아스팔트를 휘발성 용제로 녹인 흑갈색 액상으로, 바탕 등에 칠하여 아스팔트 타일 등의 접착력을 높이기 위한 밑도료로 사용 ② 블로운 아스팔트: 휘발성분이 적고 연성이 적으나 연화점이 높고 온도 변화에 따른 변동이 작다. 옥상, 지붕방수에 사용 ③ 아스팔트 컴파운드: 동식물섬유와 광물질 분말을 혼합하여 내열성과 접착성이 우수한 최우량 방수재료
시트방수 (합성고분자 루핑방수)	• 합성고무나 합성수지를 주성분으로 하는 두께 1mm 정도의 합성고분자 루핑을 접착제로 바탕에 붙여서 방수층을 형성한다. • 장점: ① 제품의 규격화로 방수층 두께가 균일하다. ② 시공이 빠르고, 공기가 단축된다. • 단점: ① 시트 상호 간 이음부, 외상에 의한 파손의 결함이 우려된다. ② 누수 시 국부적인 보수가 곤란하다. • 시트방수 접착법: ① 온통 접착법 ② 줄접착 ③ 점접착 ④ 갓접착(들뜬 접착)
도막방수	• 우레탄, 아크릴, 에폭시수지 등으로 도막 방수제를 도포하는 방법 • 도막방수 종류: ① 유제형 도막방수 ② 용제형 도막방수 ③ 에폭시계 도막방수

✿ 방수공법 종류 산업
✿ 멤브레인 방수 종류 기사
✿ 천연 아스팔트의 종류 기사
✿ 아스팔트 프라이머 용어 설명 기사
✿ 아스팔트 컴파운드 용어 설명 산업
✿ 시트방수 특징 산업
✿ 시트방수 장단점 기사
✿ 시트방수 접착법의 종류 기사
✿ 도막방수 종류 산업

학습 POINT

✿ 시멘트액체 방수의 특징 산업

(2) 시멘트액체, 시멘트모르타르 방수

시멘트 방수제를 콘크리트 모체에 침투, 시멘트 또는 모르타르에 혼합하여 콘크리트 면에 발라서 수밀하게 방수층을 형성한다.

(3) 합성고분자 방수

① 도막방수
② 시트방수
③ 실링(sealing)재 방수

(4) 침투성 방수

① 유기질 침투성방수제
② 무기질 침투성방수제

(5) 실(seal)재 방수

부재와 부재 간의 접착부에 사용한다(창호 주위, 균열부 보수, 조립건축, 커튼월공법).

✿ 시트방수의 시공 순서 산업 기사

3.2 방수 시공의 순서

구분	시공 순서
아스팔트 방수	① 바탕 처리 → ② 방수층 시공 → ③ 방수층 누름 → ④ 보호 모르타르 → ⑤ 신축줄눈
시멘트액체 방수	① 방수액 침투 → ② 시멘트풀 → ③ 방수액 침투 → ④ 시멘트모르타르 ※ 같은 공정을 2～3회 반복한 후 표면을 보호방수 모르타르로 마무리
시트방수	① 바탕 처리 → ② 프라이머칠 → ③ 접착제칠 → ④ 시트 붙이기 → ⑤ 보호층 설치(마무리)

04 방음공사

4.1 외부방음 계획

① 방음벽
② 방음림
③ 기밀창, 기밀문
④ 도로면에 측벽 배치

4.2 실내방음재(흡음재)

구분	내용
어쿠스틱타일	연질 섬유판에 잔구멍을 뚫은 후 표면에 칠로 마무리한 판상제품
목재 루버	코펜하겐리브라고 하며, 목재 단면을 리브 형태로 만든 흡음재
구멍합판	합판에 일정한 간격으로 구멍을 뚫고 뒤에 섬유판을 댄 흡음판

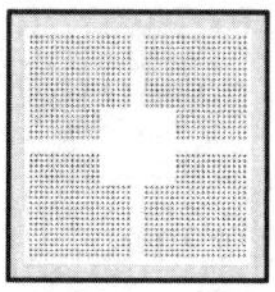
[어쿠스틱타일]

[코펜하겐리브]

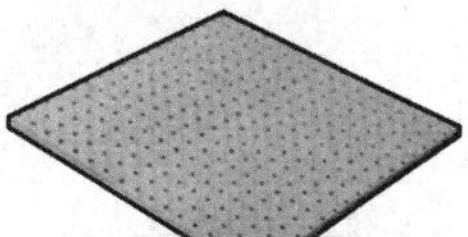
[구멍합판]

05 방화(방염)공사

5.1 불연재, 준불연재, 난연재료

구분	정의	재료
불연재료	불에 타지 아니하는 성질의 재료	콘크리트, 석재, 벽돌, 철강, 유리, 알루미늄 등
준불연재료	불연재료에 준하는 성질을 가진 재료	석고보드, 목모 시멘트판, 텍스 등
난연재료	불에 잘 타지 아니하는 성질을 가진 재료	난연합판, 난연플라스틱 등

06 콘크리트공사

6.1 거푸집

(1) 거푸집의 역할

① 콘크리트 형상과 치수 유지
② 콘크리트 경화에 필요한 수분과 시멘트풀의 누출 방지
③ 양생을 위한 외기 영향 방지

(2) 거푸집의 구분

① 나무거푸집	② 강재거푸집	③ 유로거푸집	④ 시스템거푸집
합판＋각재	철판＋앵글	내수합판＋경량 프레임	일체화 시스템

학습 POINT

✿흡음재 종류 산업 기사

학습 POINT

✿ 데크 플레이트 용어 설명 산업

✿ 페코빔 용어 설명 산업

(3) 거푸집의 종류

구분		내용
벽체 전용 거푸집		• 갱폼(gang form) • 클라이밍폼(climbing form) • 슬라이딩폼(sliding form) • 슬립폼(slip form)
바닥 전용	거푸집	• 플라잉폼(flying from) • 테이블폼(table from) • 와플폼(waffle form) • 하프슬래브(halt slab)
	데크 플레이트 (deck plate)	철골조보에 걸어 지주 없이 쓰이는 골 모양의 철재 바닥판
특수 가설보	보빔 (bow beam)	강재의 인장력을 이용하여 만든 조립보로 받침기둥이 필요 없는(무지주 공법) 수평지지보
	페코빔 (pecco beam)	강재의 인장력을 이용하여 만든 조립보로 받침기둥이 필요 없는(무지주 공법) 좌우로 신축이 가능한 수평지지보

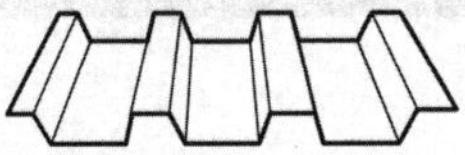
[데크 플레이트]

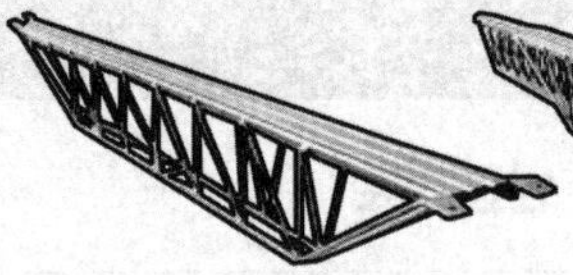
[보빔]

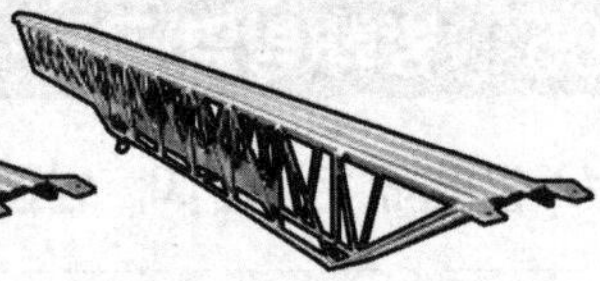
[페코빔]

✿ 거푸집 부속재료의 특징 산업 기사

(4) 거푸집 부속재료

구분	특징
긴결재(form tie)	거푸집의 형상 유지, 측압에 저항, 벌어지는 것을 방지하는 결속재료
격리재(separator)	거푸집의 간격 유지, 오그라드는 것을 방지하는 버팀재료
간격재(spacer)	철근과 거푸집, 철근과 철근의 간격을 유지하기 위한 간격재료
박리제(form oil)	거푸집을 쉽게 제거하기 위해 표면에 바르는 물질

6.2 시멘트 및 콘크리트의 종류

(1) 시멘트

구분	종류
포틀랜드시멘트 (portland cement)	• 보통 포틀랜드시멘트 • 조강 포틀랜드시멘트 • 중용열 포틀랜드시멘트 • 백색 포틀랜드시멘트
혼합 시멘트	• 고로시멘트 • 플라이애시(fly ash)시멘트 • 실리카(silica)시멘트
특수 시멘트	• 팽창(무수축) 시멘트 • 알루미나시멘트

(2) 콘크리트

구분	특징
한중 콘크리트	• 일평균기온 4℃ 이하 동결 위험 기간에 시공하는 콘크리트
서중 콘크리트	• 일평균기온 25℃ 초과 시 타설하는 콘크리트
매스 콘크리트	• 내·외부 기온차가 25℃ 이상이 될 때 시공하는 콘크리트
경량 콘크리트	• 경량 콘크리트: 경량골재를 사용하여 건물의 중량 경감이 주목적 • 경량기포 콘크리트: ALC가 대표적, 기포제·발포제 첨가 • 서모콘크리트: 모래, 자갈을 사용하지 않고 물과 발포제를 배합 • 다공 콘크리트: 투수성·투기성 우수, 배수 목적의 콘크리트 • 신더 콘크리트: 석탄재(cinder)를 원료로 사용 • 톱밥 콘크리트: 톱밥을 사용하여 흡음벽, 장식용에 적용
경량기포 콘크리트 (ALC)	• 규사, 생석회, 시멘트 등에 발포제인 알루미늄 분말과 기포안정제를 넣어 고온, 고압의 증기양생을 거쳐 건축물의 대형화, 경량화, 공업화에 사용하는 기능성 콘크리트 • 특징: ① 경량성(보통 콘크리트 1/4) ② 단열성능이 우수(보통 콘크리트 10배) ③ 내화성, 흡음성, 흡수성이 우수 ④ 정밀도, 가공성이 우수
프리스트레스트 콘크리트	• 프리텐션공법: PC강재에 인장력을 가한 상태로 콘크리트 경화 • 포스트텐션공법: 시스(sheath) 설치 후 콘크리트 경화, 시스구멍에 PC강재를 삽입하고 인장력을 가한 후 시멘트 페이스트로 메운다.
프리팩트 콘크리트	• 골재를 먼저 다져 넣고 파이프를 통하여 시멘트 페이스트를 압력으로 주입하여 만드는 콘크리트(보수공사, 수중 콘크리트)
기타 콘크리트	• 중량 콘크리트(방사선 차단용), 수밀 콘크리트(수밀성), 해수 콘크리트(해수용), 수중 콘크리트(담수용), 재물치장 콘크리트(노출 마감), 진공 콘크리트(진공매트), 숏콘크리트(모르타르 압축분사) 등

6.3 레미콘(레디믹스트 콘크리트)

구분	특징
센트럴 믹스트 (central mixed)	• 믹서 완전비빔 → 교반트럭 → 현장 타설 • 고정믹서로 완전히 비빈 콘크리트를 교반트럭에서 현장까지 운반하여 타설하는 것으로 근거리 현장에서 사용
슈링크 믹스트 (shrink mixed)	• 믹서 반비빔 → 믹서트럭 반비빔 → 현장 타설 • 고정믹서에서 어느 정도 비빈 콘크리트를 믹서트럭에서 운반 도중 완전비빔하여 현장에서 타설하는 것으로 중거리 현장에서 사용
트랜싯 믹스트 (transit mixed)	• 믹서트럭 재료 공급 → 믹서트럭 완전비빔 → 현장 타설 • 믹서트럭에 계량된 재료를 넣어 현장 도착까지 완전비빔하여 현장 타설하며, 장거리 현장에서 사용

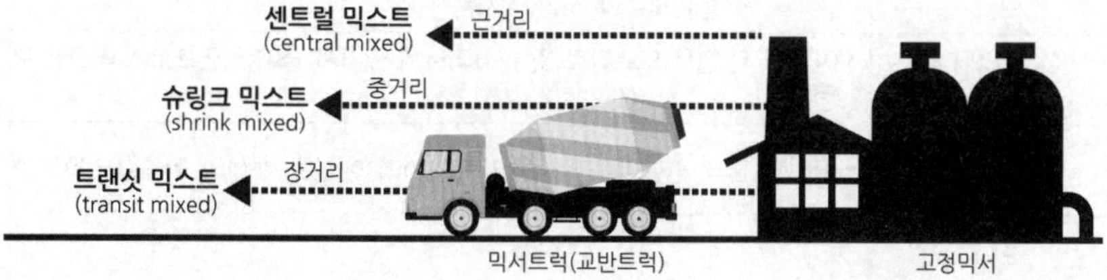

학습 POINT

✿ 경량기포 콘크리트(ALC) 용어 설명 기사

✿ 경량기포 콘크리트(ALC)의 특징 기사

✿ 프리팩트 콘크리트의 특징 기사

✿ 레디믹스트 콘크리트의 종류 산업

✿ 슈링크 믹스트 특징 기사

학습 POINT

6.4 콘크리트 기타 용어

(1) 시멘트의 성질

분말도가 큰 경우	응결이 빠른 경우
• 면적이 넓다. • 수화작용이 빠르다. • 발열량이 커지고, 초기강도가 크다. • 시공연도가 좋고, 수밀한 콘크리트가 가능하다. • 균열 발생이 크고 풍화되기 쉽다. • 장기강도는 저하된다.	• 분말도가 클수록 • 온도가 높고, 낮을수록 • 알루민산3석회 성분이 많을수록 **응결이 느린 경우** • 물-시멘트비가 높을수록 • 풍화된 시멘트일수록

(2) 혼화재와 혼화제

구분	특징
혼화재	• 시멘트양의 5% 이상, 시멘트의 대체재료로 이용 • 종류: 플라이애시, 규조토, 고로슬래그 등
혼화제	• 시멘트양의 1% 이하로 소량의 약품 • 종류: AE제, 유동화제, 촉진제, 지연제, 급결제, 방수제 등

(3) 콘크리트의 성질

✿물-시멘트비 용어 설명 기사

✿응결, 경화 용어 설명 기사

✿블리딩 용어 설명 기사

✿레이턴스 용어 설명 기사

구분	특징
물-시멘트비 (W/C비)	• 부어 넣기 직후의 모르타르나 콘크리트 속에 포함된 시멘트풀 속의 시멘트에 대한 물의 중량 백분율
응결	• 시멘트에 가수 후 수화작용에 의해 수화열이 발생, 굳기 시작하는 초기작용으로 1시간에서 10시간 이내
경화	• 응결 이후에 굳어지면서 강도가 증진되는 작용으로 시멘트의 강도는 28일(4주) 압축강도를 기준으로 한다.
시공연도 (workability)	• 반죽 질기에 의한 시공 난이도
시공연도에 영향을 주는 요소	• 단위수량이 많으면 재료 분리 및 블리딩 증가 • 단위 시멘트양이 많으면 향상 • 시멘트 성질은 분말도가 클수록 향상 • 골재는 둥근 골재가 유리 • 혼화재료: AE제, 포졸란, 플라이애시 • 온도가 높으면 시공연도는 감소
재료 분리의 원인 및 대책	• 원인: ① 단위수량 및 물-시멘트비 과다 ② 골재의 입도, 입형의 부적당 ③ 골재의 비중 차이 • 대책: ① 물-시멘트비를 작게 한다. ② 입도, 입형이 양호한 재료 배합 ③ 혼화재료의 적절한 사용
블리딩 (bleeding)	• 아직 굳지 않은 모르타르 및 콘크리트에 있어서 물이 윗면으로 솟아오르는 현상
레이턴스 (laitance)	• 블리딩 물의 증발에 따라 콘크리트 면에 침적된 백색의 미세한 물질

07 철골공사

7.1 내화피복공법

(1) 타설공법

(2) 조적공법

(3) 미장공법

(4) 뿜칠공법

학습 POINT

✿ 철골구조의 내화피복공법 기사

chapter 10

연습문제

해답

01

②, ⑤, ⑥, ⑦

02

① 무기질 단열재
② 유기질 단열재
③ 복합질 단열재
④ 화학합성질 단열재

03

① 석면
② 암면

01 단열재가 되는 조건 4가지를 〈보기〉에서 고르시오. [4점]

보기

① 열전도율이 높다. ② 비중이 작다.
③ 내식성이 있다. ④ 기포가 크다.
⑤ 내화성이 있다. ⑥ 흡수율이 작다.
⑦ 어느 정도 기계적 강도가 있어야 한다.

---

02 단열재의 재료별 종류 4가지를 쓰시오. [4점]

① ______________ ② ______________

③ ______________ ④ ______________

03 다음은 단열재에 대한 설명이다. 아래에서 설명하는 단열재를 쓰시오. [2점]

① 사문석과 각섬석을 이용하여 만들고 실끈, 지포 등으로 제작하여 시멘트와 혼합한 후 판재 또는 관재를 만든다.
② 현무암과 안산암 등을 이용하여 만들고 접착제를 혼합, 성형하여 판 또는 원통으로 만들어 표면에 아스팔트펠트 등을 붙여 사용한다.

① ______________ ② ______________

04 다음 설명에 맞는 재료를 〈보기〉에서 골라 번호로 쓰시오. [4점]

보기
① 유리면 ② 암면 ③ 세라믹파이버
④ 펄라이트판 ⑤ 규산칼슘판 ⑥ 셀룰로오스 섬유판
⑦ 연질 섬유판 ⑧ 경질 우레탄폼 ⑨ 경량기포 콘크리트
⑩ 단열 모르타르

(가) 암석으로부터 인공적으로 만들어진 내열성이 높은 광물섬유를 이용해서 만든 것으로 내화성이 우수하고, 가볍고, 단열성이 뛰어나다.
(나) 보드형과 현장발포식으로 나누어진다. 발포형에 프레온가스를 사용하기 때문에 열전도율이 낮은 것이 특징이다.
(다) 결로수가 부착되면 단열성이 떨어져서 방습성이 있는 비닐로 감싸서 사용한다.
(라) 1,000℃ 이상 고온에서도 잘 견디며, 철골 내화피복재에 많이 사용된다.

① ______________ ② ______________
③ ______________ ④ ______________

05 단열재가 가진 기능적 주요 성능 4가지를 쓰시오 [4점]

① ______________ ② ______________
③ ______________ ④ ______________

06 다음 재료에 따른 방수방법 4가지를 쓰시오 [4점]

① ______________ ② ______________
③ ______________ ④ ______________

07 멤브레인 방수공법 3가지를 쓰시오. [3점]

① ______________ ② ______________ ③ ______________

해답

04
(가) ② (나) ⑧
(다) ① (라) ③

05
① 보온
② 방한
③ 방서
④ 결로 방지

06
① 아스팔트 방수
② 시트방수
③ 도막방수
④ 시멘트액체 방수

07
① 아스팔트 방수
② 시트방수
③ 도막방수

해답

08

① 레이크 아스팔트
② 록 아스팔트
③ 아스팔타이트

09

① 시트방수
② 시멘트액체 방수

10

(가) 장점
① 제품의 규격화로 방수층 두께가 균일하다.
② 시공이 빠르고, 공기가 단축된다.
(나) 단점
① 시트 상호 간 이음부, 외상에 의한 파손의 결함이 우려된다.
② 누수 시 국부적인 보수가 곤란하다.

11

⑤ → ② → ① → ④ → ③

08 천연 아스팔트의 종류 3가지를 쓰시오. [3점]

① ______ ② ______ ③ ______

09 다음은 방수공법에 대한 설명이다. 설명에 해당되는 방수공법을 쓰시오. [2점]

① 합성고무나 합성수지를 주성분으로 하는 두께 1mm 정도의 합성고분자 루핑을 접착제로 바탕에 붙여서 방수층을 형성한다.
② 시멘트 방수제를 콘크리트 모체에 침투, 시멘트 또는 모르타르에 혼합하여 콘크리트 면에 솔칠 또는 흙손으로 발라서 수밀하게 방수층을 형성한다.

① ______ ② ______

10 시트방수의 장점과 단점을 2가지씩 기술하시오. [4점]

(가) 장점: ① ______
② ______
(나) 단점: ① ______
② ______

11 다음은 시트방수 공법이다. 시공 순서에 맞게 나열하시오. [3점]

보기
① 접착제칠 ② 프라이머칠 ③ 마무리
④ 시트 붙이기 ⑤ 바탕 처리

______

12 다음 〈보기〉에서 방음재료를 골라 번호로 기입하시오. [3점]

보기

① 탄화코르크	② 암면	③ 어쿠스틱타일
④ 석면	⑤ 광재면	⑥ 목재루버
⑦ 알루미늄부	⑧ 구멍합판	

13 흡음재의 종류 3가지를 쓰시오. [3점]

① ______ ② ______ ③ ______

14 다음 용어에 대해 설명하시오. [4점]

① 페코빔(pecco beam):

② 데크 플레이트(deck plate):

15 다음 용어를 간략히 설명하시오. [3점]

① 격리재(separator):

② 긴결재(form tie):

③ 간격재(spacer):

16 다음 용어를 간단히 설명하시오. [4점]

① 프리팩트 콘크리트(prepacked concrete):

② 슈링크 믹스트 콘크리트(shrink mixed concrete):

해답

12

③, ⑥, ⑧

13

① 어쿠스틱타일
② 목재루버(코펜하겐리브)
③ 구멍합판

14

① 강재의 인장력을 이용하여 만든 조립보로 받침기둥이 필요 없는(무지주공법) 좌우로 신축이 가능한 수평지지보
② 철골조보에 걸어 지주가 없이 쓰이는 골 모양의 철재 바닥판

15

① 거푸집의 간격 유지, 오그라드는 것을 방지
② 거푸집의 형상 유지, 측압에 저항, 벌어지는 것을 방지
③ 철근과 거푸집, 철근과 철근의 간격을 유지하기 위한 간격재료

16

① 골재를 먼저 다져 넣고 파이프를 통하여 시멘트 페이스트를 압력으로 주입하여 만드는 콘크리트(보수공사, 수중 콘크리트)
② 고정믹서에서 어느 정도 비빈 콘크리트를 믹서트럭에서 운반 도중 완전비빔하여 현장에서 타설하는 것으로 중거리 현장에서 사용

해답

17
① 센트럴 믹스트 콘크리트
② 슈링크 믹스트 콘크리트
③ 트랜싯 믹스트 콘크리트

18
규사, 생석회, 시멘트 등에 발포제인 알루미늄 분말과 기포안정제를 넣어 고온, 고압의 증기양생을 거쳐 건축물의 대형화, 경량화, 공업화에 사용하는 기능성 콘크리트

19
① 경량성(보통 콘크리트의 1/4)
② 단열성능이 우수(보통 콘크리트의 10배)
③ 내화성, 흡음성, 흡수성이 우수
④ 정밀도, 가공성이 우수

20
①, ③

17 비비기와 운반 방식에 따른 레디믹스트 콘크리트의 종류 3가지를 쓰시오. [3점]

① ________ ② ________ ③ ________

18 경량기포 콘크리트(ALC, Autoclaved Lightweight Concrete)에 대해 간략히 설명하시오. [2점]

____

____

19 ALC(경량기포 콘크리트)의 재료적 특징 4가지를 쓰시오. [4점]

① ________

② ________

③ ________

④ ________

20 콘크리트 방수공사에서 투수계수가 커져 방수성이 저하되는 경우에 해당하는 것을 모두 골라 번호로 쓰시오. [2점]

보기
① 물-시멘트비가 클수록
② 단위 시멘트양이 많을수록
③ 굵은 골재의 최대치수가 클수록
④ 시멘트 경화제의 수화도가 클수록

____

21 건축에서 응결과 경화에 대한 내용을 구분하여 설명하시오. [4점]

① 응결: ______________________________

____

② 경화: ______________________________

____

22 다음 설명에 대한 용어를 쓰시오. [3점]

① 부어 넣기 직후의 모르타르 또는 콘크리트에 포함된 시멘트풀 속의 시멘트에 대한 물의 중량 백분율
② 아직 굳지 않은 시멘트풀, 모르타르 및 콘크리트에 있어서 물이 윗면에 솟아 오르는 현상
③ 콘크리트 타설 후 블리딩수 증발에 따라 표면에 나오는 백색의 미세한 물질

① ____________ ② ____________ ③ ____________

23 철골구조물의 내화피복공법 4가지를 쓰시오. [4점]

① ____________ ② ____________

③ ____________ ④ ____________

해답

21
① 시멘트에 가수 후 수화작용에 의해 수화열이 발생, 굳기 시작하는 초기 작용으로 1시간에서 10시간 이내
② 응결 이후에 굳어지면서 강도가 증진되는 작용으로 시멘트의 강도는 28일(4주) 압축강도를 기준으로 한다.

22
① 물-시멘트비
② 블리딩현상
③ 레이턴스

23
① 타설공법
② 조적공법
③ 미장공법
④ 뿜칠공법

MEMO

PART 02

적산

실내건축산업기사 시공실무

chapter 01 총론

01 적산과 견적

1.1 용어의 이해

적산(積算)	견적(見積)
• 공사에 필요한 재료 및 품의 수량, 즉 **공사량**을 산출하는 기술 활동	• **적산**에 의해 산출된 **공사량**에 **단가**를 곱하여 **공사비**를 산출하는 기술 활동 • 공사조건, 기일 등에 따라 달라짐

1.2 적산 순서

① 수평 방향에서 수직 방향으로 적산
② 시공 순서대로 적산
③ 내부에서 외부로 적산
④ 단위세대에서 전체로 적산
⑤ 큰 곳에서 작은 곳으로 적산

1.3 견적(적산)의 종류

① 명세견적(적산)	완비된 설계도서, 현장 설명, 질의응답, 계약조건 등에 의거하여 **면밀히 적산, 견적하여 공사비를 산출**하는 것
② 개산견적(적산)	설계도서가 불완전하거나 정밀 산출 시 시간이 없을 때 유사건물의 통계자료나 경험을 토대로 **개략적으로 공사비를 산출**하는 것

(1) 명세견적의 순서

① 적산 — • 수량 조사 → 수량 산출 → 수량 집계
↓
② 견적 — • 단가 → 가격 → 집계 = 순공사비
↓
③ 현장경비 — • 순공사비 + 현장경비 = 공사원가
↓
④ 일반관리비 부담금 — • 공사원가 + 일반관리비 부담금 = 총원가
↓
⑤ 이윤 — • 총원가 × 요율[%]
↓
⑥ 총공사비 — • 총원가 + 이윤 = 총공사비

학습 POINT

산업 실내건축산업기사 시공실무 출제
기사 실내건축기사 시공실무 출제

✿ 적산과 견적의 차이점 산업 기사

✿ 적산은 건물의 공사재료 및 수량, 즉 (공사량)을 산출한 것이고, 견적은 (적산)에 의하여 산출된 (공사량)에 (단가)를 곱하여 (공사비)를 산출한 것을 말한다. 산업

✿ 적산 순서 4가지 산업 기사

✿ 적산에는 명세적산과 (개산)적산이 있는데 이것은 (공사량), (공사비) 등을 산출하는 기준이다. 산업

학습 POINT

✿ 단위기준에 의한 개산견적 분류 산업 기사

(2) 개산견적의 세부방법

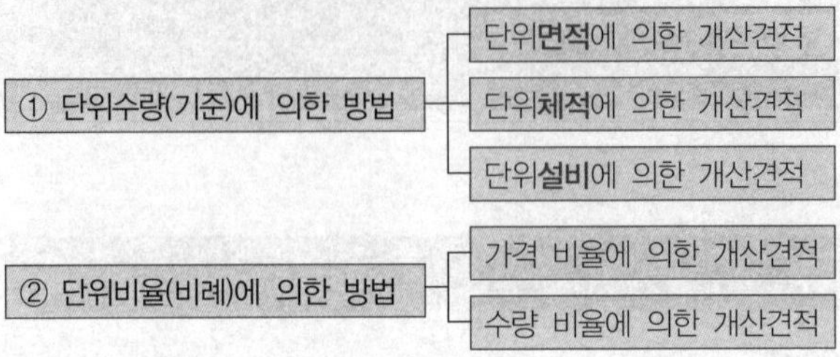

02 공사가격의 구성

2.1 공사원가 구성도

용어의 이해

- 이윤: 영업이익
- 일반관리비 부담금: 본사관리비
- 현장경비: 보험료 등 부대비용
- 간접공사비: 공통가설비, 현장관리비, 일반관리비 등
- 재료비: 공사 목적물의 실체를 형성하는 재료 + 소모품
- 노무비: 작업에 참여하는 노무자 임금 + 조력자 임금
- 경비: 운반비, 전력비, 기술비 등
- 외주비: 공사 일부 위탁, 제작

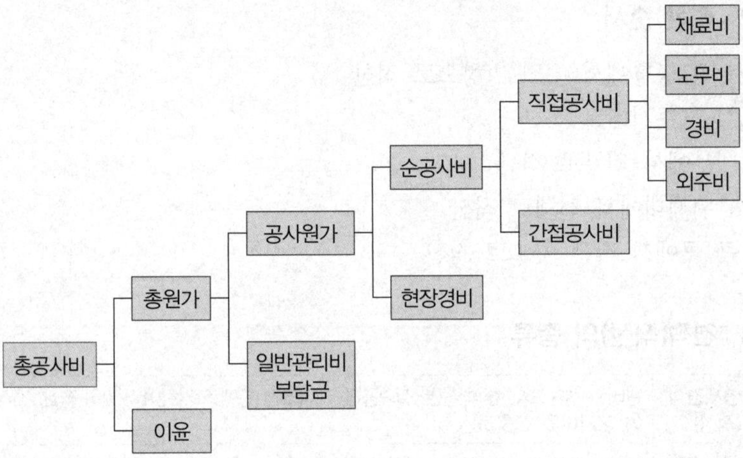

2.2 공사비 세부 구성

✿ 공사원가 3요소 산업 기사

✿ 직접공사비 구성 비목 산업 기사

✿ 직접, 간접노무비 용어 설명 산업

① 총공사비: 공사원가 + 일반관리비 부담금 + 이윤

② 공사원가: 순공사비 + 현장경비(공사원가 3요소: 재료비 + 노무비 + 경비)

③ 순공사비: 직접공사비 + 간접공사비

④ 직접공사비: 재료비 + 노무비 + 경비 + 외주비

⑤ 노무비: 직접노무비 + 간접노무비

- 직접노무비: 해당 공사를 완성하기 위해 직접 작업에 참여하는 인력의 노동임금
- 간접노무비: 직접 작업에 참여하지 않는 조력자 또는 현장 사무직원의 노동임금

03 수량 산출의 적용 기준

3.1 용어의 이해

① 정미량	설계도서에 의거하여 정확한 길이[m], 면적[m^2], 체적[m^3], 개수 등을 산출한 실제 자재량
② 소요량	산출된 정미량에 시공 시 발생되는 손실량, 망실량 등을 고려하여 할증률을 가산하여 산출된 수량
③ 일위대가	하나의 작업에 있어 단위수량당 소요되는 금액을 각 항목별로 정리한 단위단가
④ 표준품셈	하나의 작업을 위해 필요한 인적, 물적 자원의 단위당 기초 값(품의 수효)
⑤ 할증률	요구된 도면에 의하여 산출된 정미량에 재료의 운반, 절단, 가공 등 시공 중에 발생할 수 있는 손실량에 대해 가산하는 백분율

3.2 재료의 할증률(2019 건설공사 표준품셈, 국토교통부)

공사용 재료의 할증률은 일반적으로 다음 표의 값 이내로 한다. 다만, 품셈의 각 항목에 할증률이 포함 또는 표시되어 있는 것에 대하여는 본 할증률을 적용하지 아니한다.

(1) 콘크리트 및 포장용 재료

종류	정치식[%]	기타[%]	종류	정치식[%]	기타[%]
시멘트	2	3	아스팔트	2	3
잔골재	10	12	석분	2	3
굵은골재	3	5	혼화제	2	–

(2) 강재류

종류	할증률[%]	종류	할증률[%]
원형철근	5	대형형강	7
이형철근	3	소형형강	5
일반볼트	5	봉강	5
고장력볼트	3	평강대강	5
강판	10	경량형 강각파이프	5
강관	5	리벳	5

(3) 기타 재료

종류		할증률[%]	종류	할증률[%]
목재	각재	5	콘크리트 포장 혼합물의 포설	4
	판재	10	아스팔트 콘크리트 포설	2
합판	일반용	3	졸대	20
	수장용	5	텍스	5

학습 POINT

✿단가란 보통 한 개의 단위가격을 말하지만 재료는 다시 이를 가공 처리한 것, 즉 재료비에 가공비 및 설치비 등을 가산하여 단위단가로 한 것을 (일위대가)(이)라 하고, 단위수량 또는 단위 공사량에 대한 품의 수효를 헤아리는 것을 (품셈)이라고 한다. 산업 기사

✿할증률 용어 설명 산업 기사

✿3%, 5% 비교 산업 기사

3%	5%
이형철근	원형철근
붉은벽돌	시멘트벽돌
일반 합판	수장합판
타일(점토재)	타일(수장재)

학습 POINT

✿ 출제빈도가 높은 기타 재료

산업 기사

할증률	재료
1%	유리
2%	도료
3%	일반 합판, 붉은벽돌, 타일(점토재), 테라코타 등
4%	블록
5%	수장합판, 목재(각재), 시멘트벽돌, 석고보드, 텍스, 기와, 타일(수장재) 등
10%	목재(판재), 단열재, 석재(정형) 등
20%	졸대
30%	석재(원석, 부정형)

용어의 이해

✿ CGS

- Centimeter(cm)
- Gram(g)
- Second(s)

종류		할증률[%]	종류		할증률[%]
쉬즈관		8	석고판	못붙임용	5
원심력 콘크리트관		3		본드붙임용	8
조립식 구조물(U형 플륨관)		3	코르크판		5
벽돌	붉은벽돌	3	단열재		10
	시멘트벽돌	5	유리		1
	내화벽돌	3	도료		2
	경계블록	3	테라코타		3
	호안블록	5	블록		4
원석(마름돌용)		30	기와		5
석재판(붙임용)	정형돌	10	슬레이트		3
	부정형돌	30	타일	모자이크	3
조경용 수목		10		도기	3
잔디 및 초화류		10		자기	3
레디믹스트 콘크리트 타설(현장 플랜트)	무근구조물	2		클링커	3
	철근구조물	1	타일(수장재)	아스팔트	5
	철골구조물	1		리놀륨	5
현장 혼합 콘크리트 타설(인력 및 믹서)	무근구조물	3		비닐	5
	철근구조물	2		비닐텍스	5
	소형구조물	5	–		

3.3 수량의 계산

① 수량의 단위는 CGS 단위계를 표준으로 사용한다.

② 수량의 단위 및 소수위는 표준품셈 단위 표준에 의한다.

③ 수량의 계산은 지정된 소수 이하 1위까지 구하고, 끝수는 사사오입(四捨五入)한다.

④ 계산에 쓰이는 분도는 분까지, 원주율, 삼각함수 및 호도의 유효숫자는 셋째 자리로 한다.

⑤ 곱하거나 나눗셈에 있어서는 기재된 순서에 의하여 계산하고, 분수는 약분법을 쓰지 않으며, 각 분수마다 그 값을 구한 후 전부를 계산한다.

3.4 수량 산출 시 주의사항

① 정미량, 소요량(구입량) 산출에 유의한다.

② 요구하는 소수위(소수점 자릿수)를 확인한다. 요구조건에 명시되어 있지 않다면 소수점 이하 셋째 자리에서 반올림하여 둘째 자리까지만 구하여 답한다.

③ 단위환산에 유의한다.
- 도면 단위(mm) → 수량 단위(m, m^2, m^3)
- 정수 단위를 산출: 벽돌[매], 블록[매], 타일[장], 사람[인], 운반 횟수 [회], 시멘트[포대] 등

④ 값은 사사오입(四捨五入)하되, 절상되거나 절하되는 부분에 주의한다.
- 절상: 소수점 이하 무조건 올림. 예) 5.1 → 6
- 절하: 소수점 이하 무조건 버림. 예) 5.9 → 5

학습 POINT

chapter 01

연습문제

해답

01

① 공사량
② 적산
③ 공사량
④ 단가
⑤ 공사비

02

① 개산
② 공사량
③ 공사비

03

① 단위면적에 의한 견적
② 단위체적에 의한 견적
③ 단위설비에 의한 견적

04

① 해당 공사를 완성하기 위해 직접 작업에 참여하는 인력의 노동임금
② 직접 작업에 참여하지 않는 조력자 또는 현장 사무직원의 노동임금

05

① 재료비
② 노무비
③ 경비
④ 외주비

01 다음 빈칸에 알맞은 용어를 적으시오. [5점]

적산은 건물의 공사재료 및 수량, 즉 (①)을 산출한 것이고, 견적은 (②)에 의해 산출된 (③)에 (④)를 곱하여 (⑤)를 산출하는 것을 말한다.

① ____________ ② ____________ ③ ____________
④ ____________ ⑤ ____________

02 다음은 적산에 대한 설명이다. 빈칸에 알맞은 용어를 적으시오. [3점]

적산에서는 명세적산과 (①)적산이 있는데, 이것은 (②), (③) 등을 산출하는 기준이다.

① ____________ ② ____________
③ ____________

03 개산견적의 단위기준에 의한 분류 3가지를 적으시오. [3점]

① ____________ ② ____________
③ ____________

04 다음 용어를 설명하시오. [2점]

① 직접노무비: ____________
② 간접노무비: ____________

05 건축공사의 원가 계산에 적용되는 공사원가의 4요소를 쓰시오. [4점]

① ____________ ② ____________
③ ____________ ④ ____________

06 적산의 요령 4가지를 쓰시오. [4점]

① ______________________________

② ______________________________

③ ______________________________

④ ______________________________

07 다음은 단가에 대한 설명이다. 해당하는 명칭을 써넣으시오. [2점]

단가란 보통 한 개의 단위가격을 말하지만 재료는 다시 이를 가공 처리한 것, 즉 재료비에 가공비 및 설치비 등을 가산하여 단위단가로 한 것을 (①)(이)라 하고, 단위수량 또는 단위 공사량에 대한 품의 수효를 헤아리는 것을 (②)이라고 한다.

① ______________ ② ______________

08 다음은 공사비의 분류이다. ( ) 안을 채우시오. [4점]

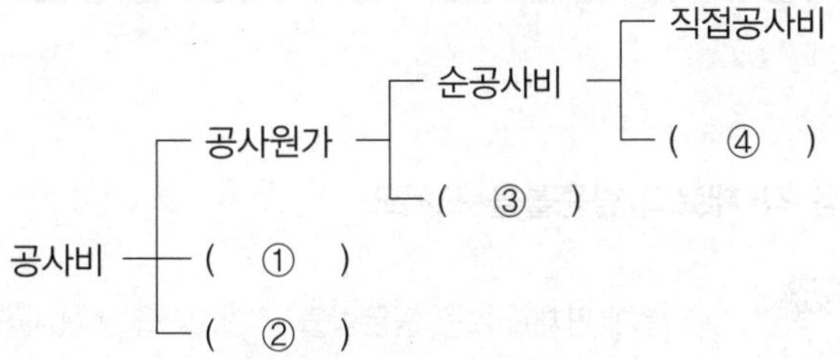

① ______________ ② ______________

③ ______________ ④ ______________

09 적산 시 각 재료의 할증률을 써넣으시오. [2점]

① 붉은벽돌: ______________ % ② 시멘트벽돌: ______________ %

③ 블록: ______________ % ④ 타일: ______________ %

해답

06

① 시공 순서대로 적산
② 내부에서 외부로 적산
③ 수평에서 수직으로 적산
④ 단위세대에서 전체로 적산

07

① 일위대가
② 품셈

08

① 일반관리비 부담금
② 부가이윤
③ 현장경비
④ 간접공사비

09

① 3
② 5
③ 4
④ 3

해답

10
요구된 도면에 의하여 산출된 정미량에 재료의 운반, 절단, 가공 등 시공 중에 발생할 수 있는 손실량에 대해 가산하는 백분율

11
(가) ①, ②, ④
(나) ③, ⑤, ⑥

12
④ 시멘트벽돌(5%) > ① 블록(4%) > ③ 타일(3%) > ② 유리(1%)

13
① 10%
② 3%
③ 1%
④ 3%

14
(가) ② (나) ②
(다) ① (라) ①
(마) ② (바) ③

10 건축재료의 할증률에 대해 간략히 설명하시오. [2점]

____

____

11 건축공사에서 사용되는 재료의 소요량은 손실량을 고려하여 할증률을 사용한다. 재료의 할증률이 다음에 해당되는 것을 〈보기〉에서 모두 골라 번호를 쓰시오. [3점]

보기
① 타일 ② 붉은벽돌 ③ 원형철근
④ 이형철근 ⑤ 시멘트벽돌 ⑥ 기와

(가) 3% 할증률: ____________ (나) 5% 할증률: ____________

12 다음 재료의 할증률이 큰 순서대로 나열하시오. [2점]

보기
① 블록 ② 유리 ③ 타일 ④ 시멘트벽돌

____

13 다음 각 재료의 할증률을 쓰시오. [4점]

보기
① 목재(판재) ② 붉은벽돌 ③ 유리 ④ 클링커타일

① ________ ② ________ ③ ________ ④ ________

14 다음 각 재료의 할증률을 〈보기〉에서 골라 쓰시오. [3점]

보기
① 3% ② 5% ③ 10%

(가) 목재(각재): ______ (나) 수장재: ________ (다) 붉은벽돌: ______
(라) 바닥타일: ______ (마) 시멘트벽돌: _____ (바) 단열재: ________

15 **다음은 목재의 수량 산출 시 쓰이는 할증률이다. (　　) 안을 채우시오.**

[3점]

각재의 수량은 부재의 총길이로 계산하되, 이음 길이와 토막 남김을 고려하여 (①)%를 증산하며, 합판은 총소요면적을 한 장의 크기로 나누어 계산한다. 일반용은 (②)%, 수장용은 (③)%를 할증 적용한다.

① ________________ ② ________________ ③ ________________

해답

15

① 5

② 3

③ 5

✿ 공사별 적산 산출을 위한 사전지식 – 길이 및 면적 공식

구분	둘레길이[m]	면적[m^2]
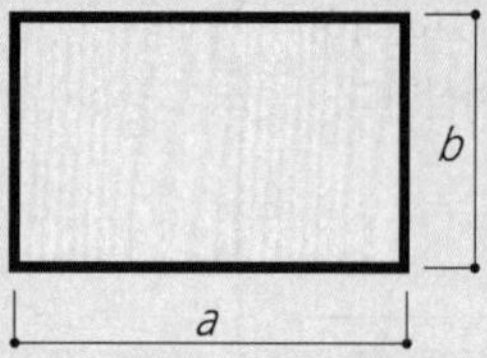	$L=2a+2b$ $=(a+b)\times 2$ $=2(a+b)$	$A=a\times b$
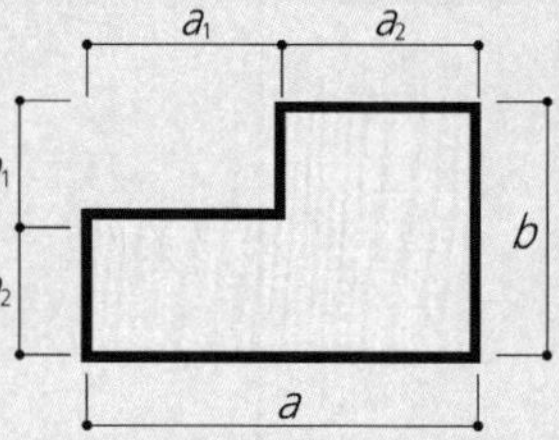	$L=2(a+b)$	$A=(a\times b)-(a_1\times b_1)$ 또는 $A=(a\times b_2)+(a_2\times b_1)$
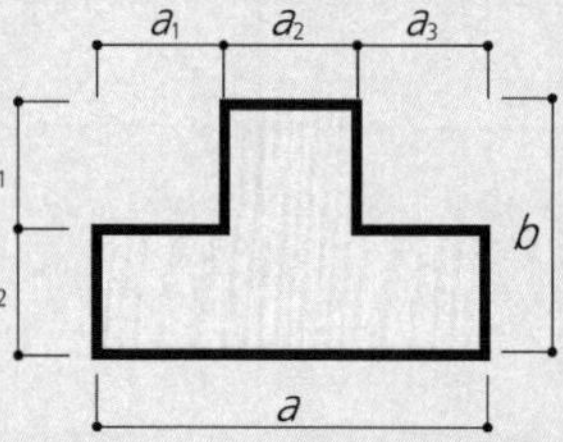	$L=2(a+b)$	$A=(a\times b_2)+(a_2\times b_1)$
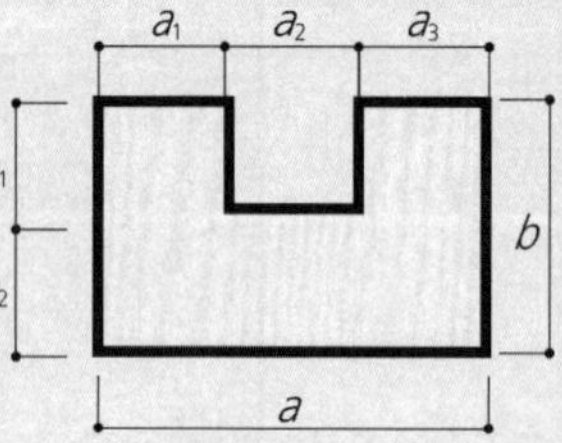	$L=2(a+b+b_1)$	$A=(a\times b)-(a_2\times b_1)$

chapter
02 가설공사

01 비계공사

학습 POINT

산업 실내건축산업기사 시공실무 출제
기사 실내건축기사 시공실무 출제

1.1 내부비계 면적

① 내부비계의 비계 면적은 연면적의 90%로 하고 손료는 외부비계 3개월까지의 손율을 적용함을 원칙으로 한다.
② 수평비계는 2가지 이상의 복합공사 또는 단일공사라도 작업이 복잡한 경우에 사용함을 원칙으로 한다.
③ 말비계는 층고 3.6m 미만일 때의 내부공사에 사용함을 원칙으로 하나, 외부공사에서 경미한 단일공사를 하기 위해 페인트공사·뿜칠공사·청소 등에서 필요한 경우에도 사용 가능하며, 외부비계와 비교하여 경제적인 것을 사용한다.

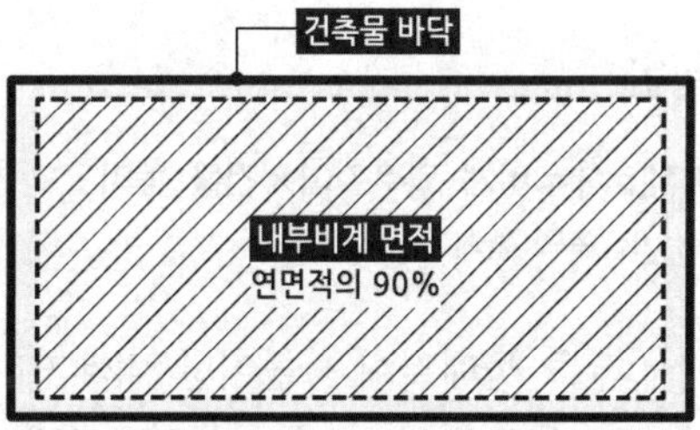

공식 내부비계 면적[m^2] = 연면적×0.9
여기서, 연면적은 건축물 각 층의 바닥면적의 합계

예제 01 다음 그림과 같은 건물의 내부비계 면적을 구하시오.

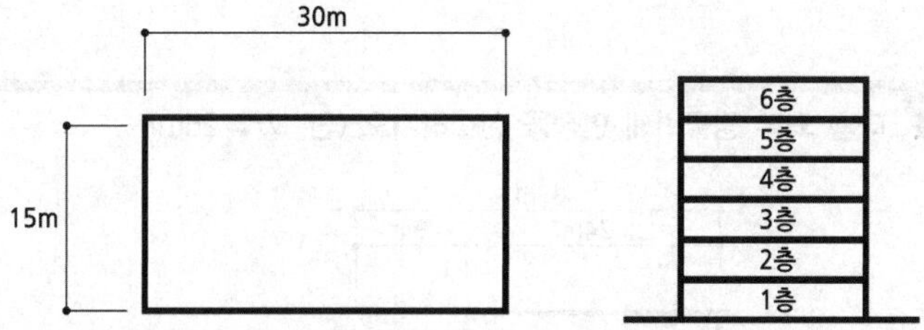

정답
내부비계 면적[m^2]
= 연면적×0.9
= (30×15)×6층×0.9
= 2430
∴ 내부비계 면적 = 2,430m^2

학습 POINT

1.2 외부비계 면적

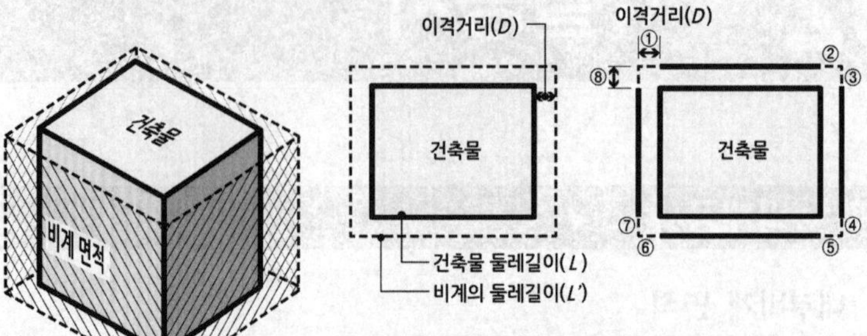

비계의 둘레길이(L′) = 건축물 둘레길이(L)+{이격거리(D)× 8개소}
외부비계 면적(A) = 비계의 둘레길이(L)×건축물 높이(H)

(1) 수량 산출의 기준

구분	외줄비계, 겹비계	쌍줄비계
목구조	벽 중심선에서 45cm 거리의 지면에서 건물 높이까지의 외주면적이다.	벽 중심선에서 90cm 거리의 지면에서 건물 높이까지의 외주면적이다.
벽돌·블록조, 철근 콘크리트조, 철골조	벽 외벽 면에서 45cm 거리의 지면에서 건물 높이까지의 외주면적이다.	벽 외벽 면에서 90cm 거리의 지면에서 건물 높이까지의 외주면적이다.
	파이프비계: 외벽 면에서 100cm 이격(단관비계, 강관틀비계)	

✿ 비계 이격거리(D)

건물구조 \ 비계종류	통나무		단관파이프, 틀비계
	외줄, 겹	쌍줄	
목조	45	90	100
벽돌, 블록, 철근콘크리트, 철골	45	90	100

(2) 수량 산출의 방법

공식 **외부비계 면적[m^2] = 비계 외주길이×건물 높이**

여기서, 외주: 바깥쪽의 둘레

① 비계 외주길이 = 건물 둘레길이 + 늘어난 비계거리

② 늘어난 비계거리 = 각 종류별 이격거리(D)×8개소

구분	산출방법
외줄비계, 겹비계	A[m^2] = (L + 0.45×8)×H
쌍줄비계	A[m^2] = (L + 0.9×8)×H
단관비계, 틀비계	A[m^2] = (L + 1.0×8)×H

여기서, A: 비계 면적[m^2], L: 건물 둘레길이[m], H: 건물 높이[m]

예제 02 다음 외부 쌍줄비계 면적을 산출하시오. (단, H = 25m)

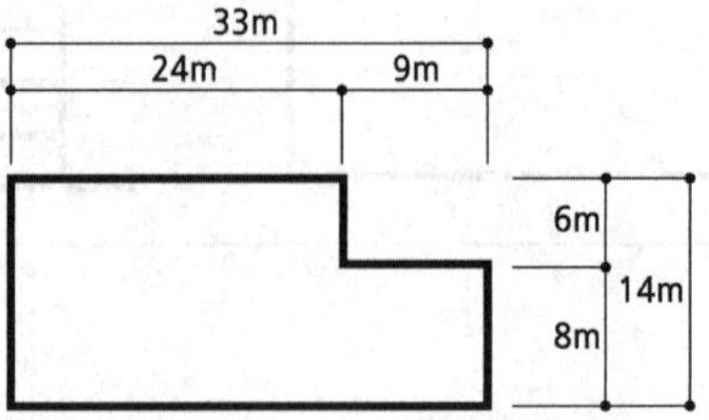

정답

외부(쌍줄)비계 면적[m^2]
= 비계 외주길이×건물 높이
= (건물 둘레길이 + 0.9×8)×H
= {2(33 + 14) + 0.9×8}×25
= 2530
∴ 외부비계 면적 = 2,530m^2

예제 03 다음 평면도에서 쌍줄비계를 설치할 때 외부비계 면적을 산출하시오.

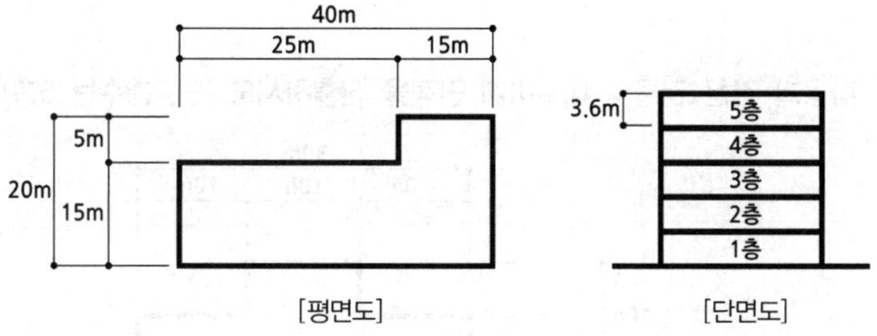

학습 POINT

정답

외부(쌍줄)비계 면적[m^2]
= 비계 외주길이×건물 높이
= (건물 둘레길이 + 0.9×8)×H
= {2(40 + 20) + 0.9×8}
×(3.6m×5층)
= 2289.6
∴ 외부비계 면적 = 2,289.6m^2

chapter 02
연습문제

해답

01

내부비계 면적
= 연면적×0.9
= {(30×5) + (10×5)}×5층×0.9
= 200×5×0.9
= 900
∴ 내부비계 면적 = 900m^2

02

내부비계 면적
= 연면적×0.9
= {(40×30) − (20×20)}×3층×0.9
= 800×3×0.9
= 2,160
∴ 내부비계 면적 = 2,160m^2

01 다음과 같은 건물의 내부비계 면적을 산출하시오. (단, 층수는 5층) [4점]

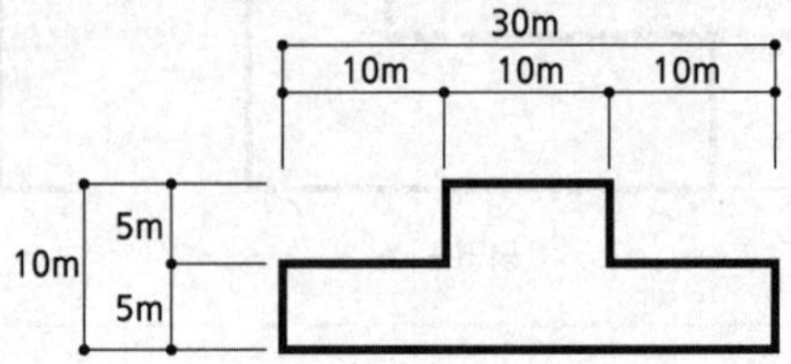

02 다음 평면과 같은 3층 건물의 전체 공사에 필요한 내부비계 면적을 산출하시오. [3점]

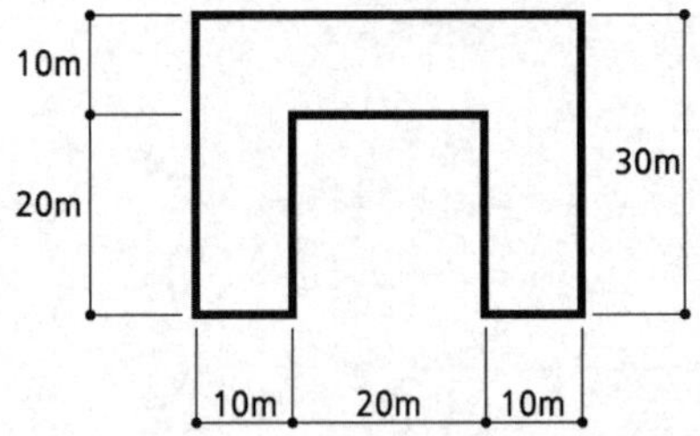

03 다음과 같은 건물의 내부비계 면적을 산출하시오. (단, 층수는 5층) [3점]

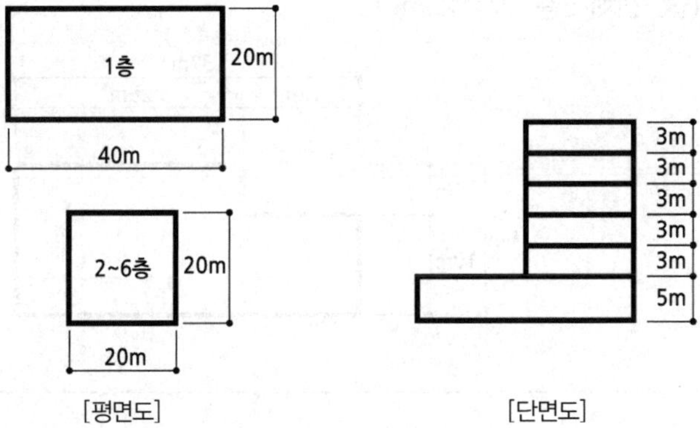

04 다음과 같은 건물의 내부비계 면적을 산출하시오. (단, 층수는 5층) [3점]

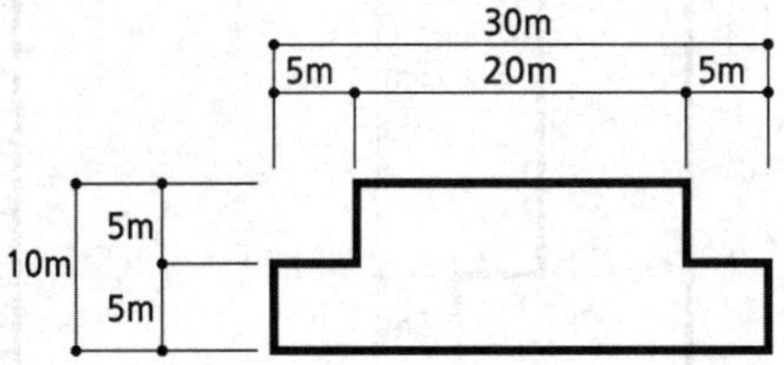

해답

03

내부비계 면적
= 연면적×0.9
= (40×20×1층) + (20×20×5층) ×0.9
= (800 + 2000)×0.9
= 2,520
∴ 내부비계 면적 = 2,520m^2

04

내부비계 면적
= 연면적×0.9
= {(30×10) − (5×5×2)}×5층×0.9
= 250×5×0.9
= 1,125
∴ 내부비계 면적 = 1,125m^2

05 다음과 같은 건물의 내부비계 면적 및 외부비계(쌍줄) 면적을 산출하시오. (단, 전체 5층, $H=25$m) [4점]

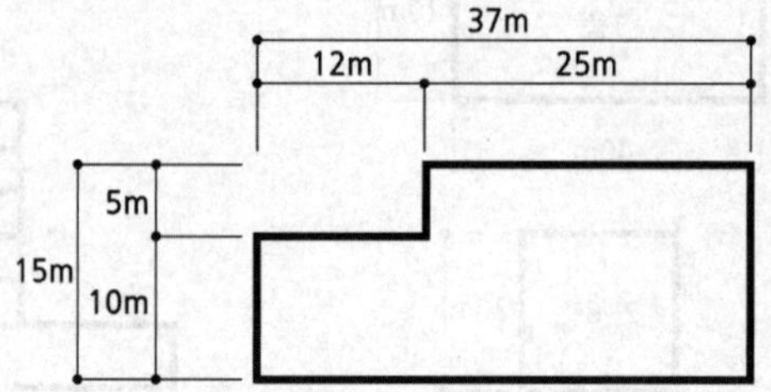

06 다음 평면도와 같은 건물의 외부비계 및 내부비계 면적을 산출하시오. (단, 외부비계는 쌍줄비계이다.) [4점]

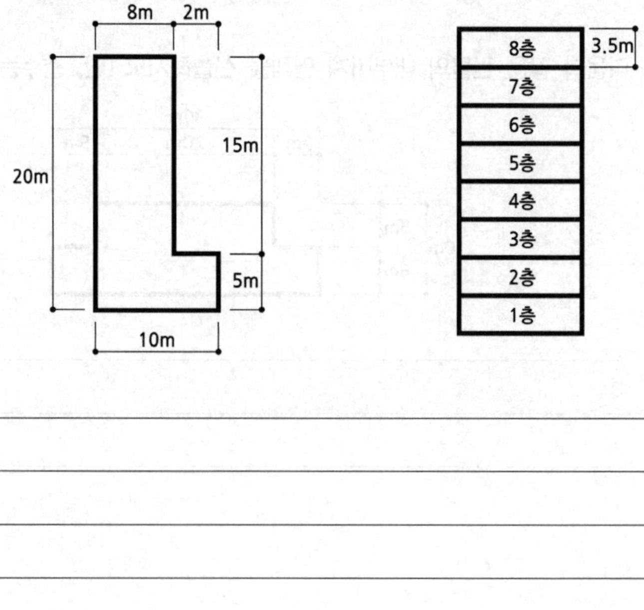

해답

05

① 내부비계 면적
= 연면적×0.9
= {(37×15) − (12×5)}×5층×0.9
= 2227.5

② 외부비계(쌍줄) 면적
= 비계 둘레길이×건물 높이
= (건물 둘레길이 + 0.9×8)×H
= {2(37 + 15) + 0.9×8}×25m
= 2,780

∴ 내부비계 면적 = 2,227.5m²
외부비계 면적 = 2,780m²

06

① 외부비계(쌍줄) 면적
= 비계 둘레길이×건물 높이
= (건물 둘레길이 + 0.9×8)×H
= {2(20 + 10) + 0.9×8}×(3.5×8층)
= 1881.6

② 내부비계 면적
= 연면적×0.9
= {(20×10) − (15×2)}×8층×0.9
= 1,224

∴ 외부비계 면적 = 1,881.6m²
내부비계 면적 = 1,224m²

07 다음 외부 쌍줄비계 면적을 산출하시오. (단, $H=8$m) [4점]

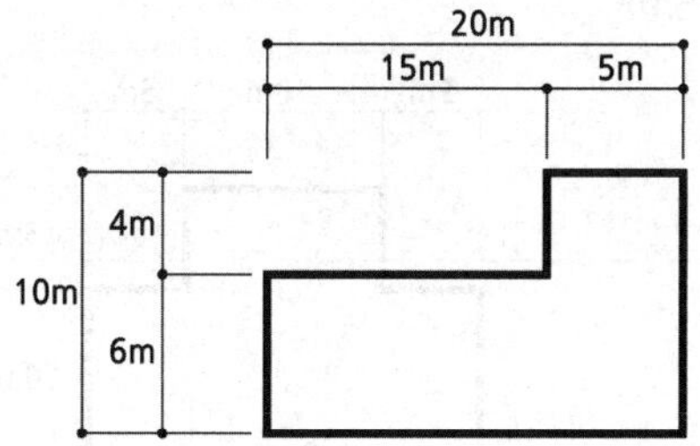

08 다음 평면도와 같은 건물에 외부 외줄비계를 설치하고자 한다. 비계 면적을 산출하시오. (단, 건물 높이 = 12m) [4점]

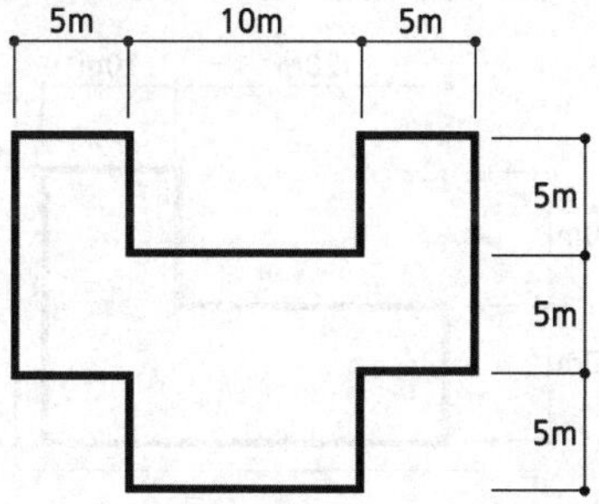

해답

07

외부(쌍줄)비계 면적

= 비계 둘레길이 × 건물 높이

= (건물 둘레길이 + 0.9 × 8) × H

= (L + 0.9 × 8) × H

= {2(20 + 10) + 0.9 × 8} × 8m

= 537.6

∴ 외부비계 면적 = 537.6m^2

08

외부(쌍줄)비계 면적

= 비계 둘레길이 × 건물 높이

= (건물 둘레길이 + 0.45 × 8) × H

= {2(20 + 15 + 5) + 0.45 × 8} × 12m

= 1003.2

∴ 외부비계 면적 = 1,003.2m^2

해답

09

외부비계(쌍줄) 면적
= 비계 둘레길이 × 건물 높이
= (건물 둘레길이 + 0.9 × 8) × H
= {2(20 + 20) + 0.9 × 8} × 15m
= 1,308
∴ 외부비계 면적 = 1,308m²

10

외부비계(쌍줄) 면적
= 비계 둘레길이 × 건물 높이
= (건물 둘레길이 + 0.9 × 8) × H
= {2(30 + 20) + 0.9 × 8} × 25m
= 2,680
∴ 외부비계 면적 = 2,680m²

09 다음 평면도에서 쌍줄비계를 설치할 때의 외부비계 면적을 산출하시오. (단, H = 15m) [4점]

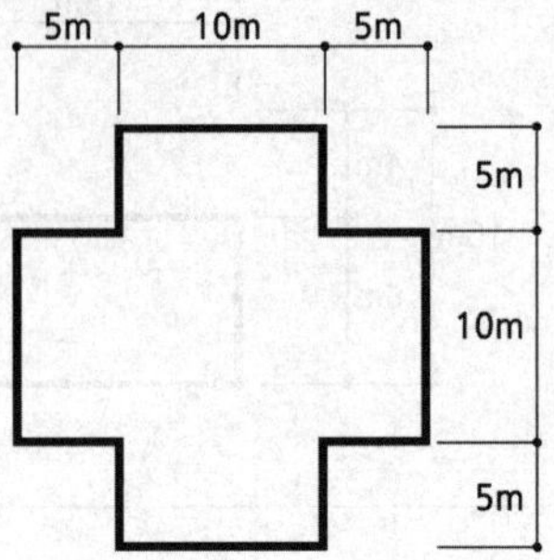

10 다음 그림과 같은 건물의 도로에 접한 두 면의 외벽의 의장을 위한 쌍줄비계 면적을 산출하시오. (단, 건물 높이 = 25m) [4점]

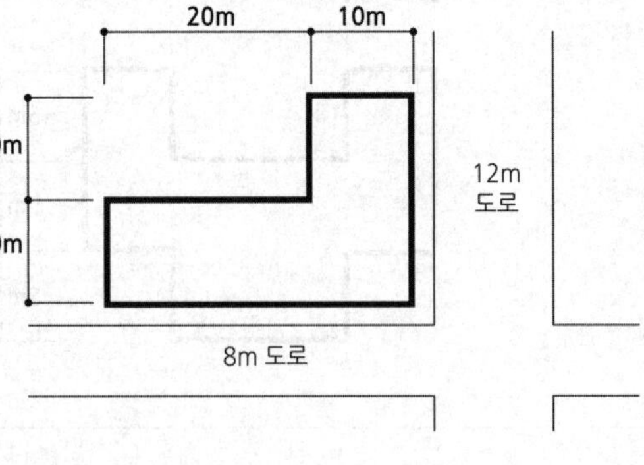

11 다음 평면도에서 쌍줄비계를 설치할 때의 외부비계 면적을 산출하시오. (단, $H=25\text{m}$) [4점]

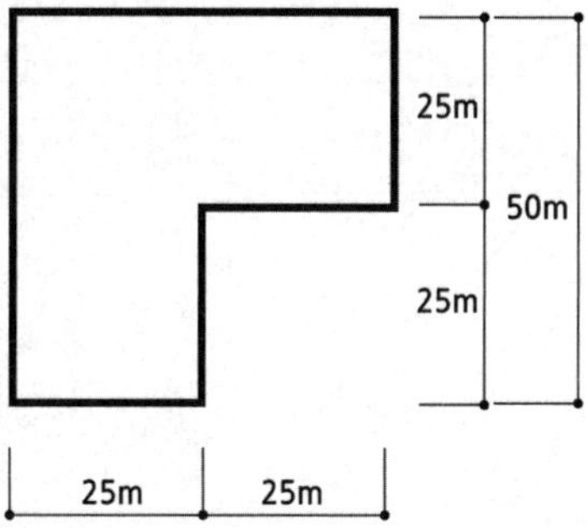

12 다음 평면도에서 쌍줄비계를 설치할 때의 외부비계 면적을 산출하시오. (단, $H=27\text{m}$) [4점]

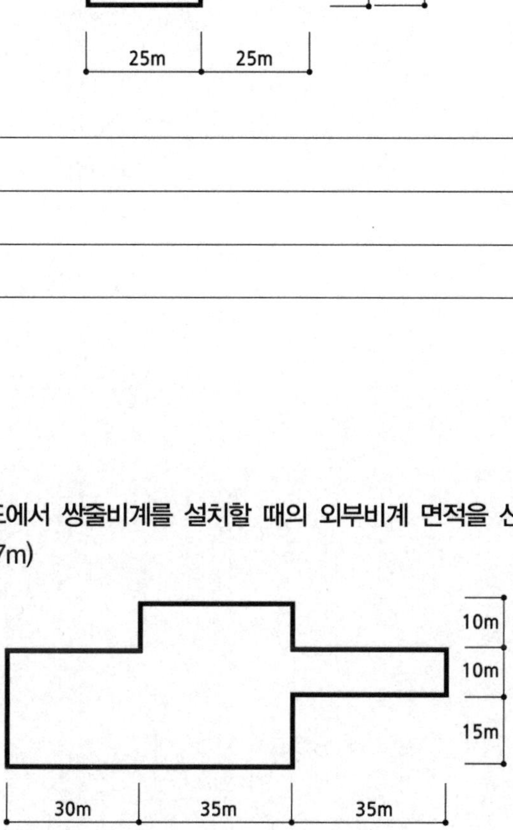

해답

11

외부비계(쌍줄) 면적
= 비계 둘레길이 × 건물 높이
= (건물 둘레길이 + 0.9 × 8) × H
= {2(50 + 50) + 0.9 × 8} × 25m
= 5,180
∴ 외부비계 면적 = 5,180m^2

12

외부비계(쌍줄) 면적
= 비계 둘레길이 × 건물 높이
= (건물 둘레길이 + 0.9 × 8) × H
= {2(100 + 35) + 0.9 × 8} × 27m
= 7,484.4
∴ 외부비계 면적 = 7,484.4m^2

MEMO

chapter
03 조적공사

01 벽돌공사

1.1 벽돌량[장]

(1) 공식

공식 벽돌양[장] = 벽면적 × 단위수량

(2) 벽돌 단위수량[장/m^2]

구분	0.5B	1.0B	1.5B	2.0B	비고
표준형 벽돌 (190×90×57)	75	149	224	298	• 줄눈 10mm • 할증률 – 붉은벽돌: 3% – 시멘트벽돌: 5%
기존형 벽돌 (210×100×60)	65	130	195	260	

(3) 단위수량 산출법

① 벽면적 $1m^2$를 벽돌 1장의 면적으로 나누어 산출한다.

② 벽돌 1장의 면적은 가로, 세로줄눈 (10mm)의 너비를 합한 면적이다.

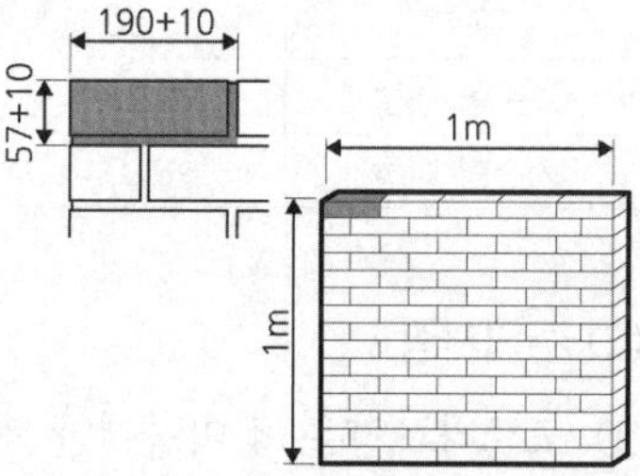

1㎡ 단위면적당 표준형 벽돌량 산출(0.5B)

예 벽면적 $1m^2$당 표준형 벽돌 0.5B 두께의 벽돌양

$$= \frac{1m}{0.19 + 0.01} \times \frac{1m}{0.057 + 0.01}$$

$= 74.63 \quad \therefore$ 75장

(4) 주의사항

① 재료 또는 두께가 다른 경우 외벽과 내벽을 분리하여 계산한다.

② 외벽은 중심 간 길이로 계산하고 내벽은 안목길이로 계산한다.

• 외벽 = 중심 간 길이(L_1) × 높이(H_1) – 개구부 면적

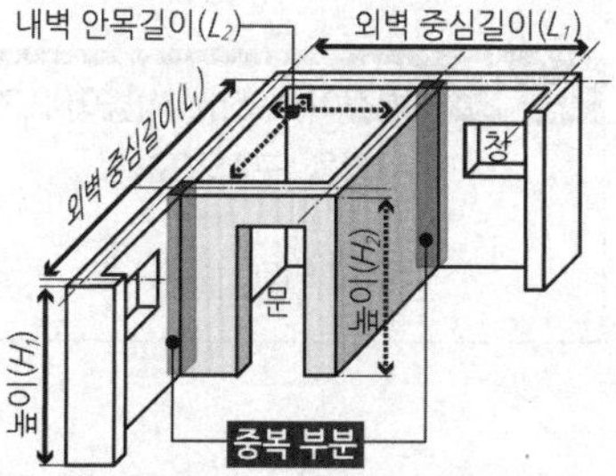

외벽 중심길이(L_1), 내벽 안목길이(L_2)

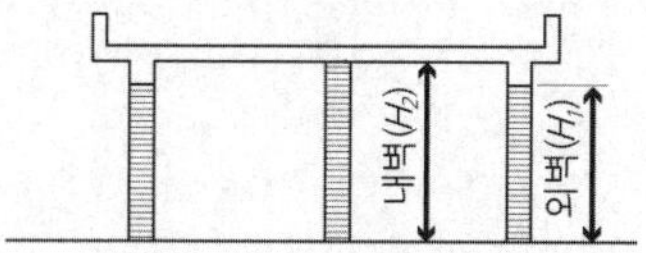

외벽 높이(H_1), 내벽 높이(H_2)

학습 POINT

산업 실내건축산업기사 시공실무 출제
기사 실내건축기사 시공실무 출제

용어의 이해

• 정미량: 설계도서에 의거하여 정확한 길이[m], 면적[m^2], 체적[m^3], 개수 등을 산출한 실제 자재량
• 소요량: 산출된 정미량에 시공 시 발생되는 손실량, 망실량 등을 고려하여 할증률을 가산하여 산출된 수량

✿ 벽돌의 단위수량 산업 기사
✿ 1.0B 쌓기로 1㎡를 쌓을 때 기존형 (130)매, 표준형 (149)매가 소요된다. 산업

• 내벽 = 안목 간 길이(L_2) × 높이(H_2) − 개구부 면적

③ 외벽의 높이(H_1)와 내벽의 높이(H_2)가 같지 않을 수 있으므로 유의한다.

④ 벽돌양은 단위는 장(매)수이므로 소수점 이하를 절상하여 정수로 산출한다.

⑤ 소요(구입)량 산출 시 붉은벽돌(3%)은 1.03, 시멘트벽돌(5%)은 1.05를 곱하여 계산한다.

예제 01 다음과 같은 조건에서 벽돌쌓기양(표준형, 정미량)을 구하시오.

- 벽두께 = 0.5B
- 벽길이 = 10m
- 벽높이 = 3m
- 개구부 크기 = 1.8m×1.2m

1.2 쌓기 모르타르양[m^3]

(1) 공식

공식 $$\text{모르타르양} = \frac{\text{벽돌의 정미량}}{1000\text{장}} \times \text{단위수량}[m^3]$$

(2) 모르타르 단위수량[m^3/1,000장]

구분	0.5B	1.0B	1.5B	2.0B
표준형 벽돌	0.25	0.33	0.35	0.36
기존형 벽돌	0.30	0.37	0.40	0.42

(3) 주의사항

① 모르타르양은 정미량에만 적용하여 계산한다.

② 단위수량 1,000장을 기준으로 한다.

예제 02 벽길이 125m, 벽높이 2.7m 벽두께 1.0B 표준형의 시멘트벽돌일 때 다음 사항을 구하시오.

① 정미량 ② 소요량 ③ 모르타르양

학습 POINT

용어의 이해

• 절상: 소수점 이하 무조건 올림

정답

벽돌양 = 벽면적×단위수량

※ 단위수량: 75장(표준형, 0.5B)

벽돌양 = {(10×3) − (1.8×1.2)}×75
= 2,088

∴ 벽돌양 = 2,088장

용어의 이해

• 2019년 표준품셈 기준 [m^3/m^2]

구분	0.5B	1.0B	1.5B	2.0B
표준형	0.019	0.049	0.078	0.107

정답

벽돌양 = 벽면적×단위수량

※ 단위수량: 149장(표준형, 1.0B)

① 정미량 = 125×2.7×149
= 50287.5

※ 할증률: 5%(시멘트벽돌)

② 소요량 = 50287.5×1.05
= 52801.875

③ 모르타르양 = $\frac{\text{정미량}}{1000\text{장}}$×단위수량

※ 단위수량: 0.33(표준형, 1.0B)

모르타르양 = $\frac{50287.5}{1000}$×0.33
= 16.594875

∴ 정미량 = 50,288장
소요량 = 52,802장
모르타르양 = 16.59m^3

02 블록공사

2.1 블록양[장]

(1) 공식

공식 블록양 = 벽면적×단위수량

(2) 블록 단위수량[장/m^2]

구분	치수			정미량	소요량
	길이	높이	두께		
기본형	390	190	210, 190, 150, 100	12.5	13
장려형	290	190	190, 150, 100	16.7	17

(3) 단위수량 산출법

예 벽면적 $1m^2$당 기본형(390×190×210) 블록양

$$\frac{1m}{0.39+0.01}\times\frac{1m}{0.19+0.01}=12.5$$

여기에 할증 4%를 가산하면 12.5×1.04 = 13

∴ 13장

(4) 주의사항

정미량(12.5매)의 4%를 가산하여 벽면적 $1m^2$당 13매를 소요량으로 한다.

예제 03 벽길이 100m, 벽높이 2.4m 시공 시 블록 장수를 계산하시오. (단, 블록은 기본형 390mm×190mm×150mm, 할증률 4% 포함)

학습 POINT

표준형 블록의 길이는 390mm, 높이는 (190)mm이며, $1m^2$당 블록의 수량은 (12.5)매이고, 할증률을 포함하면 (13)매이다. 산업

정답

블록양 = 벽면적×단위수량

※ 단위수량: 13장(기본형)

블록양 = 100×2.4×13장

= 3,120

∴ 블록양 = 3,120장

chapter 03

연습문제

01

표준형 벽돌로 $25m^2$를 1.0B 보통 쌓기를 할 때 벽돌양을 산출하시오. [2점]

02

표준형 시멘트벽돌 3,000장을 쌓을 수 있는 2.0B 두께의 벽면적은 얼마인가? (단, 할증률 고려, 소수 둘째 자리 이하 버림) [3점]

03

폭 4.5m, 높이 2.5m의 벽에 1.5m×1.2m의 창이 있을 경우 19cm×9cm×5.7cm의 붉은벽돌을 줄눈 너비 10mm로 쌓고자 한다. 이때 붉은벽돌의 양은 얼마인가? (단, 벽돌쌓기는 0.5B이며, 할증을 고려하지 않는다.) [3점]

04

표준형 벽돌로 $10m^2$를 1.5B 보통 쌓기를 할 때의 벽돌양과 모르타르양을 산출하시오. (단, 할증을 고려하지 않는다.) [4점]

① 벽돌양:

② 모르타르양:

해답

01

벽돌양 = 벽면적 × 단위수량

※ 단위수량: 149장(표준형, 1.0B)

벽돌양 = 25 × 149 = 3,725

∴ 벽돌양 = 3,725장

02

벽돌양 = 벽면적 × 단위수량

※ 단위수량: 298장(표준형, 2.0B)

3000장 = 벽면적 × 298 × 1.05

벽면적 = 3000 ÷ 312.9 = 9.5877

∴ 벽면적 = $9.58m^2$

03

벽돌양 = 벽면적 × 단위수량

※ 단위수량: 75장(표준형, 0.5B)

벽돌양 = {(4.5×2.5) − (1.5×1.2)} ×75

= 708.75

∴ 벽돌양 = 709장

04

① 벽돌양 = 벽면적 × 단위수량

※ 단위수량: 224장(표준형, 1.5B)

벽돌양 = 10 × 224 = 2,240

② 모르타르양 = $\frac{정미량}{1000장}$ × 단위수량

※ 단위수량: 0.35(표준형, 1.5B)

모르타르양 = $\frac{2240}{1000장}$ × 0.35

= 0.784

∴ 벽돌양 = 2,240장

모르타르양 = $0.78m^3$

05 다음 ( ) 안에 알맞은 수량을 써넣으시오. [2점]

1.0B 쌓기로 기존형 (①)매, 표준형 (②)매가 소요된다.

① ____________ ② ____________

06 다음은 벽돌쌓기에 대한 내용이다. ( ) 안을 채우시오. [3점]

시멘트벽돌 표준형 규격은 190mm×90mm×(①)mm이며, 1.0B 소요량은 (②) 매/m^2이며, 할증률을 포함하면 (③)매/m^2이다.

① ____________ ② ____________ ③ ____________

07 길이 10m, 높이 3m의 건물에 1.5B 쌓기 시 모르타르양[m^3]과 벽돌 사용량은 얼마인가? (단, 표준형 시멘트벽돌) [4점]

① 벽돌양: ____________

② 모르타르양: ____________

08 다음 벽돌의 m^2당 단위수량을 써넣으시오. [4점]

구분	0.5B	1.0B	1.5B	2.0B
기존형	(①)	(②)	(③)	(④)
표준형	(⑤)	(⑥)	(⑦)	(⑧)

① ________ ② ________ ③ ________ ④ ________

⑤ ________ ⑥ ________ ⑦ ________ ⑧ ________

해답

05

① 130
② 149

06

① 57
② 149
③ 157
149장×1.05 = 156.45
∴ 소요량 = 157장

07

① 벽돌양 = 벽면적×단위수량
※ 단위수량: 224장(표준형, 1.5B)
벽돌양 = 10×3×224 = 6,720

② 모르타르양 = $\frac{\text{정미량}}{1000\text{장}}$×단위수량
※ 단위수량: 0.35(표준형, 1.5B)
모르타르양 = $\frac{6720}{1000\text{장}}$×0.35
= 2.352
∴ 벽돌양 = 6,720장
모르타르양 = 2.35m^3

08

① 65장
② 130장
③ 195장
④ 260장
⑤ 75장
⑥ 149장
⑦ 224장
⑧ 298장

해답

09

① 1.0B 적벽돌

- 벽돌양 = 90×2.7×149
  = 36,207
- 모르타르양 = $\frac{36207}{1000}$×0.33
  = 11.948

∴ 벽돌양 = 36,207장
모르타르양 = 11.95m^3

② 0.5B 시멘트벽돌

- 벽돌양 = 90×2.7×75
  = 18,225
- 모르타르양 = $\frac{18225}{1000}$×0.25
  = 4.556

∴ 벽돌양 = 18,225장
모르타르양 = 4.56m^3

10

블록양 = 벽면적×단위수량
※ 단위수량: 13장(기본형)
블록양 = 100×2.4×13장
= 3,120
∴ 블록양 = 3,120장

09 길이 90m, 높이 2.7m의 건물에 외벽을 1.0B 적벽돌로, 내벽은 0.5B 시멘트 벽돌을 사용하여 벽을 쌓을 때 벽돌양과 모르타르양을 산출하시오. (단, 벽돌의 규격은 표준형이며, 정미량으로 산출한다.) [4점]

① 1.0B 적벽돌: ______________________

② 0.5B 시멘트벽돌: ______________________

10 길이 100m, 높이 2.4m의 블록벽 시공 시 블록 장수를 계산하시오. (단, 블록은 기본형 150×190×390, 할증률 4% 포함) [3점]

11 **다음 도면과 같은 벽돌조건물의 벽돌 소요량과 쌓기용 모르타르를 구하시오. (단, 벽돌 수량은 소수점 아래 첫째 자리에서, 모르타르양은 소수점 아래 셋째 자리에서 반올림함)** [5점]

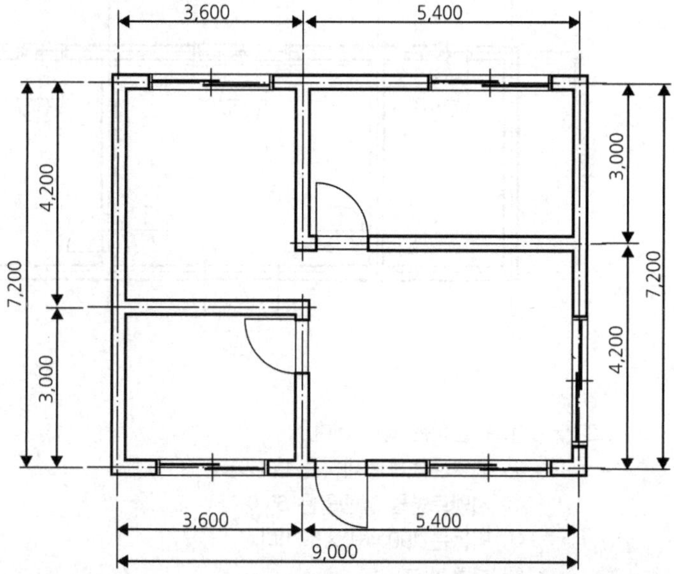

〈조건〉 ① 벽돌벽의 높이 = 3.0m ② 벽두께 = 1.0B
③ 벽돌 크기 = 21×10×6cm ④ 줄눈 너비 = 1cm
⑤ 창호의 크기 = 출입문: 1.0×2.0m, 창문: 2.4×1.5m
⑥ 벽돌 할증률 = 5%

(가) 벽돌 소요량: ______________________

(나) 모르타르양: ______________________

해답

11

• 벽면적 산정방법

$A[\text{m}^2] = (L + L_1) \times H -$ 개구부

$L =$ 외벽(중심 간 둘레길이)

$L_1 =$ 내벽(안목 간 둘레길이)

벽면적 = {2(9 + 7.2) + (8.4 − 0.21) + (6.6 − 0.21)}×3 − (2.4×1.5×5) − (1.0×2.0×3) = 116.94m²

(가) 벽돌 소요량
= 116.94×130×1.05
= 15962.3

(나) 모르타르양
= 15202.2÷1000×0.37
= 5.624

∴ 벽돌 소요량 = 15,962장
모르타르양 = 5.62m³

12

다음과 같은 건축물공사에 필요한 시멘트벽돌 소요량과 쌓기 모르타르양을 산출하시오. [10점]

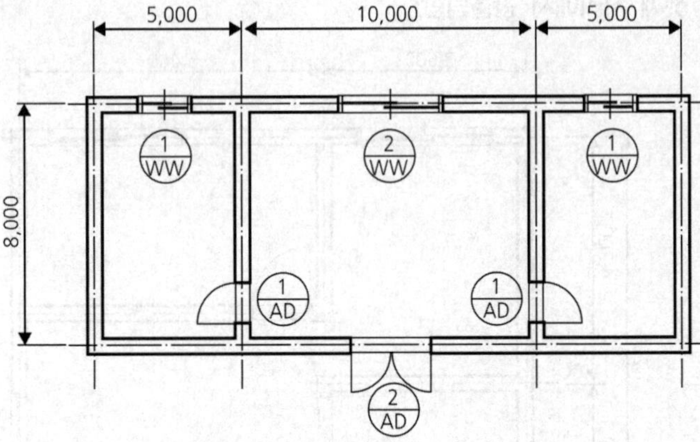

〈조건〉 ① 벽높이는 3.6m이다.
② 외벽은 1.5B, 내벽은 1.0B이다.
③ 시멘트벽돌 할증률은 5%이다.
④ 벽돌은 190×90×57이다.
⑤ 창호의 크기:

- 1/WW: 1.2×1.2m
- 2/WW: 2.4×1.2m
- 1/AD: 0.9×2.4m
- 2/AD: 2.2×2.4m

(가) 벽돌 소요량: ______

(나) 모르타르양: ______

해답

12

(가) 벽돌양 = 벽면적 × 단위수량

※ 단위수량

: 외벽 224장, 내벽 149장

- 외벽(1.5B)
= {2(20 + 8) × 3.6 − (2.2 × 2.4 + 1.2 × 1.2 × 2 + 2.4 × 1.2)} × 224
= 42685.4
- 내벽(1.0B)
= (8 − 0.29) × 2 × 3.6 − (0.9 × 2.4 × 2)} × 149
= 7627.6
- 벽돌양
= (42685.4 + 7627.6) × 1.05
= 52828.6

∴ 벽돌 소요량 = 52,829장

(나) 모르타르양 = $\frac{\text{정미량}}{\text{1000장}}$ × 단위수량

※ 단위수량

: 외벽 0.35m^3, 내벽 0.33m^3

- 외벽(1.5B) = $\frac{42685.4}{\text{1000장}}$ × 0.35
= 14.939
- 내벽(1.0B) = $\frac{7627.6}{\text{1000장}}$ × 0.33
= 2.517
- 모르타르양 = 14.939 + 2.517
= 17.456

∴ 모르타르양 = 17.46m^3

chapter 04 목공사

01 목재의 수량 산출

1.1 일반사항

① 목재의 수량 산출은 가공, 조립 순서대로 산출하되 외부에서 내부로, 구조체로부터 수장부의 순서로 산출한다.
② 목재의 재종(材種), 등급(일반 건조목, 증기 건조목), 형상(각재, 판재) 치수별로 정미수량을 산출한다.
③ 구조재는 도면치수를 제재치수의 정미수량 계산치수를 적용한다.
④ 수장재, 창호재, 가구재는 도면치수를 마무리치수로 하여 체적을 산출한다.

1.2 각재, 판재의 수량 산출

(1) 수량 산출의 방법

목재의 수량은 체적[m^3]으로 구한다.

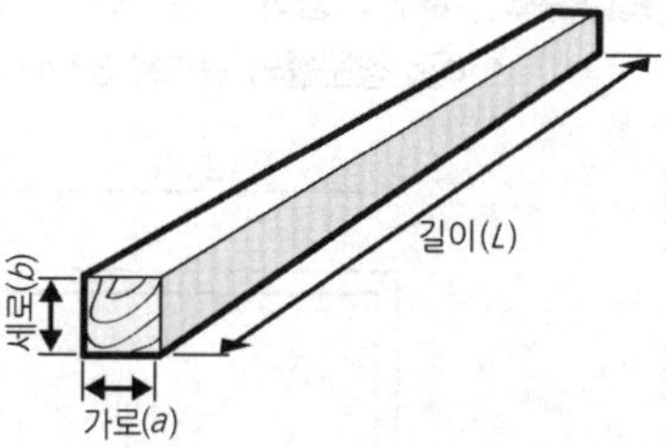

(2) 기준체적[m^3, 才]

① $1m^3 = 1m \times 1m \times 1m$
② $1才 = 1치 \times 1치 \times 12자$
$= 30mm \times 30mm \times 3600mm$

※ 재래단위 사용 불가

(3) 공식

공식 목재량[m^3] = 가로 a[m] × 세로 b[m] × 길이 L[m]

사용 불가

$$목재량[才] = \frac{가로\ a[m] \times 세로\ b[m] \times 길이\ L[m]}{30 \times 30 \times 3600}$$

$$= \frac{가로\ a[치] \times 세로\ b[치] \times 길이\ L[자]}{1치 \times 1치 \times 12자}$$

(4) 주의사항

① 판재와 각재, 수직재와 수평재로 나눈다.
② 각각 체적을 구하는 수량 산출의 방법으로 구한다.
③ 부재의 합을 요구하는 단위로 구한다.

학습 POINT

산업 실내건축산업기사 시공실무 출제
기사 실내건축기사 시공실무 출제

용어의 이해

- 제재치수: 제재소에서 톱켜기를 한 치수
- 마무리치수: 톱질과 대패질로 마무리한 치수

- 취급 단위

구분	기본 단위
m^3	$1m^3$ = 약 300才
1재(才)	1치×1치×12자 = $0.00334m^3$
1평(坪)	6자×6자 = $3.3m^2$

- 1푼 = 0.303cm, 1치 = 3.03cm, 1자 = 30.3cm

※ 2001년 이후 재래단위 사용 불가

학습 POINT

• 턱장부맞춤 • 연귀맞춤

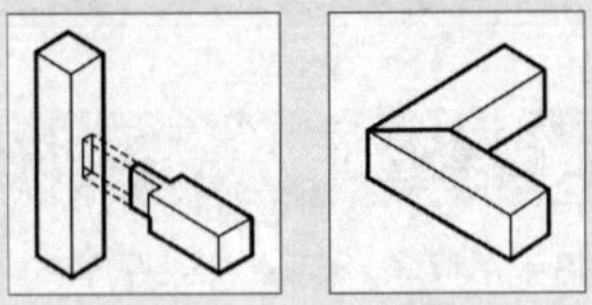

✿ 각재의 수량은 부재의 총길이로 계산하되, 이음 길이와 토막 남김을 고려하여 (5)%를 증산하며, 합판은 총 소요면적을 한 장의 크기로 나누어 계산한다. 일반용은 (3)%, 수장용은 (5)%를 할증 적용한다. 산업

(5) 창호재

① 창호재는 수평부재와 수직부재가 만나는 곳, 선대와 만나는 곳은 연귀 또는 턱장부 맞춤 등으로 접합한다.

② 접합되는 부분은 가공을 위해 공제하지 않고 중복해서 계산한다.

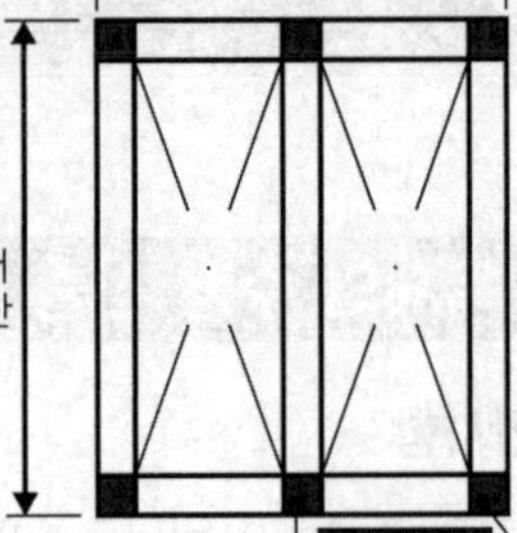

(6) 목재의 할증률

종류	할증률[%]	종류		할증률[%]
각재	5	합판	일반용	3
판재	10		수장용	5
졸대	20	코르크판		5

예제 01 아래 그림과 같은 목재 창의 목재량[m^3]을 구하시오.
(단, 창문틀의 규격은 33mm×21mm이다. 소수 넷째 자리까지 산출하시오.)

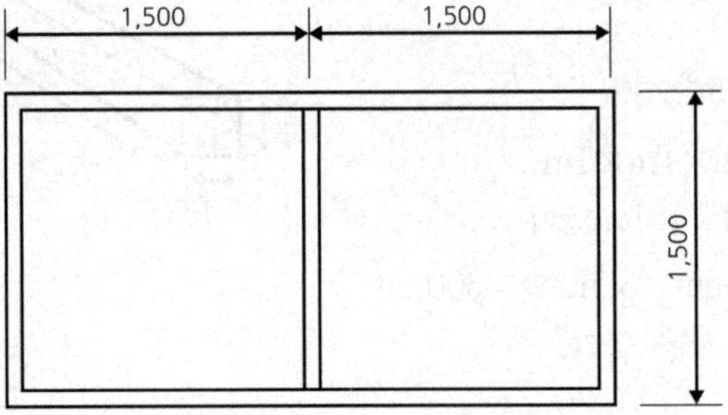

정답

목재량 = 가로×세로×길이
※ 수직재와 수평재로 구분
※ mm를 m로 환산하여 계산
수직 = 0.033×0.021×1.5×3(개)
= $0.0031m^3$
수평 = 0.033×0.021×3.0×2(개)
= $0.0042m^3$
∴ 목재량 = 0.0031 + 0.0042
= $0.0073m^3$

1.3 통나무 수량 산출

(1) 수량 산출방법

① 통나무는 보통 1m마다 1.5～2cm씩, 즉 길이의 1/60씩 밑둥이 굵어진다고 보며, 길이에 따라(6m 미만, 6m 이상) 구분하여 체적으로 계산한다.

② 통나무는 끝마무리 지름(말구지름)을 사각형으로 보고 계산한다.

(2) 공식

① 길이가 6m 미만인 경우: 말구지름(D)을 한 변으로 하는 각재로 환산하여 수량 산출한다.

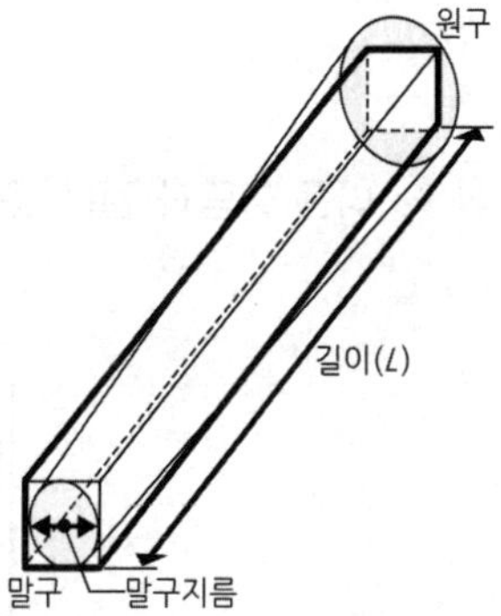

공식 통나무양[m^3] = D[m] × D[m] × L[m]

② 길이가 6m 이상인 경우: 원래의 말구지름(D)보다 조금 더 큰 가상의 말구지름(D')을 한 변으로 하는 각재로 환산하여 수량 산출한다.

• 가상의 말구지름 산출

공식 $D' = D + \frac{L' - 4}{2}$

여기서, D' = 가상의 말구지름[cm], D = 말구지름[cm],
L' = 길이(L)에서 절하시킨 정수[m]

• 통나무양 산출

공식 통나무양[m^3] = D'[m] × D'[m] × L[m]

예제 02 원구지름 10cm, 말구지름 9cm, 길이 5.4m인 통나무의 체적을 구하시오. (단, 단위 = m^3, 소수점 이하 끝까지 계산하시오.)

예제 03 말구지름 9cm, 길이 9.3m짜리 통나무 10개의 체적은 몇 m^3인가?

학습 POINT

용어의 이해

• 절하: 소수점 이하 무조건 버림

정답

길이 6m 미만인 통나무양 산출
통나무양[m^3] = 말구지름 × 말구지름 × 길이
= 0.09 × 0.09 × 5.4
= 0.0437
∴ 통나무양 = 0.0437m^3

정답

길이 6m 이상인 통나무양 산출
통나무양[m^3]
= 가상의 말구지름 × 가상의 말구지름 × 길이

① 가상의 말구지름(D')
$= D + \frac{L' - 4}{2}$
$= 9 + \frac{9 - 4}{2} = 11.5$cm

② 통나무양[m^3]
= 0.115 × 0.115 × 9.3 × 10
= 1.23
∴ 통나무양 = 1.23m^3

chapter 04 # 연습문제

해답

01

목재량 = 가로 × 세로 × 길이
수직재 = 0.21 × 0.09 × 2.7 × 2개
= 0.10206
수평재 = 0.21 × 0.09 × 0.9 × 2개
= 0.03402
합계 = 0.10206 + 0.03402
= 0.13608
∴ 목재량 = 0.14m^3

02

목재량 = 가로 × 세로 × 길이
수직재 = 0.24 × 0.06 × 1.5 × 3개
= 0.0648
수평재 = 0.24 × 0.06 × 2.3 × 3개
= 0.09936
합계 = 0.0648 + 0.09936 = 0.1642
∴ 목재량 = 0.16m^3

01 다음 그림과 같은 문틀을 제작하는 데 필요한 목재량[m^3]을 산출하시오. [3점]

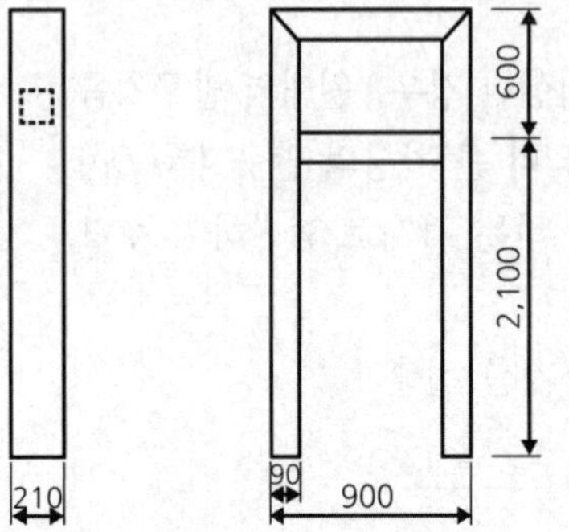

02 아래 창호의 목재량[m^3]을 구하시오. [4점]

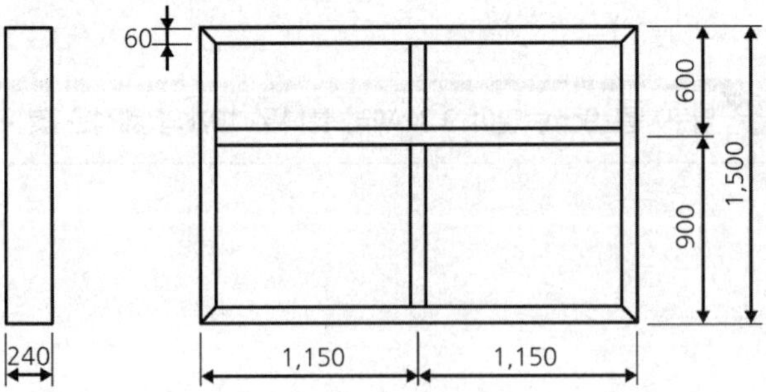

03 다음 도면의 창호를 100조를 제작한다. 목재량을 산출하시오. (단, 각재는 90mm×240mm로 한다.) [4점]

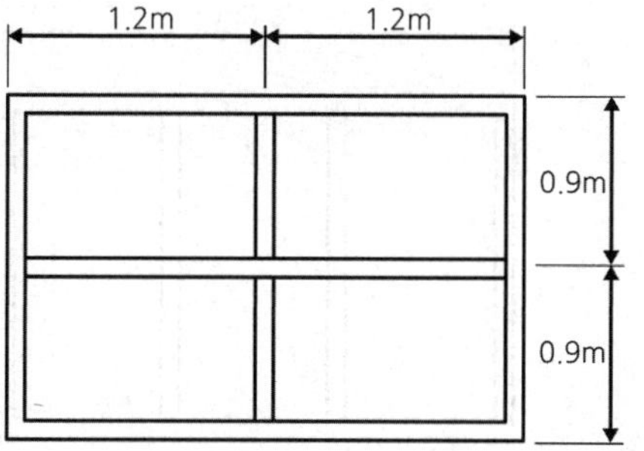

04 다음 가구의 목재량을 소수점 이하 끝까지 산출하시오. (단, 판재의 두께는 18mm이며, 각재의 단면은 30mm×30mm이다.) [5점]

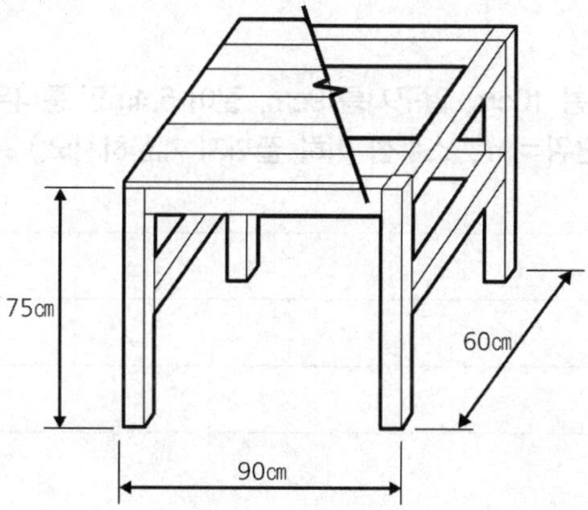

① 판재:

② 각재:

해답

03

목재량 = 가로×세로×길이

수직재 = 0.09×0.24×1.8×3개 ×100조 = 11.664

수평재 = 0.09×0.24×2.4×3개 ×100조 = 15.552

합계 = 11.664 + 15.552 = 27.216

∴ 목재량 = 27.22m^3

04

① 판재 = 0.9×0.6×0.018 = 0.00972

② 각재 = 수직재 + 가로재 + 세로재

수직재 = 0.03×0.03×0.75×4 = 0.0027

가로재 = 0.03×0.03×0.9×3 = 0.00243

세로재 = 0.03×0.03×0.6×4 = 0.00216

합계 = 0.0027 + 0.00243 + 0.00216 = 0.00729

∴ 판재 = 0.00972m^3

각재 = 0.00729m^3

해답

05

목재량 = 가로×세로×길이
수직재 = 0.09×0.09×2.7×4개
= 0.08748
수평재 = 0.09×0.09×3.6×2개
= 0.05832
합계 = 0.08748 + 0.05832
= 0.1458
∴ 목재량 = 0.15m³

06

길이 6m 미만인 통나무양 산출
통나무양[m³]
= 말구지름×말구지름×길이
= 0.09m×0.09m×5.4m
= 0.04374
∴ 통나무양 = 0.04374m³

05 다음 그림과 같은 목재 창문틀에 소요되는 목재량[m³]을 구하시오. (단, 목재의 단면치수는 90mm×90mm) [3점]

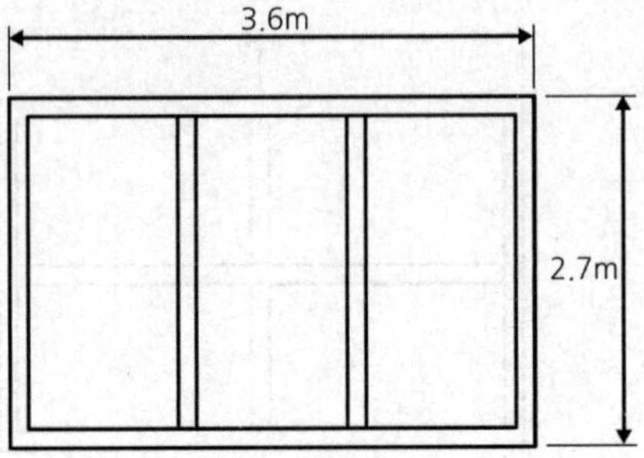

06 원구지름 10cm, 말구지름 9cm, 길이 5.4m인 통나무양[m³]을 구하시오. (단, 단위 = m³, 소수점 이하 끝까지 계산하시오.) [4점]

chapter

05 타일 및 미장 공사

01 타일공사

1.1 타일양[장] 수량 산출

(1) 공식

공식 타일양[장] = 시공면적 × 단위수량

(2) 단위수량[장/m^2]

규격[mm] \ 줄눈[mm]		0	1	2	3	4	5	6	7	8	9	10
정사각형	52	370	356	343	331	319	308	298	287	278	269	260
	60	278	269	260	252	245	237	230	223	216	210	204
	90	124	121	118	116	113	111	109	106	104	102	100
	100	100	98	96	95	93	91	89	87	86	85	83
	150	45	44	43	43	42	42	41	41	40	40	39
직사각형	57×40	439	421	404	338	373	358	345	332	321	310	299
	100×60	167	162	158	154	150	147	143	139	136	133	130
	180×87	154	150	147	143	140	136	133	130	127	124	121
	200×100	50	49	49	48	47	46	46	45	45	44	43
	300×200	17	17	17	17	17	16	16	16	16	16	16

(3) 단위수량 산출법

① 일반타일

공식

$$단위수량[장] = \frac{1m}{타일\ 한\ 변의\ 크기 + 줄눈} \times \frac{1m}{타일\ 다른\ 변의\ 크기 + 줄눈}$$

② 모자이크타일[장/m^2]

구분	치수	정미량	소요량	비고
모자이크타일	30cm×30cm	11.11	11.44	할증률 3%

※ 모자이크타일 단위수량 산출

$$단위수량(정미량) = \frac{1m}{0.3} \times \frac{1m}{0.3} = 11.11\cdots$$

$\therefore$ 소요량 = 11.11 × 1.03 = 11.44⋯

학습 POINT

산업 실내건축산업기사 시공실무 출제

기사 실내건축기사 시공실무 출제

✿ 단위수량 산출법 산업 기사

• 1m^2 단위면적당 타일의 단위수량

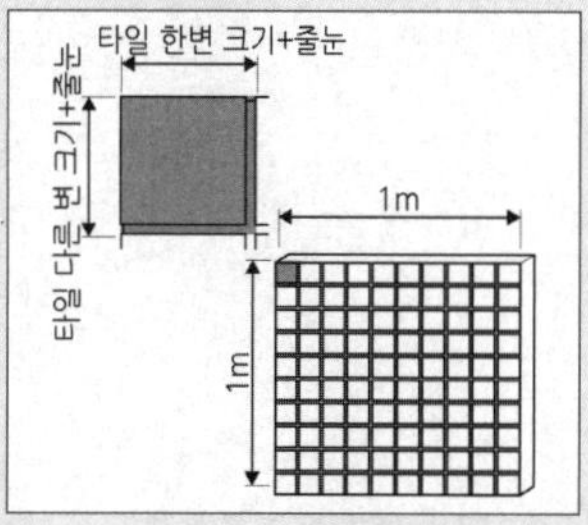

• 모자이크타일

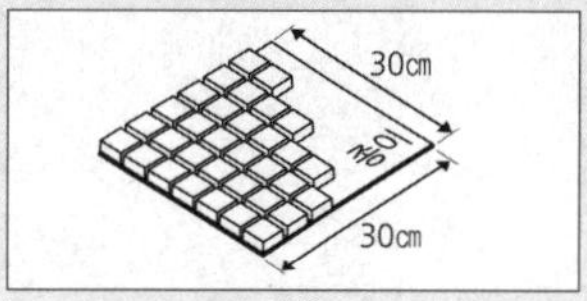

학습 POINT

정답

타일양 = 시공면적×단위수량

단위수량

$= \frac{1m}{타일\ 한\ 변+줄눈} \times \frac{1m}{타일\ 다른\ 변+줄눈}$

$= \frac{1m}{0.105+0.01} \times \frac{1m}{0.105+0.01}$

$= \frac{1}{0.013225} = 75.6144$

타일양 = 120×75.6144

= 9073.728

∴ 타일양 = 9,074장

(4) 타일의 할증률[%]

종류	할증률	종류	할증률
모자이크타일	3	도기타일	3
자기타일	3	클링커타일	3

예제 01 다음 조건을 보고 필요한 타일 수량을 구하시오.

- 타일 크기 = 10.5cm×10.5cm
- 줄눈 = 10mm
- 바닥면적 = $120m^2$

02 미장공사 및 기타 적산

2.1 미장공사

① 벽, 바닥, 천장 등의 장소별 또는 마무리 종류별로 면적을 산출한다.

② 도면 정미면적(마무리 표면적)을 소요면적으로 하여 재료량을 구하고 다음 표의 값 이내의 할증률을 가산하여 소요량으로 한다.

종류	할증률	종류	할증률
바닥	5	벽	15
졸대	20	천장	15

③ 시멘트모르타르의 경우 부위별 바름 두께의 표준은 아래와 같다.

✿ 시멘트모르타르의 바름 두께 산업 기사

바탕면	바름 부위	바름 두께[mm]
콘크리트, 블록, 벽돌 등	바깥벽, 바닥	24
	내벽	18
	천장	15

④ 모르타르 배합용적비

배합용적비	시멘트[kg]	모래	인부[인]
1:1	1,093	0.78	1.0
1:2	680	0.98	1.0
1:3	510	1.10	1.0
1:4	385	1.10	0.9
1:5	320	1.15	0.9

※ 재료의 할증률 포함

예제 02 다음은 모르타르 배합비에 따른 재료량이다. 총 $25m^3$ 시멘트모르타르를 필요로 한다. 각 재료량을 구하시오.

배합용적비	시멘트[kg]	모래[m^3]	인부[인]
1:3	510	1.10	1.0

① 시멘트양 ② 모래양 ③ 인부 수

2.2 기타 적산량

(1) 공식

공식 기타 적산량 = 시공면적 × 단위면적당 수량

※ 미장공, 도장공, 인부, 시멘트, 모래, 접착제 등의 단위면적당 수량은 일반적으로 지문에 제시되며, 인력[인]을 산출한 결과는 절상하여 정수 처리한다.

예제 03 바닥의 미장 면적 $600m^2$를 1일에 미장공 5명을 동원할 경우 작업 완료에 필요한 소요일수를 산출하시오. (단, 아래와 같은 품셈을 기준으로 한다.)

구분	단위	수량
미장공	인/m^2	0.05

학습 POINT

정답

① 시멘트양 = 25 × 510
= 12750
시멘트양 = 12.75t
② 모래양 = 25 × 1.1
= $27.5m^3$
③ 인부 수 = 25 × 1.0
= 25인

정답

소요인원 = $600m^2$ × 0.05인/m^2
= 30인
소요일수 = 30인 ÷ 5인 = 6
∴ 소요일수 = 6일

chapter 05 연습문제

해답

01

타일양 = 시공면적×단위수량

단위수량

$= \frac{1m}{\text{타일 한 변+줄눈}} \times \frac{1m}{\text{타일 다른 변+줄눈}}$

$= \frac{1m}{0.105+0.01} \times \frac{1m}{0.105+0.01}$

$= \frac{1}{0.013225} = 75.6144$

타일양 = 12×75.6144 = 907.3728

∴ 타일양 = 908장

02

타일양=시공면적×단위수량

단위수량

$= \frac{1m}{\text{타일 한 변+줄눈}} \times \frac{1m}{\text{타일 다른 변+줄눈}}$

$= \frac{1m}{0.1+0.003} \times \frac{1m}{0.1+0.003}$

$= \frac{1}{0.010609} = 94.259$

정미량=1.8×2×94.26=339.34

소요량=339.34×1.03=349.52

∴ 타일소요량=350장

01 바닥면적 $12m^2$에 타일 규격 10.5cm×10.5cm, 줄눈 간격 10mm로 붙일 때에 필요한 타일의 수량을 정미량으로 산출하시오. [4점]

02 다음과 같은 화장실 바닥에 사용되는 타일의 소요매수를 산출하시오. (단, 타일의 규격은 100mm×100mm이고, 줄눈 두께를 3mm로 한다. 할증률 포함) [4점]

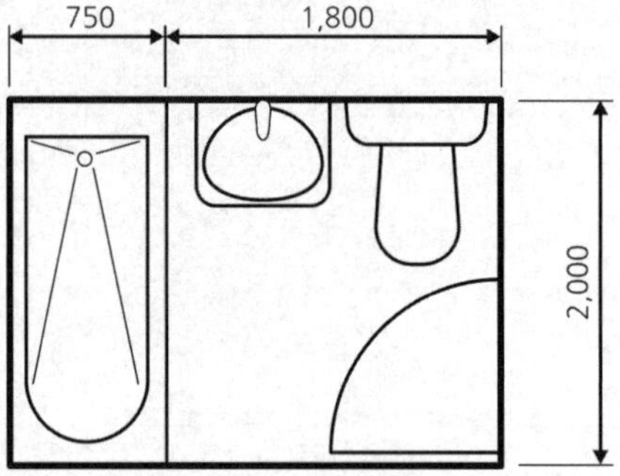

03 다음 도면을 보고 사무실과 홀의 바닥에 필요한 재료량을 산출하시오. (단, 화장실은 제외) [6점]

(단위 = m^2당)

구분	수량
타일(60mm 각형)	260매
인부 수	0.09인
도장공	0.03인
접착제	0.4kg

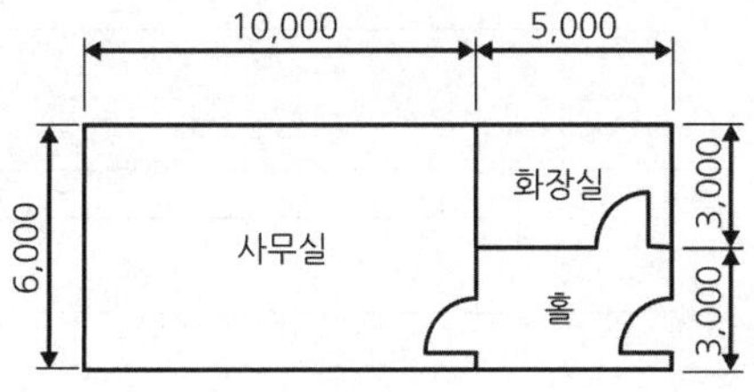

[평면도]

① 타일양: ____________________

② 인부 수: ____________________

③ 도장공: ____________________

④ 접착제: ____________________

04 $10m^2$의 바닥에 모자이크타일을 붙일 경우 소요되는 모자이크 종이의 장수는? (단, 종이 1장의 크기는 30cm×30cm, 할증률은 3%이다.) [3점]

____

____

05 바닥면적 12m×10m에 가로, 세로 18cm의 타일을 줄눈 간격 10mm로 붙일 때 필요한 타일 수량을 정미량으로 산출하시오. [4점]

____

____

해답

03

① 타일양 = 시공면적×단위수량
= {(10×6) + (5×3)}×260
= 75×260
= 19,500장

② 인부 수 = 시공면적×단위수량
= 75×0.09
= 6.75 ∴ 7인

③ 도장공 = 시공면적×단위수량
= 75×0.03
= 2.25 ∴ 3인

④ 접착제 = 시공면적×단위수량
= 75×0.4
= 30 ∴ 30kg

04

타일양 = 시공면적×단위수량
= 10×11.11×1.03
= 114.4
∴ 장수 = 115장

05

타일양 = 시공면적×단위수량

$$타일양 = \frac{12m}{0.18+0.01} \times \frac{12m}{0.18+0.01}$$

$$= \frac{120}{0.0361} = 3324.099$$

∴ 타일양 = 3,325장

해답

06

타일양 = 시공면적 × 단위수량

$$타일양 = 8m^2 \times \frac{1}{(0.108 + 0.005)^2}$$

$$= \frac{8}{0.012769} = 626.517$$

∴ 타일양 = 627장

07

소요인원 = $1000m^2 \times 0.05$인

= 50인

소요일수 = 50인 ÷ 10인 = 5

∴ 소요일수 = 5일

06 가로, 세로가 108mm인 타일을 줄눈 5mm로 시공할 때 바닥면적 $8m^2$에 필요한 타일 수량을 정미량으로 산출하시오. [4점]

07 바닥의 미장 면적이 $1,000m^2$일 때, 1일 10인 작업 시 작업 소요일을 구하시오. (단, 아래와 같은 품셈을 기준으로 하며 계산 과정을 쓰시오.) [3점]

바닥 미장 품셈[m^2]

구분	단위	수량
미장공	인	0.05

chapter 06 기타 공사의 적산

학습 POINT

산업 실내건축산업기사 시공실무 출제
기사 실내건축기사 시공실무 출제

01 콘크리트 및 거푸집 수량 산출

1.1 수량 산출의 기준

① 종류별(보, 기둥, 벽, 바닥판 등)로 구분하여 산출하며, 도면을 기준으로 콘크리트양은 정미체적 $V[\mathrm{m}^3]$로, 거푸집양은 정미면적 $A[\mathrm{m}^2]$로 한다.
② 산출 순서는 기초, 기둥, 벽체, 보, 바닥판 및 기타 순으로 산출하되, 연결 부분은 서로 중복이 없도록 한다.
③ 구조의 이해

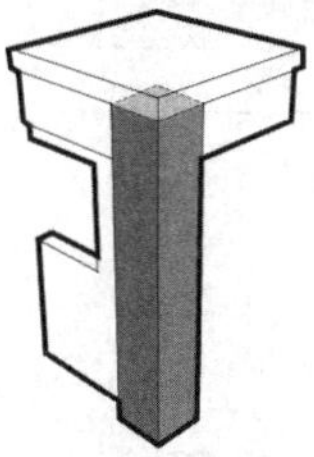
[기둥]

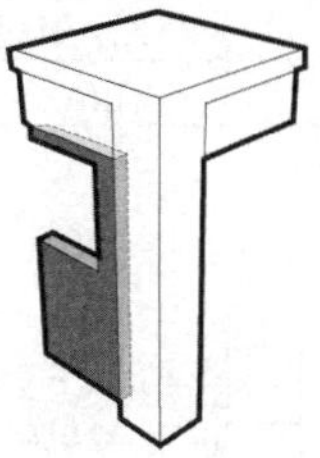
[벽]

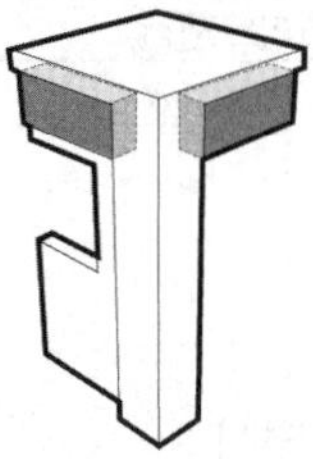
[보]

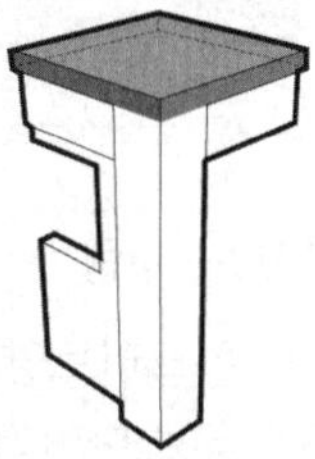
[바닥판]

1.2 수량 산출의 방법

(1) 기둥 수량

① 콘크리트양$[\mathrm{m}^3]$
= 기둥 단면적×기둥 높이
• 기둥 높이(단일) = 층고(H)
• 기둥 높이(종합) = 바닥판을 뺀 안목 높이(H)
② 거푸집양$[\mathrm{m}^2]$
= 기둥 둘레길이×기둥 높이
• 기둥 높이 = 바닥판 두께를 뺀 안목 높이(h)

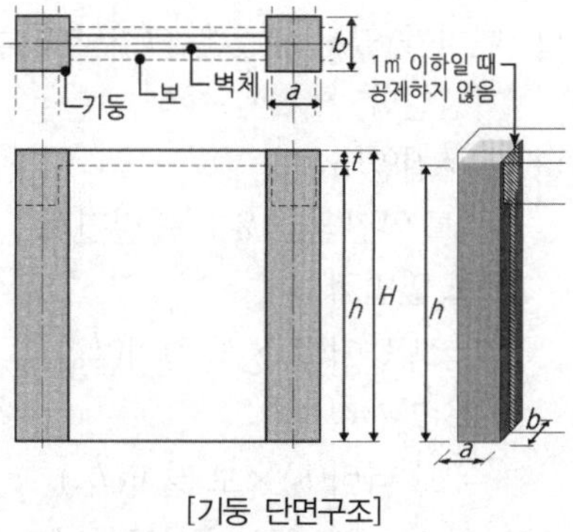

[기둥 단면구조]

③ 거푸집양 산출 시 접한 부분이 개소당 $1\mathrm{m}^2$ 이하일 때 공제하지 않는다.

공식

구분	콘크리트양$[\mathrm{m}^3]$	거푸집양$[\mathrm{m}^2]$
단일구조	$V[\mathrm{m}^3]=a\times b\times H$	$A[\mathrm{m}^2]=2(a+b)\times h$
종합구조	$V[\mathrm{m}^3]=a\times b\times h$	

학습 POINT

(2) 벽 수량

① 콘크리트양[m^3]
= (벽면적 − 개구부) × 벽두께
• 벽면적 = $(L \times H) - (w \times h)$

② 콘크리트양 산출 시 개구부 1개소당 안목치수에 의한 체적이 $0.05m^3$ 이상이면 공제한다.

③ 거푸집양[m^2]
= (벽면적 − 개구부) × 2
• 벽면적 = $(L \times H) - (w \times h)$

④ 거푸집양 산출 시 접한 부분이 개소당 $1m^2$ 이하일 때 공제하지 않는다.

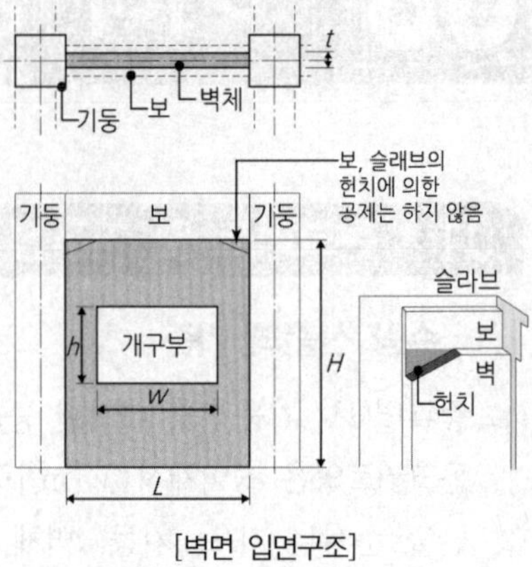

[벽면 입면구조]

공식	콘크리트양[m^3]	거푸집양[m^2]
	$V[m^3] = L \times H \times t$	$A[m^2] = (L \times H) \times 2$

(3) 보 수량

① 콘크리트양[m^3]
= 보 단면적 × 보 길이
• 보 단면적(단일)
= 보 너비(b) × 보 높이(D)
• 보 단면적(종합)
= 보 너비(b) × 보 높이(d)
• 보 길이 = 기둥 간 안목길이(L_o)

② 헌치가 있는 부분은 그 부분만큼 가산한다.

③ 거푸집양[m^2]
= (보 옆면적) × 2 + 보 밑면적
• 보 옆면적
= 보 높이(d) × 보 길이(L_o)
• 보 밑면적
= 보 너비(b) × 보 길이(L_o)
• 보 길이 = 기둥 간 안목길이(L_o)

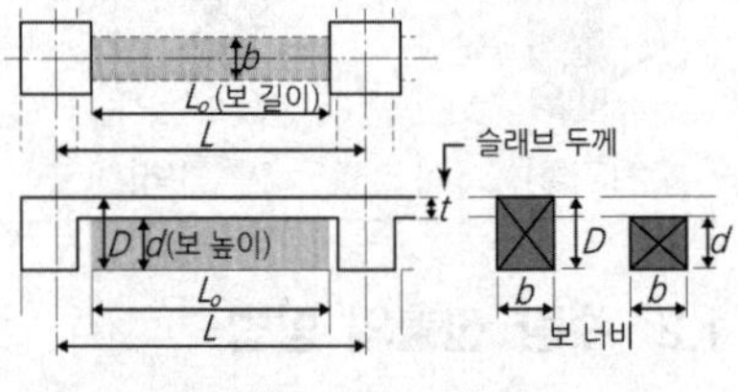

[보 단면구조]

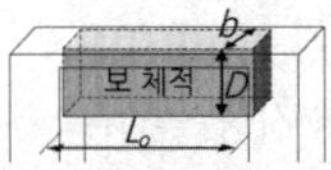

[단일-콘크리트양]

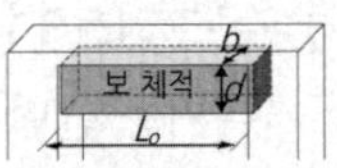

[종합-콘크리트양]

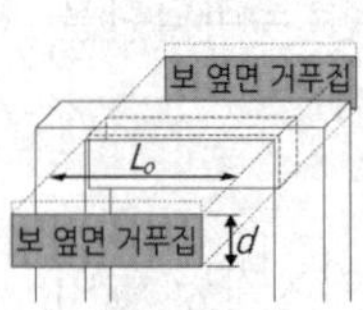

[단일-거푸집양]

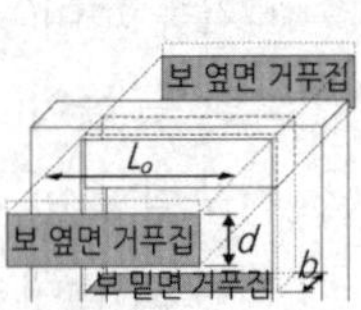

[종합-거푸집양]

④ 종합구조 거푸집양 산출 시 보 밑부분은 바닥판에 포함한다.

공식	구분	콘크리트양[m^3]	거푸집양[m^2]
	단일구조	$V[m^3] = b \times D \times L_o$	$A[m^2] = (d \times L_o) \times 2 + (b \times L_o)$
	종합구조	$V[m^3] = b \times d \times L_o$	$A[m^2] = (d \times L_o) \times 2$

(4) 바닥판(slab) 수량

① 콘크리트양[m^3]
= 바닥판 전 면적×두께
• 바닥판 전 면적 = $A \times B$

② 전 면적은 바닥 외곽선으로 둘러싸인 면적으로 한다. 단, 개구부 면적은 제외한다.

③ 거푸집양[m^2]
= 바닥판 밑면 + 바닥판 옆면
• 바닥판 옆면 = $2(A+B) \times t$

④ 거푸집양 산출 시 접한 부분이 개소당 $1m^2$ 이하일 때 공제하지 않는다.

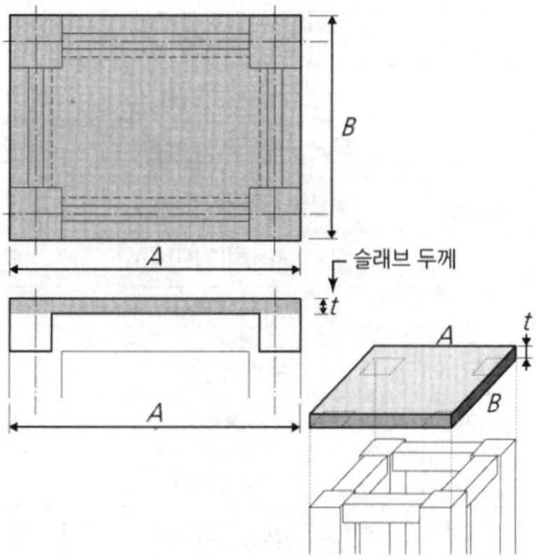

[바닥판 평단면구조]

공식

콘크리트양[m^3]	거푸집양[m^2]
$V[m^3] = A \times B \times t$	$A[m^2] = A \times B + 2(A+B) \times t$

예제 01 다음 도면과 같은 철근콘크리트 건물에서 벽체와 기둥의 콘크리트양을 산출하시오.

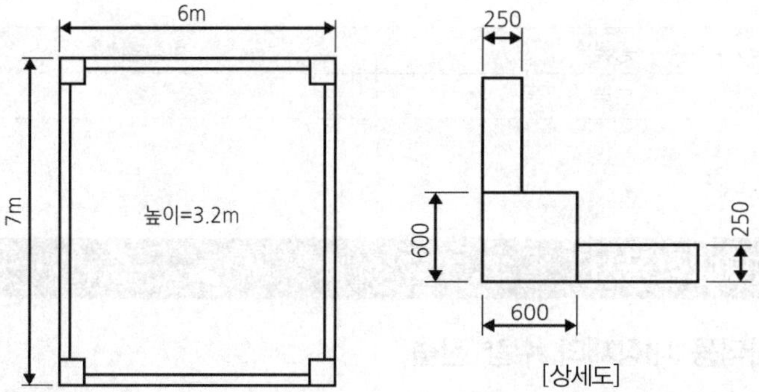

[상세도]

02 도장공사

① 도장 면적은 도료의 종별, 장소별(바탕 종별, 내부, 외부)로 구분하여 산출하며, 도면 정미면적을 소요면적으로 한다.

② 고급, 고가인 도료를 제외하고는 다음의 칠면적 배수표에 의하여 소요면적을 산출한다.

학습 POINT

정답

① 기둥 콘크리트양
$V[m^3] = a \times b \times H$
$= 0.6 \times 0.6 \times 3.2 \times 4$개
$= 4.608$
∴ 기둥 콘크리트양 = $4.61m^3$

② 벽체 콘크리트양
$V[m^3] = L \times H \times t$
$= (4.8 \times 3.2 \times 0.25 \times 2$개$)$
$+ (5.8 \times 3.2 \times 0.25 \times 2$개$)$
$= 16.96$
∴ 벽체 콘크리트양 = $16.96m^3$

학습 POINT

✿ 칠면적 배수표는 2013년 품셈에서 삭제
✿ 작은 수치 = 간단한 구조
큰 수치 = 복잡한 구조

③ 칠면적 배수표

구분		소요면적	비고
목재면	양판문(양면칠)	안목면적×3.0 ~ 4.0	문틀, 문선 포함
	유리양판문(양면칠)	안목면적×2.5 ~ 3.0	문틀, 문선 포함
	플러시도어(양면칠)	안목면적×2.7 ~ 3.0	문틀, 문선 포함
	오르내리창(양면칠)	안목면적×2.5 ~ 3.0	문틀, 문선, 창선반 포함
	미서기창(양면칠)	안목면적×1.1 ~ 1.7	문틀, 문선, 창선반 포함
철재면	철문(양면칠)	안목면적×2.4 ~ 2.6	문틀, 문선 포함
	새시(양면칠)	안목면적×1.6 ~ 2.0	문틀, 창선반 포함
	셔터(양면칠)	안목면적×2.6	박스 포함
징두리판면, 두겁대, 걸레받이		바탕 면적×1.5 ~ 2.5	–
철격자(양면칠)		표면적×1.2	–
철제 계단(양면칠)		안목면적×0.7	–
파이프 난간(양면칠)		경사면적×3.0 ~ 5.0	–
기와가락 잇기(외쪽면)		높이×길이×0.5 ~ 1.0	–
큰골 함석지붕(외쪽면)		지붕 면적×1.2	–
작은골 함석지붕(외쪽면)		지붕 면적×1.2	–
철골(표면)		보통 구조(33 ~ 55m²/t) 큰 부재가 많은 구조(23 ~ 26.4m²/t) 작은 부재가 많은 구조(55 ~ 66m²/t)	

④ 도료의 할증률

종류	할증률[%]
도료	2

03 내장공사

3.1 바닥용 내장재의 수량 산출

① 재료의 종류, 규격, 시공방법별로 구분하여 정미면적[m^2]으로 산출한다.
② 재료별 할증률 및 품셈 기준[m^2]

구분	할증수량	접착제[kg]	내장공[인]	보통 인부[인]
PVC타일 (비닐타일, 리놀륨타일, 아스팔트타일 등)	1.05 (할증률: 5%)	0.24 ~ 0.45	0.053	0.020
카펫	1.10 (할증률: 10%)	0.1	0.052	0.020

3.2 벽, 천장용 내장재의 수량 산출

① 재료의 종류, 규격, 시공방법별로 구분하여 정미면적[m^2]으로 산출한다.
② 재료별 할증률 및 품셈 기준[m^2당]

구분		할증수량	못[kg]	본드[kg]	목공, 내장공[인]	보통 인부[인]
합판	일반용	1.03(3%)	0.04	0.27	0.060	0.006
	수장용	1.05(5%)			0.065	0.007
코르크판		1.05(5%)			0.050	0.050
석고판	못붙임용	1.05(5%)	0.035	–	0.066	0.032
	본드붙임용	1.08(8%)	–	2.43	0.030	0.013
텍스		1.05(5%)	0.035	–	0.050	0.010

3.3 도배공사의 수량 산출

① 도배 면적은 재료, 재질, 바름 부위별로 구분하여 정미면적[m^2]으로 산출한다.
② 재료별 할증수량[m^2당]

구분	할증수량	비고
초배, 재배, 벽지	1.20(할증률: 20%)	천장은 본품의 30% 가산
장판지	1.10(할증률: 10%)	–
창호지	2매(장)	1매 규격: 97cm×55cm

3.4 커튼공사의 수량 산출

① 커튼 수량은 재질, 모양, 치수별로 구분하여 창호의 정미면적[m^2]으로 산출한다.
② 커튼감은 주름잡기를 고려하여 창호 면적의 1.5 ~ 2배 정도로 산출한다.

구분	할증수량	비고
커튼 면적	1.5 ~ 2배	주름커튼 기준

04 지붕공사

(1) 지붕 면적의 산출

지붕 면적은 도면을 기준으로 정미면적[m^2]으로 산출한다.

(2) 물매

경사의 정도를 말하며, 지붕의 경사를 나타낼 때 사용한다.

학습 POINT

학습 POINT

① 물매를 통한 빗변 길이를 확인한다.
  • 피타고라스의 정리 또는 삼각함수
② 한 지붕면 면적의 산출
  • 직사각형 또는 둔각삼각형
③ 전체 면적의 합산
  • 기와량 산출(평기와 단위수량: 14매)

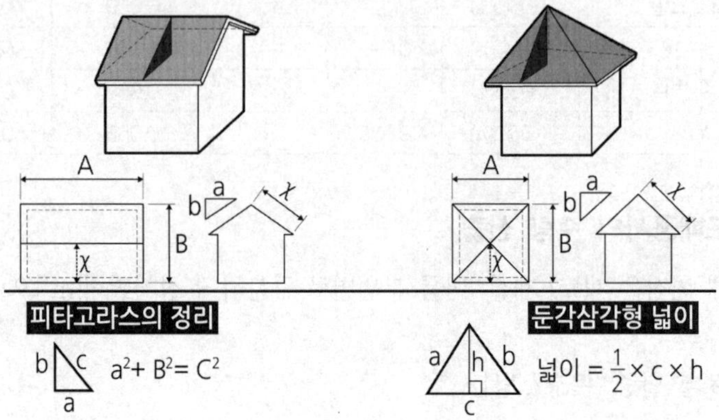

[지붕 면적의 산출]

연습문제

01 다음 그림과 같은 철근콘크리트조 건물에서 벽체와 기둥의 거푸집양을 산출하시오. (단, 높이는 3m로 한다.) [4점]

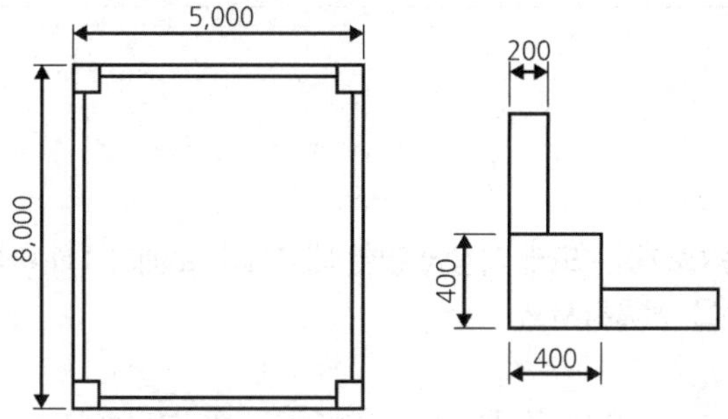

[평면도] [상세도]

02 문틀이 복잡한 양판문의 규격이 900mm×2100mm이다. 양판문 개수가 20매일 때 전체 칠 면적을 산출하시오. [2점]

03 문틀이 복잡한 플러시도어의 규격이 0.9m×2.1m이다. 양면을 모두 칠할 때 전체 칠 면적을 산출하시오. (단, 문 매수는 20개이며, 문틀 및 문선을 포함한다.) [3점]

해답

01

① 기둥 거푸집양

$A[\text{m}^2] = 2(a+b)\times H$

$= 2(0.4+0.4)\times 3\times 4$개

$= 19.2$

② 벽체 거푸집양

$A[\text{m}^2] = L\times H\times 2$

$= (4.2\times 3\times 2)\times 2$

$+ (7.2\times 3\times 2)\times 2$

$= 136.8$

∴ 거푸집양 $= 19.2 + 136.8$

$= 156\text{m}^2$

※ 거푸집양 산출 시 접한 부분이 (기둥+벽체) 개소당 1m^2 이하일 때 공제하지 않는다.

02

칠 면적

$= 0.9\text{m}\times 2.1\text{m}\times 20$개$\times 4$배

$= 151.2$

∴ 칠 면적 $= 151.2\text{m}^2$

03

칠 면적

$= 0.9\text{m}\times 2.1\text{m}\times 20$개$\times 3$배

$= 113.4$

∴ 칠 면적 $= 113.4\text{m}^2$

해답

04

칠 면적

= 0.9m×2.1m×40개×3배

= 226.8

∴ 칠 면적 = 226.8m²

05

① 천장면 = 4.5×6 = 27m²

② 벽면 = {2(4.5 + 6.0)×2.6}

− {(0.9×2.1) + (1.5×3.6)}

= 54.6 − 7.29

= 47.31m²

∴ 도배 면적 = 천장면 + 벽면

= 27 + 47.31

= 74.31m²

06

① 아스팔트타일 붙임면적

※ 아스팔트타일 할증률: 5%

방1 = {(18 − 0.3)×(8 − 0.3)}

= 136.29m²

방2 = {(6 − 0.3)×(8 − 0.3)}

= 43.89m²

∴ 아스팔트타일 소요량

= (136.29 + 43.89)×1.05

= 180.18×1.05

= 189.2m²

② 석고판 붙임면적

※ 석고판(본드붙임용) 할증률: 8%

방1 = {2(17.7 + 7.7)×4.2}

− {(1.5×1.5×3) + (2.4×2.6×1) + (0.9×2.1×1)}

= 213.36 − 14.88

= 198.48

방2 = {2(5.7 + 7.7)×4.2}

− {(1.2×0.9×1) + (1.2×2.5×1) + (0.9×2.1×1)}

= 112.56 − 5.97

= 106.59

∴ 석고판 소요량

= (198.48 + 106.59)×1.08

= 305.07×1.08

= 329.48m²

04 출입문의 규격이 900mm×2100mm이며, 양판문이다. 전체 칠 면적을 산출하시오. (문 매수는 40개의 간단한 구조의 양면칠) [2점]

05 다음 〈보기〉는 도배 시공에 관한 내용이다. 초배지 1회 바름 시 필요한 도배 면적을 산출하시오. [4점]

> 보기
> ① 바닥면적 = 4.5m×6.0m ② 높이 = 2.6m
> ③ 문 크기 = 0.9m×2.1m ④ 창문 크기 = 1.5m×3.6m

06 다음 그림과 같은 평면도의 바닥에 아스팔트타일로 마감하고 내벽에는 석고판을 본드로 접착하여 마감했을 경우의 소요 재료량을 산출하시오. (단, 벽두께는 30cm이고 벽높이는 4.2m이다.) [4점]

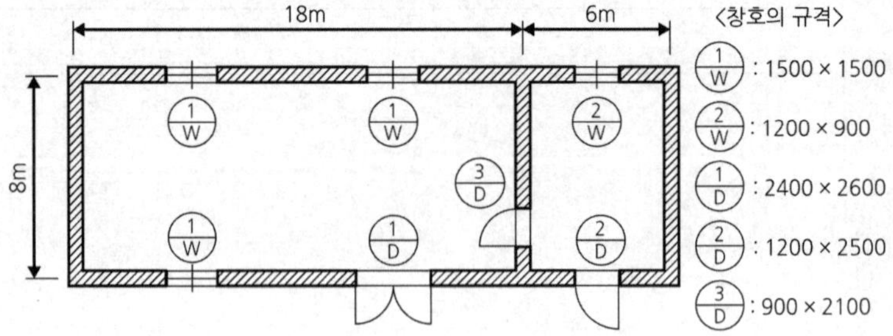

07 아래 도면을 보고 지붕 면적을 산출하시오. (단, 지붕 물매는 4/10) [4점]

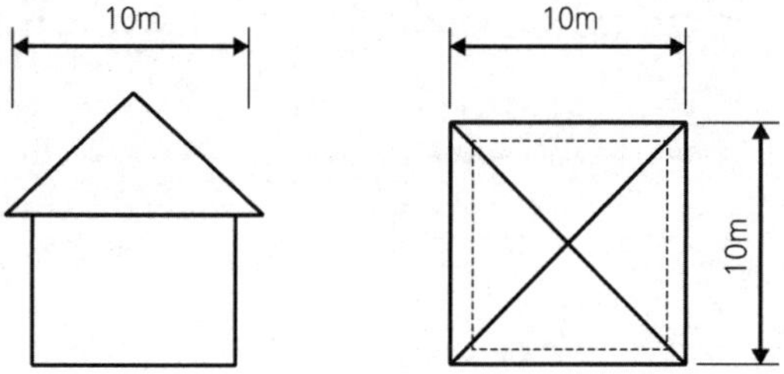

해답

07

① 지붕 높이 산정

$10:4=5:x$

$x=2\text{m}$

② 빗변 길이 산정

$y^2=5^2+2^2=29$

$y=\sqrt{29}=5.385$

③ 지붕 면적 $=\dfrac{10\times5.385}{2}\times4$

$=107.7$

∴ 지붕 면적 $=107.7\text{m}^2$

MEMO

PART 03

공정

실내건축산업기사 시공실무

chapter 01 공정계획

01 공정관리

1.1 용어의 이해

공정관리	공정계획
지정된 공사기간 내에 양질의 품질을 보다 경제적으로 안전하게 만들기 위해 공사일정을 계획하고 조정하는 기법	공사를 공기 내에 완성시키기 위하여 여러 가지 작업 공정의 순서와 시공속도를 결정하는 계획(도표화 = 공정표)

1.2 공정계획의 4요소

① 공사 내용
② 노무 수배
③ 공사 시기
④ 공사 수량

1.3 공정관리의 순서

① 단위작업으로 분해	• 분류체계: WBS(작업), OBS(조직), CBS(원가)
↓	
② 네트워크 작성	• 작업 순서대로 연결
↓	
③ 각 작업의 시간 산정	• 경험공사(CPM기법), 무경험공사(PERT기법)
↓	
④ 일정 계산	• 계산공기, 지정공기
↓	
⑤ 공기조정	• 공기단축: MCX이론(최소비용이론)
↓	
⑥ 공정표 작성	• 네트워크 공정표

학습 POINT

산업 실내건축산업기사 시공실무 출제
기사 실내건축기사 시공실무 출제

✿ 시공관리의 목표
① 공정관리
② 품질관리
③ 원가관리
(①~③: 3대 목표)
④ 안전관리

✿ 공정계획의 4요소 산업 기사

✿ 공정관리의 순서 기사

학습 POINT

✿ 공정표의 종류 4가지 산업 기사

✿ 열기식 공정표의 특징 산업

• 열기식 공정표 예시

공사명	일수	노무자	자재	장비
가설공사	3일	가설공 3	틀파이프	
조적공사	5일	조적공 2	벽돌 100 모르타르 10	믹서기
미장공사	2일	미장공 3	모르타르 30	믹서기
도장	1일	도장공 2	페인트 10	컴프레서

✿ 사선식 공정표의 개요 산업 기사

• 진도관리곡선

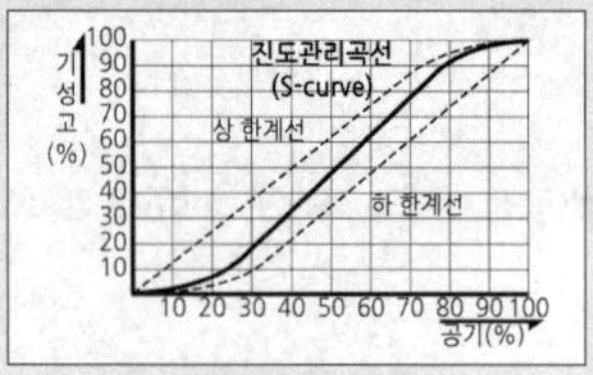

• 사선식 공정표 예시

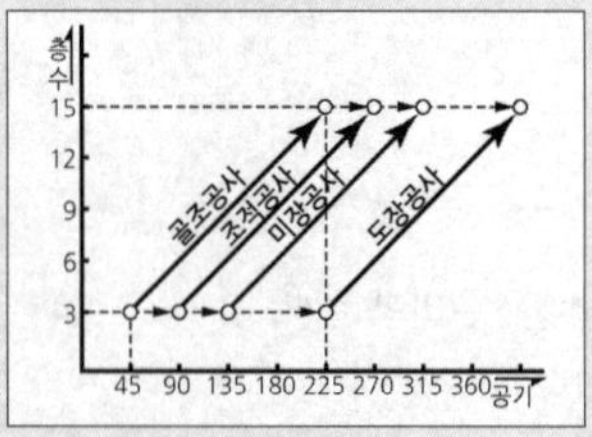

✿ 횡선식 공정표의 특성 산업 기사

• 횡선식 공정표 예시

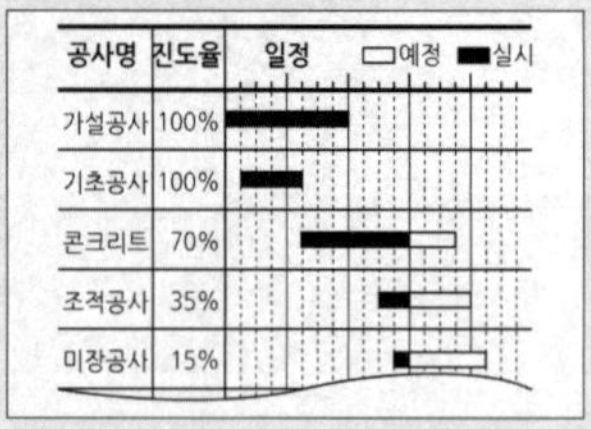

02 공정표

2.1 공정표의 종류

(1) 열기식 공정표

① 개요	축 열거 형식으로 작업명, 작업일수, 노무, 장비 등을 나열한 형태로 노무와 재료 수배를 계획할 목적으로 작성하는 공정표
② 장점	**노무자와 재료 수배에 용이하다.**
③ 단점	각 부분 공사와 상호 간의 지속관계 파악이 어렵다.

(2) 사선식 공정표

① 개요	• 작업의 관련성을 나타낼 수는 없으나 공사의 진행 상황을 표시하는 데 편리한 공정표로서 세로에 공사량, 총인부 등을 표시하고 가로에 월, 일수 등을 취하여 일정한 사선절선을 가지고 공사의 진행 상태를 그래프로 나타낸 공정표
② 장점	• **전체 기성고** 및 시공속도의 파악이 용이하다. • 노무자와 재료의 수배에 용이하다. • 예정과 실적의 차이를 파악하기 쉽다. • 네트워크 공정표의 보조 수단으로 사용이 가능하다.
③ 단점	• 개개작업의 조정을 할 수가 없다. • 보조적 수단에만 사용한다. • 작업 상호 간의 관계가 불분명하다.

(3) 횡선식 공정표(bar chart, Gantt chart)

① 개요	• 세로축에 공사 종목별 각 공사명을 배열하고 가로축에 날짜를 표기한 다음 공사명별 공사의 소요기간을 횡선의 길이로 나타내는 공정표
② 장점	• 각 공정별 공사와 전체의 공정시기 등이 일목요연하다. • 각 공정별 공사의 착수 및 완료일이 명시되어 판단이 용이하다. • 공정표가 단순하여 경험이 적은 사람도 이해하기 쉽다.
③ 단점	• 작업 상호 간의 관계가 불분명하다. • 주공정선을 파악할 수 없으므로 관리 통제가 어렵다. • 작업 상호 간의 유기적인 관련성과 종속관계를 파악할 수 없다. • 작업 상황이 변동되었을 때 탄력성이 없다. • 한 작업이 다른 작업 및 프로젝트에 미치는 영향을 파악할 수 없다.

(4) 네트워크(network) 공정표

① 개요	• 각 작업의 상호관계를 네트워크로 표현하는 수법으로 각 작업에 필요한 시간을 주어 총괄적인 관점에서 관리를 진행시키는 수법이며, 그 수법으로 CPM기법과 PERT기법이 사용된다.
② 장점	• 공사계획의 전모와 공사 전체의 파악을 용이하게 할 수 있다. • 각 작업의 흐름과 작업 상호관계가 명확하게 표시된다. • 계획 단계에서 문제점이 파악되므로 작업 전에 수행이 가능하다. • 주공정선(중점관리 대상 작업)이 명확하다. • 각 작업 상호 간의 유기적 관계가 분명하다.
③ 단점	• 작성시간이 오래 걸린다. • 작성 및 검사에 특별한 기능이 요구된다. • 기법의 표현상 세분화에 한계가 있다. • 실제 공사에서 네트워크와 같이 구분하여 이행되지 못하므로 진척 관리에 특별한 연구가 필요하다.

※ CPM기법과 PERT기법의 주요 특징

구분	CPM (Critical Path Method)	PERT (Program Evalution and Review Technique)
개발 배경	• 1956년 미국의 듀퐁(Dupont)사에서 연구 개발	• 1958년 미 해군 폴라리스(Polaris) 핵 잠수함 함대 탄도탄(FBM) 개발에 응용
주목적	• 공사비 절감	• 공기단축
주대상	• 경험이 있는 사업, 반복사업 등	• 신규사업, 경험이 없는 사업, 비반복사업 등
소요시간 추정	• 작업시간의 1점 추정 $T_e = t_m$	• 작업시간의 3점 추정 $T_e = \dfrac{t_o + 4t_m + t_p}{6}$
일정 계산	• 작업(activity) 중심 • EST, EFT, LST, LFT	• 과정(event) 중심 • ET, LT
여유시간	• Float(TF, FF, DF)	• Slack
MCX이론 (최소비용)	• CPM의 핵심이론	• 없다

※ MCX(Minimum Cost eXpediting): 최소비용으로 최적의 공기를 구하는 것으로 최적 시공속도(경제속도)를 구하는 이론체계

학습 POINT

✿ 네트워크 공정표의 개요 기사

✿ 네트워크 공정표 특징 산업 기사

• 네트워크 공정표 예시

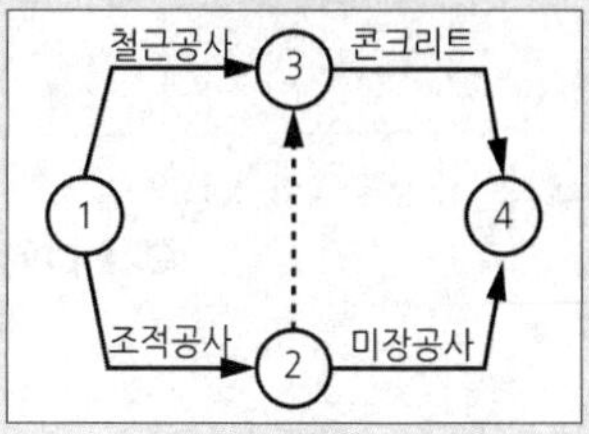

✿ PERT기법 3점 추정식 산업 기사

낙관시간, 정상시간, 비관시간

• T_e: 평균 기대시간
• t_0: 낙관 시간치
• t_m: 정상 시간치
• t_p: 비관 시간치

학습 POINT

03 네트워크(network) 공정표

3.1 구성요소

✿작업(activity, job) 용어 설명 산업 기사

✿더미(dummy) 용어 설명 산업 기사

용어	기호	내용
결합점 (event, node)	◯ (넘버링)	• 네트워크 공정표에서 작업의 개시 및 종료 또는 작업과 작업 간의 연결점을 나타낸다. • 결합점에는 작업의 진행 방향으로 큰 번호를 부여한다.
작업 (activity, job)	(작업명) ──→ (작업일수)	• 네트워크 공정표에서 단위작업을 나타내는 기호 • 실선의 화살표로 표현되며, 화살표 위에는 작업명, 아래에는 작업일(시간)을 나타낸다. • 화살표의 길이는 작업 소요일수와 관계가 없다.
더미 (dummy)	- - - - -→	• 화살표로 표현할 수 없는 작업의 상호관계를 표시하는 점선 화살표 • 명목상 작업으로 실제 작업이나 시간적 요소가 없는 것이다. ① Numbering dummy: 결합점에 번호를 붙일 때 생기는 더미로서 중복작업을 피하기 위해 필요한 더미 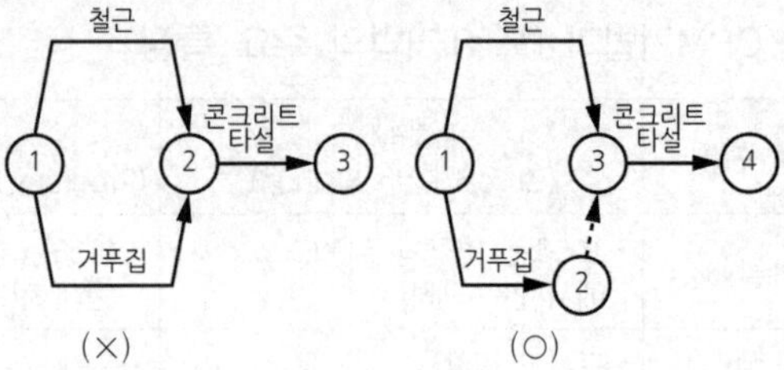 ② Logical dummy: 작업의 선후관계를 규정하기 위해 필요한 더미 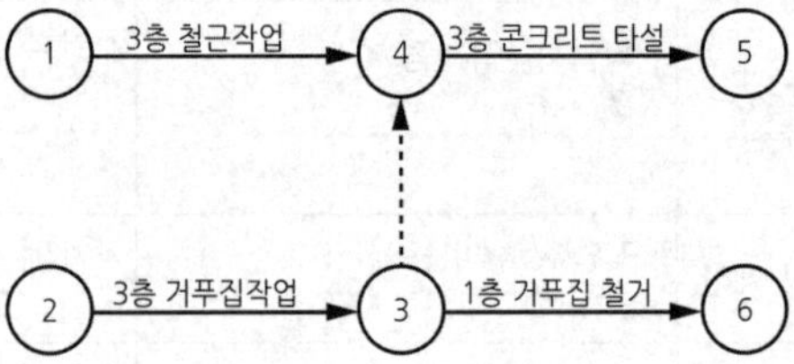

3.2 경로(path)

네트워크 공정표상에서 둘 이상의 작업이 연결된 경로

✿경로(path) 용어 설명 산업 기사

✿최장패스(LP) 용어 설명 산업 기사

✿주공정선(CP) 용어 설명 산업 기사

용어	기호	내용
최장패스 (Longest Path)	LP	임의의 두 결합점의 경로 중 소요시간이 가장 긴 경로
주공정선 (Critical Path)	CP	개시 결합점에서 종료 결합점에 이르는 경로 중 가장 긴 경로로 공정표상 굵은 실선으로 표현한다.

3.3 시간

네트워크 공정표상에서 작업의 전후 관계에 따른 시간(일수)

✿EST 용어 설명 산업 기사

용어	기호	내용	비고
가장 빠른 개시시각 (Earliest Starting Time)	EST	작업을 개시하는 가장 빠른 시각	CPM기법 (작업)

용어	기호	내용	비고
가장 빠른 종료시각 (Earliest Finishing Time)	EFT	작업을 종료할 수 있는 가장 빠른 시각	CPM기법 (작업)
가장 늦은 개시시각 (Latest Starting Time)	LST	공기에 영향이 없는 범위에서 작업이 가장 늦은 개시시각	
가장 늦은 종료시각 (Latest Finishing Time)	LFT	공기에 영향이 없는 범위에서 작업이 가장 늦은 종료시각	
가장 빠른 결합점 시각 (Earliest node Time)	ET	최초의 결합점에서 대상의 결합점에 이르는 가장 긴 경로를 통과하여 가장 빨리 도달되는 결합점 시각	PERT기법 (결합점)
가장 늦은 결합점 시각 (Latest node Time)	LT	임의의 결합점에서 최종 결합점에 이르는 가장 긴 경로를 통과하여 종료시각에 도달할 수 있는 개시시각	

3.4 공기

공사기간에는 지정공기와 계산공기가 있으며, 계산공기는 항상 지정공기보다 작거나 같아야 하고, 두 공기 간의 차이를 없애는 작업을 공기조절(공기단축)이라고 한다.

용어	기호	내용
지정공기	T_O	발주자에 의해 미리 지정되어 있는 공기
계산공기	T	네트워크의 일정 계산으로 구해진 공기
간공기(잔여공기)		어떤 결합점에서 완료되는 시점에 이르는 최장 경로의 소요시간

3.5 여유시간

공사를 종료하는 데 지장을 주지 않는 범위 내에서의 잔여시간

(1) 플로트(float)

네트워크 공정표에서 작업의 여유시간

용어	기호	내용
전체 여유 (Total Float)	TF	가장 빠른 개시시각에 시작하여 가장 늦은 종료시각으로 완료할 때 생기는 여유시간(TF = LFT − EFT)
자유여유 (Free Float)	FF	가장 빠른 개시시각에 시작하여 후속작업도 가장 빠른 개시시각에 시작해도 존재하는 여유시간 (FF = 후속작업의 EST − 선행작업의 EFT)
간섭여유 (Dependent Float)	DF	후속작업의 전체 여유(TF)에 영향을 주는 여유시간 (DF = TF − FF)

(2) 슬랙(slack)

네트워크 공정표에서 결합점이 가지는 여유시간

학습 POINT

- EFT 용어 설명 산업 기사
- LST 용어 설명 산업 기사
- LFT 용어 설명 산업 기사
- ET 용어 설명 산업 기사
- LT 용어 설명 산업 기사
- 네트워크에서 공기를 둘로 나누어 생각할 수 있는데, 그 하나는 미리 건축주로부터 결정된 공기로서 이것을 (지정공기)라 하고, 다른 하나는 일정을 진행 방향으로 산출하여 구한 (계산공기)인데, 이러한 두 공기 간의 차이를 없애는 작업을 (공기조절)이라 한다. 산업 기사
- 지정공기 용어 설명 산업 기사
- 계산공기 용어 설명 산업 기사
- 간공기 용어 설명 기사
- 플로트(float) 용어 설명 기사
- 여유시간 종류 산업 기사
- TF(전체 여유) 용어 설명 산업 기사
- FF(자유여유) 용어 설명 산업 기사
- DF(간섭여유) 용어 설명 기사
- 슬랙(slack) 용어 설명 산업 기사

chapter 01

연습문제

해답

01

① 공사 내용
② 노무 수배
③ 공사 시기
④ 공사 수량

02

② → ③ → ① → ④ → ⑥ → ⑤

03

① 사선식 공정표
② 횡선식 공정표
③ 열기식 공정표
④ 네트워크 공정표

04

각 공정별 공사와 전체의 공정시기 등이 일목요연하고, 공사의 착수 및 완료일이 명시되어 판단이 용이하며, 공정표가 단순하여 경험이 적은 사람도 이해하기 쉽다.

05

전체 기성고 및 시공속도의 파악이 용이하고, 노무자와 재료의 수배에 용이하며, 예정과 실적의 차이를 파악하기 쉽다.

---

01 공정계획의 요소 4가지를 쓰시오. [4점]

① ________ ② ________
③ ________ ④ ________

02 다음 〈보기〉에서 네트워크 수법의 공정계획 수립 순서를 쓰시오. [3점]

보기
① 각 작업의 작업시간 산정
② 전체 프로젝트를 단위작업으로 분해
③ 네트워크 작성
④ 일정 계산
⑤ 공정도 작성
⑥ 공사기일 조정

____

03 공정표의 종류 4가지를 쓰시오. [4점]

① ________ ② ________
③ ________ ④ ________

04 횡선식 공정표의 특성을 기술하시오. [2점]

____

05 사선식 공정표의 특성을 기술하시오. [2점]

____

06 다음 횡선식 공정표와 사선식 공정표의 장점을 〈보기〉에서 고르시오.

[4점]

보기
① 공사의 기성고를 표시하는 데 편리하다.
② 각 공정별 전체의 공정시기가 일목요연하다.
③ 각 공정별 착수 및 종료일이 명시되어 판단이 용이하다.
④ 전체 공사의 진척 정도를 표시하는 데 유리하다.

(가) 횡선식 공정표: ____________ (나) 사선식 공정표: ____________

07 다음 설명에서 뜻하는 공정표를 쓰시오.

[2점]

작업의 연관성을 나타낼 수 없으나, 공사의 기성고 표시에 대단히 편리하다. 공사 지연에 대해 조속한 대처를 할 수 있으며, 절선 고정표라고도 불린다.

____

08 다음은 화살형 네트워크에 관한 설명이다. 해당되는 용어를 쓰시오.

[4점]

① 프로젝트를 구성하는 작업단위
② 화살선으로 표현할 수 없는 작업의 상호관계를 표시하는 화살표
③ 작업의 여유시간
④ 결합점이 가지는 여유시간

① ____________ ② ____________
③ ____________ ④ ____________

09 공정표상에서 주공정선(critical path)에 대해 기술하시오.

[3점]

____

해답

06
(가) 횡선식 공정표: ②, ③
(나) 사선식 공정표: ①, ④

07
사선식 공정표

08
① 작업(activity, job)
② 더미(dummy)
③ 플로트(float)
④ 슬랙(slack)

09
개시 결합점에서 종료 결합점에 이르는 경로 중 가장 긴 경로

해답

10

① 작업을 개시하는 가장 빠른 시각
② 임의의 결합점에서 최종 결합점에 이르는 가장 긴 경로를 통과하여 종료시각에 도달할 수 있는 개시시각
③ 개시 결합점에서 종료 결합점에 이르는 경로 중 가장 긴 경로
④ 가장 빠른 개시시각에 시작하여 후속작업도 가장 빠른 개시시각에 시작해도 존재하는 여유시간

11

① 작업을 개시하는 가장 빠른 시각
② 어떤 결합점에서 완료되는 시점에 이르는 최장 경로의 소요시간
③ 네트워크 공정표에서 결합점이 가지는 여유시간
④ 네트워크 공정표상에서 둘 이상의 작업이 연결된 경로

12

① 주공정선(CP)
② 더미(dummy)
③ 자유여유(FF)
④ 전체 여유(TF)

13

① TF(전체 여유)
② FF(자유여유)
③ DF(간섭여유)
④ IF(독립여유)

10 다음 용어를 설명하시오. [4점]

① EST: ______
② LT: ______
③ CP: ______
④ FF: ______

11 다음 용어를 간단히 설명하시오. [4점]

① EST: ______
② 간공기: ______
③ Slack: ______
④ Path: ______

12 다음 설명이 뜻하는 용어를 쓰시오. [4점]

① 네트워크 공정표에서 개시 결합점에서 종료 결합점에 이르는 가장 긴 패스
② 네트워크 공정표에서 작업의 상호관계를 연결시키는 데에 사용되는 점선 화살표
③ 공정에서 가장 빠른 개시시각에 작업을 시작하여 후속작업도 가장 빠른 개시시각에 시작해도 존재하는 여유시간
④ 가장 빠른 개시시각에 시작하여 가장 늦은 종료시각으로 완료할 때 생기는 여유시간

① ______ ② ______
③ ______ ④ ______

13 CPM 네트워크 공정표에서 소유할 수 있는 여유 4가지를 기술하시오. [4점]

① ______ ② ______
③ ______ ④ ______

14 Network 공정표의 특징을 4가지 쓰시오. [4점]

① ______
② ______
③ ______
④ ______

15 다음은 네트워크 공정표의 용어 해설이다. 알맞은 용어를 쓰시오. [3점]

① 임의의 결합점에서 최종 결합점에 이르는 경로 중 시간적으로 가장 긴 경로를 통과하여 종료시각에 도달할 수 있는 개시시각
② 임의의 두 결합점 간의 경로 중 소요시간이 가장 긴 경로

① ______ ② ______

16 횡선식 공정표의 특징 3가지를 쓰시오. [3점]

① ______
② ______
③ ______

17 노무자와 재료 수배를 계획할 목적으로 작성하는 공정표의 종류를 쓰시오. [2점]

______

18 다음은 공정계획에 관한 용어 설명이다. 해당되는 용어를 쓰시오. [4점]

① 네트워크 시간 계산에 의하여 구하여진 공기
② 가장 빠른 개시시각에 작업을 시작하고, 후속작업도 가장 빠른 개시시각에 시작해도 존재하는 여유시간

① ______ ② ______

해답

14
① 공사계획의 전모와 공사 전체의 파악을 용이하게 할 수 있다.
② 각 작업의 흐름과 작업 상호관계가 명확하게 표시된다.
③ 계획 단계에서 문제점이 파악되므로 작업 전에 수행이 가능하다.
④ 주공정선(CP)이 명확하다.
• 각 작업 상호 간의 유기적 관계가 분명하다.

15
① LT
② LP

16
① 각 공정별 공사와 전체의 공정시기 등이 일목요연하다.
② 각 공정별 공사의 착수 및 완료일이 명시되어 판단이 용이하다.
③ 공정표가 단순하여 경험이 적은 사람도 이해하기 쉽다.

17
열기식 공정표

18
① 계산공기
② 자유여유(FF)

19 사선식 공정표의 특성을 4가지 쓰시오. [4점]

① ____________________

② ____________________

③ ____________________

④ ____________________

20 다음 〈보기〉에서 해당하는 용어를 고르시오. [3점]

보기
① 가장 빠른 개시시각　② 가장 늦은 개시시각
③ 가장 빠른 완료시각　④ 가장 빠른 결합점 시일
⑤ 가장 늦은 완료시각　⑥ 가장 늦은 결합점 시일

(가) EST : ________ (나) LFT : ________ (다) ET : ________

(라) EFT : ________ (마) LST : ________ (바) LT : ________

21 네트워크 공정계획에서 사용되는 PERT와 CPM의 특징을 간략하게 비교 설명하시오. [3점]

____

____

22 PERT기법에 의한 공정관리에 있어서 기대시간 추정은 3점 추정에 의한 다음 식으로 산정하는데 식에서 제시한 각 번호는 무슨 시간에 해당하는가? [3점]

$$기대시간(T_e) = \frac{(\ ①\ ) + 4(\ ②\ ) + (\ ③\ )}{6}$$

① ________ ② ________ ③ ________

해답

19

① 전체 기성고 및 시공속도의 파악이 용이하다.
② 노무자와 재료의 수배에 용이하다.
③ 예정과 실적의 차이를 파악하기 쉽다.
④ 네트워크 공정표의 보조 수단으로 사용이 가능하다.

20

(가) ①　(나) ⑤
(다) ④　(라) ③
(마) ②　(바) ⑥

21

PERT는 경험이 없는 사업에 적용되며, 공기단축을 목적으로 MCX이론이 없는 반면, CPM은 경험이 있는 사업에 적용되고, 공사비 절감을 목적으로 MCX이론이 적용된 공정계획

22

① 낙관 시간치(t_o)
② 정상 시간치(t_m)
③ 비관 시간치(t_p)

chapter 02

네트워크 공정표 작성

01 작성 원칙

1.1 기본 원칙

구분	세부 내용
공정의 원칙	• 작업에 대응하는 결합점이 표시되어야 하고, 그 작업은 하나로 한다. 〈예시〉 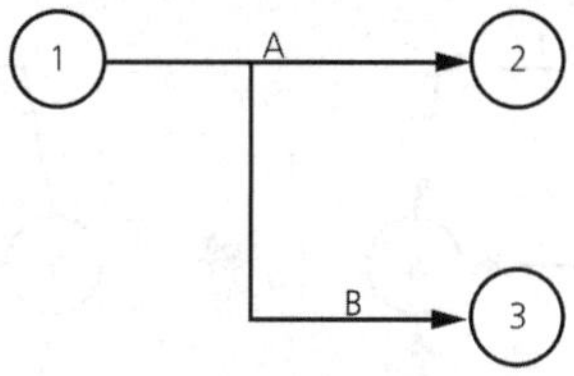 ※ 공정표상에서 각 작업은 독립성을 보장하기 위해 반드시 결합점에서 개시, 종료가 이뤄지며, 〈예시〉에서 B작업은 개시 결합점이 없으므로 공정의 원칙에 위배
단계의 원칙	• 네트워크 공정표에서 반드시 선행작업이 종료된 후 후속작업을 개시할 수 있다. • 결합점을 중심으로 종료되는 모든 작업이 결합점에서 시작되는 모든 작업의 선행작업이며, 결합점에서 시작되는 모든 작업이 결합점에서 종료되는 모든 작업의 후속작업이다. • 더미(dummy)가 있는 경우에도 선행과 후속의 연속개념으로 본다. 〈예시〉 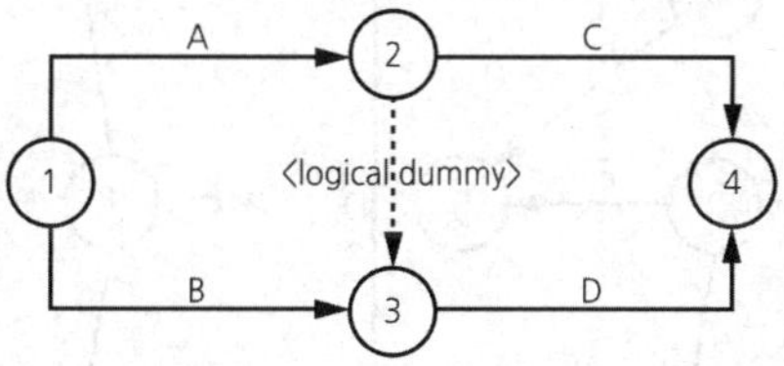 ※ 〈예시〉에서 A의 후속작업: C·D, B의 후속작업: D, C의 선행작업: A, D의 선행작업 : A·B
활동의 원칙	• 네트워크 공정표에서 각 작업의 활동은 보장되어야 한다. 〈예시〉 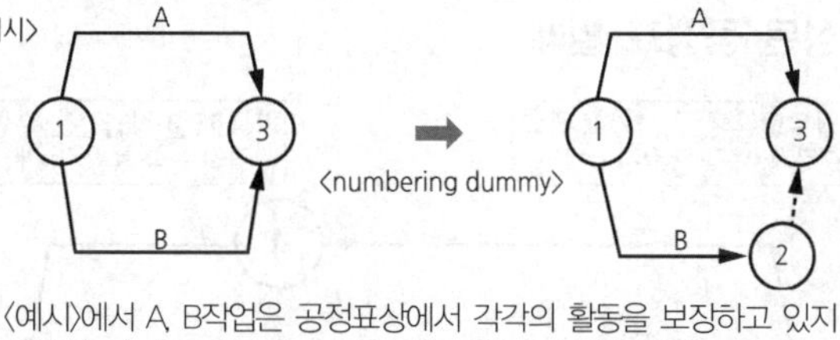 ※ 〈예시〉에서 A, B작업은 공정표상에서 각각의 활동을 보장하고 있지 못하므로 우측과 같이 표시하여 작업의 활동이 보장되게 한다.
연결의 원칙	• 네트워크 공정표의 최초 개시 결합점과 최종 종료 결합점은 반드시 하나씩이어야 한다. 〈예시〉 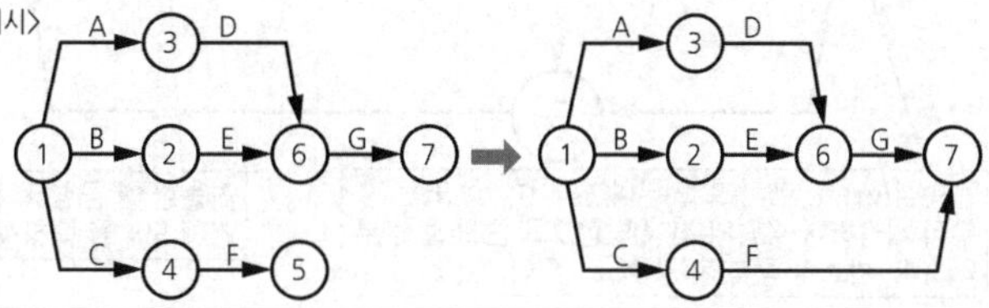

학습 POINT

산업 실내건축산업기사 시공실무 출제
기사 실내건축기사 시공실무 출제

✿ 네트워크 공정표의 기본 원칙 4가지

학습 POINT

1.2 일반 원칙

① 무의미한 더미(dummy)는 생략한다.

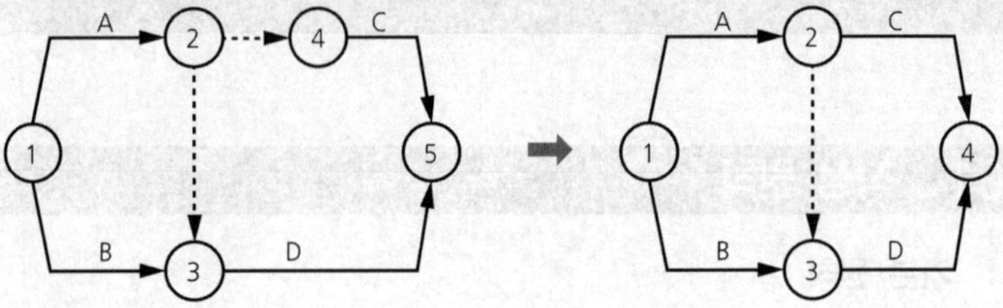

② 가능한 한 작업 상호 간의 교차는 피하도록 한다.

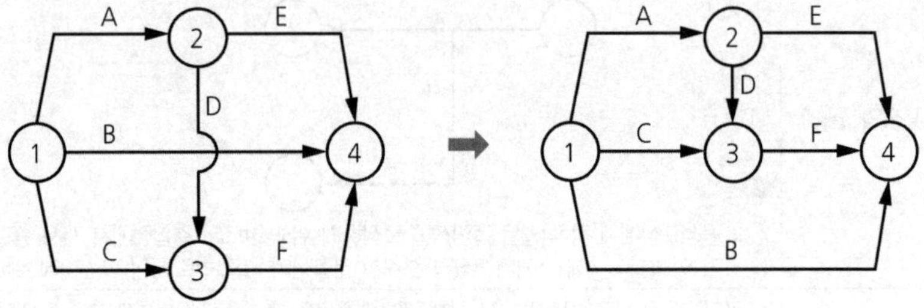

③ 역진 혹은 회송되어서는 안 된다.

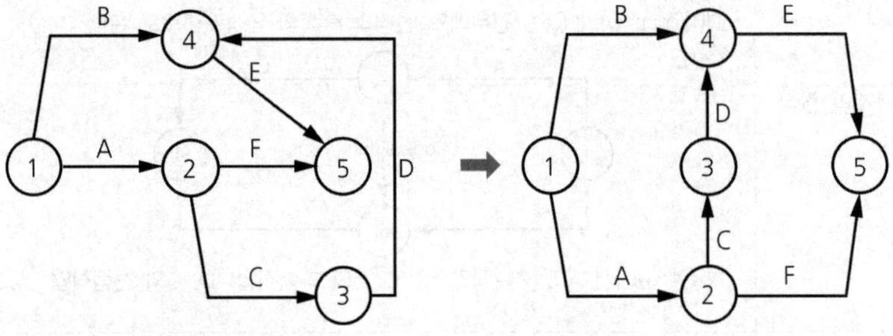

1.3 완성된 공정표 일례

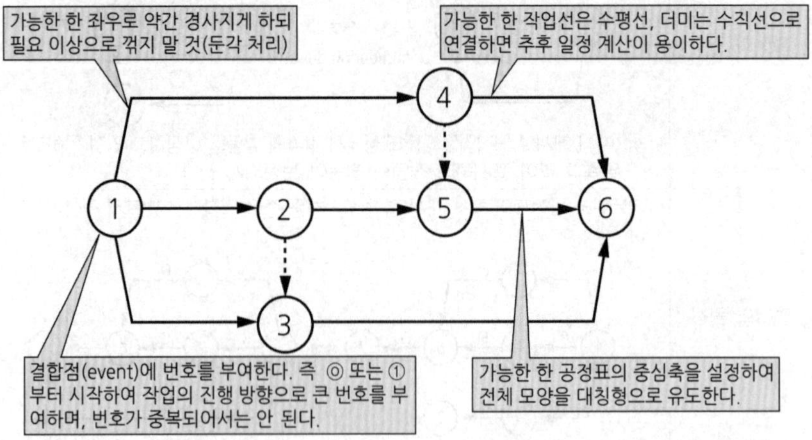

02 공정표 작성

(1) ②, ④의 결합점(event) 사이에 2개의 작업 A, B가 존재할 때

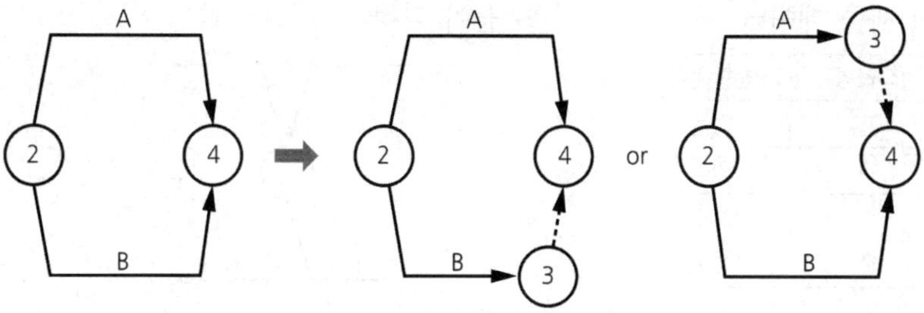

① 단, 작업일수가 많은 작업을 주작업선으로 처리하며, 작업일수가 적은 작업을 별도의 이벤트 생성 및 더미로 연결한다.

(2) ②, ⑤의 결합점(event) 사이에 3개의 작업 A, B, C가 존재할 때

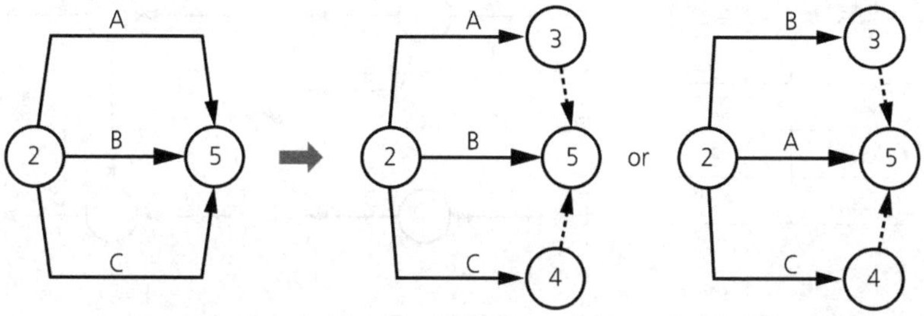

① 단, 작업일수가 많은 작업을 주작업선으로 처리하며, 작업일수가 적은 작업을 별도의 이벤트 생성 및 더미로 연결한다.

(3) A작업의 후속작업이 B, C일 때

① 제공 데이터

작업명	선행관계
A	없음
B	A
C	A

② 풀이 과정

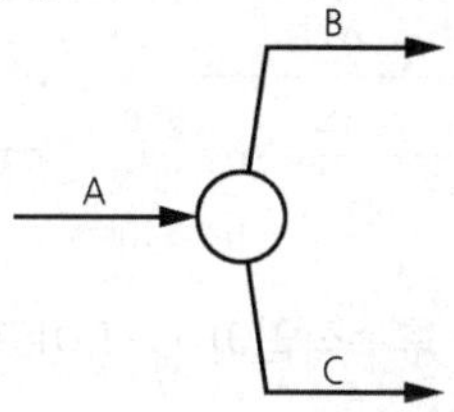

(4) A, B작업의 후속작업이 C일 때

① 제공 데이터

작업명	선행관계
A	없음
B	없음
C	A, B

② 풀이 과정

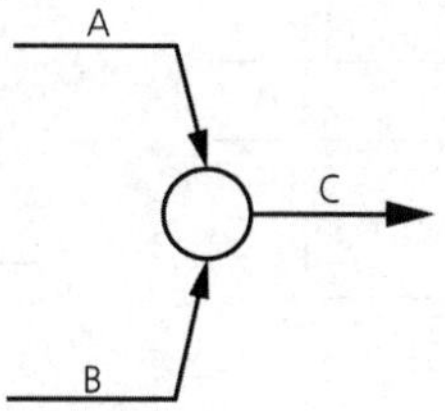

학습 POINT

(3)의 완성 공정표

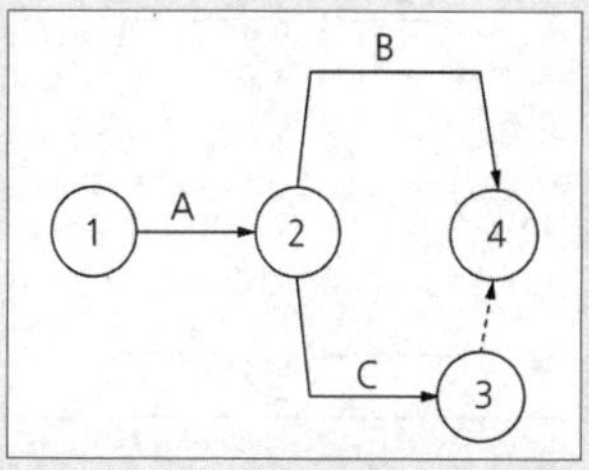

• C의 이벤트, 더미는 바뀌어도 무방, 가능한 한 작업일수가 적은 작업에 생성

(4)의 완성 공정표

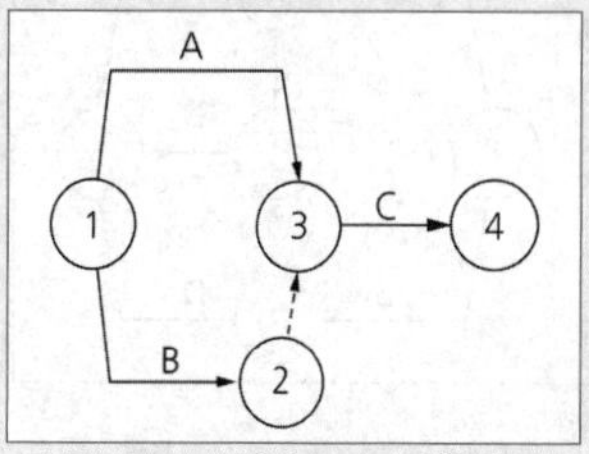

• B의 이벤트, 더미는 바뀌어도 무방, 가능한 한 작업일수가 적은 작업에 생성

학습 POINT

(5)의 완성 공정표

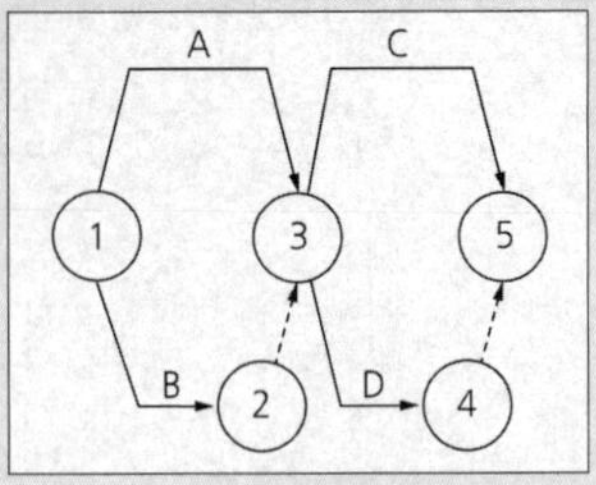

• B·D의 이벤트, 더미는 바뀌어도 무방, 가능한 한 작업일수가 적은 작업에 생성

(6)의 완성 공정표

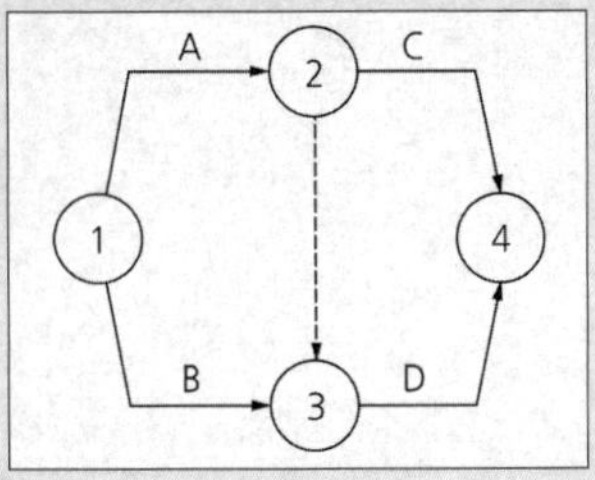

(7)의 완성 공정표

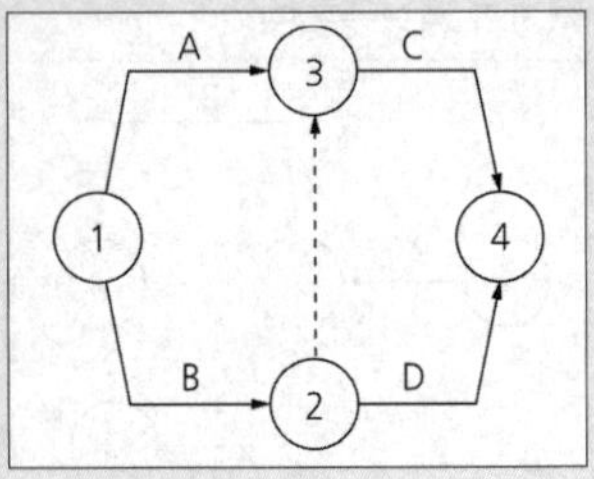

(8)의 완성 공정표

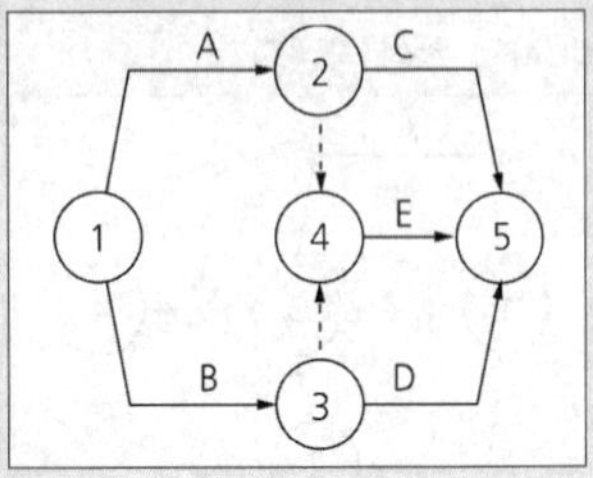

(5) A, B작업의 후속작업이 C, D일 때 표시법

① 제공 데이터

작업명	선행관계
A	없음
B	없음
C	A, B
D	A, B

② 풀이 과정

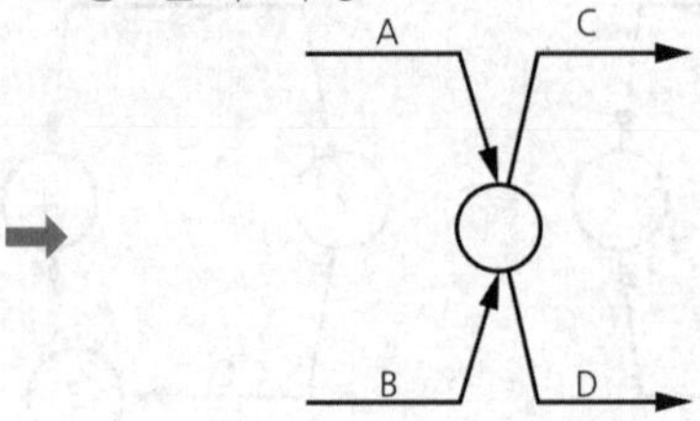

(6) A작업의 후속작업이 C·D이고, B작업의 후속작업이 D일 때

① 제공 데이터

작업명	선행관계
A	없음
B	없음
C	A
D	A, B

② 풀이 과정

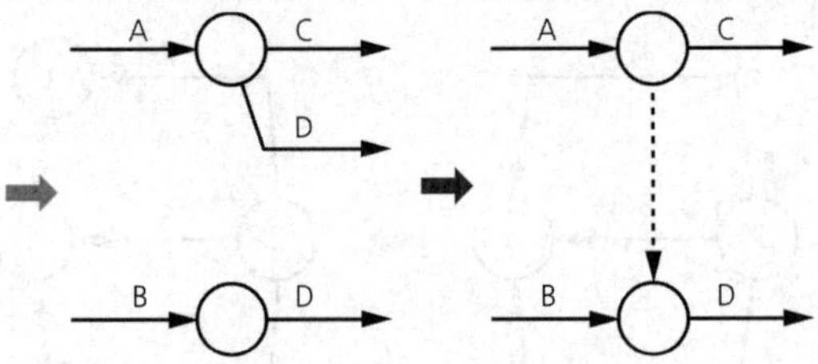

(7) A작업의 후속작업이 C이고, B작업의 후속작업이 C·D일 때

① 제공 데이터

작업명	선행관계
A	없음
B	없음
C	A, B
D	B

② 풀이 과정

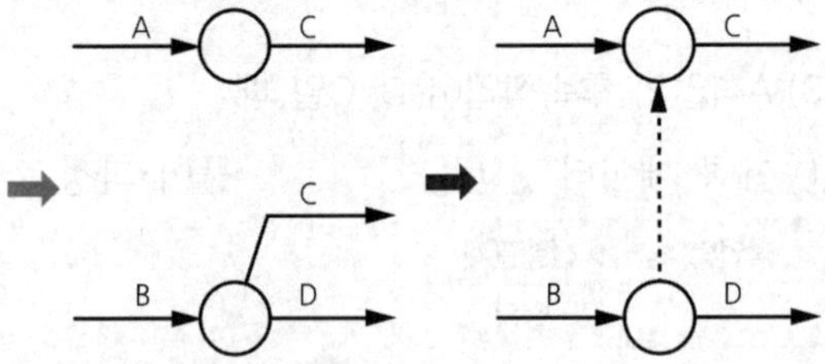

(8) A작업의 후속작업이 C·E이고, B작업의 후속작업이 D·E일 때

① 제공 데이터

작업명	선행관계
A	없음
B	없음
C	A
D	B
E	A, B

② 풀이 과정

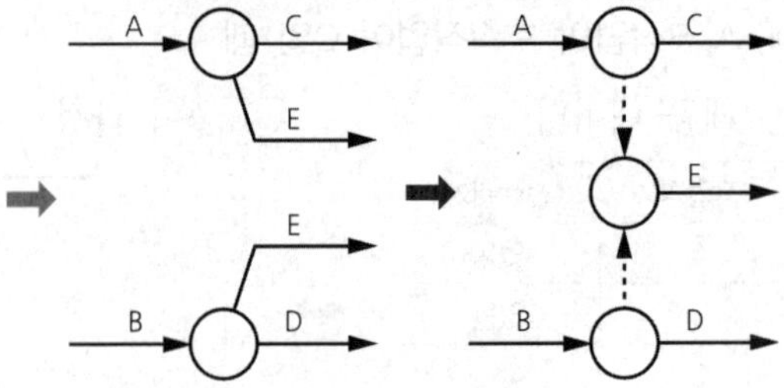

(9) A작업의 후속작업이 C·D·E이고, B작업의 후속작업이 D·E일 때

① 제공 데이터

작업명	선행관계
A	없음
B	없음
C	A
D	A, B
E	A, B

② 풀이 과정

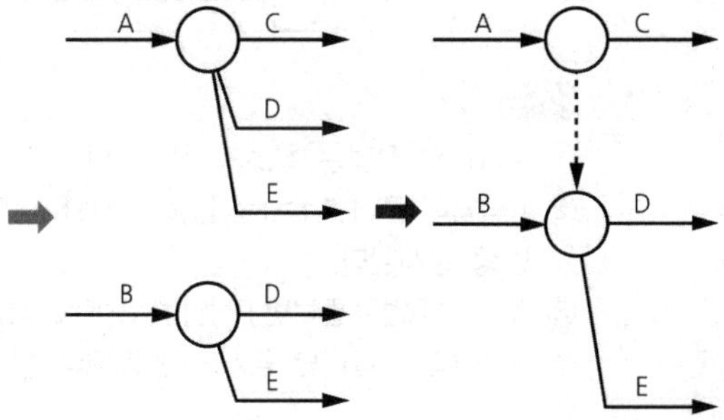

(10) A작업의 후속작업이 C·E·F이고, B작업의 후속작업이 E·F이며, C 작업의 후속작업이 F일 때

① 제공 데이터

작업명	선행관계
A	없음
B	없음
C	없음
D	A
E	A, B
F	A, B, C

② 풀이 과정

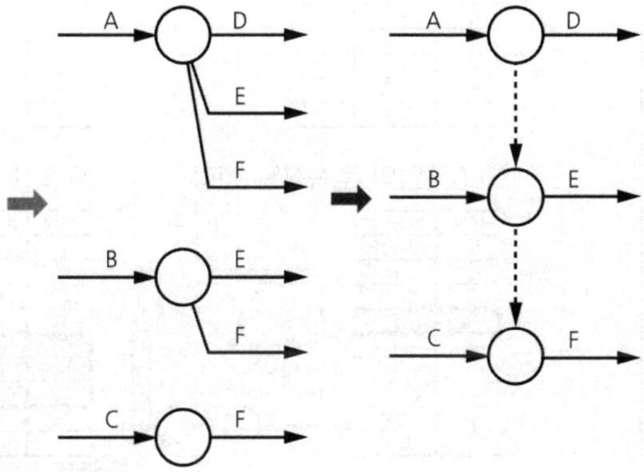

학습 POINT

(9)의 완성 공정표

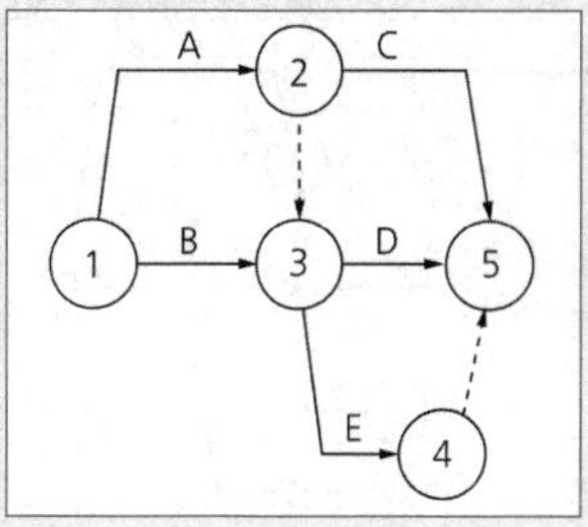

(10)의 완성 공정표

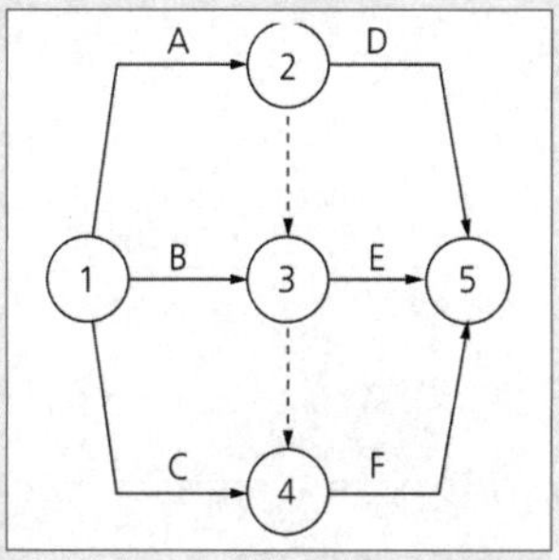

학습 POINT

정답

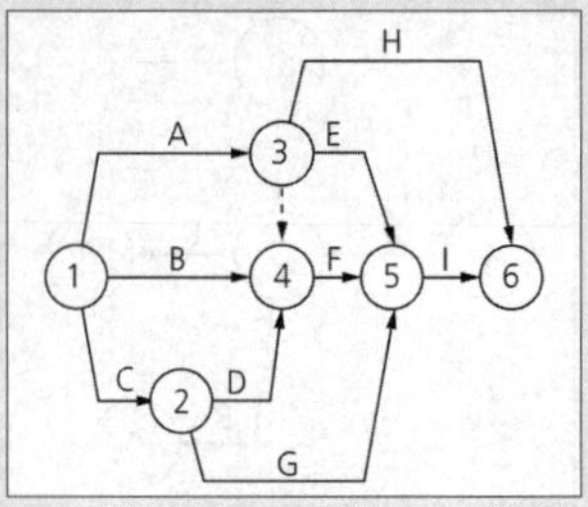

예제 01 다음과 같은 공정계획이 세워졌을 때 네트워크 공정표를 작성하시오. (단, 화살형 네트워크로 표시하며 결합점 번호를 반드시 기입하며 표시법은 다음과 같다.)

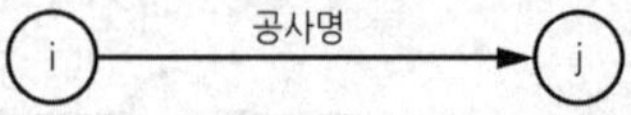

보기

① A, B, C 작업은 최초의 작업이다.

② A작업이 끝나면 H·E작업을 실시하고, C작업이 끝나면 D·G작업을 병행 실시한다.

③ A·B·D작업이 끝나면 F작업을, E·F·G 작업이 끝나면 I작업을 실시한다.

④ H·I작업이 끝나면 공사가 완료된다.

문제 풀이

① 후속 작업표 정리

작업명	후속작업	비고
Ⓐ	H, E, F	최초 작업
Ⓑ	F	
Ⓒ	D, G	
D	F	
E	I	
F	I	
G	I	
H	없음	
I	없음	

② A, B, C작업의 후속작업 정리

작업명	후속작업
Ⓐ	H, E, F
Ⓑ	F
Ⓒ	D, G
D	F
E	I
F	I
G	I
H	없음
I	없음

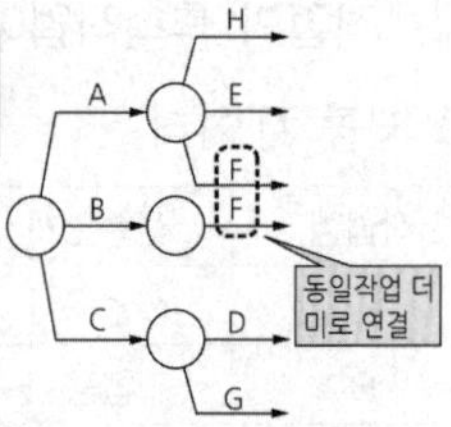

③ D작업의 후속작업 정리

작업명	후속작업
Ⓐ	H, E, F
Ⓑ	F
Ⓒ	D, G
D	F
E	I
F	I
G	I
H	없음
I	없음

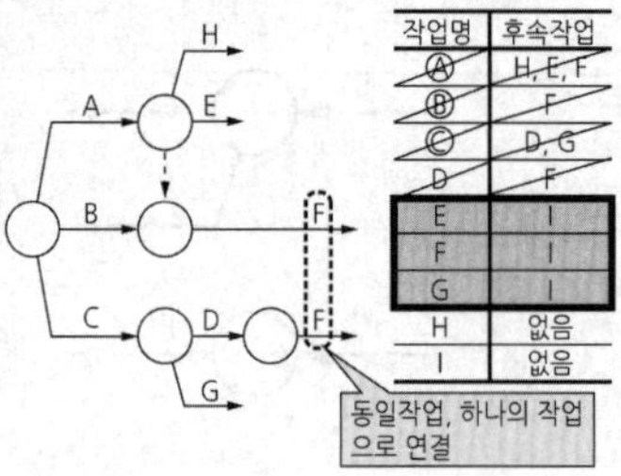

④ E, F, G작업의 후속작업 정리

작업명	후속작업
Ⓐ	H, E, F
Ⓑ	F
Ⓒ	D, G
D	F
E	I
F	I
G	I
H	없음
I	없음

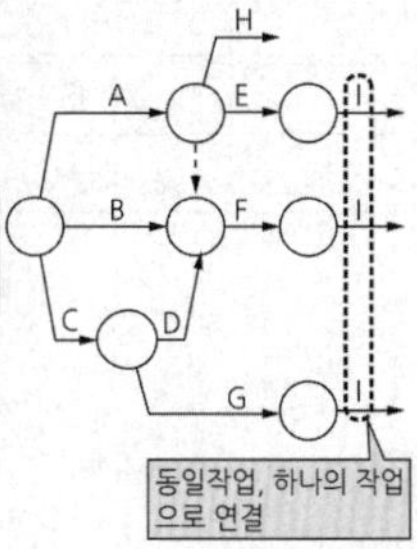

⑤ H, I작업의 종료작업 정리

작업명	후속작업
Ⓐ	H, E, F
Ⓑ	F
Ⓒ	D, G
D	F
E	I
F	I
G	I
H	없음
I	없음

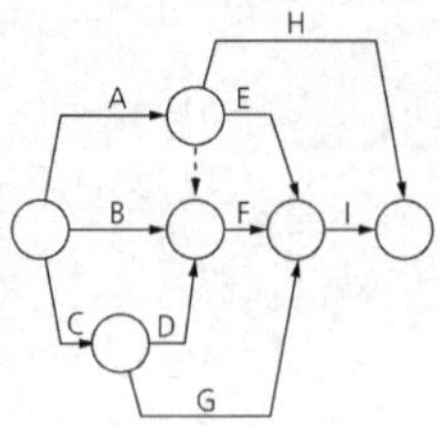

⑥ 최종 정리 및 이벤트 넘버링

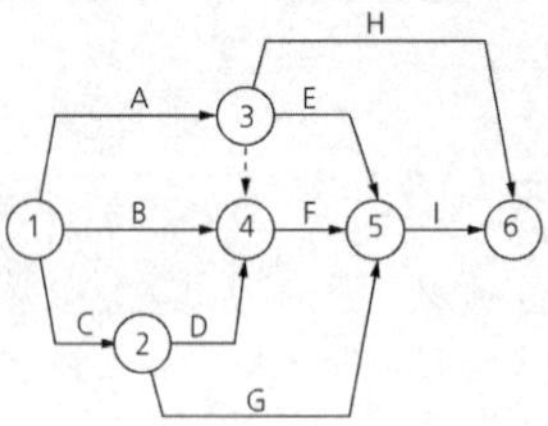

예제 02 〈보기〉에 주어진 내용으로 네트워크 공정표를 작성하시오.

보기

① A, B, C는 동시에 시작
② A가 끝나면 D·E·H 시작, C가 끝나면 G·F 시작
③ B, F가 끝나면 H 시작
④ E, G가 끝나면 각각 I, J 시작
⑤ K의 선행작업은 I, J, H
⑥ 최종 완료작업은 D, K로 끝난다.

학습 POINT

정답

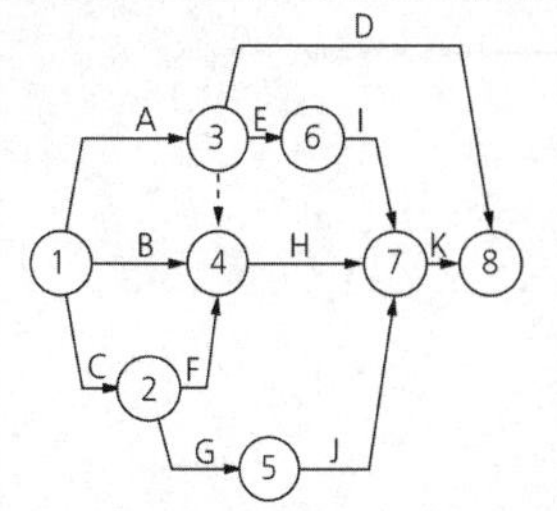

03 일정 계산

3.1 기본 개념

구분	CPM	PERT
일정 계산	EST(가장 빠른 개시시각) EFT(가장 빠른 종료시각) LST(가장 늦은 개시시각) LFT(가장 늦은 종료시각)	ET(가장 빠른 결합점 시각) LT(가장 늦은 결합점 시각)
여유 계산	Float	Slack
	TF(총여유) FF(자유여유) DF(간섭여유)	–
표기방법	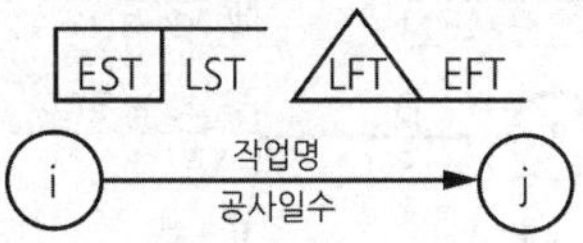	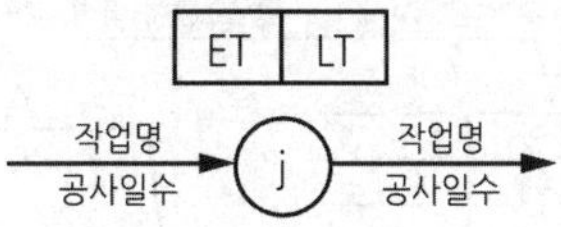

3.2 일정 계산

아래 예제를 기준으로 공정표 작성 및 일정 계산을 단계별로 진행하고자 한다.

예제 01 다음 작업의 네트워크 공정표를 작성하고 주공정선을 굵은 선으로 표시하시오.

작업명	선행작업	작업일수	비고
A	없음	4	결합점의 일정 계산은 CPM·PERT기법에 의거, 다음과 같이 계산한다.
B	없음	5	
C	없음	6	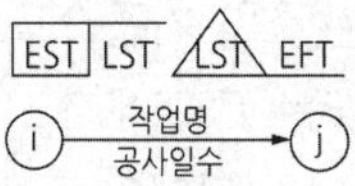 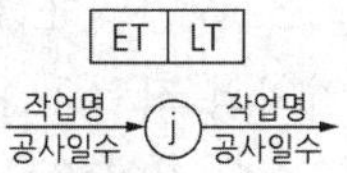
D	A	3	
E	A, B	4	
F	C, D, E	3	[CPM기법] [PERT기법]

정답

예제 아랫부분의 설명 참고할 것

학습 POINT

[1단계] 선행 작업표를 기준으로 후속작업 판단

공정표 작성 문제는 〈서술형 문제〉와 〈선행 작업표〉 2가지 유형의 문제가 출제되며, 〈선행 작업표〉 조건을 기준으로 〈후속 작업표〉를 작성하면 공정표 작성이 효과적이다.

작업명	선행관계
A	없음
B	없음
C	없음
D	A
E	A, B
F	C, D, E

➡

작업명	후속작업
Ⓐ	D, E
Ⓑ	E
Ⓒ	F
D	F
E	F
F	없음

① 후속 작업표는 필수가 아니며 공정표를 효과적으로 작성하기 위한 보조적인 수단이다.

② 후속 작업표에서 최초 작업은 다른 작업과 구분할 수 있도록 ○로 표시한다.

[2단계] 공정표 작성 및 작업명, 작업일수 기입

① 공정표 작성 원칙 및 문제조건을 기준으로 공정표를 작성한다.

② 작업 화살표 위에 작업명을, 아래에 작업일수를 기입하고 더미는 점선 화살표 우측에 소문자 d_1을 기입한다.

③ 작업의 진행 방향으로 큰 번호를 부여하며, 번호가 중복되어서는 안 된다.

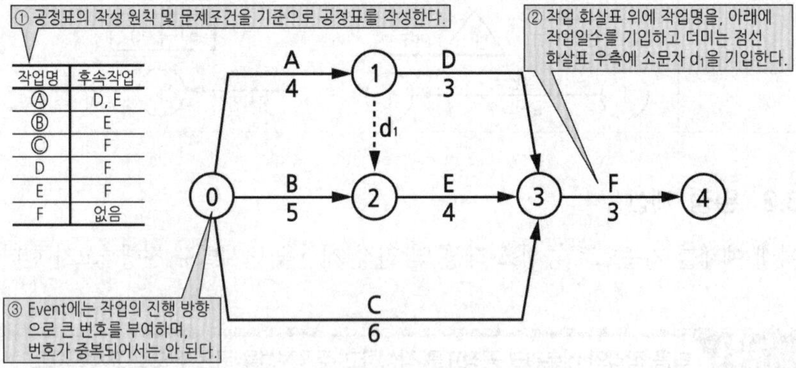

[3단계] EST, EFT 계산

① 작업의 흐름에 따라 전진계산한다.

② 최초 작업의 EST는 0을 기준으로 계산한다.

③ 임의의 작업의 EFT는 EST에서 소요일수를 가산하여 구한다.

④ 복수의 작업에 후속되는 작업의 EST는 선행작업들 중 EFT의 최댓값으로 한다.

⑤ 최종 결합점에서 끝나는 작업들의 EFT의 최댓값은 계산공기가 된다.

학습 POINT

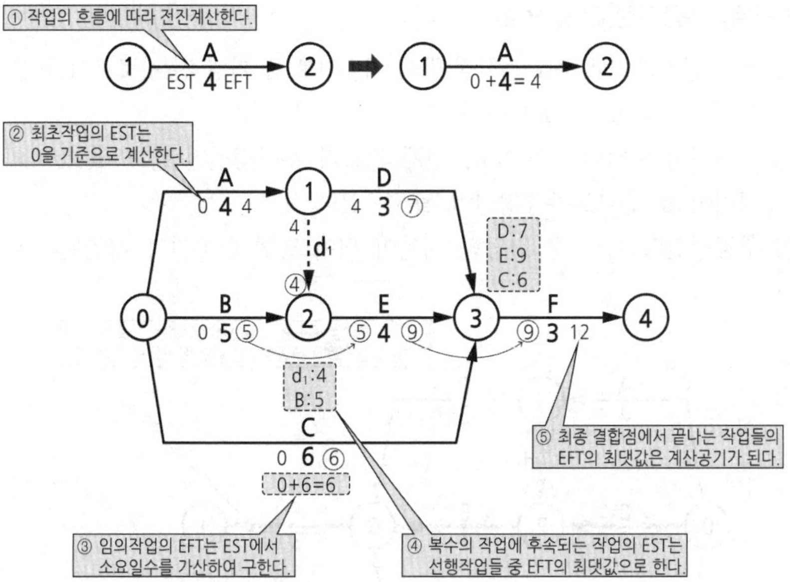

[4단계] LST, LFT 계산

① 최종공기에서부터 역진계산(작업의 흐름과 반대 방향)한다.

② 최종작업의 LFT는 공기일과 같다.

③ 어느 작업의 LST는 LFT에서 소요일수를 감하여 구한다.

④ 복수의 작업에 선행되는 작업의 LFT는 후속작업들 중 LST의 최솟값으로 한다.

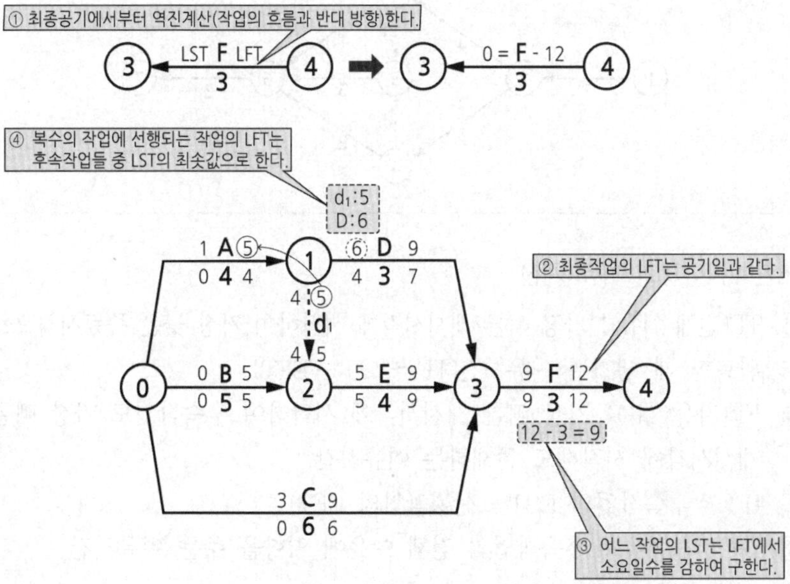

학습 POINT

[5단계] 주공정선(CP) 작성

① 개시 결합점에서 종료 결합점에 이르는 경로 중 가장 긴 경로로서 공정표상 굵은 실선으로 표현한다.

② 주공정선은 하나 이상이며, 전체 경로가 주공정선일 수도 있다.

③ 더미(dummy)도 주공정선이 될 수 있다

④ 주공정선의 어느 한 작업만 지연이 되어도 전체 공기가 지연된다.

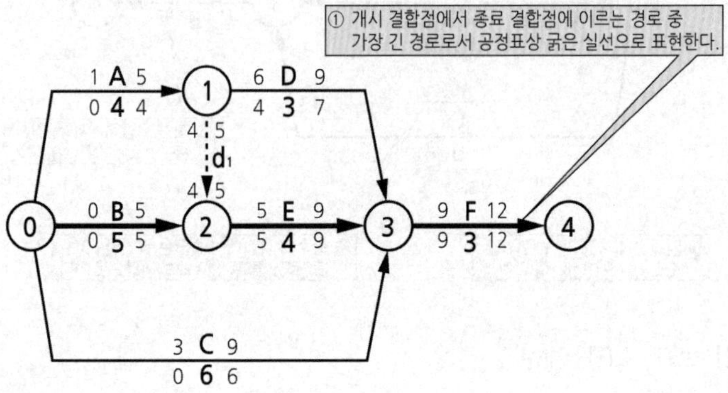

∴ 주공정선(CP): 작업 기준 B → E → F

이벤트 기준 ⓪ → ② → ③ → ④

예제 02 다음 네트워크의 CP를 구하시오.

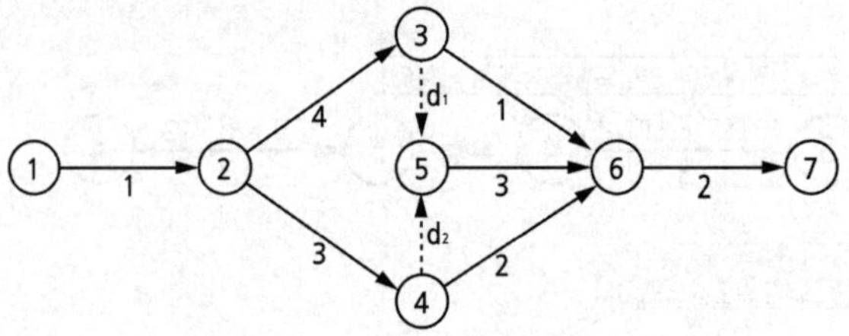

정답

CP = ① → ② → ③ → ⑤ → ⑥ → ⑦

[6단계] 작업의 여유 계산

① TF(전체 여유): 가장 빠른 개시시각에 시작하여 가장 늦은 종료시각으로 완료할 때 생기는 여유시간(TF = LFT − EFT)

② FF(자유여유): 가장 빠른 개시시각에 시작하여 후속작업도 가장 빠른 개시시각에 시작해도 존재하는 여유시간
(FF = 후속작업의 EST − 선행작업의 EFT)

③ DF(간섭여유): 후속작업의 전체 여유에 영향을 주는 여유시간
(DF = TF − FF)

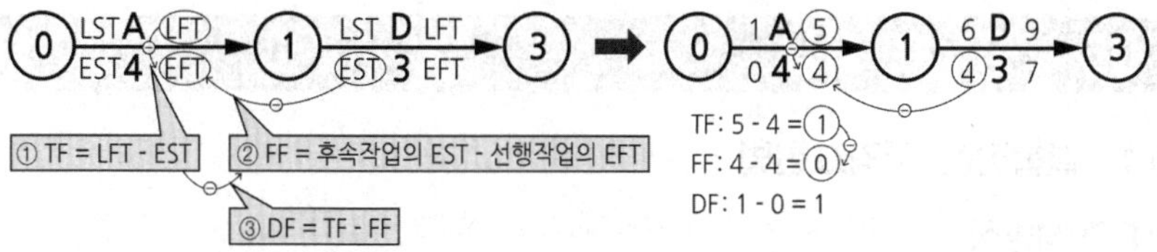

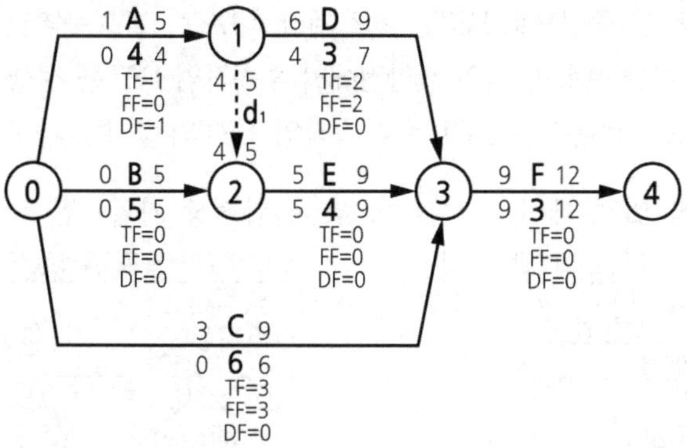

04 작업의 활동목록표(일정 계산 리스트) 작성

[7단계] 활동목록표 작성

각 작업의 일정 등을 다음과 같이 일목요연하게 도표로 작성한 것을 활동목록표 또는 일정 계산 리스트(list)라 한다.

작업명	EST	EFT	LST	LFT	TF	FF	DF	CP
A								
B								
C								
D								
E								
F								

예제 03 다음 공정표에서 ② → ④의 전체 여유일은 며칠인지 구하시오.

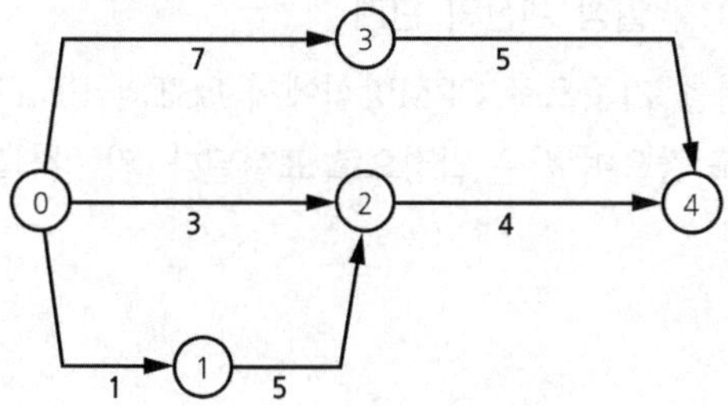

학습 POINT

정답

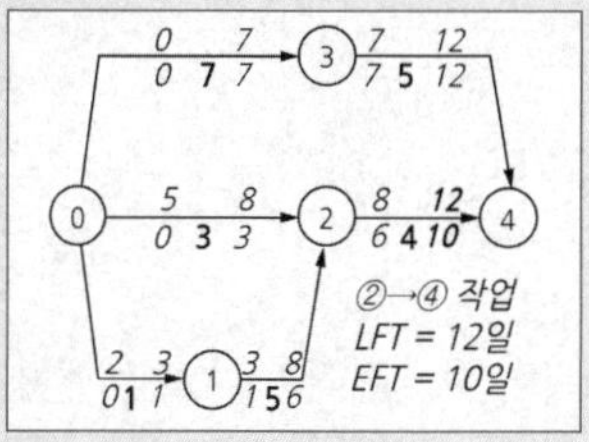

TF = LFT−EFT = 12−10 = 2

∴ TF = 2일

학습 POINT

05 공정표 작성

5.1 결합점상 시각표현법

(1) CPM방식

❁ CPM(Critical Path Method)
작업의 소요시간은 경험에 의해 한 번의 시간 추정으로 산정되며, 공기 설정에 있어 최소비용 조건으로 최적의 공기를 구하는 MCX이론이 포함된 방식

CPM방식은 작업 중심으로 EST는 전진계산 최댓값, LFT는 역진계산 최솟값으로 일정을 계산하며, 임의의 결합점에서 후속작업 EST는 선행작업 EFT의 최댓값과 같고, 선행작업 LFT는 후속작업 LST의 최솟값과 같다.

① 작업 중심 일정 계산

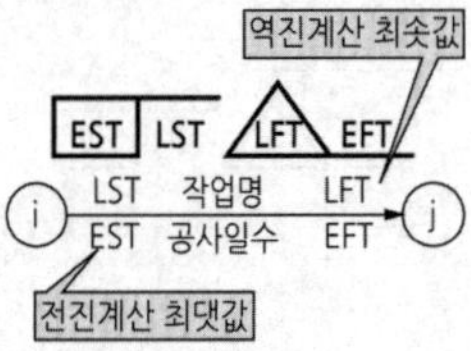

② 결합점상 기입방법

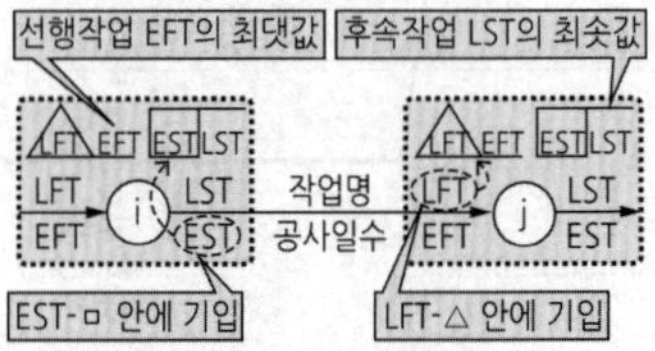

③ EST = EFT, LFT = LST: 임의의 결합점에서 EST와 EFT는 같고, LFT와 LST는 같다.

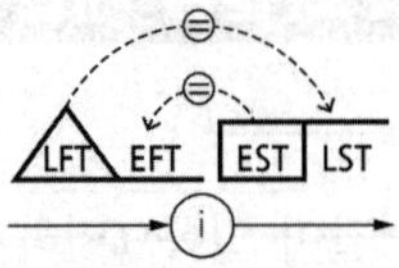

(2) PERT방식

❁ PERT(Program Evaluation & Review Technique)
작업의 소요시간을 산정할 때 정상시간, 비관시간, 낙관시간 3가지로 산정하여 기대시간을 산정하므로 경험이 없는 신규사업, 비반복사업에 적용하는 방식

PERT방식은 결합점 중심으로 일정을 계산하며, 후속작업의 EST를 좌측으로, 선행작업의 LFT를 우측으로 기입한다.

① 작업 중심 일정 계산

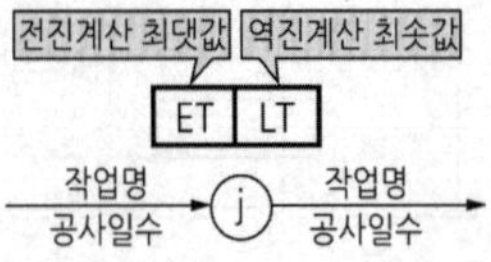

② 결합점상 기입방법

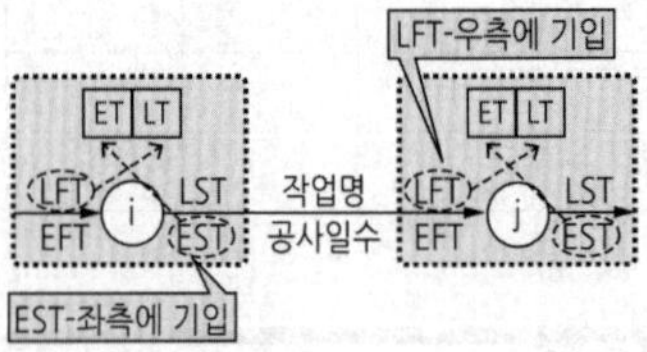

(3) CPM과 PERT의 일정 계산의 관계

결합점 시각 표현을 기준으로 CPM방식에서 EST와 PERT방식에서 ET는 같고, LFT와 LT도 같으며 같은 일정으로 표현된다. 각 방식을 표로 정리하면 다음과 같다.

구분		세부 내용
CPM	PERT	
EST	ET	전진계산 최댓값, EST = ET
EFT		후속작업 EST = 선행작업 EFT
LFT	LT	역진계산 최솟값, LFT = LT
LST		선행작업 LFT = 후속작업 LST

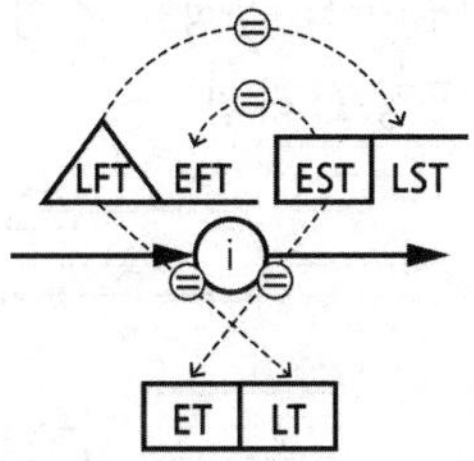

학습 POINT

5.2 공정표 작성

[8단계] 공정표 완성

(1) CPM방식

① CPM방식 표 작성

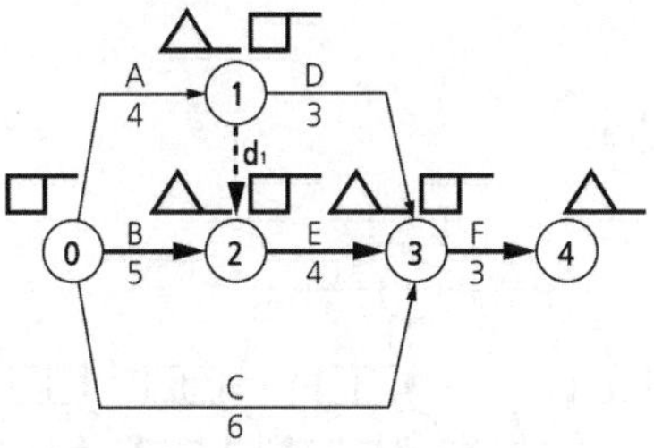

② 결합점 EST, LFT 기입

• 결합점 ①에서 EST, LFT 기입

• 결합점 ②에서 EST, LFT 기입

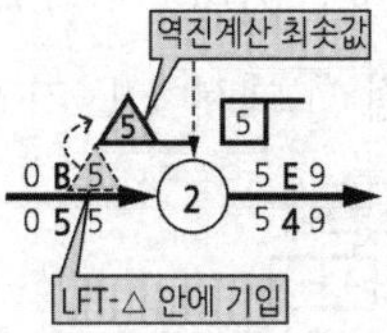

③ 결합점 EFT, LST 기입

• 결합점 ①에서 LST, EFT 기입

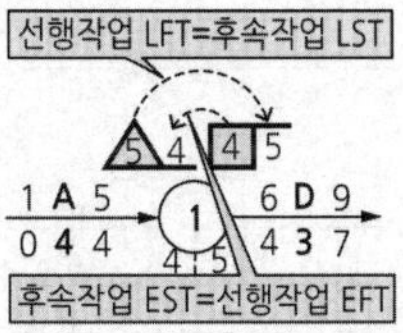

• 결합점 ③에서 LST, EFT 기입

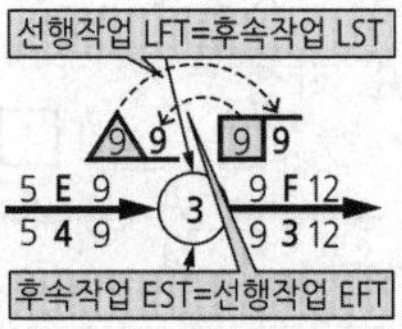

✿CPM방식 기입방법

구분	세부 내용
EST	전진계산 최댓값, □ 안 기입
EFT	후속작업 EST = 선행작업 EFT
LFT	역진계산 최솟값, △ 안 기입
LST	선행작업 LFT = 후속작업 LST

학습 POINT

④ CPM방식 공정표 완성

• 공정표 작성

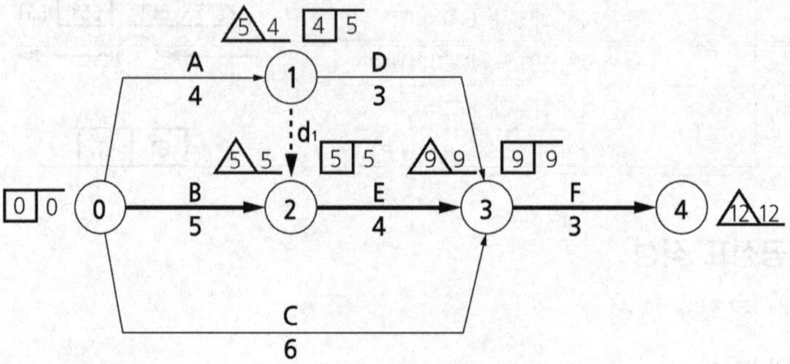

• 주공정선(CP) : B → E → F 또는 ⓪ → ② → ③ → ④

(2) PERT방식

① PERT방식 표 작성

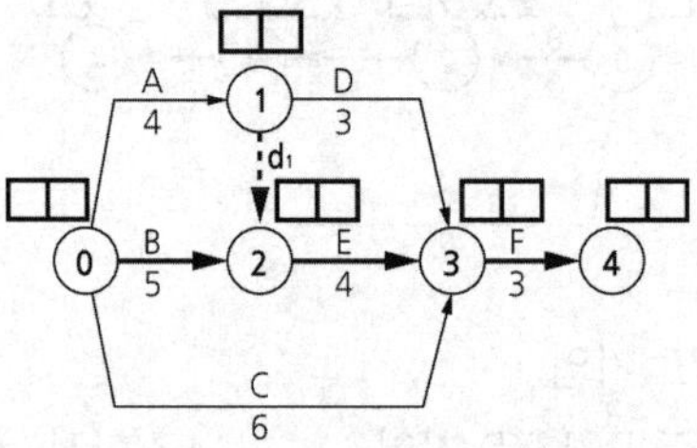

✿ PERT방식 기입방법

구분	세부 내용
ET	전진계산 최댓값, 좌측 기입 EST = ET
LT	역진계산 최솟값, 우측 기입 LFT = LT

② 결합점 ET 기입

• 결합점 ①에서 ET 기입

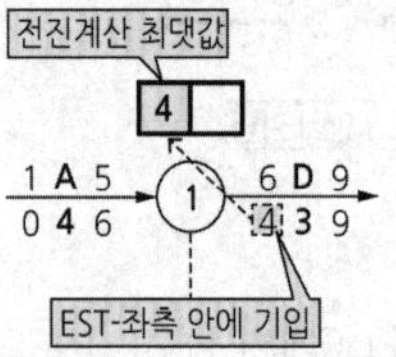

③ 결합점 LT 기입

• 결합점 ①에서 LT 기입

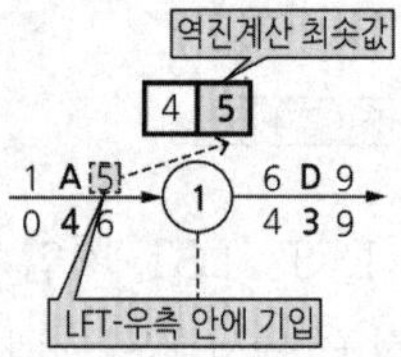

④ PERT방식 공정표 완성

• 공정표 작성

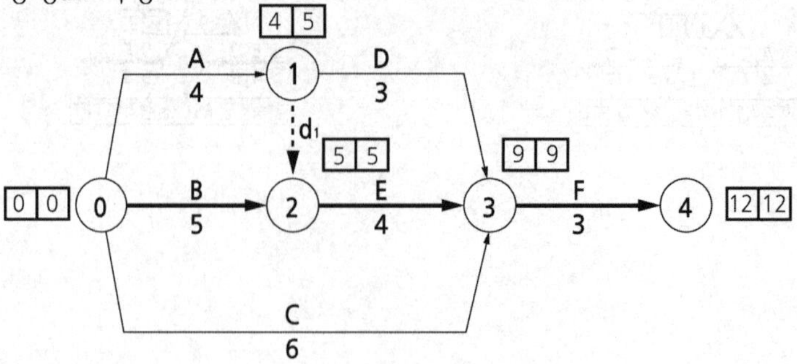

• 주공정선(CP): B → E → F 또는 ⓪ → ② → ③ → ④

chapter 02 연습문제

01 다음 공정표의 중요 원칙 4가지를 쓰시오. [4점]

① ______________ ② ______________

③ ______________ ④ ______________

02 화살형 네트워크(network)를 그릴 때 기본 규칙 2가지를 쓰시오. [4점]

① ______________

② ______________

03 다음 〈보기〉를 토대로 네트워크 공정표를 완성하시오. [5점]

> 보기
>
> ① A, B, C는 최초 작업이다.
> ② A작업이 끝나면 H, E작업이 시작된다.
> ③ C작업이 끝나면 D, G작업을 병행 실시한다.
> ④ A, B, C작업이 끝나면 F작업이 시작된다.
> ⑤ E, F, G작업이 끝나면 I작업이 시작된다.
> ⑥ H, I, D작업이 끝나면 공사가 완료된다.

04 다음은 네트워크 공정표이다. EST, EFT, LST, LFT를 구하시오. [6점]

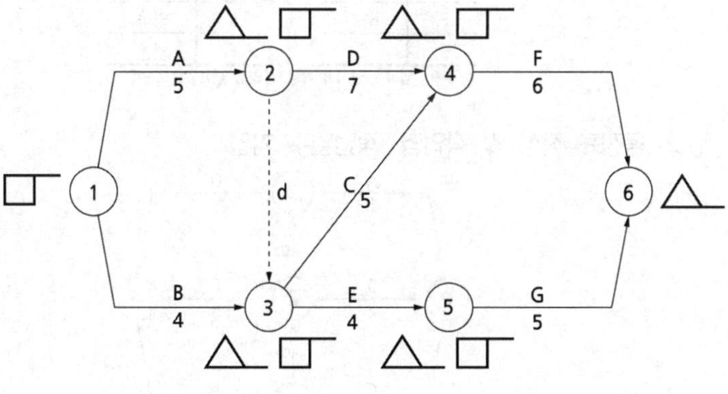

해답

01

① 공정의 원칙
② 단계의 원칙
③ 활동의 원칙
④ 연결의 원칙

02

① 공정의 원칙: 작업에 대응하는 결합점이 표시되어야 하고, 그 작업은 하나로 한다.
② 단계의 원칙: 공정표에서 반드시 선행작업이 종료된 후 후속작업을 개시할 수 있다.

03

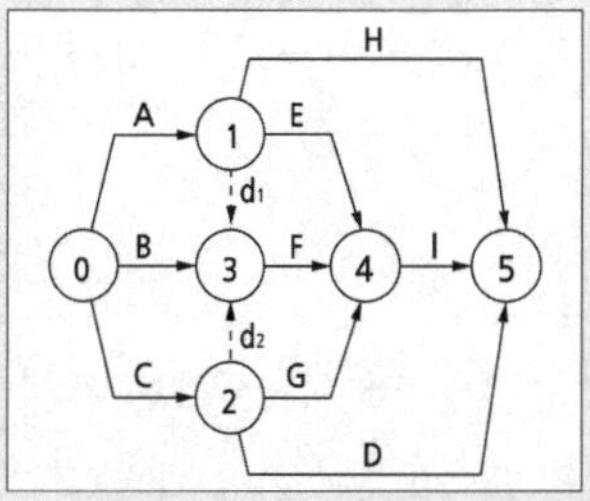

04

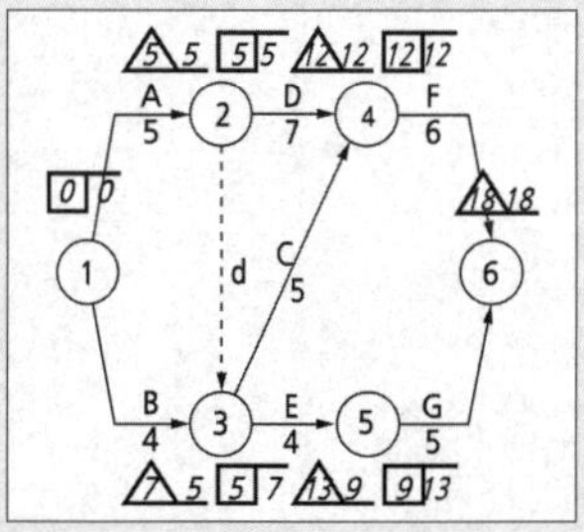

해답

05

• 참고용 후속작업표

작업명	작업일수	후속작업
Ⓐ	1	D
Ⓑ	2	D, E
Ⓒ	3	D, E, F
D	6	없음
E	5	없음
F	4	없음

• 공정표 작성

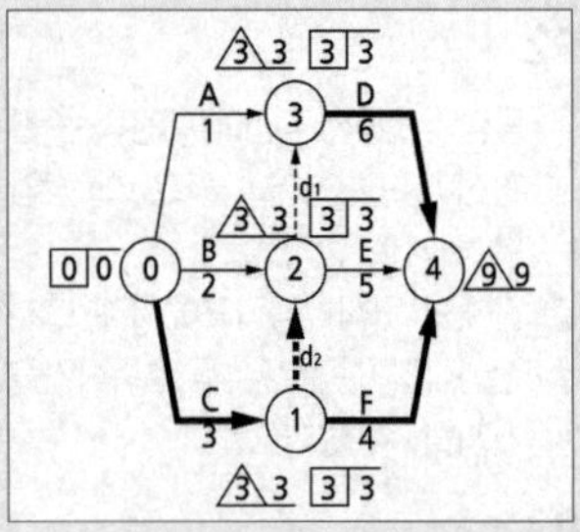

• CP: C → d₁ → d₂ → D

⓪ → ① → ② → ③ → ④

05 다음 자료를 이용하여 네트워크 공정표를 작성하시오. (단, 주공정선을 굵은 선으로 표시한다.)

[6점]

작업명	작업일수	선행작업	비고
A	1	없음	단, 각 작업의 일정 계산 방법으로 아래와 같이한다.
B	2	없음	
C	3	없음	
D	6	A, B, C	
E	5	B, C	
F	4	C	

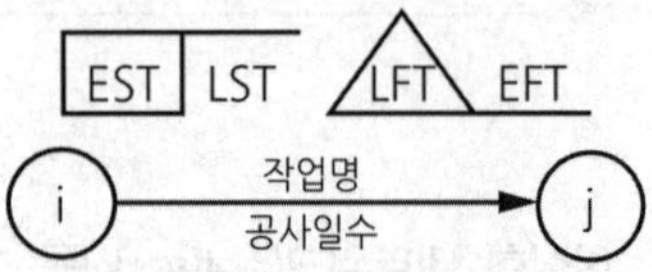

CP: ________________

문제 풀이

① 선행작업표를 기준으로 후속작업 판단

작업명	선행작업
A	없음
B	없음
C	없음
D	A, B, C
E	B, C
F	C

➡

작업명	후속작업
Ⓐ	D
Ⓑ	D, E
Ⓒ	D, E, F
D	없음
E	없음
F	없음

※ 후속작업표는 공정표 작성, 편의상 참고용으로 판단

② 공정표 작성 및 작업명, 작업일수 기입

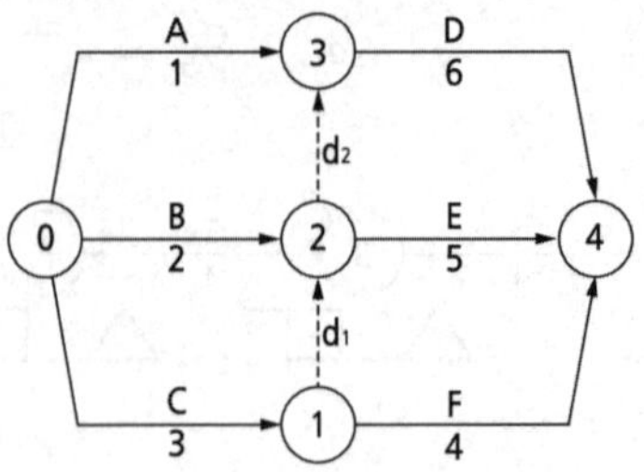

해답

③ EST, EFT, LFT, LST 계산

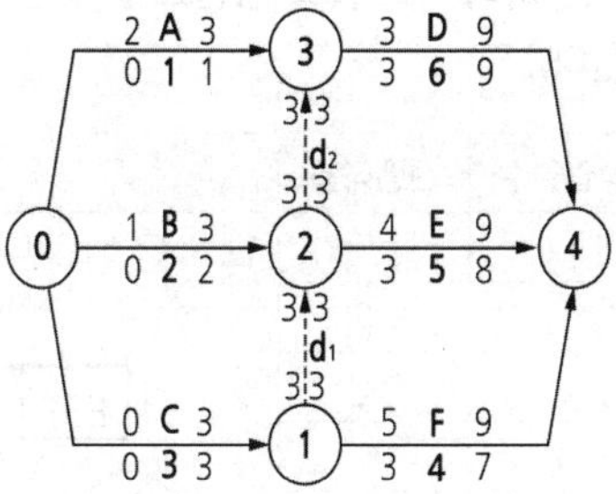

④ 주공정선(CP) 표기

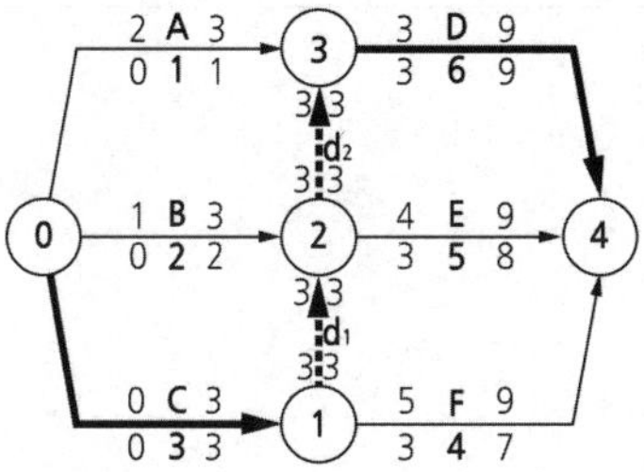

⑤ CPM 공정표 완성

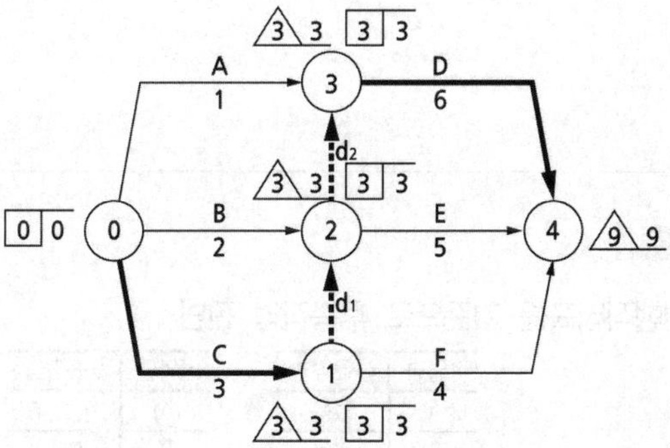

⑥ 주공정선(CP) 기입: C → d_1 → d_2 → D

⓪ → ① → ② → ③ → ④

해답

06

• 참고용 후속작업표

작업명	작업일수	후속작업
Ⓐ	3	D, E, F
Ⓑ	5	E, F
Ⓒ	2	F
D	4	없음
E	3	없음
F	5	없음

• 공정표 작성

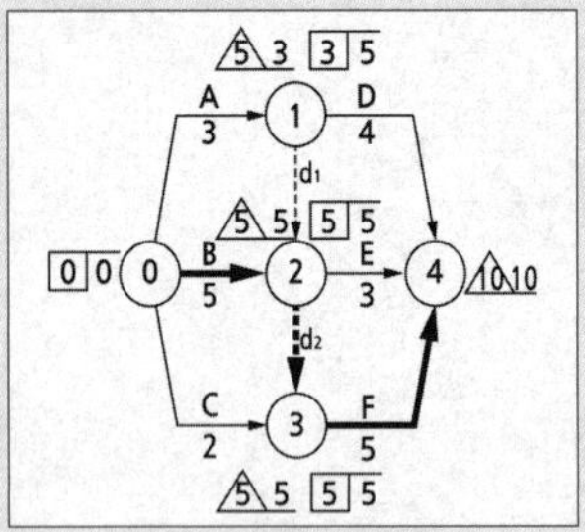

• CP : B → d_2 → F
⓪ → ② → ③ → ④

06 다음 자료를 이용하여 네트워크 공정표를 작성하시오. (단, 주공정선을 굵은 선으로 표시한다.) [6점]

작업명	작업일수	선행작업	비고
A	3	없음	단, 각 작업은 다음과 같이 표기한다.
B	5	없음	
C	2	없음	
D	4	A	
E	3	A, B	
F	5	A, B, C	

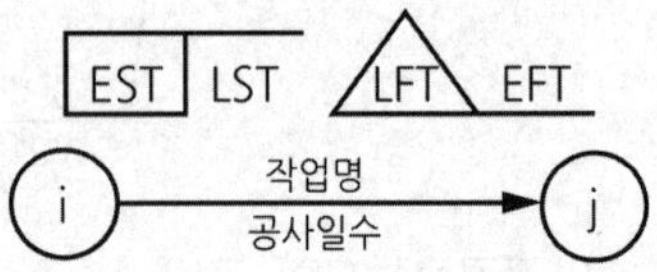

CP : ______________________

문제 풀이

① 선행작업표를 기준으로 후속작업 판단

작업명	선행작업
A	없음
B	없음
C	없음
D	A
E	A, B
F	A, B, C

➡

작업명	후속작업
Ⓐ	D, E, F
Ⓑ	E, F
Ⓒ	F
D	없음
E	없음
F	없음

※ 후속작업표는 공정표 작성, 편의상 참고용으로 판단

② 공정표 작성 및 작업명, 작업일수 기입

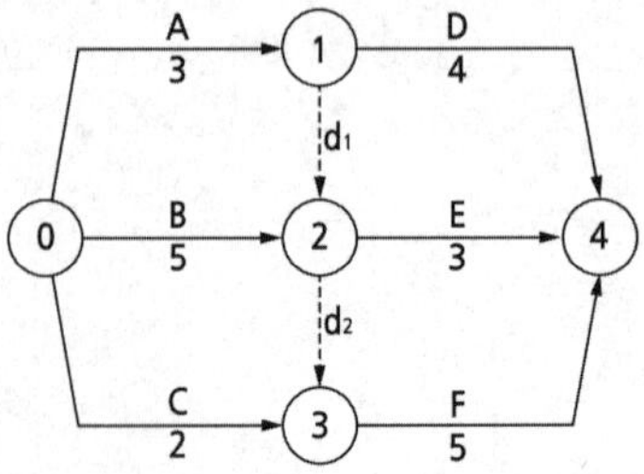

해답

③ EST, EFT, LFT, LST 계산

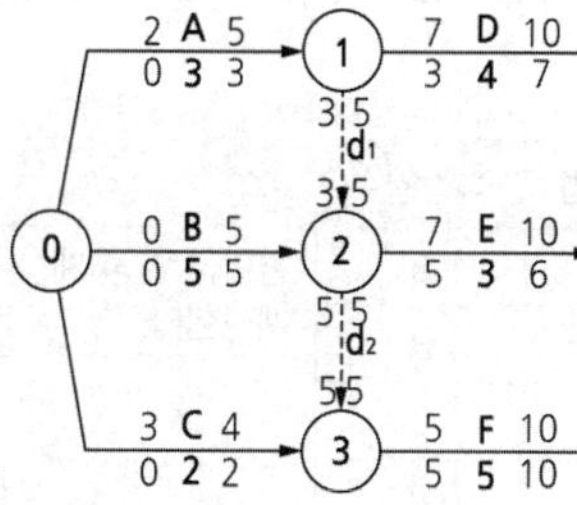

④ 주공정선(CP) 표기

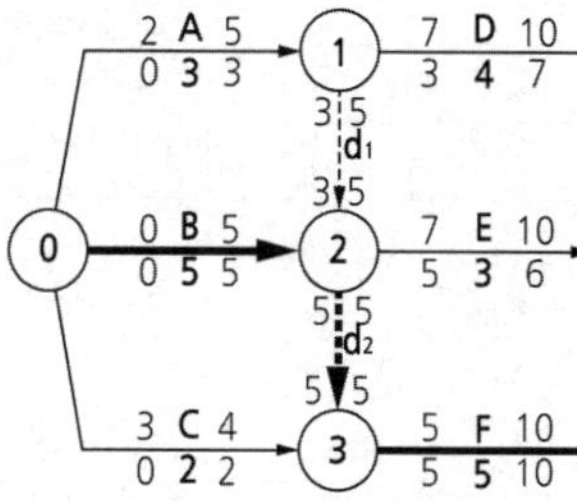

⑤ CPM 공정표 완성

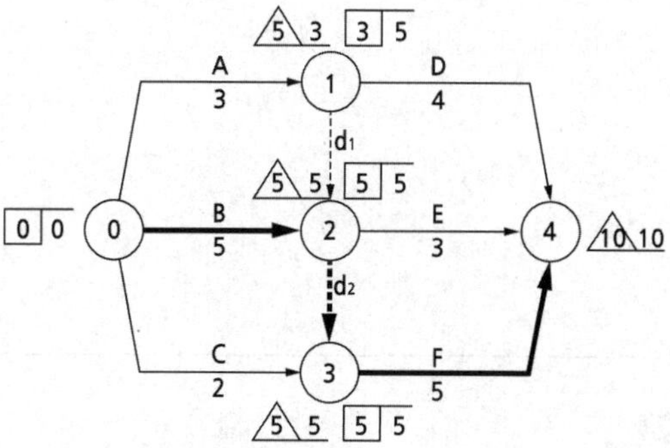

⑥ 주공정선(CP) 기입: B → d_2 → F

⓪ → ② → ③ → ④

해답

07

• 참고용 후속작업표

작업명	작업일수	후속작업
Ⓐ	5	C, D
Ⓑ	8	E, F
C	7	E, F
D	8	G
E	5	G
F	4	H
G	11	없음
H	5	없음

• 공정표 작성

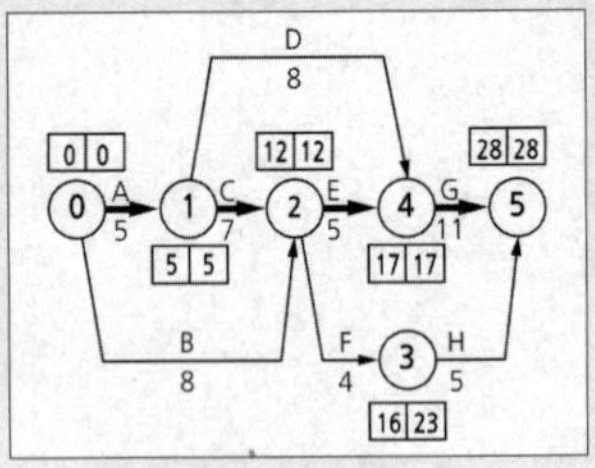

• CP: A → C → E → G

⓪ → ① → ② → ④ → ⑤

07 다음 데이터로 네트워크 공정표를 작성하고, 주공정선을 굵은 선으로 표시하시오.

[5점]

작업명	선행작업	작업일수	비고
A	없음	5	결합점 일정 계산을 PERT기법에 의거, 다음과 같이 계산한다.
B	없음	8	
C	A	7	
D	A	8	
E	B, C	5	
F	B, C	4	
G	D, E	11	
H	F	5	

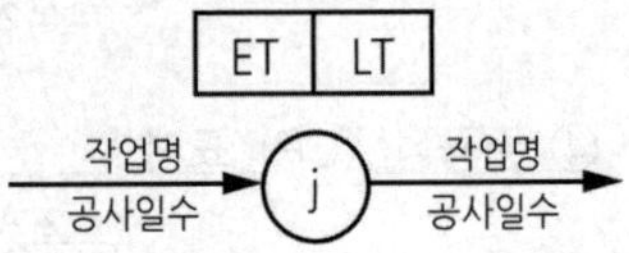

CP: ______________________________

문제 풀이

① 후속작업 판단

작업명	후속작업
Ⓐ	C, D
Ⓑ	E, F
C	E, F
D	G
E	G
F	H
G	없음
H	없음

※ 편의상 참고용으로 판단

② EST, EFT, LFT, LST 계산

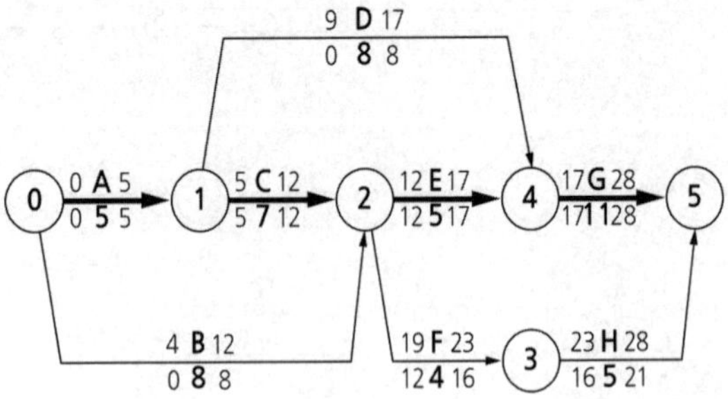

해답

③ PERT 공정표 완성

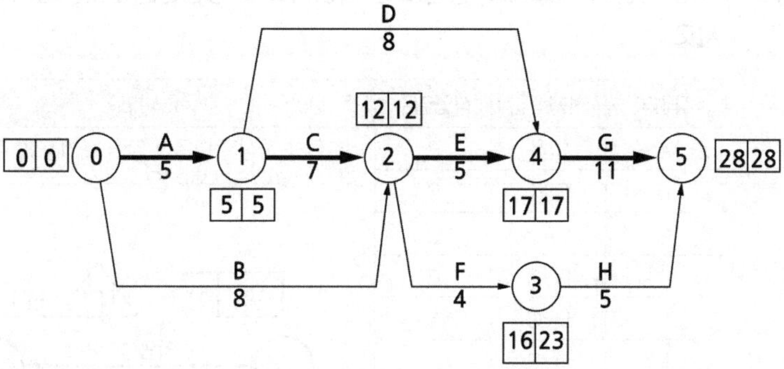

④ 주공정선(CP) 기입: A → C → E → G

⓪ → ① → ② → ④ → ⑤

해답

08

• 참고용 후속작업표

작업명	작업일수	후속작업
Ⓐ	8	C
Ⓑ	9	D, E
C	9	D, E
D	6	F, G
E	5	F
F	2	H
G	5	없음
H	3	없음

• 공정표 작성

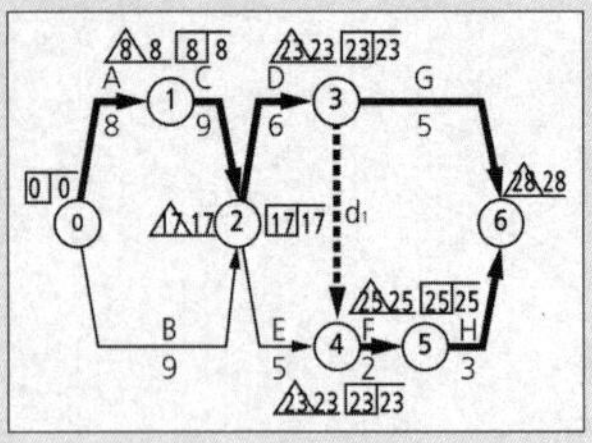

• CP: A → C → D → G and
A → C → D → d_1 → F → H

• 상부 결과와 같이 주공정선(CP)은 2개 이상일 수 있다.

08 다음 작업의 네트워크 공정표를 작성하고 주공정선을 굵은 선으로 표시하시오. [5점]

작업명	선행작업	작업일수	비고
A	없음	8	네트워크 작성은 다음과 같이 표기하고, 주공정선을 굵은 선으로 표시하시오.
B	없음	9	
C	A	9	
D	B, C	6	
E	B, C	5	
F	D, E	2	
G	D	5	
H	F	3	

CP: ___________________________________

문제 풀이

① 후속작업 판단

작업명	후속작업
Ⓐ	C
Ⓑ	D, E
C	D, E
D	F, G
E	F
F	H
G	없음
H	없음

※ 편의상 참고용으로 판단

② EST, EFT, LFT, LST 계산

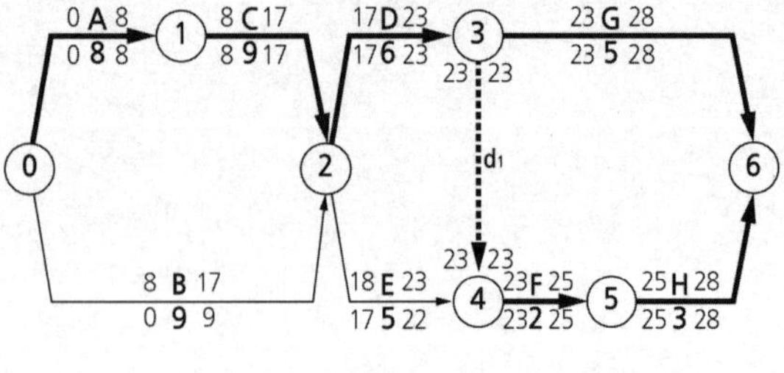

해답

③ PERT 공정표 완성

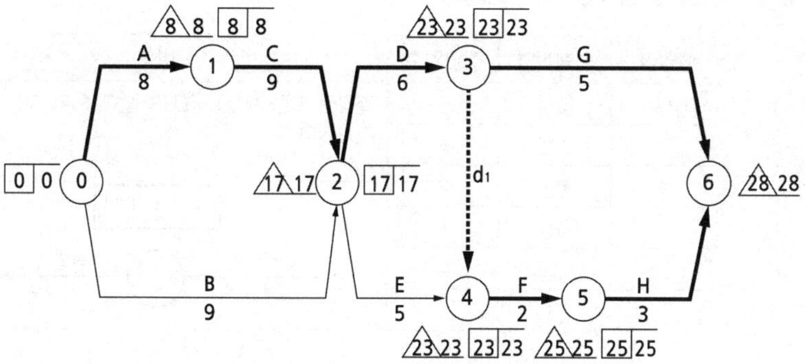

④ 주공정선(CP) 기입: A → C → D → G
and A → C → D → d1 → F → H
⓪ → ① → ② → ③ → ⑥
and ⓪ → ① → ② → ③ → ④ → ⑤ → ⑥

해답

09

• 참고용 후속작업표

작업명	작업일수	후속작업
Ⓐ	5	E
Ⓑ	4	E, F
Ⓒ	3	없음
Ⓓ	4	없음
E	2	없음
F	1	없음

• 공정표 작성

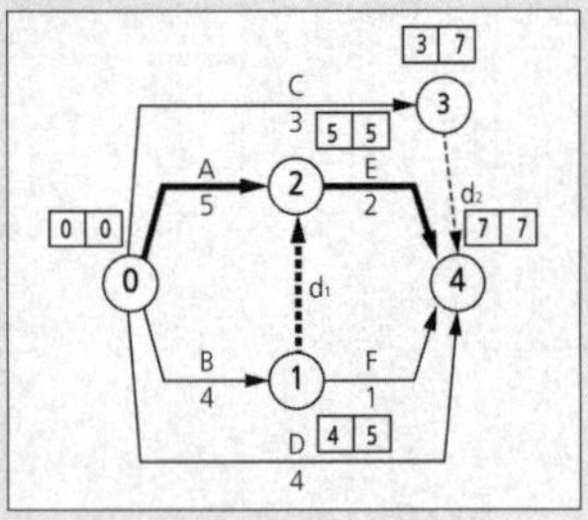

• CP: A → E

09 다음 공정표를 작성하시오. [5점]

작업명	선행작업	작업일수	비고
A	없음	5	결합점 일정 계산을 PERT기법에 의거, 다음과 같이 계산한다.
B	없음	4	
C	없음	3	
D	없음	4	
E	A, B	2	
F	B	1	

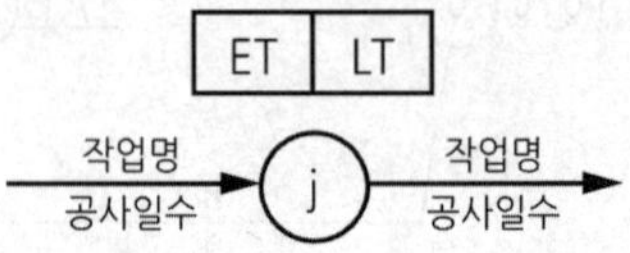

CP: ____________________

문제 풀이

① EST, EFT, LFT, LST 계산

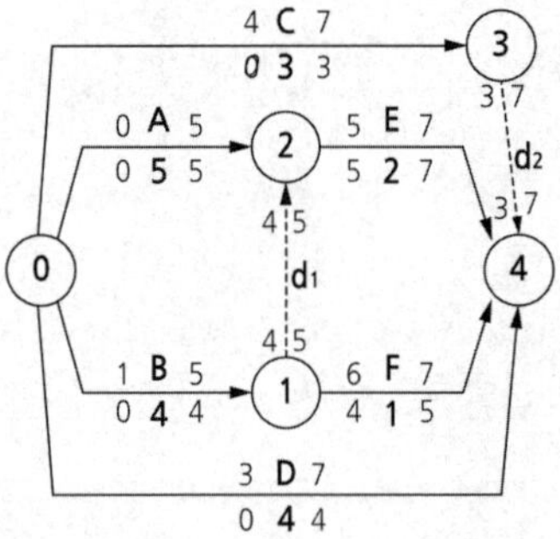

② PERT 공정표 완성

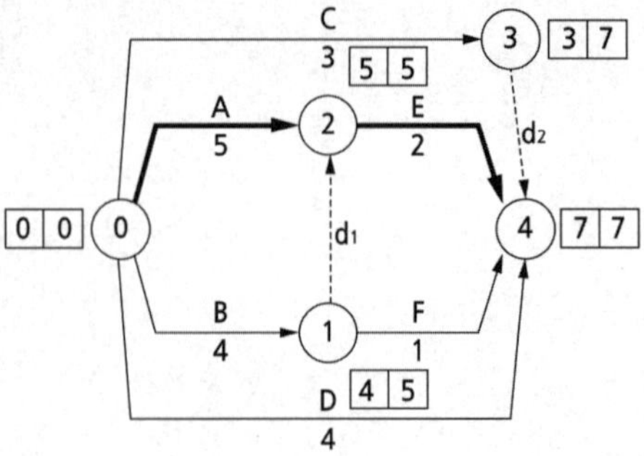

10 다음 데이터를 네트워크 공정표로 작성하고 각 작업의 여유시간을 구하시오.

[10점]

작업명	선행작업	작업일수	비고
A	없음	3	단, 이벤트(event)에는 번호를 기입하고, 주공정선을 굵은 선으로 표기한다.
B	없음	2	
C	없음	4	
D	C	5	
E	B	2	
F	A	3	
G	A, C, E	3	
H	D, F, G	4	

① 네트워크 공정표

② 여유시간 산정

작업명	TF	FF	DF	CP
A				
B				
C				
D				
E				
F				
G				
H				

해답

10

• 참고용 후속작업표

작업명	작업일수	후속작업
Ⓐ	3	F, G
Ⓑ	2	E
Ⓒ	4	D, G
D	5	H
E	2	G
F	3	H
G	3	H
H	4	없음

• 공정표 작성

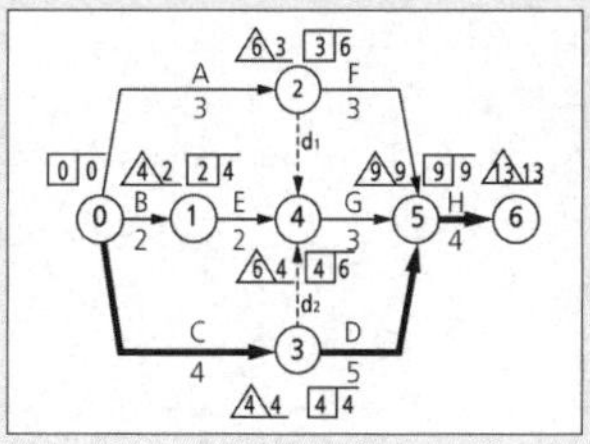

• CP: C → D → H

• 여유시간 산정

작업명	TF	FF	DF	CP
A	3	0	3	
B	2	0	2	
C	0	0	0	*
D	0	0	0	*
E	2	0	2	
F	3	3	0	
G	2	2	2	
H	0	0	0	*

해답

문제 풀이

① EST, EFT, LFT, LST 계산

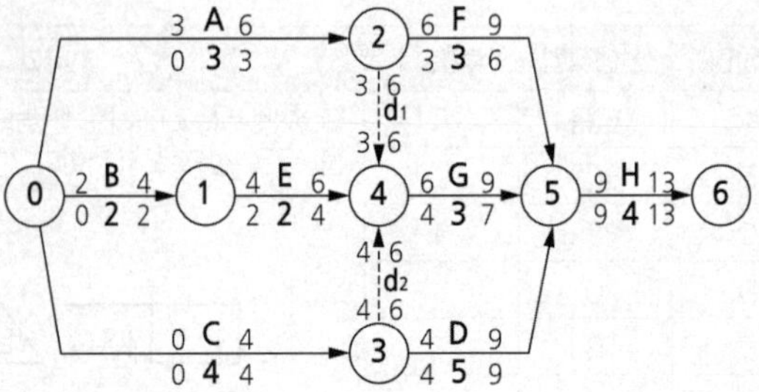

② TE, FF, DF 계산

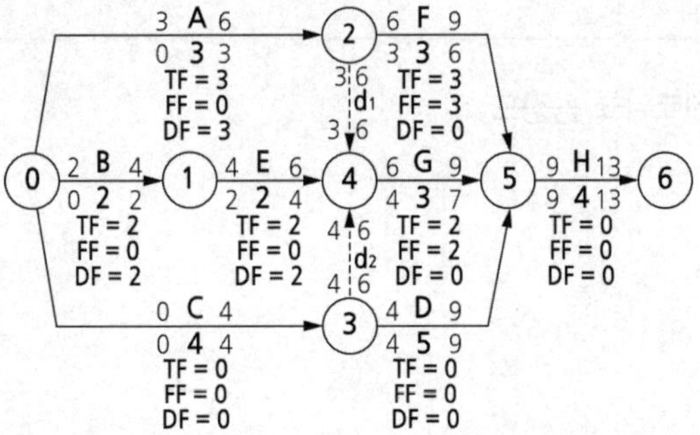

③ 여유시간 산정표

작업명	TF	FF	DF	C.P
A	3	0	3	
B	2	0	2	
C	0	0	0	*
D	0	0	0	*
E	2	0	2	
F	3	3	0	
G	2	2	2	
H	0	0	0	*

④ CPM 공정표 완성

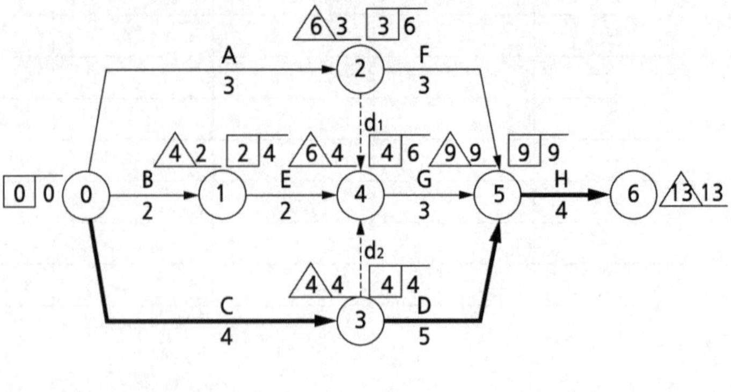

11 다음 주어진 데이터를 보고 네트워크 공정표를 작성하시오. (단, 주공정선을 굵은 선으로 표시하시오.)

[6점]

작업명	선행작업	작업일수	비고
A	없음	4	네트워크 작성은 다음과 같이 표기하고, 주공정선을 굵은 선으로 표시하시오.
B	없음	8	
C	A	11	
D	C	2	
E	B, J	5	
F	A	14	
G	B, J	7	
H	C, G	8	
I	D, E, F, H	9	
J	A	6	

CP: ______________________________

문제 풀이

① CPM 공정표 완성

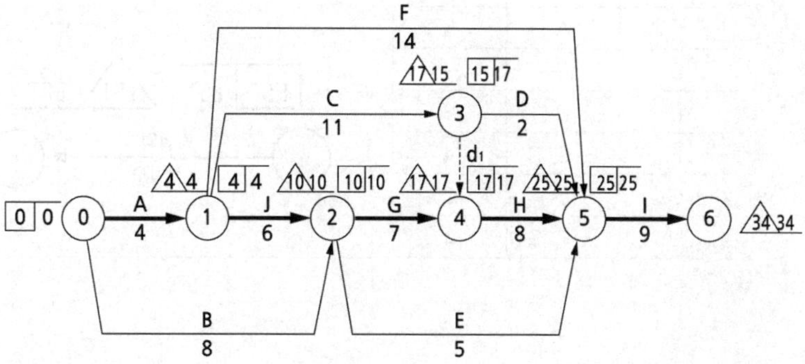

② 주공정선(CP) 기입: A → J → G → H → I

해답

11

• 참고용 후속작업표

작업명	작업일수	후속작업
Ⓐ	4	C, F, J
Ⓑ	8	E, G
C	11	D, H
D	2	I
E	5	I
F	14	I
G	7	H
H	8	I
I	9	없음
J	6	E, G

• 공정표 작성

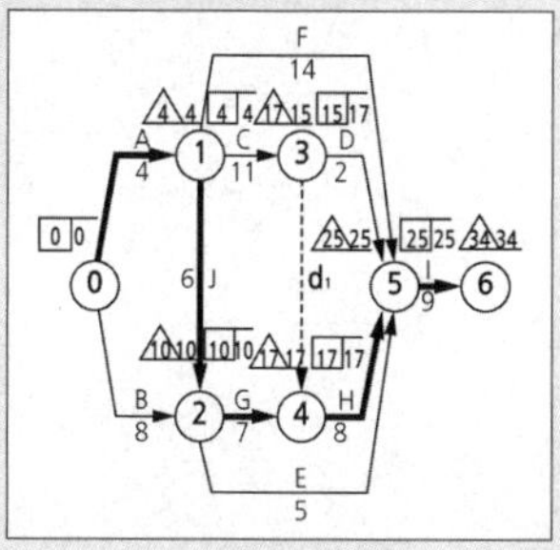

• CP: A → J → G → H → I

12 다음 데이터를 보고 공정표를 만들고 CP를 표시하시오. [6점]

작업명	선행작업	작업일수	비고
A	없음	2	공정표 작성은 다음과 같이 표기하고, 주공정선을 굵은 선으로 표시하시오.
B	A	6	
C	A	5	
D	없음	4	
E	B	3	
F	B, C, D	7	
G	D	8	
H	E, F, G	6	
I	F, G	8	

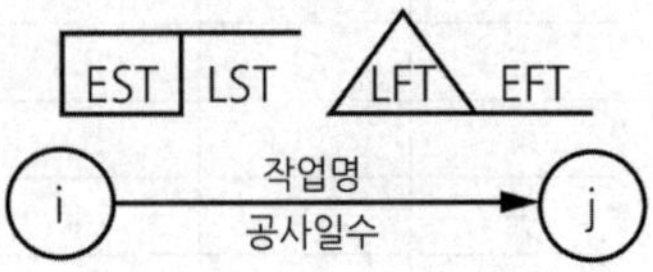

CP: ______________________

13 다음 주어진 데이터를 보고 네트워크 공정표를 작성하시오. [6점]

작업명	선행작업	작업일수	비고
A	없음	5	네트워크 작성은 다음과 같이 표기하고, 주공정선을 굵은 선으로 표시하시오.
B	A	6	
C	A	5	
D	없음	7	
E	B	3	
F	B, C, D	4	
G	D	2	
H	E, F, G	4	

CP: ______________________

해답

12

• 공정표 작성

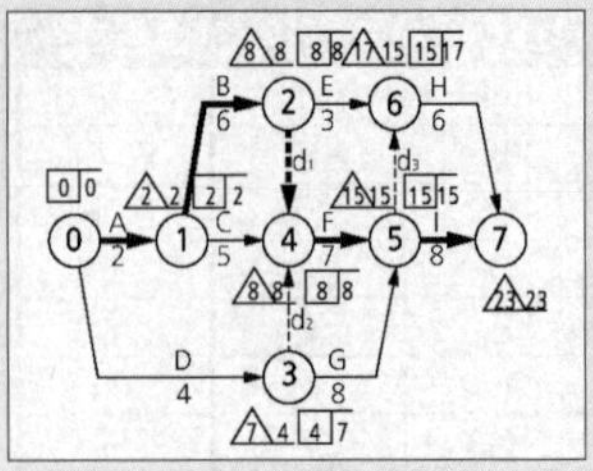

• CP: A → B → F → I

13

• 공정표 작성

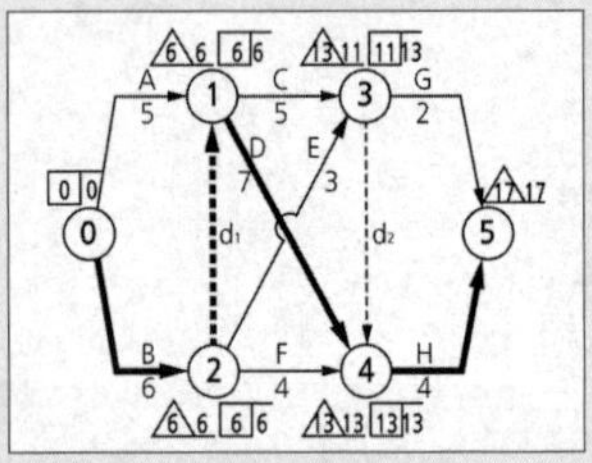

• CP: B → D → H

14

다음 주어진 데이터를 이용하여 네트워크 공정표를 작성하고 각 작업의 여유시간을 계산하시오. (단, 일정 계산의 CP에는 *표시를 하시오.) [8점]

작업명	선행작업	작업일수	비고
A	없음	5	네트워크 작성은 다음과 같이 표기하고, 주공정선을 굵은 선으로 표시하시오.
B	없음	2	
C	없음	4	
D	A, B, C	4	
E	A, B, C	3	
F	A, B, C	2	

① 네트워크 공정표

② CP: ______________________

③ 여유시간 산정

작업명	EST	EFT	LST	LFT	TF	FF	DF	CP
A								
B								
C								
D								
E								
F								

해답

14

• 공정표 작성

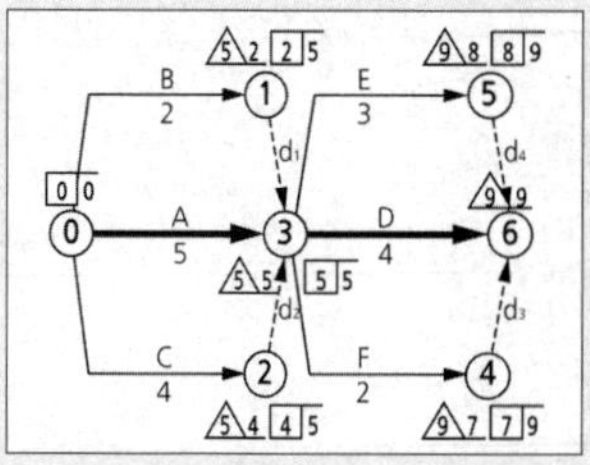

• CP: A → D

• 여유시간 산정

작업	EST	EFT	LST	LFT	TF	FF	DF	CP
A	0	0	5	5	0	0	0	*
B	0	3	2	5	3	3	0	
C	0	1	4	5	1	1	0	
D	5	5	9	9	0	0	0	*
E	5	6	8	9	1	1	0	
F	5	7	7	9	2	2	0	

해답

문제 풀이

① TE, FF, DF 계산

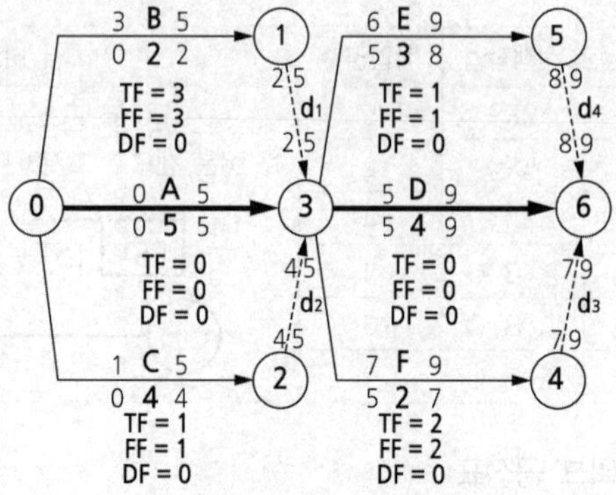

② 여유시간 산정표

작업명	TF	FF	DF	CP
A	0	0	0	*
B	3	3	0	
C	1	1	0	
D	0	0	0	*
E	1	1	0	
F	2	2	0	

chapter

03 공기단축

01 공기단축의 의미

1.1 공기단축 시기

① 계산공기가 지정공기보다 긴 경우
② 작업 진행 도중에 공기지연으로 총공기의 연장이 예상되는 경우

1.2 공기와 공사비의 관계

① 총공사비는 직접비와 간접비의 합으로 구성된다.
② 시공속도를 빨리하면 간접비는 감소하고 직접비는 증대된다.
③ 직접비와 간접비의 총합계가 최소가 되는 공기를 최적공기(표준공기)라 하고, 그래프상의 관측점을 표준점이라 한다.

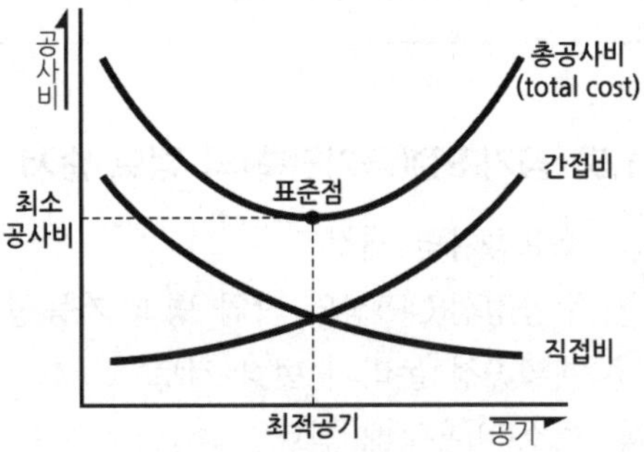

1.3 MCX(Minimum Cost eXpediting)이론

① 최소의 비용으로 최적의 공기를 찾아 공정을 수행하는 공기단축 기법
② 최적의 시공속도 또는 경제속도를 구하는 이론체계

1.4 비용구배

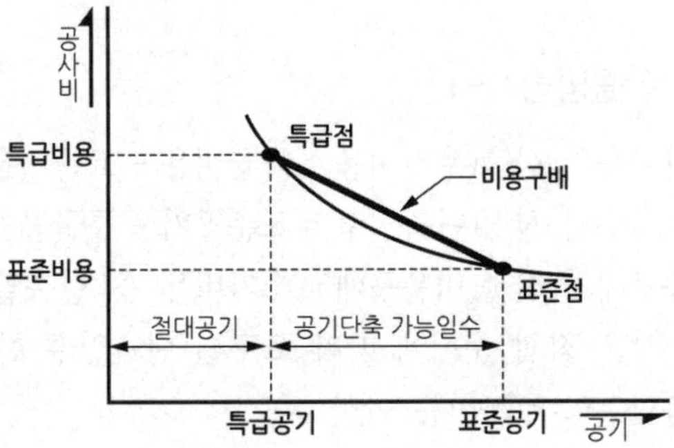

학습 POINT

산업 실내건축산업기사 시공실무 출제
기사 실내건축기사 시공실무 출제

✿ 최적공기에 대한 총공사비 곡선 그래프 그리기 산업 기사

✿ MCX이론 용어 설명 기사

✿ 공사 진행 중 공기단축 시 드는 비용을 일별로 분할 계산한 것으로, 표준공기와 특급공기의 차감액을 기준으로 계산된 비용을 (비용구배)라 한다. 기사

✿ 비용구배 산출 문제 산업 기사

학습 POINT

용어의 이해

- 표준공기(normal time): 정상적인 소요일수
- 표준비용(normal cost): 정상적인 소요일수에 대한 비용
- 특급공기(crash time): 공기를 최대한 단축할 수 있는 일수
- 특급비용(crash cost): 공기를 최대한 단축할 때 비용

정답

$$\text{비용구배} = \frac{\text{특급비용} - \text{표준비용}}{\text{표준공기} - \text{특급공기}} = \frac{800{,}000 - 600{,}000}{10 - 6} = 50{,}000$$

∴ 비용구배 = 50,000원/일

✿ 공기조절의 검토 순서 기사

① 비용구배란 공기 1일 단축 시 증가비용을 말한다.
② 시간 단축 시 증가되는 비용의 곡선을 직선으로 가정한 기울기 값이다.
③ 추가비용(extra cost) = 특급비용 − 표준비용
④ 단축일수(shorten time) = 표준공기 − 특급공기

공식

$$\text{비용구배} = \frac{\text{특급비용} - \text{표준비용}}{\text{표준공기} - \text{특급공기}}[\text{원/일}] = \frac{\text{추가비용}}{\text{단축일수}}$$

⑤ 특급점이란 더 이상 단축이 불가능한 한계점(절대공기)을 말한다.

예제 01 어느 건설공사의 한 작업이 정상적으로 시공할 때 공사기일은 10일, 공사비용은 600,000원이고 특급으로 시공할 때 공사기일은 6일, 공사비는 800,000원이라고 할 때 이 공사의 공기단축 시 필요한 비용구배(cost sloop)를 구하시오.

1.5 공기조절(공기단축)의 검토 순서

① 소요공기의 재검토
② 주공정선(CP)상의 작업 병행 가능성 검토
③ 계획공정 논리의 변경 검토
④ 최소 비용구배 검토
⑤ 품질 및 안전성 검토
⑥ 다른 작업의 영향 검토
⑦ 자원 증가의 한도 검토

02 추가비용(extra cost) 산출

요구된 공기단축에 의한 작업에 소요되는 최적의 추가 공사비용을 말한다.

2.1 추가비용 산출방법

① 작업별 추가비용의 산출(추가비용 = 특급비용 − 표준비용)
② 작업별 단축일수의 산정(단축일수 = 표준공기 − 특급공기)
③ 작업별 비용구배의 산출(비용구배 = 추가비용 ÷ 단축일수)
④ 비용구배가 작은 작업 순서에 따라 요구된 단축일수 합산
⑤ 합산된 단축일수의 추가비용 합산

2.2 추가비용 산출

아래 예제를 기준으로 추가비용을 산출하고자 한다.

예제 02 다음 공사를 5일 단축하고자 할 때 비용구배가 작은 작업부터 순서대로 나열하고, 최적의 총추가비용(extra cost)을 구하시오.

구분	표준공기	표준비용	특급공기	특급비용
A	4	60,000	2	90,000
B	15	140,000	14	160,000
C	7	50,000	4	80,000

문제 풀이

① 추가비용(특급비용 − 표준비용)
② 단축일수(표준공기 − 특급공기)
③ 비용구배(추가비용 ÷ 단축일수)

구분	표준공기	표준비용	특급공기	특급비용	① 추가비용	② 단축일수	③ 비용구배
A	4	60,000	2	90,000	30,000	2	15,000
B	15	140,000	14	160,000	20,000	1	20,000
C	7	50,000	4	80,000	30,000	3	10,000

④ 비용구배가 작은 작업 순서: C → A → B
⑤ 합산된 단축일수의 추가비용 합산
- 요구된 단축일수 5일 = C작업 3일 + A작업 2일
- 추가비용 합산 = C작업 30,000원 + A작업 30,000원 = 총 60,000원

학습 POINT

정답

① 비용구배 산출 근거

$$A = \frac{90,000 - 60,000}{4 - 2}$$

= 15,000원/일

$$B = \frac{160,000 - 140,000}{15 - 14}$$

= 20,000원/일

$$C = \frac{80,000 - 50,000}{7 - 4}$$

= 10,000원/일

② 작업 순서: C → A → B

③ 최적 추가비용
= 3C + 2A
= 30,000 + 30,000
= 60,000

∴ 최적 추가비용 = 60,000원

chapter 03 연습문제

해답

01

① 특급비용
② 표준비용
③ 특급공기
④ 표준공기

02

$$비용구배 = \frac{특급비용 - 표준비용}{표준공기 - 특급공기} = \frac{3,000 - 1,000}{12 - 10} = 1,000$$

∴ 비용구배 = 1,000원/일

03

$$비용구배 = \frac{특급비용 - 표준비용}{표준공기 - 특급공기} = \frac{320,000 - 170,000}{13 - 10} = 50,000$$

∴ 비용구배 = 50,000원/일

04

$$비용구배 = \frac{특급비용 - 표준비용}{표준공기 - 특급공기} = \frac{14,000,000 - 10,000,000}{10 - 6} = 1,000,000$$

∴ 비용구배 = 1,000,000원/일

01 다음 그림은 CPM의 고찰에 의한 비용과 시간 증가율을 표시한 것이다. 그림의 (　　) 속에 대응하는 용어를 쓰시오. [4점]

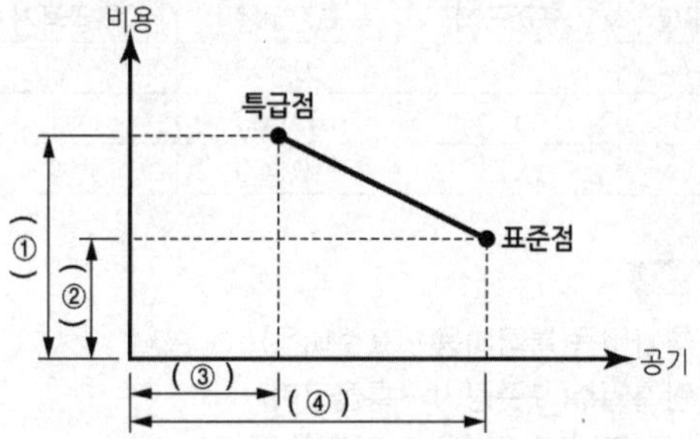

① ____________ ③ ____________
② ____________ ④ ____________

02 공기단축 시 공사비의 비용구배(cost slope)를 산출하시오. (단, 표준공기 12일, 급속공기 10일, 표준비용 1,000원, 급속비용 3,000원) [2점]

03 정상공기가 13일일 때 공사비는 170,000원이고, 특급공사 시 공사기일은 10일, 공사비는 320,000원이다. 이 공사의 공기단축 시 필요한 비용구배를 구하시오. [4점]

04 어느 인테리어공사의 한 작업이 정상적으로 시공될 때 공사기일은 10일, 공사비는 10,000,000원이고, 특급으로 시공할 때 공사기일은 6일, 공사비는 14,000,000원이라 할 때 이 공사의 공기단축 시 필요한 비용구배(cost slope)를 구하시오. [4점]

05 정상적으로 시공될 때 공사기일은 15일, 공사비는 1,000,000원이고, 특급으로 시공할 때 공사기일은 10일, 공사비는 1,500,000원이라면 공기단축 시 필요한 비용구배(cost slope)를 구하시오. [4점]

06 어느 건설공사의 한 작업이 정상적으로 시공할 때 공사기일은 13일, 공사비는 200,000원이고, 특급으로 시공할 때 공사기일은 10일, 공사비는 350,000원이라 할 때 이 공사의 공기단축 시 필요한 비용구배(cost slope)를 구하시오. [4점]

해답

05

$$비용구배 = \frac{특급비용 - 표준비용}{표준공기 - 특급공기}$$

$$= \frac{1,500,000 - 1,000,000}{15 - 10}$$

$$= 100,000$$

∴ 비용구배 = 100,000원/일

06

$$비용구배 = \frac{특급비용 - 표준비용}{표준공기 - 특급공기}$$

$$= \frac{350,000 - 200,000}{13 - 10}$$

$$= 50,000$$

∴ 비용구배 = 50,000원/일

07

다음은 공기단축의 공사계획이다. 비용구배가 가장 작은 작업부터 순서대로 나열하시오. [4점]

구분	표준공기[일]	표준비용[원]	특급공기[일]	특급비용[원]
A	4	6,000	2	9,000
B	15	14,000	14	16,000
C	7	5,000	4	8,000

① 산출 근거:

② 작업 순서:

08

공사의 기간을 5일 단축하려 한다. 추가비용(extra cost)을 구하시오. [4점]

구분	표준공기[일]	표준비용[원]	특급공기[일]	특급비용[원]
A	3	60,000	2	90,000
B	2	30,000	1	50,000
C	4	70,000	2	100,000
D	3	50,000	1	90,000

해답

07

• 비용구배 $= \dfrac{\text{추가비용}}{\text{단축일수}}$

※ 추가비용 = 특급비용 − 표준비용

※ 단축일수 = 표준공기 − 특급공기

A작업 $= \dfrac{9{,}000 - 6{,}000}{4 - 2} = 1{,}500$

B작업 $= \dfrac{16{,}000 - 14{,}000}{15 - 14} = 2{,}000$

C작업 $= \dfrac{8{,}000 - 5{,}000}{7 - 4} = 1{,}000$

구분	단축일수	추가비용	비용구배
A	2	3,000	1,500
B	1	2,000	2,000
C	3	3,000	1,000

∴ 작업 순서: C → A → B

08

비용구배 $= \dfrac{\text{추가비용}}{\text{단축일수}}$

구분	단축일수	추가비용	비용구배
A	1	30,000	30,000
B	1	20,000	20,000
C	2	30,000	15,000
D	2	40,000	20,000

5일 단축 최소 비용구배 합계

추가비용 = 1B + 2C + 2D

= 20,000 + 30,000 + 40,000

= 90,000

∴ 추가비용 = 90,000원

PART 04

품질관리

실내건축산업기사 시공실무

chapter 01

품질관리

01 품질관리 일반사항

1.1 정의 및 목적

정의	목적
수요자의 요구에 맞는 품질의 제품을 경제적으로 만들어 내기 위한 모든 수단의 체계	• 시공 능률의 향상 • 품질 및 신뢰성의 향상 • 설계의 합리화 • 작업의 표준화

1.2 품질관리 종류

① 품질관리: QC(Quality Control)
② 통계적 품질관리: SQC(Statistical Quality Control)
③ 종합적 품질관리: TQC(Total Quality Control)

1.3 품질관리 대상

① 인력(Man) ② 재료(Material)
③ 장비(Machine) ④ 자금(Money)
⑤ 공법(Method) ⑥ 경험(Memory)

1.4 관리의 순서

(1) 관리 사이클(PDCA cycle)

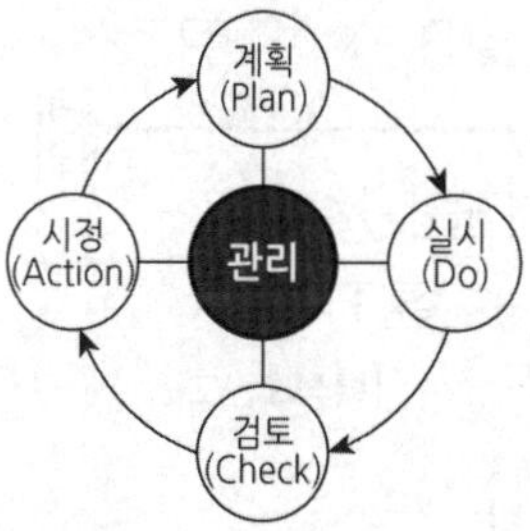

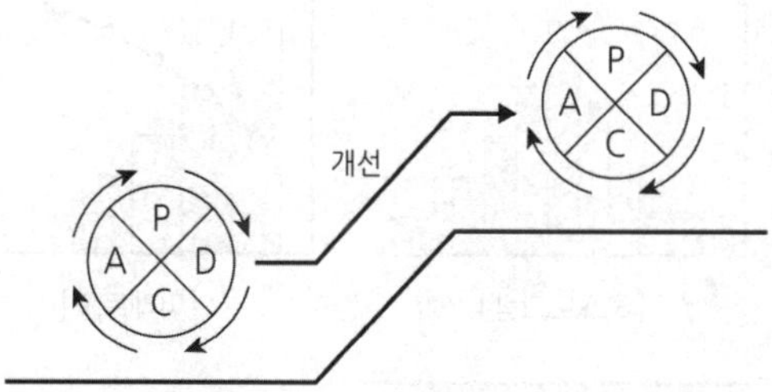

① 계획(Plan)	목표를 달성하기 위한 계획을 설정한다.
② 실시(Do)	설정된 계획에 따라 실시한다.
③ 검토(Check)	실시된 결과를 측정하여 계획과 비교 검토한다.
④ 시정(Action)	검토 결과가 목표와 차이가 있으면 수정 조치(시정)한다.

학습 POINT

산업 실내건축산업기사 시공실무 출제
기사 실내건축기사 시공실무 출제

• 품질관리 대상(4M)
① 인력(Man)
② 재료(Material)
③ 장비(Machine)
④ 자금(Money)
⑤ 공법(Method)
⑥ 경험(Memory)
(①~④: 4M, ①~⑤: 5M, ①~⑥: 6M)

품질관리 검사의 순서 산업 기사

학습 POINT

2) 품질관리의 일반적인 순서

① 품질의 특성 조사 및 결정 ┐
② 품질의 표준 결정 │ 계획
③ 작업의 표준 결정 ┘
④ 품질시험 및 조사 실시 – 실시
⑤ 공정의 안정성 점검 – 검토
⑥ 이상 원인 조사 및 수정 조치 – 시정

02 종합적 품질관리(Total Quality Control)

2.1 정의

좋은 품질의 제품을 보다 경제적인 수준에서 생산하기 위해 사내의 각 부분에서 품질의 유지와 개선의 노력을 종합적으로 조정하는 효과적인 시스템

2.2 TQC의 7도구

✿품질관리(TQC) 도구 산업 기사
✿히스토그램 용어 설명 기사
✿파레토도 용어 설명 기사
✿특성요인도 용어 설명 기사
✿층별 용어 설명 기사

① 히스토그램	계량치의 데이터가 어떤 분포로 되어 있는지 알아 보기 위한 막대그래프 형식
② 파레토도	불량, 결점, 고장 등의 발생 건수를 분류 항목별로 나누어 크기 순서대로 나열해 놓은 것
③ 특성요인도	결과에 원인이 어떻게 관계하고 있는가를 한눈에 알아 보기 위하여 작성하는 것
④ 체크시트	계수치의 데이터가 분류 항목의 어디에 집중되어 있는가를 알아 보기 쉽게 나타낸 그림이나 표
⑤ 그래프	품질관리에서 얻은 각종 자료의 결과를 알기 쉽게 그림으로 정리한 것
⑥ 산점도	서로 대응하는 두 개의 짝으로 된 데이터를 그래프 위에 점으로 나타낸 그림
⑦ 층별	집단을 구성하고 있는 데이터를 특징에 따라 몇 개의 부분집단으로 나누는 것

• 암기용 키워드
① 히스토그램 – 어떤 분포
② 파레토도 – 크기 순서대로
③ 특성요인도 – 결과에 원인
④ 체크시트 – 어디에 집중
⑤ 그래프 – 알기 쉽게
⑥ 산점도 – 그래프 위에 점
⑦ 층별 – 부분집단

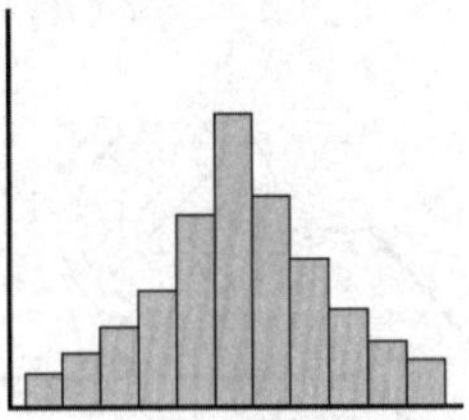
[히스토그램]

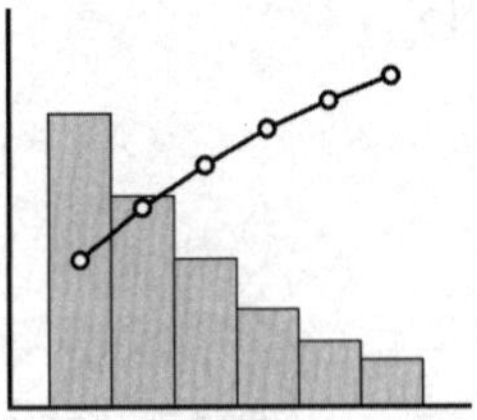
[파레토도]

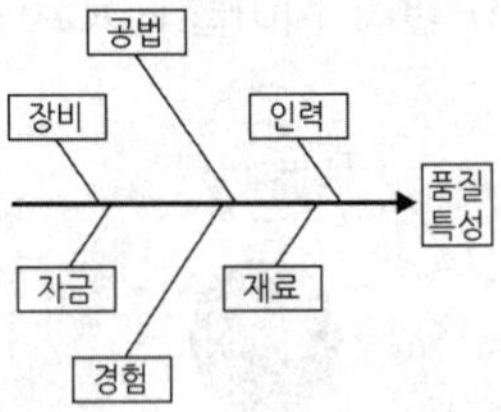

[특성요인도]

[체크시트]

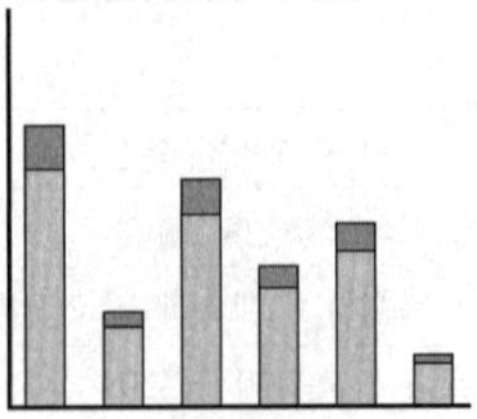
[그래프]

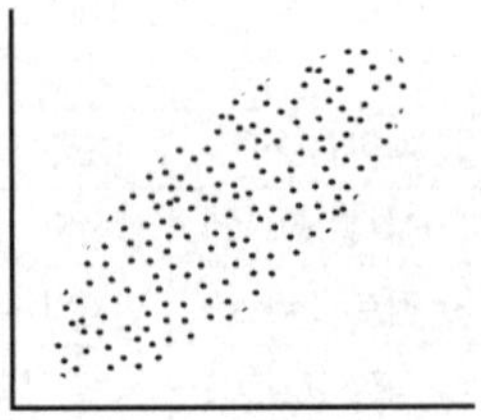
[산점도]

chapter 02 재료의 품질관리

01 강도

> **학습 POINT**
> 산업 실내건축산업기사 시공실무 출제
> 기사 실내건축기사 시공실무 출제

1.1 비강도와 경제강도

(1) 비강도

재료의 강도를 비중량으로 나눈 값이다.

❁ 비강도 공식 기사

공식 $비강도 = \frac{강도}{비중}$

(2) 경제강도(안전율)

재료의 파괴강도를 허용강도로 나눈 값이다.

❁ 경제강도 공식 기사

공식 $경제강도 = \frac{파괴강도}{허용강도}$

1.2 압축강도

(1) 벽돌의 압축강도

❁ 벽돌의 압축강도 계산 산업 기사

공식
$벽돌의\ 압축강도 = \frac{최대하중}{시험체의\ 단면적}$ [kg/㎠]

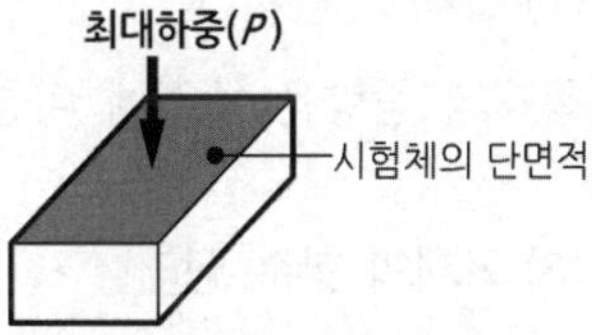

(2) 블록의 압축강도

❁ 블록의 압축강도 계산 기사

공식
$블록의\ 압축강도 = \frac{최대하중}{시험체의\ 전\ 단면적}$ [kg/㎠]

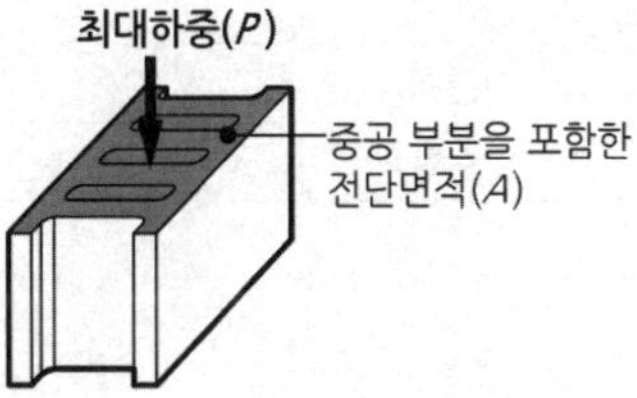

학습 POINT

02 목재의 품질관리

2.1 평균 연륜폭과 연륜밀도

✿목재의 연륜폭 산업 기사

(1) 평균 연륜폭

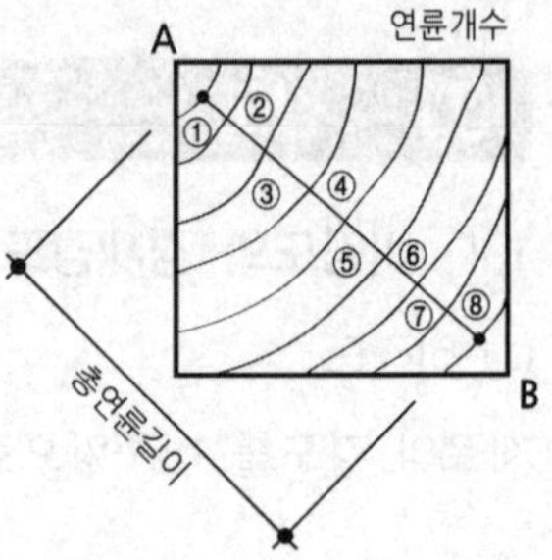

공식

$$\text{평균 연륜폭} = \frac{\text{총연륜길이[cm]}}{\text{연륜개수[개]}} = \frac{AB}{n}\ \text{[cm]}$$

✿목재의 연륜밀도 산업 기사

(2) 평균 연륜밀도

공식

$$\text{평균 연륜밀도} = \frac{\text{연륜개수[개]}}{\text{총연륜길이[cm]}} = \frac{n}{AB}\ \text{[개]}$$

2.2 목재의 함수율

(1) 함수율

✿목재의 함수율 계산 산업 기사

목재 속에 함유된 수분의 목재 자신에 대한 중량비를 말한다.

공식

$$\text{함수율} = \frac{\text{건조 전 중량} - \text{절대건조 시 중량}}{\text{절대건조 시 중량}} \times 100\%$$

(2) 목재의 중량

목재의 중량은 체적에 비중을 곱하여 계산한다.

(3) 목재의 함수 상태

구분	함수율	비고
전건재	0%	절대건조 상태(인공건조법)
기건재	10 ~ 15%	대기 노출 함수 상태(대기건조법)
섬유포화점	30%	섬유포화점 이상에서는 강도 변화 없음

03 골재의 품질관리

3.1 골재의 흡수율

(1) 흡수율

골재가 흡수된 수분의 골재 자신에 대한 중량비를 말한다.

공식

$$흡수율 = \frac{표면\ 건조,\ 내부\ 포화\ 상태의\ 중량 - 절건중량}{절건중량} \times 100\%$$

(2) 골재의 함수 상태

구분	세부 상태
절건 상태	110℃ 이내에서 24시간 건조한 상태
기건 상태	공기 중에서 건조한 상태
유효흡수량	흡수량과 기건 상태의 골재 내에 함유된 수량과의 차
흡수량	표면 건조, 내부 포화 상태의 골재 내에 함유된 수량
함수량	습윤 상태의 골재가 함유하는 전 수량
표면수량	함수량과 흡수량과의 차이

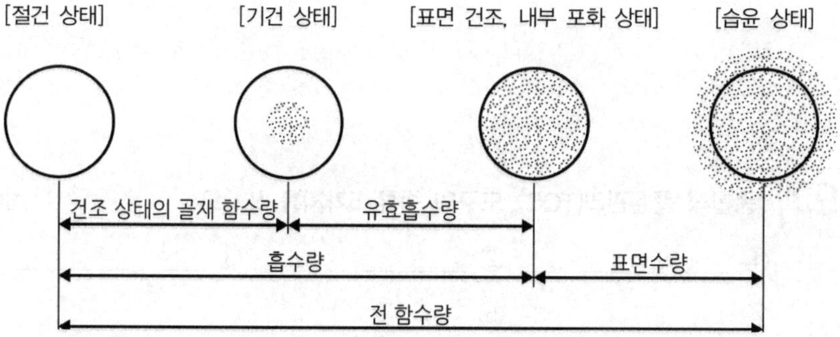

학습 POINT

✿골재의 함수량 설명 기사

part 04 연습문제

해답

01
① → ③ → ② → ④

02
① 인력(Man)
② 재료(Material)
③ 장비(Machine)
④ 자금(Money)

03
① 히스토그램
② 파레토도
③ 특성요인도
④ 체크시트
⑤ 그래프
• 산점도, 층별

04
① 히스토그램
② 특성요인도
③ 파레토도

01 다음 〈보기〉에서 품질관리의 순서를 나열하시오. [3점]

보기 ① 계획 ② 검토 ③ 실시 ④ 시정

____

02 관리의 목표인 품질, 공정, 원가관리를 성치하기 위하여 사용되는 수단관리 4가지를 쓰시오. [4점]

① ____________ ② ____________
③ ____________ ④ ____________

03 종합적 품질관리(TQC) 도구의 종류 5가지를 쓰시오. [5점]

① ____________ ② ____________ ③ ____________
④ ____________ ⑤ ____________

04 다음은 품질관리에 관한 QC 도구의 설명이다. 해당하는 용어를 쓰시오. [3점]

① 계량치의 데이터가 어떠한 분포를 하고 있는지 알아 보기 위하여 작성하는 그림
② 결과에 원인이 어떻게 관계하고 있는가를 한눈에 알아 보기 위하여 작성하는 그림
③ 불량, 결점, 고장 등의 발생 건수를 분류 항목별로 나누어 크기 순서대로 나열한 그림

① ____________ ② ____________ ③ ____________

05 품질관리 기법에 관한 설명이다. 각각의 설명에 관계되는 용어를 쓰시오.

[4점]

① 모집단의 분포 상태를 나타낸 막대그래프 형식
② 층별 요인의 특성에 대한 불량 점유율
③ 특성 요인과의 관계 화살표
④ 점검 목적에 맞게 미리 설계된 시트

① ______________ ② ______________

③ ______________ ④ ______________

06 다음 내용에 알맞은 용어를 〈보기〉에서 골라 쓰시오.

[4점]

보기
① 비중 ② 강도 ③ 허용강도 ④ 파괴강도

(가) 비강도 = $\frac{(\quad)}{(\quad)}$ (나) 경제강도 = $\frac{(\quad)}{(\quad)}$

07 다음 내용에 알맞은 용어를 〈보기〉에서 골라 쓰시오.

[4점]

보기
① 시험체의 단면적 ② 최대하중 ③ 시험체의 전 단면적

(가) 벽돌 압축강도 = $\frac{(\quad)}{(\quad)}$ (나) 블록 압축강도 = $\frac{(\quad)}{(\quad)}$

해답

05

① 히스토그램
② 층별
③ 특성요인도
④ 체크시트

06

(가) 비강도 = $\frac{\text{② 강도}}{\text{① 비중}}$

(나) 경제강도 = $\frac{\text{④ 파괴강도}}{\text{③ 허용강도}}$

07

(가) 벽돌 압축강도 = $\frac{②}{①}$

(나) 블록 압축강도 = $\frac{②}{③}$

해답

08

$$압축강도 = \frac{최대하중}{시험체\ 단면적}[kg/cm^2]$$

$$F1 = \frac{14200kg}{19cm \times 9cm} = 83.04$$

$$F2 = \frac{14000kg}{19cm \times 9cm} = 81.87$$

$$F3 = \frac{13800kg}{19cm \times 9cm} = 80.70$$

$$F = \frac{F1 + F2 + F3}{3}$$

$$= \frac{83.04 + 81.87 + 80.70}{3}$$

$$= \frac{245.61}{3} = 81.87$$

∴ 평균 압축강도 = $81.87kg/cm^2$

09

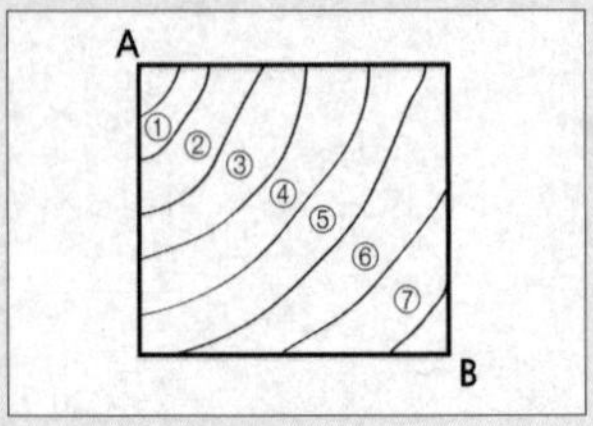

연륜개수 = 7개

$$평균\ 연륜폭 = \frac{총연륜길이}{연륜개수}$$

$$= \frac{10}{7} = 1.4285$$

∴ 평균 연륜폭 = 1.43cm

08 시멘트벽돌의 압축강도 시험 결과 벽돌이 14.2t, 14t, 13.8t에서 파괴되었다. 이때 시멘트벽돌의 평균 압축강도를 구하시오. (단, 벽돌의 단면적은 190mm ×90mm) [4점]

09 다음 그림과 같은 목재의 AB구간의 평균 연륜폭을 구하시오. [4점]

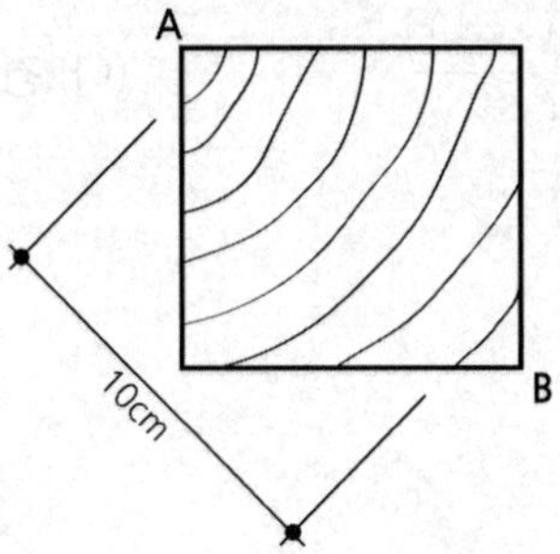

10 다음 그림과 같은 목재의 AB구간의 평균 연륜폭을 구하시오. [4점]

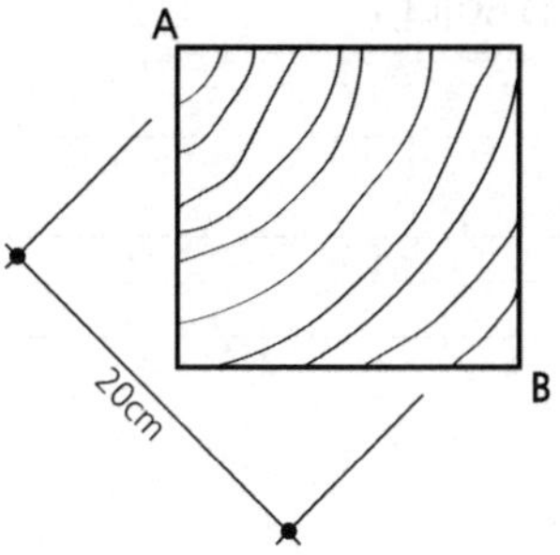

11 다음 그림과 같은 목재의 AB구간의 평균 연륜밀도를 구하시오. [4점]

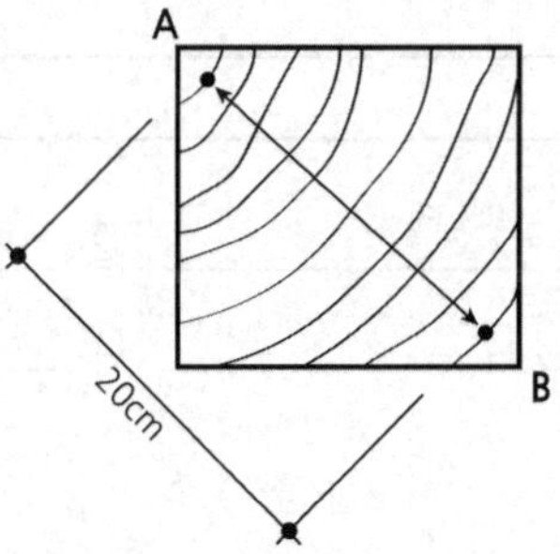

12 어느 나무의 절건중량이 250g이며, 함수중량은 400g이다. 이때 나무의 함수율을 구하시오. [4점]

해답

10

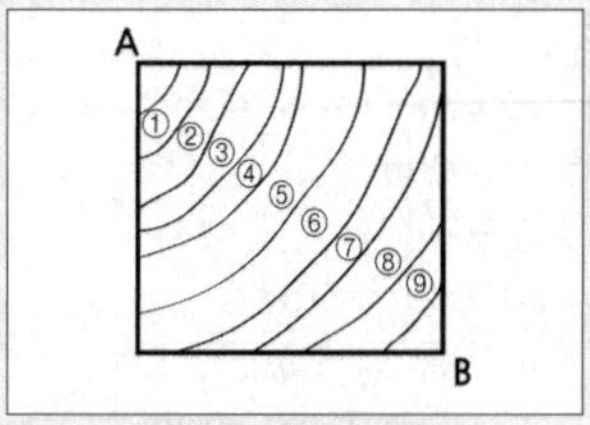

연륜개수 = 9개

$$\text{평균 연륜폭} = \frac{\text{총연륜길이}}{\text{연륜개수}} = \frac{20}{9} = 2.2222$$

∴ 평균 연륜폭 = 2.22cm

11

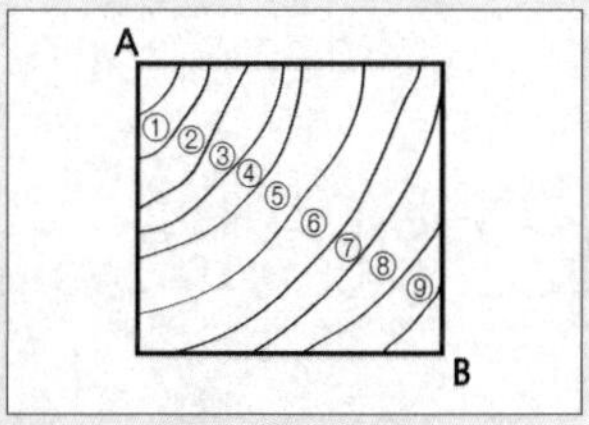

연륜개수 = 9개

$$\text{평균 연륜밀도} = \frac{\text{연륜개수}}{\text{총연륜길이}} = \frac{9}{20} = 0.45$$

∴ 평균 연륜밀도 = 0.45개

12

$$\text{함수율} = \frac{\text{건조 전 중량} - \text{절건중량}}{\text{절건중량}} \times 100 = \frac{400 - 250}{250} \times 100 = 60$$

∴ 목재 함수율 = 60%

해답

13
목재 체적
= 10cm×10cm×200cm
= 20,000cm^2
절건중량
= 20,000cm^2×0.5비중
= 10,000g ∴ 10kg

$$함수율 = \frac{건조\ 전\ 중량 - 절건중량}{절건중량} \times 100$$

$$= \frac{15-10}{10} \times 100 = 50$$

∴ 목재 함수율 = 50%

14
① 함수량
② 흡수량
③ 유효흡수량
④ 표면수량

13 10cm 각, 길이 2m인 나무의 무게가 15kg이라면 이 나무의 함수율은? (단, 나무의 비중은 0.5이다.) [5점]

14 다음은 골재의 함수 상태를 나타낸 것이다. 각각의 번호에 알맞은 용어를 쓰시오. [4점]

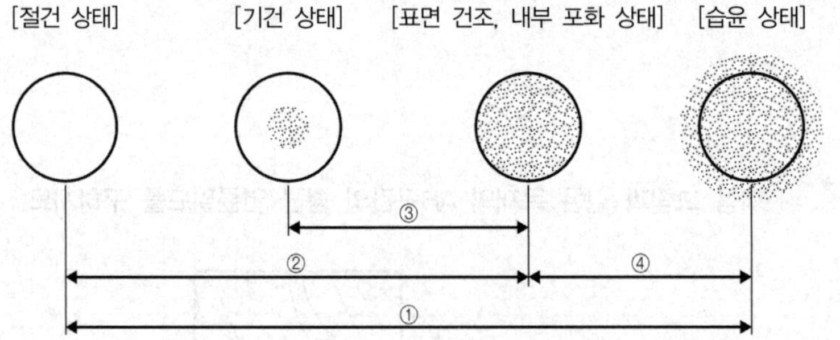

① ______ ② ______
③ ______ ④ ______

PART

부록

과년도 출제문제

실내건축산업기사 시공실무

2010 제1회 과년도 출제문제

• 실내건축산업기사 시공실무 •

01 다음 미장공사에 관한 용어에 대하여 설명하시오. 배점 4점

① 고름질: ______

② 수염: ______

02 재료의 성능에 관련한 단열재의 주요성능 4가지를 쓰시오. 배점 4점

① ______ ② ______

③ ______ ④ ______

03 다음 조적 벽체의 용어를 설명하시오. 배점 2점

① 내력벽: ______

② 중공벽: ______

04 다음 아래 도면과 같은 철근콘크리트조 건축물에서 벽체와 기둥의 콘크리트 양을 산출하시오. 배점 4점

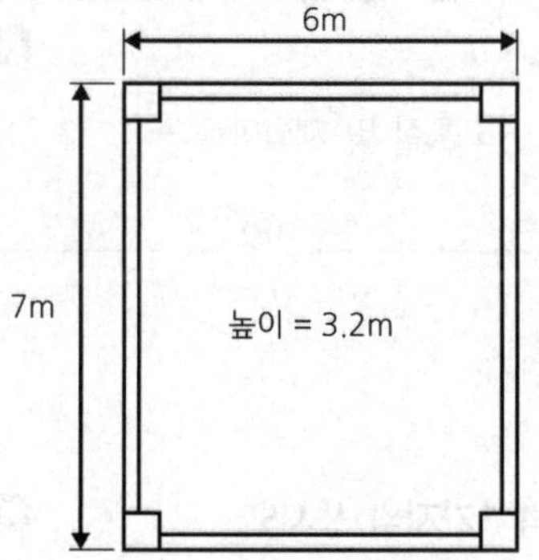

[평면도]

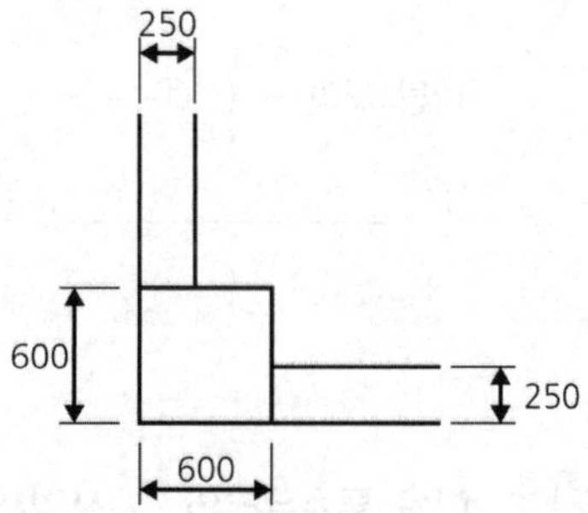

[상세도]

______

______

답안 01

① 바름 두께 또는 마감 두께가 고르지 않거나 요철이 심할 때 초벌바름 위에 발라서 면을 고르는 것

② 회반죽의 박리를 방지하기 위한 보강재료

답안 02

① 보온(단열)

② 방습

③ 방한

④ 방서

• 방로(결로 방지)

답안 03

① 벽체, 바닥, 지붕 등의 하중을 받아 기초에 전달하는 벽

② 외벽에 방음, 방습, 단열 등의 목적으로 벽체의 중간에 공간을 두어 이중으로 쌓는 벽

답안 04

① 기둥 콘크리트양

$V[\text{m}^3] = a \times b \times H$

$= 0.6 \times 0.6 \times 3.2 \times 4$개

$= 4.608$

∴ 기둥 콘크리트양 = 4.61m^3

② 벽체 콘크리트양

$V[\text{m}^3] = L \times H \times t$

$= (4.8 \times 3.2 \times 0.25 \times 2$개$)$

$+ (5.8 \times 3.2 \times 0.25 \times 2$개$)$

$= 16.96$

∴ 벽체 콘크리트양 = 16.96m^3

05 다음 용어를 설명하시오.

배점 6점

① 블록장막벽: ______

② 보강블록조: ______

③ 거푸집블록조: ______

06 도배공사에서 도배지에 풀칠하는 방법 3가지를 쓰시오.

배점 3점

① ______ ② ______ ③ ______

07 건축공사에서 사용되는 재료의 소요량은 손실량을 고려하여 할증률을 사용하고 있는데 재료의 할증률이 다음에 해당되는 것을 〈보기〉에서 모두 골라 쓰시오.

배점 4점

보기

① 타일	② 붉은벽돌	③ 원형철근
④ 이형철근	⑤ 시멘트벽돌	⑥ 기와

(가) 3% 할증률: ______ (나) 5% 할증률: ______

08 다음은 미장공사 중 석고 플라스터의 마감 시공 순서이다. 빈칸을 채우시오.

배점 4점

바탕 처리 → (①) → (②) → 고름질 및 재벌바름 → (③)

① ______ ② ______ ③ ______

09 다음 특수유리의 그 쓰임새를 각각 1가지씩 쓰시오.

배점 3점

① 프리즘유리: ______

② 자외선투과유리: ______

③ 자외선차단(흡수)유리: ______

답안 05

① 상부하중을 받지 않는 칸막이벽에 블록을 쌓는 것
② 블록을 통줄눈으로 하여 중공부에 철근과 콘크리트를 부어 넣어 보강한 구조
③ 블록으로 형틀을 만들고 그 속에 철근과 콘크리트를 채워 넣는 구조

답안 06

① 봉투바름(갓둘레바름)
② 온통바름
③ 비늘바름(외쪽바름)

답안 07

(가) 3% 할증률: ①, ②, ④
(나) 5% 할증률: ③, ⑤, ⑥

답안 08

① 재료 반죽
② 초벌바름
③ 정벌바름

답안 09

① 지하실 채광
② 병원 선룸(온실, 요양소)
③ 박물관(상점, 의류 진열장)

10 다음의 건축공사 중 표준시방서에 따른 대리석공사의 보양 및 청소에 관한 설명 중 (   ) 안에 알맞은 내용을 선택하여 O로 표시하시오. 배점 3점

① 설치 완료 후 (마른 / 젖은)걸레로 청소한다.

② (산류 / 알카리류)는 사용하지 않는다.

③ 공사 완료 후 인도 직전에 모든 면에 걸쳐서 (마른 / 젖은)걸레로 닦는다.

답안 10

① 마른

② 산류

③ 마른

11 비비기와 운반 방식에 따른 레디믹스트 콘크리트(ready mixed concrete)의 종류 3가지를 쓰시오. 배점 3점

① ______________ ② ______________

③ ______________

답안 11

① 센트럴 믹스트 콘크리트

② 슈링크 믹스트 콘크리트

③ 트랜싯 믹스트 콘크리트

2010 제2회 과년도 출제문제

답안 01

① 창호지
② 갱지
• 모조지

답안 02

(가) ④ (나) ⑤
(다) ②

답안 03

① 적산
• 공사에 필요한 재료 및 품의 수량
• 공사량을 산출하는 기술 활동
② 견적
• 적산에 의해 산출된 공사량에 단가를 곱하여 공사비를 산출하는 기술 활동
• 공사조건, 기일 등에 따라 달라짐

답안 04

(가) 장점: ① 내구성이 강하다.
② 보안성이 우수하다.
(나) 단점: ① 녹슬 우려가 있다.
② 타 창호에 비해 무겁다.

01 도배공사 시 초벌 밑바름지의 종류 2가지를 쓰시오. 배점 2점

① ______ ② ______

02 다음에 설명하는 내용을 〈보기〉에서 골라 번호로 쓰시오. 배점 3점

보기
① 눈먹임 ② 잣대 고르기 ③ 규준대 고르기
④ 고름질 ⑤ 덧먹임

(가) 바름 두께 또는 마감 두께가 고르지 않거나 요철이 심할 때 초벌바름 위에 발라 면을 바르게 하는 것
(나) 바르기의 접합부 또는 균열의 틈새, 구멍 등에 반죽재를 밀어 넣어 때우는 것
(다) 평탄한 바름면을 만들기 위하여 잣대로 밀어 고르거나 미리 발라 둔 규준대 면을 따라 붙여서 요철이 없는 바름면을 형성하는 것

(가) ______ (나) ______ (다) ______

03 적산과 견적의 차이점 2가지를 쓰시오. 배점 4점

① 적산: ______

② 견적: ______

04 강재창호는 강판 또는 새시바를 주재료로 하고, 용접 또는 장부죔에 의하여 조립하는데 이것의 장점과 단점을 2가지씩 쓰시오. 배점 4점

(가) 장점: ① ______ ② ______
(나) 단점: ① ______ ② ______

05 석재가공이 완료되었을 때 가공검사 항목 4가지를 쓰시오. 배점 4점

① ______ ② ______

③ ______ ④ ______

06 도장공사에서 기능성 도장에 대하여 기술하시오. 배점 3점

______

07 다음 설명에 해당하는 유리를 쓰시오. 배점 3점

보통 유리에 비하여 3 ~ 5배의 강도로서 내열성이 있어 200℃에서도 깨어지지 않고, 일단 금이 가면 전부 작은 조각으로 깨어지는 유리

______

08 공사의 규모에 따라 구분되는 외부비계의 종류를 쓰시오. 배점 3점

① ______ ② ______ ③ ______

09 다음 Network 공정관리 기법 용어와 관계있는 설명을 〈보기〉에서 골라 번호를 쓰시오. 배점 4점

보기

① 작업과 작업을 결합하는 점, 개시점 및 종료점
② 작업을 가장 빨리 완료할 수 있는 시각
③ 작업 개시 결합점에서 종료 결합점에 이르는 가장 긴 경로
④ 공기에 영향이 없는 범위에서 작업을 가장 늦게 시작해도 되는 시일
⑤ 화살선으로 표현할 수 없는 작업의 상호관계를 표시하는 화살표

(가) Dummy : ______ (나) Event : ______

(다) 주공정선(CP) : ______ (라) LST : ______

답안 05

① 마무리 치수의 정도
② 다듬기 정도
③ 면의 평활도
④ 모서리각 여부

답안 06

건축재료의 표면에 도포하여 미관 향상 및 부식 등으로부터의 보호와 내구성 등을 향상시키기 위한 목적의 도장

답안 07

강화유리

답안 08

① 외줄비계
② 겹비계
③ 쌍줄비계

답안 09

(가) ⑤ (나) ①
(다) ③ (라) ④

답안 10
① 멍에
② 장선
③ 밑창널 깔기
④ 마룻널 깔기

답안 11
① 방음
② 방습
③ 단열

답안 12
① 주입법
② 표면탄화법
③ 침지법
• 생리적 주입법, 가압주입법, 도포법

10 마룻널 이중깔기 시공 순서를 쓰시오. 배점 4점

동바리 → (①) → (②) → (③) → 방수지 깔기 → (④)

① ________ ② ________ ③ ________ ④ ________

11 공간쌓기의 효과 3가지를 쓰시오. 배점 3점

① ________ ② ________ ③ ________

12 목재의 방부처리법 3가지를 쓰시오. 배점 3점

① ________ ② ________ ③ ________

2010 제3회 과년도 출제문제

01 철재 녹막이 도료의 종류 4가지를 쓰시오. 배점 4점

① ________________ ② ________________

③ ________________ ④ ________________

02 다음 평면도에서 쌍줄비계를 설치할 때의 외부비계 면적을 산출하시오. (단, $H=25$m) 배점 4점

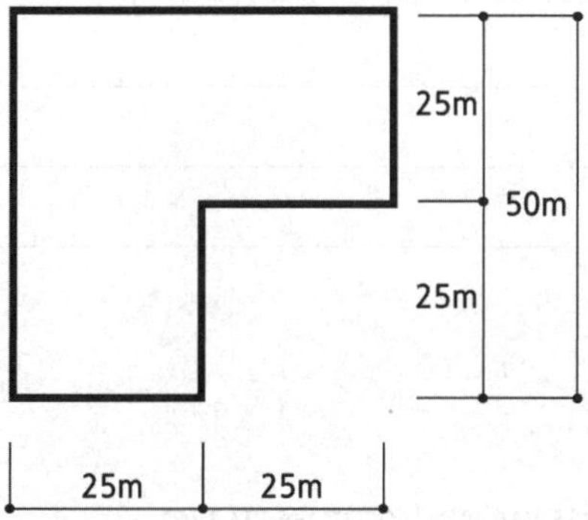

____

____

____

03 다음은 네트워크 공정표 작성에 사용되는 용어이다. 간략히 설명하시오. 배점 4점

① EST: ________________ ② EFT: ________________

③ LST: ________________ ④ LFT: ________________

답안 01

① 광명단
② 징크크로메이트
③ 역청질 도료
④ 알루미늄 도료
• 아연분말 도료

답안 02

외부비계(쌍줄) 면적
= 비계 둘레길이 × 건물 높이
= (건물 둘레길이 + 0.9 × 8) × H
= {2(50 + 50) + 0.9 × 8} × 25m
= 5180
∴ 외부비계 면적 = 5,180m²

답안 03

① 가장 빠른 개시시각
② 가장 빠른 종료시각
③ 가장 늦은 개시시각
④ 가장 늦은 종료시각

답안 04

① 기둥, 벽 등의 모서리에 대어 미장 바름을 보호하는 철물
② 2장의 판유리 중간에 건조공기를 봉입한 유리로 단열성능, 방음성능, 결로방지 효과가 우수하다.

답안 05

① 레이크 아스팔트
② 록 아스팔트
③ 아스팔타이트

답안 06

① 벽돌양 = 벽면적 × 단위수량
※ 단위수량: 298장(표준형, 2.0B)
5000장 = 벽면적 × 298 × 1.05
② 벽면적 = 5000 ÷ 312.9
= 15.9795
∴ 벽면적 = 15.98m^2

답안 07

① 주입법
② 표면탄화법
③ 침지법
• 생리적 주입법, 가압주입법, 도포법

답안 08

(가) 장점
① 시공이 신속하여 공기가 단축된다.
② 제품이 규격화되어 두께가 균일하다.
(나) 단점
① 누수 발생 시 국부적인 보수가 어렵다.
② 시트 상호 간의 이음 부위의 결함이 우려된다.

04 다음 용어를 설명하시오. 배점 4점

① 코너비드: ______________________
② 페어글라스: ______________________

05 천연 아스팔트의 종류 3가지를 쓰시오. 배점 3점

① ____________ ② ____________ ③ ____________

06 표준형 시멘트벽돌 5,000장을 2.0B 쌓기로 할 경우 벽면적은 얼마인가? (단, 할증률을 고려하고, 소수점 셋째 자리에서 반올림) 배점 3점

____
____
____

07 목재의 방부처리 방법 3가지를 쓰시오. 배점 3점

① ____________ ② ____________ ③ ____________

08 시트방수의 장점과 단점을 2가지씩 기술하시오. 배점 4점

(가) 장점: ① ______________________
② ______________________
(나) 단점: ① ______________________
② ______________________

09 목재 바니시칠 공정작업 순서를 바르게 나열하시오.

배점 3점

보기 ① 색올림 ② 왁스 문지름 ③ 바탕 처리 ④ 눈먹임

____

답안 09

③ → ④ → ① → ②

10 타일 시공 시 공법을 선정할 때 고려해야 할 사항을 3가지 쓰시오.

배점 3점

① ____________ ② ____________ ③ ____________

답안 10

① 타일의 성질
② 기후조건
③ 시공 위치

11 다음은 특수 미장공법이다. 설명하는 내용의 공법을 쓰시오.

배점 2점

① 시멘트, 모래, 잔자갈, 안료 등을 반죽하여 바탕 바름이 마르기 전에 뿌려 바르는 거친 벽 마무리로 일종의 인조석 바름이다.

② 돌로마이트에 화강석 부스러기, 색모래, 안료 등을 섞어 정벌바름하고 충분히 굳지 않은 상태에서 표면을 거친 솔, 얼레빗 같은 것으로 긁어 거친 면으로 마무리한 것

① ____________ ② ____________

답안 11

① 러프코트(rough coat)
② 리신 바름(lithin coat)

12 다음은 타일의 원료와 재질에 대한 설명이다. 알맞은 것을 고르시오.

배점 3점

보기 ① 토기 ② 도기 ③ 석기 ④ 자기

(가) 점토질의 원료에 석영, 도석, 납석 및 소량의 장석질을 넣어 1,000 ~ 1,300℃로 구워 낸 것으로 두드리면 둔탁한 소리가 나며 위생설비 등에 주로 사용된다.

(나) 정제하지 않아 불순물이 많이 함유된 점토를 유약을 입히지 않고 700 ~ 900℃의 비교적 낮은 온도에서 한 번 구워 낸 것으로 다공성이며 기계적 강도가 낮다.

(다) 규석, 알루미나 등이 포함된 양질의 자토로 1,300 ~ 1,500℃의 고온에서 구워 낸 것으로 외관이 미려하고, 내식성 및 내열성이 우수하며 고급 장식용 등에 사용된다.

(가) ____________ (나) ____________ (다) ____________

답안 12

(가) ② 도기
(나) ① 토기
(다) ④ 자기

2011 제1회 과년도 출제문제

01 도배공사에 쓰이는 풀칠방법이다. 간략히 설명하시오. 배점 4점

① 봉투바름: ______

② 온통바름: ______

답안 01

① 도배지 주위에 풀칠하여 붙이고 주름은 물을 뿜어 둔다.
② 도배지 전부에 풀칠하고, 순서는 중간부터 갓둘레로 칠해 나간다.

02 다음 철물의 사용 목적 및 위치를 쓰시오. 배점 4점

① 코너비드: ______

② 인서트: ______

답안 02

① 기둥, 벽 등의 모서리에 대어 미장바름 및 마감재를 보호하는 철물
② 콘크리트 바닥판 밑에 설치하여 반자틀 등을 달아매고자 할 때 볼트 또는 달대의 걸침이 되는 철물

03 철재면 도장공사 시 금속 표면의 오염물질을 제거할 때 사용되는 도구와 용제를 각각 2가지씩 쓰시오. 배점 2점

① 도구: ______ ② 용제: ______

답안 03

① 도구: 와이어브러시, 사포
② 용제: 시너, 휘발유

04 건축에서 응결과 경화에 대한 내용을 구분하여 설명하시오. 배점 4점

① 응결: ______

② 경화: ______

답안 04

① 시멘트의 수화작용을 거쳐 유동성이 없어지고 콘크리트의 모양이 만들어져 굳어지는 상태
② 응결된 콘크리트가 조직이 치밀해지고 강도가 증진되는 현상

05 다음 목조건물의 뼈대 세우기 순서를 쓰시오. 배점 2점

보기 ① 인방보 ② 큰보 ③ 기둥 ④ 층도리

______

답안 05

③ → ① → ④ → ②

06 미장공사에 사용되는 다음 특수 모르타르의 용도를 간단히 쓰시오.

배점 3점

① 질석 모르타르: ____________________

② 바라이트 모르타르: ____________________

③ 아스팔트 모르타르: ____________________

답안 06

① 단열, 경량구조용
② 방사선 차단용
③ 내산바닥용

07 타일의 종류 중 표면을 특수 처리한 타일의 종류 3가지를 쓰시오.

배점 3점

① __________ ② __________ ③ __________

답안 07

① 스크래치타일
② 태피스트리타일
③ 천무늬타일

08 돌공사 시 치장줄눈의 종류 4가지만 쓰시오.

배점 4점

① __________ ② __________

③ __________ ④ __________

답안 08

① 평줄눈
② 민줄눈
③ 볼록줄눈
④ 오목줄눈

09 도배공사에서 벽도배의 순서를 〈보기〉에서 골라 번호로 쓰시오.

배점 3점

보기

① 정배 ② 재배 ③ 초배
④ 바탕 바름 ⑤ 굽도리

____

답안 09

④ → ③ → ② → ① → ⑤

10 다음 그림과 같은 건물의 내부비계 면적을 산출하시오.

배점 4점

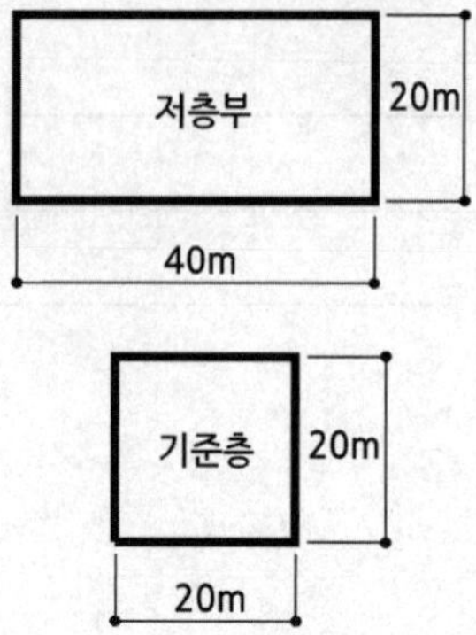

[평면도]

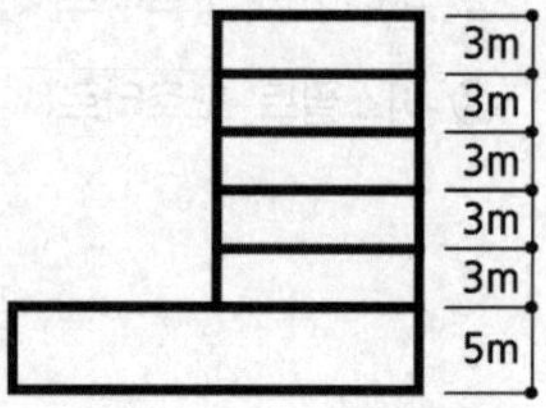

[단면도]

답안 10

내부비계 면적 = 연면적 × 0.9
= (40 × 20 × 1층) + (20 × 20 × 5층) × 0.9
= (800 + 2000) × 0.9
= 2,520
∴ 내부비계 면적 = 2,520m^2

11 다음 공정표를 보고 주공정선(CP)을 찾으시오.

배점 5점

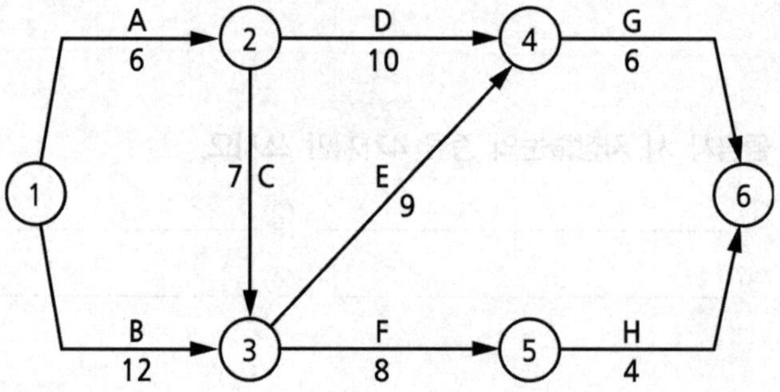

답안 11

CP: A → C → E → G
① → ② → ③ → ④ → ⑥

12 다음의 내용은 단가에 대한 설명이다. 해당하는 명칭을 써넣으시오.

배점 2점

단가란 보통 한 개의 단위가격을 말하지만 재료는 다시 이를 가공 처리한 것, 즉 재료비에 가공비 및 설치비 등을 가산하여 단위단가로 한 것을 (①)(이)라 하고, 단위수량 또는 단위 공사량에 대한 품의 수효를 헤아리는 것을 (②)이라 한다.

① ______________ ② ______________

답안 12

① 일위대가
② 품셈

2011 제2회 과년도 출제문제

01 다음은 타일 붙이기 순서이다. 시공 순서에 맞게 번호를 나열하시오.

배점 4점

보기
① 치장줄눈 ② 타일 나누기 ③ 타일 붙이기
④ 바탕 처리 ⑤ 보양

답안 01
④ → ② → ③ → ① → ⑤

02 도로에 인접한 다음 건물의 쌍줄비계 면적을 구하시오. (단, $H=25m$)

배점 4점

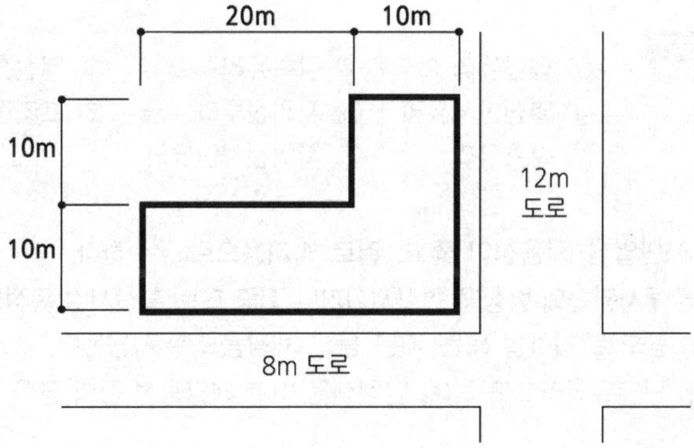

답안 02
외부비계(쌍줄) 면적
= 비계 둘레길이 × 건물 높이
= (건물 둘레길이 + 0.9 × 8) × H
= {2(30 + 20) + 0.9 × 8} × 25
= (100 + 7.2) × 25
= 2,680
∴ 외부비계 면적 = 2,680m^2

03 석재가공 및 표면마무리 공정에서 사용되는 대표적인 공구 4가지를 쓰시오.

배점 4점

① ________ ② ________ ③ ________ ④ ________

답안 03
① 쇠메
② 정
③ 도드락망치
④ 날망치(양날망치)
• 금강사, 숫돌

답안 04
① 광명단
② 징크크로메이트
③ 역청질 도료
④ 알루미늄 도료
• 아연분말 도료

답안 05
③ → ④ → ① → ②

답안 06
(가) ⑦ 복층유리
(나) ⑥ 프리즘유리
(다) ③ 열선흡수유리

답안 07
① 계단의 디딤판 끝에 대어 계단을 오르내릴 때 미끄럼 방지의 역할을 하는 철물
② 기둥, 벽 등의 모서리에 대어 미장 바름을 보호하는 철물
③ 두 부재의 접합부에 끼워 볼트와 같이 써서 전단력에 견디도록 한 보강철물
④ 창호재, 가구재에 쓰이는 톱질과 대패질로 마무리한 치수

04 철재 녹막이 도료의 종류 4가지를 쓰시오.

배점 4점

① ______________ ② ______________

③ ______________ ④ ______________

05 목재 바니시칠 공정작업 순서를 바르게 나열하시오.

배점 3점

보기
① 색올림 ② 왁스 문지름 ③ 바탕 처리 ④ 눈먹임

____

06 다음 설명에 알맞은 유리의 종류를 〈보기〉에서 골라 번호로 쓰시오.

배점 3점

보기
① 접합유리 ② 강화유리 ③ 열선흡수유리
④ 열선반사유리 ⑤ 자외선투과유리 ⑥ 프리즘유리
⑦ 복층유리 ⑧ 자외선차단유리

(가) 단열성·차음성이 좋고, 결로 방지용으로 우수하다.
(나) 투사광선의 방향을 변화시키거나 집중 또는 확산시킬 목적으로 만든 유리제품으로 지하실 또는 지붕 등의 채광용으로 사용된다.
(다) 단열유리라고도 하며, 담청색을 띠고 태양광선 중의 장파 부분을 흡수한다.

(가) ______________ (나) ______________ (다) ______________

07 다음 용어를 설명하시오.

배점 4점

① 논슬립: ______________
② 코너비드: ______________
③ 듀벨: ______________
④ 마무리치수: ______________

08 다음 자료를 이용하여 네트워크(network) 공정표를 작성하시오. (단, 주공정선은 굵은 선으로 표시한다.)

배점 5점

작업명	작업일수	선행작업	비고
A	3	없음	각 작업의 일정 계산 표시방법은 아래 방법으로 한다.
B	5	없음	
C	2	없음	
D	3	B	
E	4	A, B, C	
F	2	C	

CP: ____________________

09 시멘트벽돌의 압축강도 시험 결과 벽돌이 14.2t, 14t, 13.8t에서 파괴되었다. 이때 시멘트벽돌의 평균 압축강도를 구하시오. (단, 벽돌의 단면적 190mm ×90mm)

배점 3점

답안 08

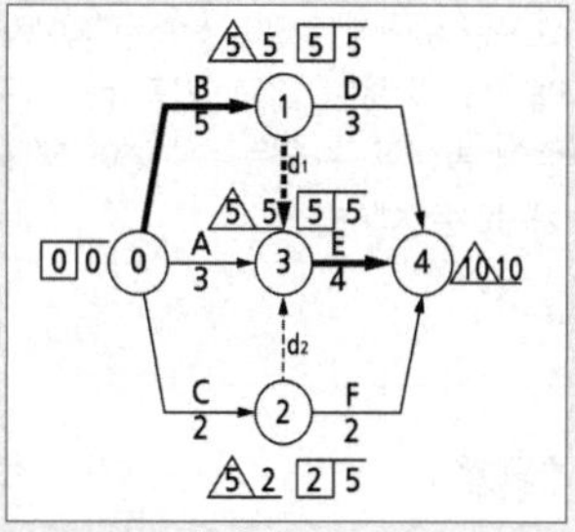

CP: A → E

답안 09

$$압축강도 = \frac{최대하중}{시험체\ 단면적}[kg/cm^2]$$

$$F1 = \frac{14,200kg}{19cm \times 9cm} = 83.04$$

$$F2 = \frac{14,000kg}{19cm \times 9cm} = 81.87$$

$$F3 = \frac{13,800kg}{19cm \times 9cm} = 80.70$$

$$F = \frac{F1 + F2 + F3}{3}$$

$$= \frac{83.04 + 81.87 + 80.70}{3}$$

$$= \frac{245.61}{3} = 81.87$$

∴ 평균 압축강도 $= 81.87kg/cm^2$

답안 10

요구된 도면에 의하여 산출된 정미량에 재료의 운반, 절단, 가공 등 시공 중에 발생할 수 있는 손실량에 대해 가산하는 백분율

답안 11

① 다양한 색조와 광택, 외관이 미려하다.
② 압축강도가 매우 좋다.
• 내구성, 내마모성, 내수성, 내약품성이 있다.
• 방한, 방서적이고 차음성이 있다.

답안 12

① 심이음
② 내이음

10 건축재료의 할증률에 대하여 간략히 설명하시오. 배점 2점

____

11 건축재료 중 석재의 대표적인 장점 2가지를 쓰시오. 배점 2점

① ______________________________

② ______________________________

12 다음은 목구조 이음에 관한 설명이다. (　　) 안에 적당한 용어를 넣으시오. 배점 2점

이음 중 가로재를 이을 때 지지목의 중심에서 잇는 것을 (①)이라 하고, 중심에서 빗어난 위치에서 잇는 것을 (②)이라 한다.

① ______________ ② ______________

• 실내건축산업기사 시공실무 •

2011 제3회 과년도 출제문제

01 벽돌 벽면에 균열이 발생되는 원인 중 시공상의 결함에 속하는 원인 3가지를 쓰시오. 배점 3점

① ________ ② ________ ③ ________

02 다음 목재의 접합에 관련된 용어에 대해 설명하시오. 배점 3점

① 이음: ________

② 맞춤: ________

③ 쪽매: ________

03 바닥에 설치하는 줄눈대의 설치 목적을 2가지 쓰시오. 배점 2점

① ________

② ________

04 조적공사 시 세로규준틀에 기입해야 할 사항 4가지를 쓰시오. 배점 4점

① ________ ② ________

③ ________ ④ ________

05 수성페인트칠의 공정 순서를 순서에 맞게 번호로 나열하시오. 배점 3점

보기
① 초벌칠 ② 페이퍼 문지름 ③ 정벌칠
④ 바탕 누름 ⑤ 바탕 만들기

____

답안 01

① 벽돌 및 모르타르 강도의 부족
② 재료의 신축성
③ 다져 넣기의 부족
• 모르타르 바름의 들뜨기현상
• 이질재와의 접합부

답안 02

① 부재를 길이 방향으로 길게 접합하는 것
② 부재를 서로 직각 또는 일정한 각도로 접합하는 것
③ 부재를 섬유 방향과 평행하게 옆대어 붙이는 것

답안 03

① 재료의 수축, 팽창에 의한 균열 방지
② 바름 구획의 구분
• 보수 용이

답안 04

① 쌓기 단수 및 줄눈의 표시
② 창문틀 위치, 치수의 표시
③ 매립철물, 보강철물의 설치 위치
④ 인방보, 테두리보의 설치 위치

답안 05

⑤ → ④ → ① → ② → ③

06 목구조에서 횡력에 대한 변형, 이동 등을 방지하기 위해 사용되는 부재 3가지를 쓰시오. 배점 3점

① ______ ② ______ ③ ______

답안 06

① 가새
② 버팀대
③ 귀잡이

07 목재의 재질상 흠을 의미하는 목재의 결함 3가지를 열거하시오. 배점 3점

① ______ ② ______ ③ ______

답안 07

① 갈라짐
② 옹이
③ 껍질박이
• 썩음

08 다음 미장재료 중 수경성 미장재료를 〈보기〉에서 고르시오. 배점 3점

보기
① 석고 플라스터　② 시멘트 모르타르
③ 인조석 바름　④ 돌로마이트 플라스터
⑤ 회반죽

______

답안 08

①, ②, ③

09 백화현상(efflorescence)에 대하여 쓰시오. 배점 2점

______

답안 09

벽에 침투하는 빗물에 의해서 모르타르의 석회분이 공기 중의 탄산가스와 결합하여 벽돌 벽면에 흰가루가 생기는 현상

10 다음 〈보기〉의 타일을 흡수성이 큰 순서대로 배열하시오. 배점 3점

보기
① 자기질　② 도기질　③ 석기질

______

답안 10

② → ③ → ①

11 시멘트의 창고 저장 시 저장 및 관리 방법에 대하여 4가지만 쓰시오. 배점 4점

① ______
② ______
③ ______
④ ______

답안 11

① 쌓기 포대 수는 13포 이하로 보관한다.
② 방습상 지면에서 30cm 이상 띄우고 방습 처리한다.
③ 출입구 이외의 개구부는 설치하지 않으며, 반입구·반출구는 따로 낸다.
④ 창고 주위에 배수도랑을 두고 누수를 방지한다.

12 다음 벽돌쌓기 형식의 명칭을 쓰시오. (단, 쌓기 방향은 높이 × 밑변으로 한다.)

배점 4점

① 57×190: ________ ② 57×90: ________

③ 190×57: ________ ④ 90×57: ________

13 다음 아래의 공정표에서 ② → ④의 전체 여유일은 며칠인지 구하시오.

배점 3점

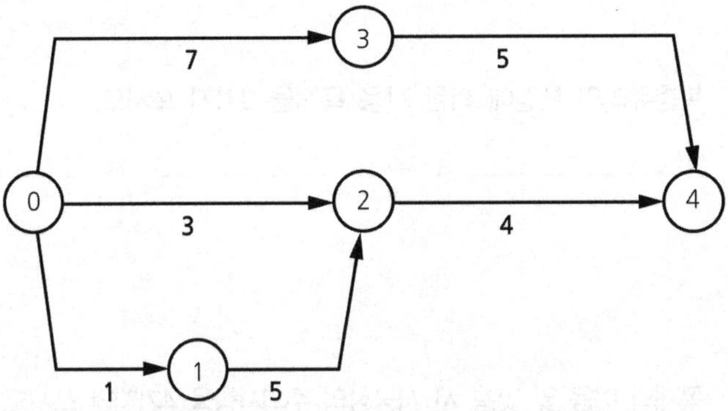

답안 12

① 길이쌓기
② 마구리쌓기
③ 길이세워쌓기
④ 옆세워쌓기

답안 13

TF = LFT − EFT
= 12일 − 10일
= 2일

• 실내건축산업기사 시공실무 •

2012 제1회 과년도 출제문제

01 네트워크 공정표의 특징 3가지를 기술하시오. 배점 3점

① ______________________

② ______________________

③ ______________________

02 복층유리의 특징에 의한 사용 목적을 3가지 쓰시오. 배점 3점

① __________ ② __________ ③ __________

03 목재의 이음 및 맞춤 시 시공상의 주의사항을 4가지만 쓰시오. 배점 4점

① __________ ② __________

③ __________ ④ __________

04 취성(brittle)을 보강할 목적으로 사용되는 유리 중 안전유리로 분류할 수 있는 유리의 명칭 3가지를 쓰시오. 배점 3점

① __________ ② __________ ③ __________

05 다음 이형블록의 사용 위치를 간략히 쓰시오. 배점 3점

① 창대블록 – (　　) ② 인방블록 – (　　) ③ 창쌤블록 – (　　)

① __________ ② __________ ③ __________

답안 01

① 공사계획의 전모와 공사 전체의 파악을 용이하게 할 수 있다.
② 각 작업의 흐름과 작업 상호관계가 명확하게 표시된다.
③ 계획 단계에서 문제점이 파악되므로 작업 전에 수행이 가능하다.

답안 02

① 단열
② 방음
③ 결로 방지

답안 03

① 단면 방향은 응력에 직각되게 한다.
② 모양에 치우지지 말고, 단순하게 한다.
③ 적게 깎아서 약해지지 않게 한다.
④ 응력이 작은 곳에서 한다.

답안 04

① 강화유리
② 망입유리
③ 접합유리

답안 05

① 창틀 아래
② 창틀 위
③ 창틀 옆

06 벽돌조건물에서 시공상 결함에 의해 생기는 균열 원인을 3가지 쓰시오. 배점 3점

① ______

② ______

③ ______

답안 06

① 벽돌 및 모르타르 강도의 부족
② 재료의 신축성
③ 다져 넣기의 부족
• 모르타르 바름의 들뜨기현상
• 이질재와의 접합부

07 문틀이 복잡한 양판문의 규격이 900mm×2100mm이다. 전체 칠 면적을 산출하시오. (문 매수 20개, 칠 배수 4배) 배점 4점

______

______

답안 07

양판문 칠 면적
=0.9m×2.1m×20개×4배
=151.2
∴ 칠 면적=151.2m^2

08 다음은 벽타일 붙이기 시공 순서이다. 빈칸을 채우시오. 배점 3점

(①) → (②) → 벽타일 붙이기 → (③) → 보양

① ______ ② ______ ③ ______

답안 08

① 바탕 처리
② 벽타일 나누기
③ 치장줄눈

09 다음은 경량철골 천장틀 붙이기 시공방법이다. 시공 순서에 맞게 〈보기〉에서 찾아 연결하시오. 배점 3점

보기
행거, 반자틀, 클립, 달볼트, 반자틀받이, 천장판

상부 인서트 고정 → (①)→(②)→(③)→(④)→(⑤)→(⑥)

① ______ ② ______ ③ ______

④ ______ ⑤ ______ ⑥ ______

답안 09

① 달볼트
② 행거
③ 반자틀받이
④ 클립
⑤ 반자틀
⑥ 천장판

답안 10
②, ③, ④, ⑦

10 다음 〈보기〉의 합성수지 재료 중 열경화성수지를 모두 골라 번호를 쓰시오.

배점 4점

보기
① 아크릴수지 ② 에폭시수지 ③ 멜라민수지
④ 페놀수지 ⑤ 폴리에틸렌수지 ⑥ 염화비닐수지
⑦ 요소수지

답안 11
① 달비계
② 겹비계
③ 강관틀비계

11 다음에서 설명하는 비계 명칭을 쓰시오.

배점 3점

① 건물 구조체가 완성된 다음에 외부수리에 쓰이며, 구체에서 형강재를 내밀어 로프로 작업대를 고정한 비계
② 도장공사, 기타 간단한 작업을 할 때 건물 외부에 한 줄 기둥을 세우고, 멍에를 기둥 안팎에 매어 발판이 없이 발디딤을 할 수 있는 비계
③ 철관을 미리 사다리꼴 또는 우물정자 모양으로 만들어 현장에서 짜 맞추는 비계

① ______ ② ______ ③ ______

답안 12
① 볼트
② 전단력
③ 인장력
④ 파손

12 다음은 목재의 연결철물에 관한 내용이다. 빈칸에 알맞은 용어를 써넣으시오.

배점 4점

듀벨은 (①)와 함께 사용하며 듀벨은 (②)에, (①)는 (③)에 견디어 상호작용하여 목재의 (④)을/를 방지한다.

① ______ ② ______ ③ ______ ④ ______

2012 제2회 과년도 출제문제

01 다음 아래의 용어를 간략히 설명하시오. 배점 4점

① 코펜하겐리브: ____________________

② 코너비드: ____________________

③ 조이너: ____________________

④ 듀벨: ____________________

02 다음 돌쌓기의 종류 5가지를 쓰시오. 배점 5점

① ________ ② ________ ③ ________

④ ________ ⑤ ________

03 아래와 같은 평면을 가진 3층 건물의 전체 공사에 필요한 내부비계 면적을 산출하시오. 배점 4점

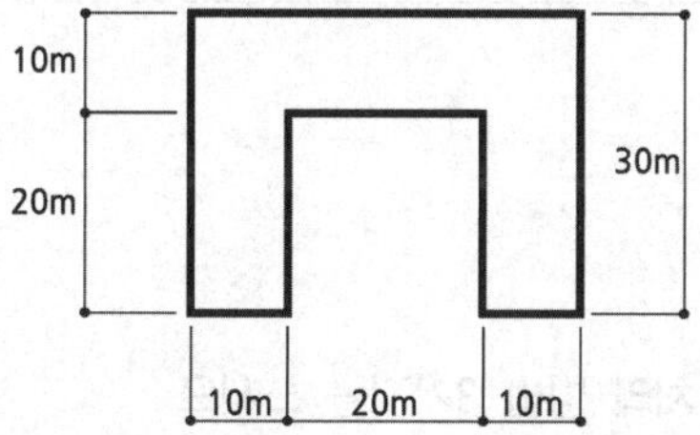

____

____

04 다음은 장판지 깔기의 시공 순서이다. 빈칸에 해당하는 공정을 쓰시오. 배점 4점

바탕 처리 → (①) → (②) → (③) → (④) → 마무리

① ________ ② ________ ③ ________ ④ ________

답안 01

① 자유곡선형 리브를 파내서 만든 것으로 면적이 넓은 강당, 극장의 안벽에 음향 조절, 장식효과로 사용
② 기둥, 벽 등의 모서리에 대어 미장바름을 보호하는 철물
③ 텍스, 보드, 금속판 등의 이음새에 마감이 보기 좋게 대어 붙이는 것
④ 두 부재의 접합부에 끼워 볼트와 같이 써서 전단력에 견디도록 한 보강철물로 볼트의 인장력과 상호 작용하여 목재의 파손을 방지

답안 02

① 바른층쌓기
② 허튼층쌓기
③ 층지어쌓기
④ 막쌓기
⑤ 둥근돌쌓기

답안 03

내부비계 면적 = 연면적×0.9
= {(40×30) − (20×20)}×3층×0.9
= 800×3×0.9
= 2160
∴ 내부비계 면적 = 2,160m²

답안 04

① 초배
② 재배
③ 장판지 깔기
④ 걸레받이

05 외벽은 1.0B, 내벽 0.5B, 단열재가 50mm일 때 벽체의 총두께는 얼마인가?

배점 2점

답안 05

외벽 = 1.0B(190mm)
단열재 = 50mm
내벽 = 0.5B(90mm)
벽두께 = 190 + 50 + 90
= 330
∴ 벽두께 = 330mm

06 다음 용어를 간단히 설명하시오.

배점 3점

① 내력벽:
② 장막벽:
③ 중공벽:

답안 06

① 벽체, 바닥, 지붕 등의 하중을 받아 기초에 전달하는 벽
② 상부의 하중을 받지 않고 자체 하중만을 받는 벽
③ 외벽에 방음, 방습, 단열 등의 목적으로 벽체의 중간에 공간을 두어 이중으로 쌓는 벽

07 다음 아래 설명된 내용의 재료명을 쓰시오.

배점 2점

자토를 반죽하여 형틀에 맞추어 찍어 낸 다음 소성한 점토제품으로 대개가 속이 빈 형태를 취하고 있으며, 구조용으로 쓰이는 공동벽돌과 난간벽의 장식, 돌림띠, 창대, 주두 등의 장식용이 있다.

답안 07

테라코타

08 목재의 방부처리 방법 3가지를 쓰시오.

배점 3점

① ② ③

답안 08

① 주입법
② 표면탄화법
③ 침지법
• 생리적 주입법, 가압주입법, 도포법

09 회반죽 시공에 대한 용어를 간단히 설명하시오.

배점 4점

① 수염:
② 고름질:

답안 09

① 회반죽의 박리를 방지하기 위한 보강재료
② 바름 두께 또는 마감 두께가 고르지 않거나 요철이 심할 때 초벌바름 위에 발라서 면을 고르는 것

10 다음 재료의 규격을 토대로 목재량을 산출하시오.

배점 2점

〈조건〉 30cm×12cm×2.6m×200개

11 다음 아래 재료는 합성수지 재료이다. 열가소성수지와 열경화성수지로 구분하시오.

배점 3점

보기
① 아크릴 ② 염화비닐 ③ 폴리에틸렌
④ 멜라민 ⑤ 페놀 ⑥ 에폭시

(가) 열가소성수지: ______________________________

(나) 열경화성수지: ______________________________

12 다음 조건을 보고 네트워크 공정표를 작성하시오.

배점 4점

작업명	작업일수	선행작업	비고
A	5	없음	각 작업의 일정 계산 표시방법은 아래 방법으로 한다.
B	4	없음	
C	5	A, B	
D	7	A	
E	3	A, B	
F	6	C, D	
G	5	E	

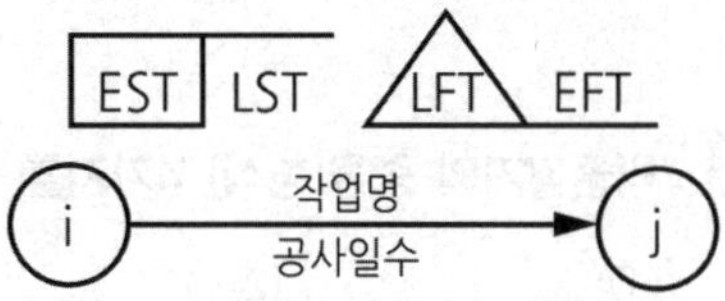

CP: ______________________________

답안 10

목재량 = 0.3×0.12×2.6×200
= 18.72
∴ 목재량 = 18.72m³

답안 11

(가) ①, ②, ③
(나) ④, ⑤, ⑥

답안 12

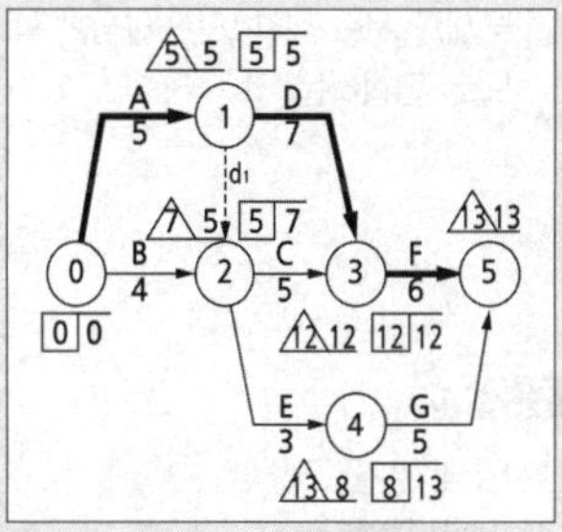

CP: A → D → F

2012 제3회 과년도 출제문제

01 다음은 네트워크 공정표의 일부분이다. 'D'의 선행 Activity(작업)를 모두 고르시오. 배점 3점

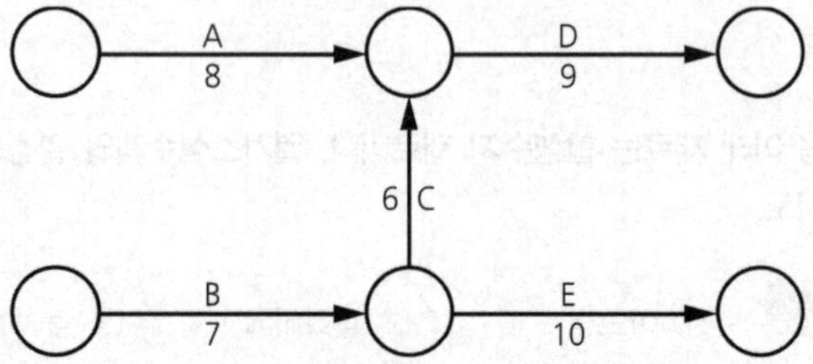

답안 01
A, B, C

02 다음 목재의 접합에 관련된 용어에 대해 설명하시오. 배점 4점

① 이음: ______

② 맞춤: ______

답안 02
① 부재를 길이 방향으로 길게 접합하는 것
② 부재를 서로 직각 또는 일정한 각도로 접합하는 것

03 벽돌쌓기의 종류(형식) 4가지를 나열하시오. 배점 4점

① ______ ② ______ ③ ______ ④ ______

답안 03
① 영식 쌓기
② 화란식 쌓기
③ 불식 쌓기
④ 미식 쌓기

04 다음은 공법별 아치쌓기에 대한 설명이다. 해당하는 명칭을 쓰시오. 배점 4점

① 공장에서 특별 주문제작한 벽돌로 쌓은 아치
② 보통벽돌을 쐐기 모양으로 다듬어 쌓은 아치
③ 현장에서 보통벽돌을 써서 줄눈을 쐐기 모양으로 쌓은 아치
④ 아치 나비가 넓을 때에 반장별로 층을 지어 겹쳐 쌓은 아치

① ______ ② ______ ③ ______ ④ ______

답안 04
① 본아치
② 막만든아치
③ 거친아치
④ 층두리아치

05 대리석의 갈기 공정에 대한 마무리 종류를 (   ) 안에 써넣으시오.

배점 3점

① (   ): #180 카버런덤 숫돌로 간다.
② (   ): #220 카버런덤 숫돌로 간다.
③ (   ): 고운 숫돌, 숫돌 가루를 사용하고 원반에 걸어 마무리한다.

① ______ ② ______ ③ ______

답안 05
① 거친갈기
② 물갈기
③ 본갈기

06 조적공사 후에 발생하는 백화현상의 방지책을 3가지 쓰시오.

배점 3점

① ______
② ______
③ ______

답안 06
① 소성이 잘된 양질의 벽돌을 사용한다.
② 벽돌 표면에 파라핀도료를 발라 염류 유출을 방지한다.
③ 줄눈에 방수제를 섞어 밀실 시공한다.
• 빗물막이를 설치하여 물과의 접촉을 최소화시킨다.

07 다음 용어 설명에 맞는 재료명을 쓰시오.

배점 3점

① 3매 이상의 단판을 1매마다 섬유 방향에 직교하도록 겹쳐 붙인 것
② 목재의 부스러기를 합성수지 접착제를 섞어 가열, 압축한 판재
③ 섬유질을 주원료로 이를 섬유화, 펄프화하여 접착제를 섞어 판으로 만든 것

① ______ ② ______ ③ ______

답안 07
① 합판
② 파티클보드
③ 섬유판

08 미장공사에 대한 다음 용어에 대해 설명하시오.

배점 4점

① 바탕 처리: ______
② 덧먹임: ______

답안 08
① 요철 또는 변형이 심한 개소를 고르게 덧바르거나 깎아 내어 마감 두께가 균등하게 되도록 조정하는 것
② 바르기의 접합부 또는 균열의 틈새, 구멍 등에 반죽된 재료를 밀어 넣어 때우는 것

09 유리 끼우기에서 사용되는 고정재의 종류 3가지를 쓰시오.

배점 3점

① ______ ② ______ ③ ______

답안 09
① 퍼티
② 실란트
③ 개스킷
• 나무졸대

답안 10
② → ⑥ → ⑤ → ④ → ③ → ①

답안 11
개시 결합점에서 종료 결합점에 이르는 경로 중 가장 긴 경로

답안 12
① 강화유리
② 망입유리
• 접합유리

10 장판지 깔기의 시공 순서를 〈보기〉에서 골라 순서대로 열거하시오.

배점 4점

보기
① 마무리칠 ② 바탕 처리 ③ 걸레받이
④ 장판지 ⑤ 재배 ⑥ 초배

11 네트워크 공정표에서 사용되는 용어 중 주공정선(Critical Path)에 대해 쓰시오.

배점 3점

12 안전유리의 종류 2가지를 쓰시오.

배점 2점

① ____________ ② ____________

2013 제1회 과년도 출제문제

01 CPM 네트워크 공정표에서 소유할 수 있는 여유시간 3가지를 쓰시오.

배점 3점

① ______ ② ______ ③ ______

02 다음 그림과 같은 문틀을 제작하는 데 필요한 목재량[m^3]을 산출하시오. (소수점 셋째 자리에서 반올림하시오.)

배점 5점

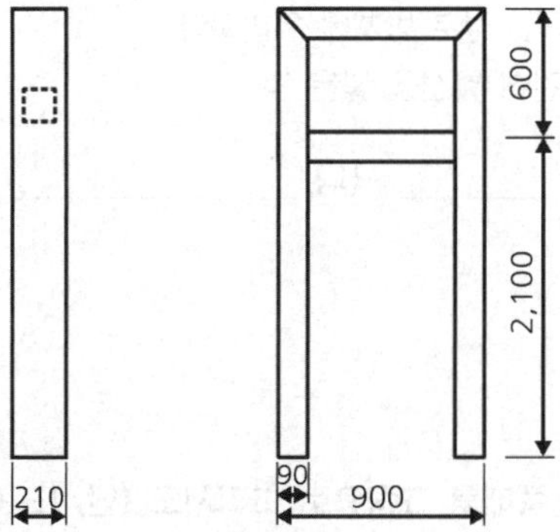

______

03 시트방수의 장점과 단점을 2가지씩 기술하시오.

배점 4점

(가) 장점: ① ______

② ______

(나) 단점: ① ______

② ______

답안 01

① TF(전체여유)
② FF(자유여유)
③ DF(간섭여유)

답안 02

목재량 = 가로 × 세로 × 길이
수직재 = 0.21 × 0.09 × 2.7 × 2개
= 0.10206
수평재 = 0.21 × 0.09 × 0.9 × 2개
= 0.03402
합계 = 0.10206 + 0.03402
= 0.13608
∴ 목재량 = 0.14m^3

답안 03

(가) 장점
① 시공이 신속하여 공기가 단축된다.
② 제품이 규격화되어 두께가 균일하다.

(나) 단점
① 누수 발생 시 국부적인 보수가 어렵다.
② 시트 상호 간의 이음 부위의 결함이 우려된다.

04 다음 용어를 설명하시오.

배점 4점

① 페어글라스: ____________________

② 코너비드: ____________________

답안 04

① 2장의 판유리 중간에 건조공기를 봉입한 유리로 단열성능, 방음성능, 결로방지 효과가 우수하다.

② 기둥, 벽 등의 모서리에 대어 미장 바름을 보호하는 철물

05 다음은 유리공사에 대한 설명이다. 이에 알맞은 용어를 골라 번호를 쓰시오.

배점 3점

보기

① 복층유리 ② 강화유리 ③ 망입유리
④ 프리즘유리 ⑤ 접합유리

(가) 한 면이 톱날 모양, 광선조절 확산, 실내를 밝게 하는 유리이다.
(나) 보온, 방음, 결로 방지에 유리하다.
(다) 유리 중간에 철선을 넣은 것

(가) ____________ (나) ____________ (다) ____________

답안 05

(가) ④ 프리즘유리
(나) ① 복층유리
(다) ③ 망입유리

06 다음 목재의 쪽매를 그림으로 그리시오. (단, 도구를 사용하지 않고 도시한다.)

배점 2점

① 제혀쪽매 ② 오늬쪽매

답안 06

① 제혀쪽매

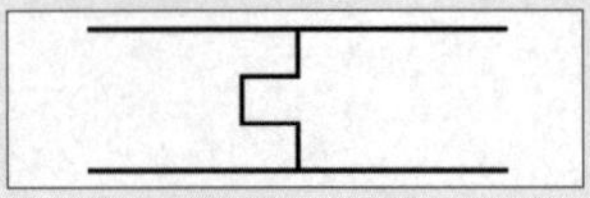

② 오늬쪽매

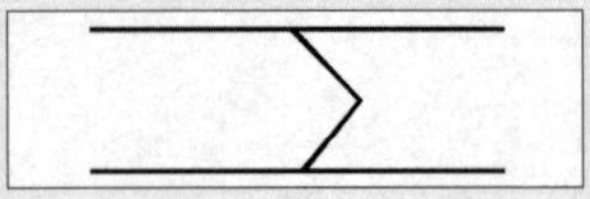

07 다음 벽돌쌓기 방식에서 모서리에 어떤 토막을 쌓았는지 서술하시오.

배점 4점

① 영식 쌓기: ____________ ② 화란식 쌓기: ____________

답안 07

① 이오토막
② 칠오토막

08 다음과 같이 공정계획이 세워졌을 때 Network 공정표를 작성하시오.

배점 5점

작업명	작업일수	선행작업	비고
A	5	없음	각 작업의 일정 계산 표시방법은 아래 방법으로 한다. 
B	2	없음	
C	4	A, B	
D	4	A, B	
E	3	C	

CP: ______________________

09 카펫깔기 공법 4가지를 쓰시오.

배점 4점

① ________ ② ________ ③ ________ ④ ________

10 다음은 목공사의 단면치수 표기법이다. (   ) 안에 알맞은 용어를 쓰시오.

배점 3점

목재의 단면을 표시하는 치수는 특별한 지침이 없는 경우 구조재·수장재는 모두 (①)치수로 하고, 창호재·가구재의 치수는 (②)로 한다. 또 제재목을 지정치수대로 한 것을 (③)치수라 한다.

① ________ ② ________ ③ ________

11 다음 용어를 간단히 설명하시오.

배점 3점

① 내력벽: ______________________

② 장막벽: ______________________

③ 중공벽: ______________________

답안 08

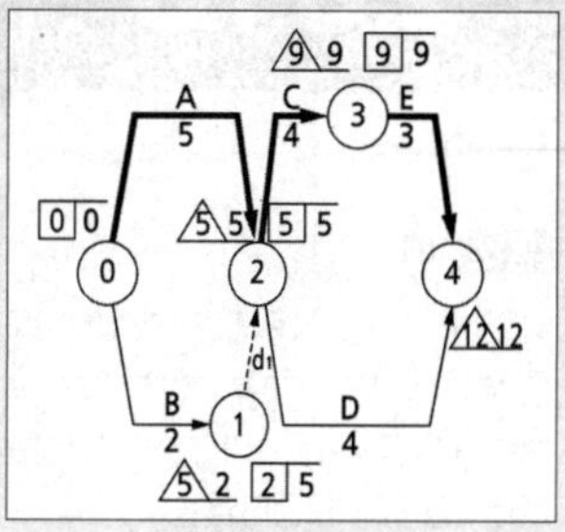

CP: A → C → E

답안 09

① 그리퍼공법
② 못박기공법
③ 직접붙임공법
④ 필업공법

답안 10

① 제재
② 마무리
③ 정

답안 11

① 벽체, 바닥, 지붕 등의 하중을 받아 기초에 전달하는 벽
② 상부의 하중을 받지 않고 자체 하중만을 받는 벽
③ 외벽에 방음, 방습, 단열 등의 목적으로 벽체의 중간에 공간을 두어 이중으로 쌓는 벽

• 실내건축산업기사 시공실무 •

2013 제2회 과년도 출제문제

01 타일공사에서 Open Time을 설명하시오. 배점 2점

____

02 벽타일 붙이기 시공 순서이다. 〈보기〉에서 골라 그 번호를 나열하시오. 배점 3점

보기
① 타일 나누기 ② 치장줄눈 ③ 보양
④ 벽타일 붙이기 ⑤ 바탕 처리

____

03 유리의 열손실을 막기 위한 방법을 2가지 정도로 설명하시오. 배점 4점

① ______________________________

② ______________________________

04 다음은 목공사에 관한 설명이다. 맞는 용어를 쓰시오. 배점 2점

① 구멍 뚫기, 홈파기, 면접기 및 대패질 등으로 목재를 다듬는 일
② 목재를 크기에 따라 각 부재의 소요길이로 잘라 내는 것

① ______________ ② ______________

05 건식 돌붙임공법에서 석재를 고정하거나 지탱하는 공법 3가지를 쓰시오. 배점 3점

① ____________ ② ____________ ③ ____________

답안 01
타일 붙임 모르타르의 기본 접착강도를 얻을 수 있는 최대의 한계시간으로 보통 내장타일은 10분, 외장타일은 20분 정도의 오픈타임을 가진다.

답안 02
⑤ → ① → ④ → ② → ③

답안 03
① 두 장의 유리 사이에 건조공기를 넣어 밀봉한 복층유리로 열손실을 막는다.
② 로이유리와 같이 복사열을 반사시키는 특수표면유리로 열손실을 막는다.

답안 04
① 바심질
② 마름질

답안 05
① 본드공법
② 앵커긴결공법
③ 강재트러스 지지공법

06 금속재의 도장 시 사전 바탕처리 방법 중 화학적 방법을 3가지 쓰시오.

배점 3점

① ____________ ② ____________ ③ ____________

답안 06

① 탈지법
② 세정법
③ 피막법

07 목재의 결함 3가지를 열거하시오.

배점 3점

① ____________ ② ____________ ③ ____________

답안 07

① 갈라짐
② 옹이
③ 껍질박이

08 다음 각 재료에 대한 할증률이 큰 순서대로 나열하시오.

배점 3점

보기
① 블록 ② 시멘트벽돌 ③ 유리 ④ 타일

____

답안 08

② → ① → ④ → ③

09 길이 10m, 높이 2m, 1.0B 벽돌벽의 정미량을 산출하시오. (단, 벽돌 규격은 표준형임)

배점 3점

____

답안 09

벽돌양 = 벽면적 × 단위수량
※ 단위수량: 149장(표준형, 1.0B)
벽돌양 = 10 × 2 × 149 = 2980
∴ 벽돌양 = 2,980장

10 어느 인테리어공사의 한 작업이 정상적으로 시공될 때 공사기일은 10일, 공사비 10,000,000원이고, 특급으로 시공할 때 공사기일은 6일, 공사비는 14,000,000원이라 할 때 이 공사의 공기단축 시 필요한 비용구배(cost slope)를 구하시오.

배점 4점

____

답안 10

$$\text{비용구배} = \frac{\text{특급비용} - \text{표준비용}}{\text{표준공기} - \text{특급공기}}$$

$$= \frac{14{,}000{,}000 - 10{,}000{,}000}{10 - 6}$$

$$= 1{,}000{,}000$$

∴ 비용구배 = 1,000,000원/일

11 싱크대 상판에 멜라민수지를 발랐을 때의 장점을 쓰시오. 배점 2점

12 180mm×180mm 크기의 타일을 바닥면적 12m×10m에 줄눈 간격 10mm로 붙일 때에 필요한 타일의 수량을 정미량으로 산출하시오. 배점 4점

13 다음은 미장공사 순서이다. 〈보기〉의 시공 순서를 바르게 나열하시오. 배점 4점

보기
고름질, 초벌바름 및 라스 먹임, 정벌바름, 바탕 처리, 재벌바름

답안 11

무색투명하여 착색이 자유롭고, 내수성·내마모성이 뛰어나며, 내열성은 120℃까지 견딜 수 있기 때문에 고온으로 음식물을 조리하는 싱크대 상판에 적합하다.

답안 12

타일양 = 시공면적 × 단위수량

※ 단위수량

$$= \frac{1\text{m}}{\text{타일 한 변+줄눈}} \times \frac{1\text{m}}{\text{타일 다른 변+줄눈}}$$

$$= \frac{1\text{m}}{0.18+0.01} \times \frac{1\text{m}}{0.18+0.01}$$

$$= \frac{1}{0.0361} = 27.7008$$

타일양 = 12 × 10 × 27.7008

= 3324.096

∴ 타일양 = 3,325장

답안 13

바탕 처리 → 초벌바름 및 라스 먹임 → 고름질 → 재벌바름 → 정벌바름

• 실내건축산업기사 시공실무 •

2013 제3회 과년도 출제문제

01 다음 쪽매의 이름을 써넣으시오.

배점 5점

① ② ③ ④ ⑤

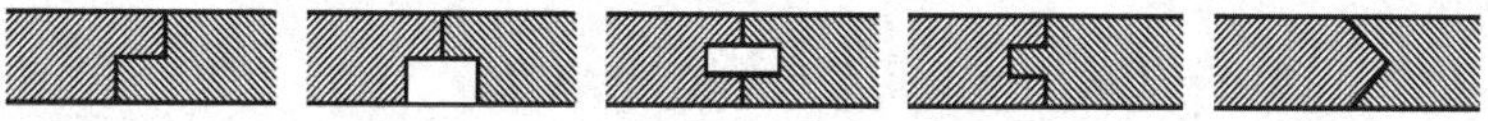

① ________ ② ________ ③ ________

④ ________ ⑤ ________

답안 01

① 반턱쪽매
② 틈막이대쪽매
③ 딴혀쪽매
④ 제혀쪽매
⑤ 오늬쪽매

02 다음 설명에 알맞은 용어를 쓰시오.

배점 2점

① 벽돌 중에 있는 황산나트륨 또는 모르타르 중에 포함되어 있는 소석회 성분이 대기 중의 탄산가스와 화학반응을 일으켜 벽면에 흰 백대를 만드는 현상이다.

② 공사 시 작업면이 높아서 손이 닿지 않아 작업하기가 어려울 때 필요한 면적을 확보하기 위한 가설물

① ________ ② ________

답안 02

① 백화현상
② 비계

03 다음과 같은 화장실 바닥에 사용되는 타일의 소요매수를 산출하시오. (단, 타일의 규격은 100mm×100mm이고, 줄눈두께를 3mm로 한다. 할증률 포함)

배점 4점

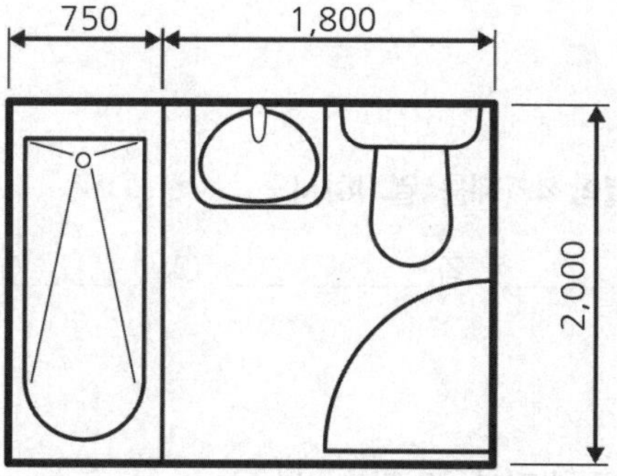

답안 03

타일양=시공면적×단위수량

단위수량

$$=\frac{1m}{\text{타일 한 변+줄눈}}\times\frac{1m}{\text{타일 다른 변+줄눈}}$$

$$=\frac{1m}{0.1+0.003}\times\frac{1m}{0.1+0.003}$$

$$=\frac{1}{0.010609}=94.259$$

정미량=1.8×2×94.26=339.34

소요량=339.34×1.03=349.52

∴ 타일소요량=350장

04 반자(ceiling)의 설치 목적 3가지를 쓰시오. 배점 3점

① ______ ② ______ ③ ______

05 석재가공의 시공 순서를 5단계로 쓰시오. 배점 3점

(①) → (②) → (③) → (④) → (⑤)

① ______ ② ______ ③ ______

④ ______ ⑤ ______

06 시멘트의 창고 저장 시 저장 및 관리 방법에 관한 내용이다. ( ) 안을 채우시오. 배점 2점

① 시멘트 저장 시 창고는 방습적이어야 하고 바닥에서 ( )cm 이상 떨어져 쌓아야 한다.

② 단시일 사용분 이외의 것은 ( )포대 이상을 쌓아서는 안 된다.

① ______ ② ______

07 다음 용어를 간단히 설명하시오. 배점 4점

① 내력벽: ______

② 중공벽: ______

08 목재의 결함 4가지를 열거하시오. 배점 4점

① ______ ② ______ ③ ______ ④ ______

09 타일의 동해방지법 2가지를 쓰시오. 배점 2점

① ______

② ______

답안 04

① 미관적 구성
② 분진(먼지) 방지
③ 음과 열 차단
• 배선, 배관 등의 차폐

답안 05

① 혹두기
② 정다듬
③ 도드락다듬
④ 잔다듬
⑤ 물갈기

답안 06

① 30
② 13

답안 07

① 벽체, 바닥, 지붕 등의 하중을 받아 기초에 전달하는 벽
② 외벽에 방음, 방습, 단열 등의 목적으로 벽체의 중간에 공간을 두어 이중으로 쌓는 벽

답안 08

① 갈라짐
② 옹이
③ 껍질박이
④ 썩음

답안 09

① 소성온도가 높은 양질의 타일을 사용
② 흡수율이 낮은 타일을 사용
• 줄눈 누름을 잘하여 빗물 침투를 방지
• 접착 모르타르의 배합비를 좋게 함

10 벽타일 붙이기 시공 순서이다. 〈보기〉에서 골라 그 번호를 나열하시오.

배점 3점

보기
① 타일 나누기 ② 치장줄눈 ③ 보양
④ 벽타일 붙이기 ⑤ 바탕 처리

____

답안 10
⑤ → ① → ④ → ② → ③

11 아치의 형태와 외장효과가 서로 관계 깊은 것을 고르시오.

배점 4점

① 결원아치(segmental arch) (가) 자연스러우며 우아한 느낌
② 평아치(jack arch) (나) 변화감 조성
③ 반원아치(roman arch) (다) 이질적인 분위기 연출
④ 첨두아치(Gothic arch) (라) 경쾌한 반면 엄숙한 분위기 연출

① ________ ② ________ ③ ________ ④ ________

답안 11
① (나) ② (다)
③ (가) ④ (라)

12 다음의 조건을 사용하여 공정표를 완성하고, CP를 굵은 선으로 표시하시오

배점 4점

작업명	A	B	C	D	E	F	G	H
선행작업	None	None	A	B, C	A	D	D	B, C, E, F
작업일수	4	3	2	4	5	3	5	7

CP: ______________________

답안 12
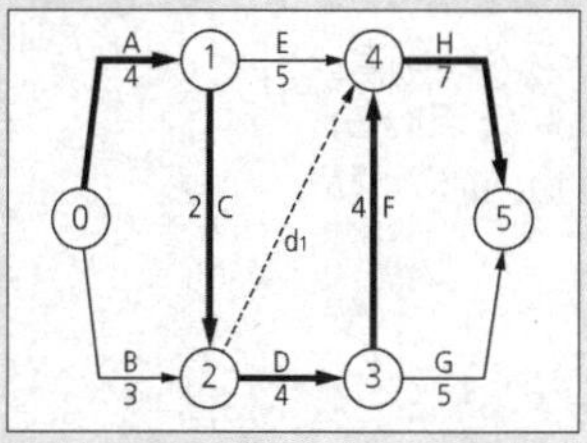

CP: A → C → D → F → H

2014 제1회 과년도 출제문제

• 실내건축산업기사 시공실무 •

01 가설공사 중 단관파이프로 외부 쌍줄비계를 설치하고자 한다. 일반적인 공사 순서를 〈보기〉에서 골라 번호를 순서대로 나열하시오. 배점 4점

보기
① Base Plate 설치 ② 비계기둥 설치
③ 장선 설치 ④ 바닥 고르기
⑤ 소요자재의 현장 반입 ⑥ 띠장 설치

답안 01
⑤ → ④ → ① → ② → ⑥ → ③

02 조적공사의 벽돌 치장쌓기 중 엇모쌓기에 대하여 간략히 설명하시오. 배점 2점

답안 02
45° 각도로 모서리가 보이도록 벽돌을 쌓는 방법

03 다음은 조적공사에 사용되는 줄눈의 형태이다. 맞는 것끼리 짝지으시오. 배점 4점

보기 (가) 내민줄눈 (나) 오목줄눈 (다) 민줄눈 (라) 볼록줄눈

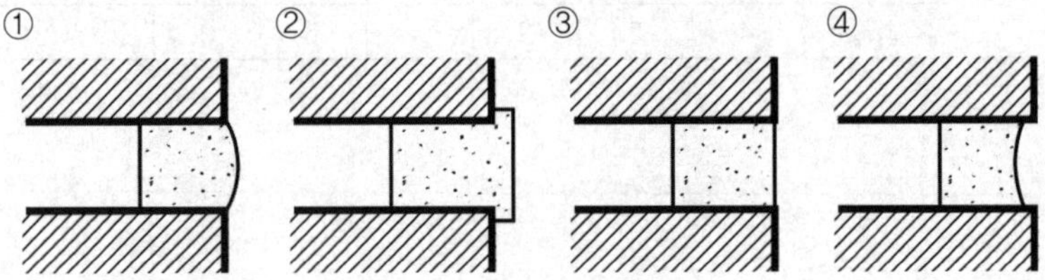

① ______ ② ______ ③ ______ ④ ______

답안 03
① (라) 볼록줄눈
② (가) 내민줄눈
③ (다) 민줄눈
④ (나) 오목줄눈

04 다음 용어를 설명하시오. 배점 3점

① 이음: ______
② 맞춤: ______
③ 쪽매: ______

답안 04
① 부재를 길이 방향으로 길게 접합하는 것
② 부재를 서로 직각 또는 일정한 각도로 접합하는 것
③ 부재를 섬유 방향과 평행하게 옆대어 붙이는 것

05 다음의 쪽매를 그림으로 그리시오. (단, 도구를 사용하지 않고 도시한다.)

배점 3점

① 반턱쪽매　② 제혀쪽매　③ 딴혀쪽매

06 목구조체의 횡력에 대한 변형, 이동 등을 방지하기 위한 보강방법을 3가지 쓰시오.

배점 3점

① ________ ② ________ ③ ________

07 다음의 유리재가 가장 보편적으로 쓰이는 공간을 한가지씩 쓰시오.

배점 3점

① 프리즘유리 : ________

② 자외선투과유리: ________

③ 자외선차단유리: ________

08 철재 녹막이 도료의 종류 4가지를 쓰시오.

배점 4점

① ________ ② ________

③ ________ ④ ________

09 다음 〈보기〉의 타일을 흡수성이 큰 순서대로 배열하시오.

배점 2점

보기

① 자기질　② 토기질　③ 도기질　④ 석기질

____

답안 05

① 반턱쪽매

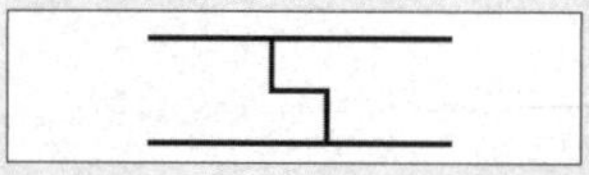

② 제혀쪽매

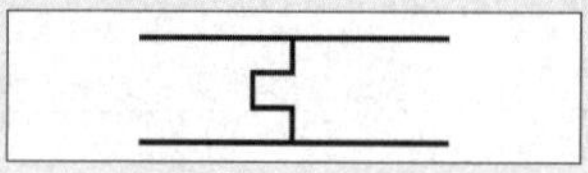

③ 딴혀쪽매

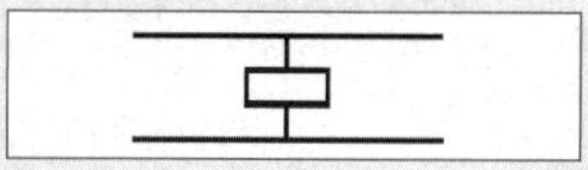

답안 06

① 가새
② 버팀대
③ 귀잡이

답안 07

① 지하실 채광용
② 병원 선룸(온실, 요양소)
③ 박물관(상점, 의류 진열장)

답안 08

① 광명단
② 징크크로메이트
③ 역청질 도료
④ 알루미늄 도료
• 아연분말 도료

답안 09

② → ③ → ④ → ①

답안 10

⑤ → ④ → ② → ① → ③

답안 11

① 벽돌양 = 벽면적 × 단위수량

※ 단위수량: 149장(표준형, 1.0B)

벽돌양 = 10 × 2.5 × 149

= 3,725

② 소요량 = 벽돌양 × 할증률(5%)

= 3725 × 1.05

= 3911.25

∴ 소요량 = 3,912장

답안 12

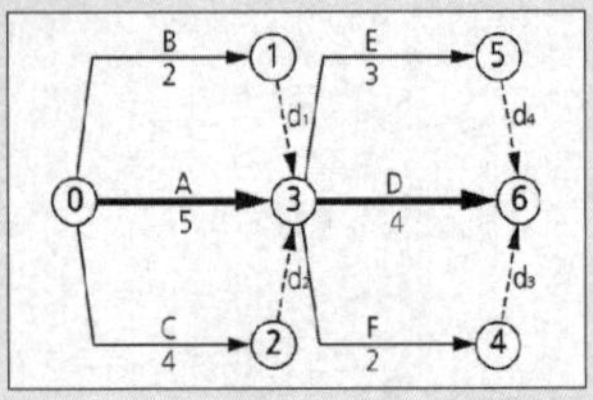

CP: A → D

10 다음 아래 내용은 수성페인트를 바르는 순서이다. 바르게 나열하시오.

배점 3점

보기

① 페이퍼 문지름(연마지 닦기)　　② 초벌
③ 정벌　　④ 바탕 누름
⑤ 바탕 만들기

11 벽의 높이가 2.5m이고, 길이가 10m인 벽을 시멘트벽돌로 1.0B 쌓을 때의 소요량을 구하시오. (단, 벽돌은 표준형)

배점 4점

12 다음의 조건을 사용하여 공정표를 완성하고, CP를 굵은 선으로 표시하시오.

배점 5점

작업명	A	B	C	D	E	F
선행작업	None	None	None	A, B, C	A, B, C	A, B, C
작업일수	5	2	4	4	3	2

CP:

2014 제2회 과년도 출제문제

01 벽돌공사에서 공간쌓기의 효과 3가지를 쓰시오. 배점 3점

① ______________ ② ______________ ③ ______________

답안 01
① 단열
② 방습
③ 방음

02 다음 ( ) 안에 합당한 용어를 써넣으시오. 배점 2점

PERT Network에서 (①)는 하나의 Event에서 다음 Event로 가는 데 요하는 작업을 뜻하며, (②)을 소비하는 부분으로 물자를 필요로 한다.

① ______________________ ② ______________________

답안 02
① Activity(작업)
② 시간

03 다음 마름질 벽돌의 명칭을 쓰시오. 배점 4점

① ② ③ ④

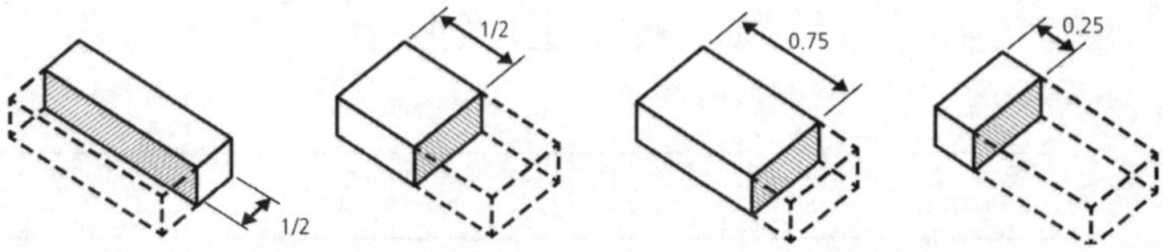

① __________ ② __________ ③ __________ ④ __________

답안 03
① 반절
② 반토막
③ 칠오토막
④ 이오토막

04 다음은 ( ) 안에 알맞은 석재를 골라 써넣으시오. 배점 3점

보기
화강암, 편마암, 대리석, 응회암, 점판암

① 석회석이 변화되어 결정화한 것으로, 강도는 매우 높지만 내화성이 낮고 풍화되기 쉬우며 산에 약하기 때문에 실외용으로 적합하지 않다.
② 석질이 치밀하고 막판으로 채취할 수 있으므로 슬레이트로 지붕, 외벽 등에 쓰인다.
③ 화산에서 돌출된 마그마가 급속히 냉각되어 가스가 방출되면서 응고된 다공질의 유리질로서 부석이라고 불리며 경량콘크리트 골재, 단열재로도 사용한다.

① ______________ ② ______________ ③ ______________

답안 04
① 대리석
② 점판암
③ 응회암

05 길이 12.8m, 높이 2.4m, 1.5B 벽돌벽 쌓기 시 벽돌양 및 쌓기 모르타르양을 산출하시오. (단, 벽돌은 표준형으로 한다.)

배점 3점

06 다음 평면도에서 쌍줄비계를 설치할 때의 외부비계 면적을 산출하시오. (단, $H = 25$m)

배점 4점

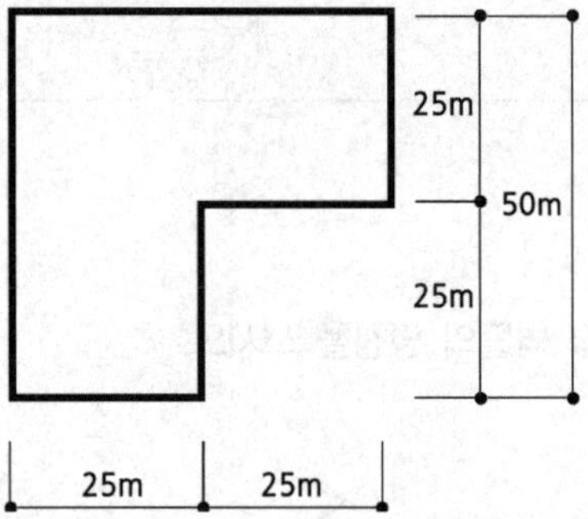

07 목재의 부패를 방지하기 위해 사용하는 유성방부제의 종류 3가지를 쓰시오.

배점 3점

① ____ ② ____ ③ ____

08 철재 녹막이 도료의 종류 3가지를 쓰시오.

배점 3점

① ____ ② ____ ③ ____

답안 05

① 벽돌양 = 벽면적 × 단위수량
= 12.8 × 2.4 × 224
= 6881.28
∴ 벽돌양 = 6,882장

② 모르타르양 = $\frac{\text{정미량}}{1000\text{장}}$ × 단위수량
= $\frac{6882}{1000\text{장}}$ × 0.35
= 2.4087
∴ 모르타르양 = 2.41m^3

답안 06

외부비계(쌍줄) 면적
= 비계 둘레길이 × 건물 높이
= (건물 둘레길이 + 0.9 × 8) × H
= {2(50 + 50) + 0.9 × 8} × 25m
= 5180
∴ 외부비계 면적 = 5,180m^2

답안 07

① 유성페인트
② 콜타르
③ 크레오소트

답안 08

① 광명단
② 징크크로메이트
③ 역청질 도료
• 알루미늄, 아연분말 도료

09 다음 〈보기〉에서 수경성 미장재료를 고르시오. 배점 3점

보기
① 돌로마이트 플라스터 ② 인조석 바름 ③ 시멘트 모르타르
④ 회반죽 ⑤ 킨즈 시멘트

답안 09
②, ③, ⑤

10 다음 용어를 설명하시오. 배점 4점

① 이음: ______
② 맞춤: ______

답안 10
① 부재를 길이 방향으로 길게 접합하는 것
② 부재를 서로 직각 또는 일정한 각도로 접합하는 것

11 다음 설명에 맞는 재료명을 기입하시오. 배점 2점

목재의 부스러기를 합성수지 접착제를 섞어 가열, 압축한 판재

답안 11
파티클보드

12 다음 〈보기〉에서 설명하는 비계 명칭을 쓰시오. 배점 3점

보기
① 건물 구조체가 완성된 다음에 외부수리에 쓰이며, 구체에서 형강재를 내밀어 로프로 작업대를 고정한 비계
② 도장공사, 기타 간단한 작업을 할 때 건물 외부에 한 줄 기둥을 세우고 멍에를 기둥 안팎에 매어 발판이 없이 발디딤을 할 수 있는 비계
③ 철판을 미리 사다리꼴 또는 우물정자 모양으로 만들어 현장에서 짜 맞추는 비계

① ______ ② ______ ③ ______

답안 12
① 달비계
② 겹비계
③ 강관틀비계

13 네트워크 공정표의 특징 3가지를 기술하시오. 배점 3점

① ______
② ______
③ ______

답안 13
① 공사계획의 전모와 공사 전체의 파악을 용이하게 할 수 있다.
② 각 작업의 흐름과 작업 상호관계가 명확하게 표시된다.
③ 계획 단계에서 문제점이 파악되므로 작업 전에 수행이 가능하다.

• 실내건축산업기사 시공실무 •

2014 제3회 과년도 출제문제

답안 01

① 아스팔트 방수
② 시멘트액체 방수
③ 도막방수
④ 시트방수

답안 02

강화

답안 03

CP: A → C → E → G

답안 04

① 마무리
② 제재

01 재료에 따른 방수방법 4가지를 기입하시오. 배점 4점

① ______ ② ______ ③ ______ ④ ______

02 다음 ( ) 안에 알맞은 용어를 쓰시오. 배점 2점

보통 유리에 비하여 3 ~ 5배의 강도로 내열성이 있어 200℃에서도 깨지지 않고, 일단 금이 가면 전부 콩알만한 조각으로 깨어지는 유리를 ( )유리라고 한다.

03 다음 공정표를 보고 주공정선(CP)을 찾으시오. 배점 5점

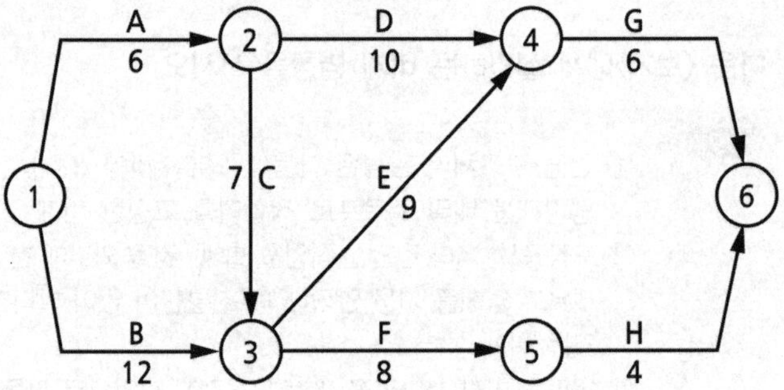

04 다음은 목재의 단열치수 표기법에 대한 설명이다. 알맞은 용어로 ( ) 안을 채우시오. 배점 2점

도면에 주어진 창문의 치수는 (①)치수이므로 제재소에 주문 시에는 3mm 정도 더 크게 (②)치수로 하여야 한다.

① ______ ② ______

05 목재 바니시칠 공정작업 순서를 바르게 나열하시오. 배점 4점

보기 ① 색올림 ② 왁스 문지름 ③ 바탕 처리 ④ 눈먹임

답안 05
③ → ④ → ① → ②

06 테라코타에 대한 용어 설명을 기술하시오. 배점 3점

답안 06
속이 빈 고급 점토제품으로 구조용과 장식용이 있으며 공동벽돌, 난간벽, 돌림띠, 기둥 주두 등에 쓰인다.

07 다음은 목공사에 관한 설명이다. 설명에 알맞은 용어를 쓰시오. 배점 2점

울거미재나 판재로 틀짜기나 상자 짜기를 할 때 끝부분을 각 45°로 비스듬하게 잘라 대는 맞춤으로 모서리 구석 등 마구리가 보이지 않도록 맞대어 접합하는 것

답안 07
연귀맞춤

08 건축재료의 할증률에 대하여 간략히 설명하시오. 배점 3점

답안 08
요구된 도면에 의하여 산출된 정미량에 재료의 운반, 절단, 가공 등 시공 중에 발생할 수 있는 손실량에 대해 가산하는 백분율

09 벽돌쌓기 형식을 4가지 쓰시오. 배점 4점

① ________ ② ________ ③ ________ ④ ________

답안 09
① 영식 쌓기
② 화란식 쌓기
③ 불식 쌓기
④ 미식 쌓기

10 공정표에서 작업 상호 간의 연관관계만 나타내는 명목상의 작업인 더미의 종류 3가지를 쓰시오. 배점 3점

① ________ ② ________ ③ ________

답안 10
① 순번적 더미(numbering dummy)
② 논리적 더미(logical dummy)
③ 관계적 더미(relation dummy)

답안 11

큰보 → 작은보 → 장선 → 마룻널

11 다음은 목조 2층 마루 중 짠마루의 시공 순서이다. 순서대로 바르게 나열하시오. 배점 4점

보기 작은보, 장선, 큰보, 마룻널

답안 12

① 벽면적 = 150×3 = 450m^2

② 정미량 = 450×149 = 67,050

③ 소요량 = 67,050×1.05
= 70,402.5

∴ 정미량 = 67,050장
소요량 = 70,403장

12 길이 150m, 높이 3m, 1.0B 시멘트벽돌 벽의 정미량과 소요량을 산출하시오. (단, 벽돌 규격은 표준형임) 배점 4점

2015 제1회 과년도 출제문제

01 취성(brittle)을 보강할 목적으로 사용되는 유리 중 안전유리로 분류할 수 있는 유리의 명칭 3가지를 쓰시오. 배점 3점

① ______ ② ______ ③ ______

답안 01
① 강화유리
② 망입유리
③ 접합유리

02 네트워크에 사용되는 더미(dummy)에 대하여 간략히 기술하시오. 배점 2점

______

답안 02
화살표로 표현할 수 없는 작업 상호 관계를 표시하는 점선화살표

03 목재의 건조법 중 인공건조법 3가지를 쓰시오. 배점 3점

① ______ ② ______ ③ ______

답안 03
① 증기법
② 훈연법
③ 열기법
• 진공법

04 목재의 방부처리 방법 3가지를 쓰시오. 배점 3점

① ______ ② ______ ③ ______

답안 04
① 주입법(생리적, 가압주입법)
② 표면탄화법
③ 침지법
• 도포법

05 건축재료 중 석재의 대표적인 장점 2가지를 쓰시오. 배점 2점

① ______
② ______

답안 05
① 다양한 색조와 광택, 외관이 미려하다.
② 압축강도가 매우 좋다.
• 내구성, 내마모성, 내수성, 내약품성이 있다.
• 방한, 방서적이고 차음성이 있다.

06 줄눈의 사용 및 설치 목적을 2가지로 쓰시오. 배점 2점

① ______ ② ______

답안 06
① 재료의 수축, 팽창에 의한 균열 방지
② 바름 구획의 구분
• 보수 용이

답안 07

② → ③ → ④ → ①

답안 08

① 러프코트(rough coat)
② 리신 바름(lithin coat)

답안 09

① 추가비용, 단축일수, 비용구배

구분	추가비용	단축일수	비용구배
A	30,000	1	30,000
B	20,000	1	20,000
C	30,000	2	15,000
D	40,000	2	20,000

② 5일 단축 추가비용
= 2C + 1B + 2D
= 30,000 + 20,000 + 40,000
= 90,000
∴ 추가비용 = 90,000원/일

07 다음 〈보기〉의 타일을 흡수성이 큰 순서대로 배열하시오. 배점 4점

보기
① 자기질　② 토기질　③ 도기질　④ 석기질

08 다음은 특수 미장공법에 대한 설명이다. 설명에 알맞은 공법을 쓰시오. 배점 2점

① 시멘트, 모래, 잔자갈, 안료 등을 반죽하여 바탕 바름이 마르기 전에 뿌려 바르는 거친 벽 마무리로 일종의 인조석 바름이다.
② 돌로마이트에 화강석 부스러기, 색모래, 안료 등을 섞어 정벌바름하고, 충분히 굳지 않은 상태에서 표면을 거친 솔, 얼레빗 같은 것으로 긁어 거친 면으로 마무리한 것

① ______________ ② ______________

09 공사의 기간을 5일 단축하려고 한다. 추가비용(extra cost)을 구하시오. 배점 4점

구분	표준공기	표준비용	특급공기	특급비용
A	3	60,000	2	90,000
B	2	30,000	1	50,000
C	4	70,000	2	100,000
D	3	50,000	1	90,000

10 다음 아래 내용은 수성페인트를 바르는 순서이다. 바르게 나열하시오.

배점 4점

보기
① 연마지 닦기 ② 초벌 ③ 정벌 ④ 바탕 누름

답안 10
④ → ② → ① → ③

11 다음 아래 그림은 맞춤의 한 종류이다. 그 명칭을 쓰시오. 배점 2점

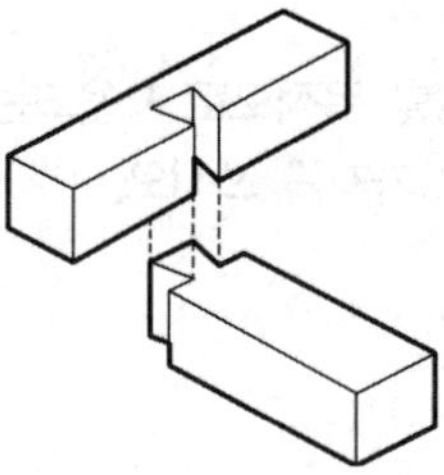

답안 11
주먹장부맞춤

12 다음 아래 그림은 조적조 줄눈의 형태이다. 해당하는 이름을 쓰시오.

배점 5점

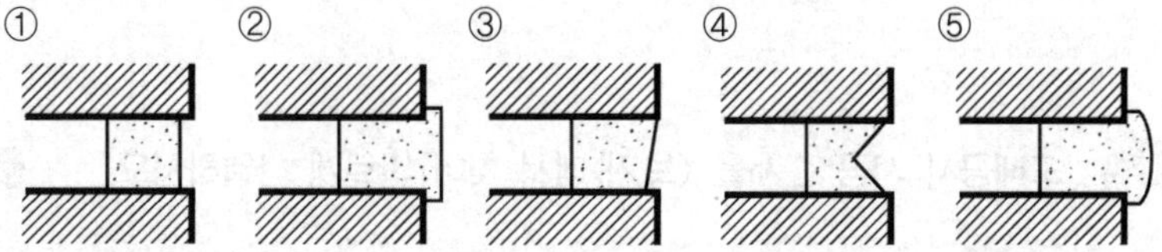

① ______ ② ______ ③ ______
④ ______ ⑤ ______

답안 12
① 평줄눈
② 내민줄눈
③ 엇빗줄눈
④ 줄쨰기줄눈
⑤ 둥근내민줄눈

13 벽의 높이가 2.5m이고, 길이가 8m인 벽을 시멘트벽돌로 1.5B 쌓을 때 소요량을 구하시오. (단, 벽돌은 표준형 190mm x 90mm x 57mm) 배점 4점

답안 13
벽면적 = 8×2.5 = 20m^2
정미량 = 20×224 = 4480
소요량 = 4480×1.05 = 4704
∴ 소요량 = 4,704장

2015 제2회 과년도 출제문제

01 목재의 부패를 방지하기 위해 사용하는 유성방부제의 종류 3가지를 쓰시오. 배점 3점

① ________ ② ________ ③ ________

답안 01
① 유성페인트
② 콜타르
③ 크레오소트

02 취성(brittle)을 보강할 목적으로 사용되는 유리 중 안전유리로 분류할 수 있는 유리의 명칭 3가지를 쓰시오. 배점 3점

① ________ ② ________ ③ ________

답안 02
① 강화유리
② 망입유리
③ 접합유리

03 문틀이 복잡한 양판문의 규격이 0.9m×2.1m이다. 양판문 개수가 20매일 때 전체 칠 면적을 산출하시오. 배점 2점

답안 03
양판문 칠 면적
=0.9m×2.1m×20개×4배
=151.2
∴ 칠 면적=151.2m^2

04 도배공사 시공 순서를 〈보기〉에서 찾아 바르게 나열하시오. 배점 3점

보기
① 정배지 바름 ② 초배지 바름 ③ 재배지 바름
④ 바탕 처리 ⑤ 굽도리

답안 04
④ → ② → ③ → ① → ⑤

05 다음 〈보기〉의 타일을 흡수성이 큰 순서대로 배열하시오. 배점 2점

보기
① 자기질 ② 토기질 ③ 도기질 ④ 석기질

답안 05
② → ③ → ④ → ①

06 콘크리트, 벽돌 등의 면에 다른 부재를 고정하거나 달아매기 위해 설치하는 철물 4가지를 쓰시오.

배점 4점

① ____________ ② ____________ ③ ____________ ④ ____________

답안 06

① 인서트
② 익스팬션 볼트
③ 스크류 앵커
④ 앵커볼트

07 다음 아래 그림은 벽돌의 줄눈 형태이다. 알맞은 명칭을 쓰시오.

배점 3점

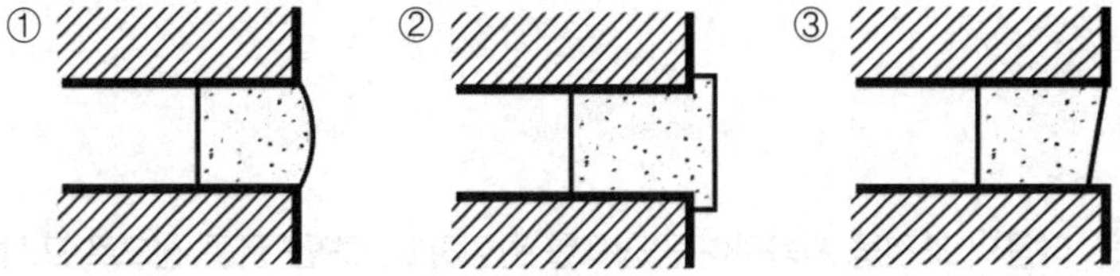

① ____________ ② ____________ ③ ____________

답안 07

① 볼록줄눈
② 내민줄눈
③ 엇빗줄눈

08 대리석의 갈기 공정에 대한 마무리 종류를 (　　) 안에 써넣으시오.

배점 3점

① (　　): #180 카버런덤 숫돌로 간다.
② (　　): #220 카버런덤 숫돌로 간다.
③ (　　): 고운 숫돌, 숫돌 가루를 사용하고 원반에 걸어 마무리한다.

① ____________ ② ____________ ③ ____________

답안 08

① 거친갈기
② 물갈기
③ 본갈기

09 단열재가 되는 조건 4가지를 〈보기〉에서 고르시오.

배점 4점

보기

① 열전도율이 높다.
② 비중이 작다.
③ 내식성이 있다.
④ 기포가 크다.
⑤ 내화성이 있다.
⑥ 어느 정도의 기계적 강도가 있어야 한다.
⑦ 흡수성이 적다.

____

답안 09

②, ⑤, ⑥, ⑦

10 가설공사에 사용되는 다음 용어를 설명하시오. 배점 4점

① 달비계: ______________________

② 커플링: ______________________

답안 10

① 건물에 고정된 보나 지지대에 와이어로 달아맨 비계로 외부수리, 치장공사, 마감청소 등에 사용

② 단관파이프비계 설치 시 기둥과 띠장 및 가새 등을 연결 또는 이음 고정할 때 쓰이는 고정철물

11 영롱쌓기에 대하여 간략히 기술하시오. 배점 2점

____

답안 11

벽면에 벽돌을 비워 구멍을 두어 쌓는 방법

12 다음의 조건을 사용하여 공정표를 완성하고, CP를 굵은 선으로 표시하시오. 배점 4점

작업명	A	B	C	D	E	F	G	H
선행작업	None	None	A	B, C	A	D	D	B, C, E, F
작업일수	4	3	2	4	5	3	5	7

CP: ______________________

답안 12

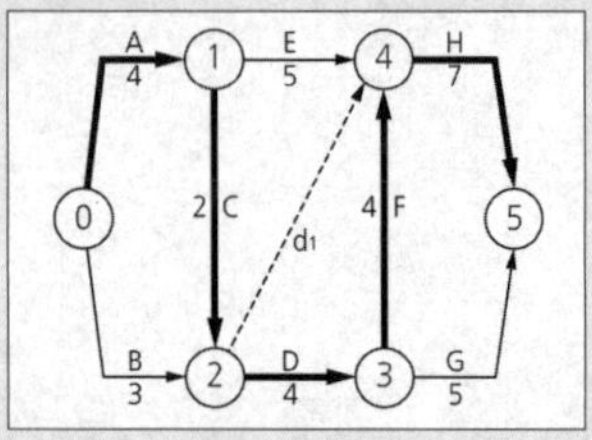

CP: A → C → D → F → H

13 철재 녹막이 도료의 종류 3가지를 쓰시오. 배점 3점

① __________ ② __________ ③ __________

답안 13

① 광명단

② 징크크로메이트

③ 역청질 도료

• 알루미늄, 아연분말 도료

• 실내건축산업기사 시공실무 •

2015 제3회 과년도 출제문제

01 도막방수재 종류 3가지를 쓰시오. 배점 3점

① ______ ② ______ ③ ______

02 다음 재료의 규격을 토대로 목재량을 산출하시오. 배점 3점

보기
30cm×12cm×2.6m×200개

______

03 다음은 금속공사에 사용되는 철물의 용어이다. 간략히 설명하시오. 배점 4점

① 인서트: ______

② 메탈라스: ______

04 벽돌공사에서 공간쌓기의 효과 3가지를 쓰시오. 배점 3점

① ______ ② ______ ③ ______

05 다음 합성수지 재료 중 열가소성수지를 고르시오. 배점 4점

보기
① 아크릴 ② 염화비닐 ③ 폴리에틸렌 ④ 멜라민
⑤ 페놀 ⑥ 에폭시 ⑦ 스티로폼수지

______

답안 01

① 유제형 도막방수
② 용제형 도막방수
③ 에폭시계 도막방수

답안 02

목재량 $= 0.3 \times 0.12 \times 2.6 \times 200$
$= 18.72$
∴ 목재량 $= 18.72m^3$

답안 03

① 콘크리트 바닥판 밑에 설치하여 반자틀 등을 달아매고자 할 때 볼트 또는 달대의 걸침이 되는 철물
② 박강판에 일정한 간격으로 자르는 자국을 내어 이것을 옆으로 잡아당겨 그물 모양으로 만든 것

답안 04

① 단열
② 방음
③ 방습

답안 05

①, ②, ③, ⑦

답안 06

① 표면 처리
② 자르기
③ 마무리

06 다음은 석재가공 순서이다. 빈칸에 알맞은 순서를 〈보기〉에서 고르시오.

배점 4점

보기
표면 처리, 마무리, 자르기

Gang saw 절단 → (①) → (②) → (③) → 운반

① ______ ② ______ ③ ______

답안 07

① 1.5 ~ 1.8m
② 0.9 ~ 1.5m
③ 15m
④ 45°
⑤ 1.5m
⑥ 2.0m

07 다음 (　) 안의 물음에 해당하는 답을 쓰시오.

배점 6점

(가) 가설공사 중에서 강관 비계기둥의 간격은 띠장 방향으로 (①)이고, 간사이 방향으로 (②)로 한다.

(나) 가새의 수평 간격은 (③) 내외로 하고, 각도는 (④)로 걸쳐 대고, 비계기둥에 결속한다.

(다) 띠장의 간격은 (⑤) 내외로 하고, 지상 제1띠장은 지상에서 (⑥) 이하의 위치에 설치한다.

① ______ ② ______ ③ ______
④ ______ ⑤ ______ ⑥ ______

답안 08

① 작업을 개시하는 가장 빠른 시각
② 개시 결합점에서 종료 결합점에 이르는 경로 중 가장 긴 경로

08 다음은 Network 공정표에 관련된 용어이다. 각 용어에 대한 정의를 설명하시오.

배점 4점

① EST: ______

② CP: ______

답안 09

④ → ② → ⑤ → ③ → ①

09 목조 반자를 짜는 순서를 〈보기〉에서 골라 바르게 나열하시오.

배점 3점

보기
① 달대　② 반자돌림대　③ 반자틀 설치
④ 달대받이 설치　⑤ 반자틀받이 설치

______

10 벽타일 붙이기 시공 순서이다. 〈보기〉에서 골라 그 번호를 나열하시오.

배점 3점

보기
① 타일 나누기 ② 치장줄눈 ③ 보양
④ 벽타일 붙이기 ⑤ 바탕 처리

11 다음 아래 내용은 수성페인트를 바르는 순서이다. 바르게 나열하시오.

배점 3점

보기
① 페이퍼 문지름(연마지 닦기) ② 초벌
③ 정벌 ④ 바탕 누름
⑤ 바탕 만들기

답안 10
⑤ → ① → ④ → ② → ③

답안 11
⑤ → ④ → ② → ① → ③

2016 제1회 과년도 출제문제

01 다음은 아치쌓기 종류이다. (   ) 안을 채우시오. 배점 4점

벽돌을 주문하여 제작한 것을 사용해서 쌓은 아치를 (①), 보통벽돌을 쐐기 모양으로 다듬어 쓴 것을 (②), 현장에서 보통벽돌을 써서 줄눈을 쐐기 모양으로 한 (③), 아치 나비가 넓을 때에는 반장별로 층을 지어 겹쳐 쌓는 (④)가 있다.

① ________ ② ________ ③ ________ ④ ________

답안 01
① 본아치
② 막만든아치
③ 거친아치
④ 층두리아치

02 목재의 이음 및 맞춤 시 시공상의 주의사항을 4가지만 쓰시오. 배점 4점

① ________ ② ________
③ ________ ④ ________

답안 02
① 단면 방향은 응력에 직각되게 한다.
② 모양에 치우지지 말고, 단순하게 한다.
③ 적게 깎아서 약해지지 않게 한다.
④ 응력이 작은 곳에서 한다.

03 다음 목공사에 쓰이는 연귀맞춤에 대하여 간략히 기술하시오. 배점 2점

____

답안 03
직교되거나 경사로 교차되는 부재의 마구리가 보이지 않게 45°로 비스듬하게 잘라 대는 맞춤

04 다음 목조건물의 뼈대 세우기 순서를 쓰시오. 배점 2점

____

답안 04
기둥 → 인방보 → 층도리 → 큰보

05 다음 아래에 설명된 내용의 해당 재료명을 쓰시오. 배점 2점

자토를 반죽하여 형틀에 맞추어 찍어 낸 다음 소성한 점토제품으로 대개가 속이 빈 형태를 취하고 있으며, 구조용으로 쓰이는 공동벽돌과 난간벽의 장식, 돌림띠, 창대, 주두 등의 장식용이 있다.

____

답안 05
테라코타

06 다음 용어를 설명하시오. 배점 2점

페어글라스(pair glass)

______

07 현장에서 절단이 가능한 다음 유리의 절단방법에 대하여 서술하고, 현장에서 절단이 어려운 유리제품 2가지를 쓰시오. 배점 4점

① 접합유리: ______

② 망입유리: ______

③ ______ ④ ______

08 시멘트벽돌의 압축강도 시험 결과 벽돌이 14.2t, 14t, 13.8t에서 파괴되었다. 이때 시멘트벽돌의 평균 압축강도를 구하시오. (단, 벽돌의 단면적 190mm×90mm) 배점 3점

______

09 조적공사 시 세로규준틀에 기입해야 할 사항 4가지를 쓰시오. 배점 4점

① ______ ② ______

③ ______ ④ ______

답안 06

2장의 판유리 중간에 건조공기를 봉입한 유리로 단열성능, 방음성능, 결로 방지 효과가 우수하다.

답안 07

① 양면을 유리칼로 자르고 면도날로 중간에 끼운 필름을 절단
② 유리칼로 자르고 철망 꺾기를 반복하여 절단
③ 강화유리
④ 복층유리

답안 08

$$압축강도 = \frac{최대하중}{시험체\ 단면적}[kg/cm^2]$$

$$F1 = \frac{14200kg}{19cm \times 9cm} = 83.04$$

$$F2 = \frac{14000kg}{19cm \times 9cm} = 81.87$$

$$F3 = \frac{13800kg}{19cm \times 9cm} = 80.70$$

$$F = \frac{F1 + F2 + F3}{3}$$

$$= \frac{83.04 + 81.87 + 80.70}{3}$$

$$= \frac{245.61}{3} = 81.87$$

∴ 평균 압축강도 = $81.87kg/cm^2$

답안 09

① 쌓기 단수 및 줄눈의 표시
② 창문틀 위치, 치수의 표시
③ 매립철물, 보강철물의 설치 위치
④ 인방보, 테두리보의 설치 위치

답안 10

① 지붕 높이 산정

$10:4=5:x$

$x=2\text{m}$

② 빗변 길이 산정

$y^2=5^2+2^2=29$

$y=\sqrt{29}=5.385$

③ 지붕 면적 $=\dfrac{10\times5.385}{2}\times4$

$=107.7$

$\therefore$ 지붕 면적 $=107.7\text{m}^2$

답안 11

① 초배지 바름

② 정배지 바름

③ 마무리 및 보양

답안 12

A, B, C

10 다음 아래 도면을 보고 지붕 면적을 산출하시오. (단, 지붕 물매는 4/10)

배점 4점

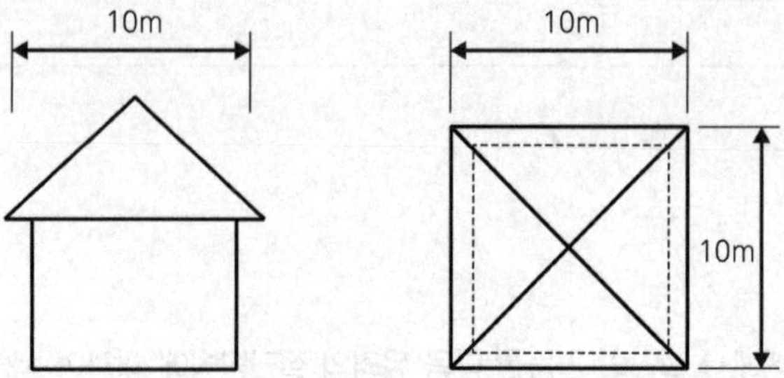

11 도배지(wall paper) 바름의 일반적인 시공 순서이다. (　　) 안에 알맞은 말을 써넣으시오.

배점 3점

바탕 처리 → (①) → (②) → 걸레받이 → (③)

① ________ ② ________ ③ ________

12 다음은 네트워크 공정표의 일부분이다. 'D'의 선행 Activity(작업)를 모두 고르시오.

배점 3점

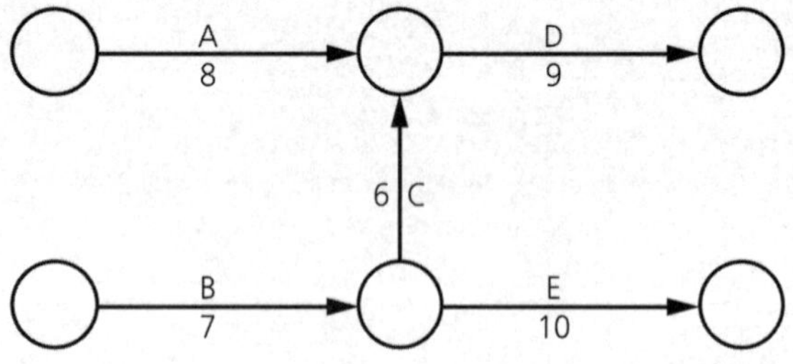

13 **다음 설명에 알맞은 유리의 종류를 〈보기〉에서 골라 번호를 쓰시오.**

배점 3점

보기		
① 접합유리	② 강화유리	③ 열선흡수유리
④ 열선반사유리	⑤ 자외선투과유리	⑥ 프리즘유리
⑦ 복층유리	⑧ 자외선차단유리	

(가) 단열성·차음성이 좋고, 결로 방지용으로 우수하다.

(나) 투사광선의 방향을 변화시키거나 집중 또는 확산시킬 목적으로 만든 유리제품으로 지하실 또는 지붕 등의 채광용으로 사용된다.

(다) 단열유리라고도 하며, 담청색을 띠고 태양광선 중의 장파 부분을 흡수한다.

(가) ______________ (나) ______________ (다) ______________

답안 13

(가) ⑦ 복층유리

(나) ⑥ 프리즘유리

(다) ③ 열선흡수유리

• 실내건축산업기사 시공실무 •

2016 제2회 과년도 출제문제

01 철재 녹막이 도료의 종류 4가지를 쓰시오.

배점 4점

① ________ ② ________

③ ________ ④ ________

답안 01

① 광명단
② 징크크로메이트
③ 역청질 도료
• 알루미늄, 아연분말 도료

02 다음 〈보기〉의 암석 중 화성암을 찾아 쓰시오.

배점 3점

보기

① 화강암 ② 석면 ③ 석회암 ④ 현무암
⑤ 안산암 ⑥ 대리석 ⑦ 점판암

답안 02

① 화강암
④ 현무암
⑤ 안산암

03 다음과 같은 화장실 바닥에 사용되는 타일의 소요매수를 산출하시오. (단, 타일의 규격은 100mm×100mm이고, 줄눈두께를 3mm로 한다. 할증률 포함)

배점 4점

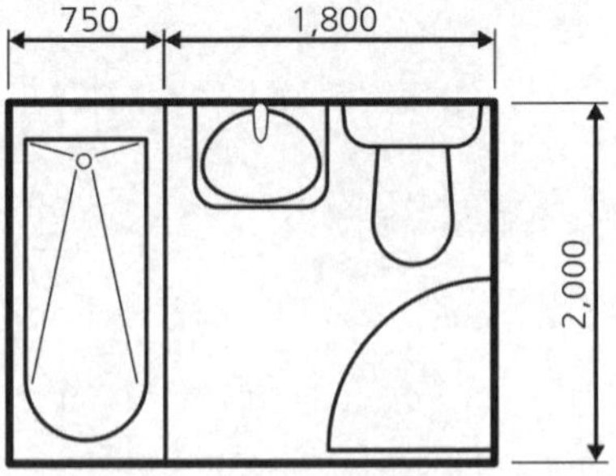

답안 03

타일양=시공면적×단위수량

단위수량

$$= \frac{1m}{타일\ 한\ 변+줄눈} \times \frac{1m}{타일\ 다른\ 변+줄눈}$$

$$= \frac{1m}{0.1+0.003} \times \frac{1m}{0.1+0.003}$$

$$= \frac{1}{0.010609} = 94.259$$

정미량=1.8×2×94.26=339.34

소요량=339.34×1.03=349.52

∴ 타일소요량=350장

04 반자(ceiling)의 설치 목적 3가지를 쓰시오.

배점 3점

① ________ ② ________ ③ ________

답안 04

① 미관적 구성
② 분진(먼지) 방지
③ 음과 열 차단
• 배선, 배관 등의 차폐

05 다음 용어를 간략히 설명하시오.

배점 3점

① 논슬립: ________
② 메탈라스: ________

답안 05

① 계단의 디딤판 끝에 대어 계단을 오르내릴 때 미끄럼 방지의 역할을 하는 철물
② 박강판에 일정한 간격으로 자르는 자국을 내어 이것을 옆으로 잡아 당겨 그물 모양으로 만든 것

06 다음의 벽돌쌓기법에 대하여 설명하시오.

배점 2점

① 영식 쌓기: ________
② 화란식 쌓기: ________

답안 06

① 한 켜는 길이쌓기, 다음 켜는 마구리쌓기로 하며, 마구리 켜의 모서리에 반절 또는 이오토막을 사용하는 쌓기법
② 한 켜는 길이쌓기, 다음 켜는 마구리쌓기로 하며, 길이 켜의 모서리(끝 벽)에 칠오토막을 사용하는 쌓기법

07 유리 끼우는 데 사용되는 재료 3가지만 쓰시오.

배점 3점

① ________ ② ________ ③ ________

답안 07

① 퍼티
② 실란트
③ 개스킷
• 나무졸대

08 다음 〈보기〉의 합성수지의 성질을 구분하여 번호로 기입하시오.

배점 4점

보기

① 알키드	② 실리콘	③ 아크릴수지
④ 셀룰로이드	⑤ 프란수지	⑥ 폴리에틸렌수지
⑦ 염화비닐수지	⑧ 페놀수지	⑨ 에폭시
⑩ 불소수지		

(가) 열가소성수지: ________
(나) 열경화성수지: ________

답안 08

(가) ③, ④, ⑥, ⑦, ⑩
(나) ①, ②, ⑤, ⑧, ⑨

09 도배지(wall paper) 바름의 일반적인 시공 순서이다. ( ) 안에 알맞은 말을 써넣으시오. 배점 3점

바탕 처리 → (①) → (②) → 걸레받이 → (③)

① ________ ② ________ ③ ________

답안 09

① 초배지 바름
② 정배지 바름
③ 마무리 및 보양

10 네트워크 공정에 사용되는 다음 용어를 설명하시오. 배점 4점

① LFT: ________
② EST: ________
③ LST: ________
④ EFT: ________

답안 10

① 공기에 영향이 없는 범위에서 작업의 가장 늦은 종료시각
② 작업을 개시하는 가장 빠른 시각
③ 공기에 영향이 없는 범위에서 작업의 가장 늦은 개시시각
④ 작업을 종료할 수 있는 가장 빠른 시각

11 길이 10m, 높이 2.4m인 블록벽을 시공 시 블록 장수를 계산하시오. (단, 블록은 390mm×190mm×150mm, 할증률 4% 포함) 배점 3점

답안 11

벽면적 = 10×2.4 = 24m^2
블록양 = 24×13 = 312
∴ 블록양 = 312장

12 적산 시 사용되는 할증률을 써넣으시오. 배점 4점

① 붉은벽돌: ________ % ② 시멘트벽돌: ________ %
③ 블록벽돌: ________ % ④ 타일벽돌: ________ %

답안 12

① 3
② 5
③ 4
④ 3

• 실내건축산업기사 시공실무 •

2016 제3회 과년도 출제문제

01 백화현상과 그 원인에 대해 설명하시오. 배점 2점

______

______

답안 01

벽에 침투하는 빗물에 의해서 모르타르의 석회분이 공기 중의 탄산가스와 결합하여 벽돌 벽면에 흰가루가 생기는 현상으로 재료 및 시공 불량, 모르타르 채워 넣기 부족으로 발생

02 조적조에서 테두리보를 설치하는 목적 3가지만 쓰시오. 배점 3점

① ______

② ______

③ ______

답안 02

① 분산된 벽체를 일체로 하여 하중을 균등하게 분산시킨다.
② 수직균열을 방지한다.
③ 세로철근을 정착시킨다.
• 집중하중을 받는 부분의 보강재 역할

03 목재의 접합 시 주의사항을 3가지만 쓰시오. 배점 3점

① ______

② ______

③ ______

답안 03

① 단면 방향은 응력에 직각되게 한다.
② 모양에 치우지지 말고, 단순하게 한다.
③ 적게 깎아서 약해지지 않게 한다.
• 응력이 작은 곳에서 한다.

04 벽타일 붙이기 시공 순서를 쓰시오. 배점 5점

(①) → (②) → (③) → (④) → (⑤)

① ______ ② ______ ③ ______

④ ______ ⑤ ______

답안 04

① 바탕 처리
② 타일 나누기
③ 타일 붙이기
④ 치장줄눈
⑤ 보양

05 다음 (　　) 안에 적당한 용어를 적으시오. 배점 3점

황동은 동과 (①)을 합금하여 강도가 크며 (②)이 크다.
청동은 동과 (③)을 합금하여 대기 중에서 (④)이 우수하다.

① ______ ② ______

③ ______ ④ ______

답안 05

① 아연
② 내구성
③ 주석
④ 내식성

답안 06

① 재료의 수축, 팽창에 의한 균열 방지
② 바름 구획의 구분
• 보수 용이

답안 07

(가) 열가소성수지: ①, ③, ④
(나) 열경화성수지: ②, ⑤

답안 08

(가) ④ 희석제
(나) ① 방청제
(다) ② 방부제
(라) ③ 착색제

답안 09

① 주공정선(CP)
② 더미(dummy)
③ 자유여유(FF)
④ 전체여유(TF)

06 바닥에 설치하는 줄눈대의 설치 목적을 2가지 쓰시오. 배점 2점

① ______________________

② ______________________

07 다음 〈보기〉에서 열경화성, 열가소성수지를 구분해서 쓰시오. 배점 4점

보기
① 염화비닐수지 ② 멜라민수지 ③ 스티로폼수지
④ 아크릴수지 ⑤ 석탄산수지

(가) 열가소성수지: ______________________

(나) 열경화성수지: ______________________

08 다음 재료에 해당하는 것을 〈보기〉에서 골라 쓰시오. 배점 4점

보기
① 방청제 ② 방부제 ③ 착색제 ④ 희석제

(가) 시너: ____________ (나) 광명단: ____________

(다) 크레오소트: ____________ (라) 오일 스테인: ____________

09 다음 설명이 뜻하는 용어를 쓰시오. 배점 4점

① 네트워크 공정표에서 개시 결합점에서 종료 결합점에 이르는 가장 긴 패스
② 네트워크 공정표에서 작업의 상호관계를 연결시키는 데 사용되는 점선 화살표
③ 공정에서 가장 빠른 개시시각에 작업을 시작하여 후속작업도 가장 빠른 개시시각에 시작해도 존재하는 여유시간
④ 가장 빠른 개시시각에 시작하여 가장 늦은 종료시각으로 완료할 때 생기는 여유시간

① ____________ ② ____________

③ ____________ ④ ____________

10 양판문의 규격이 900mm×2100mm이다. 전체 칠 면적을 산출하시오. (단, 문 매수 10개, 칠 배수는 3이다.) 배점 3점

11 다음 그림과 같은 문틀을 제작하는 데 필요한 목재량[m^3]을 산출하시오. (소수점 셋째 자리에서 반올림하시오.) 배점 3점

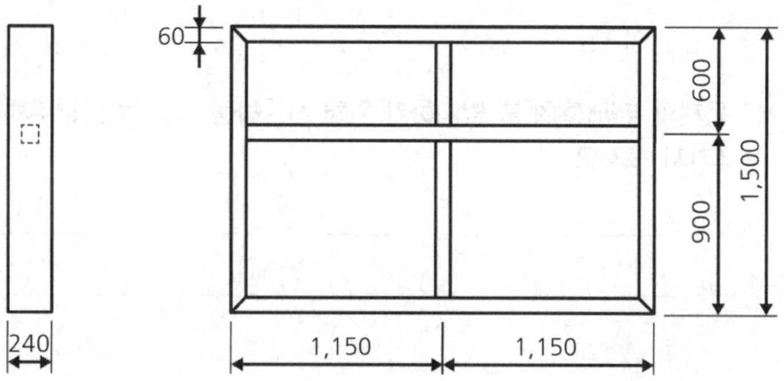

12 어느 건설공사의 한 작업이 정상적으로 시공할 때 공사기일은 10일, 공사비용은 800,000원이고 특급으로 시공할 때 공사기일은 6일, 공사비는 1,000,000원이라 할 때 이 공사의 공기단축 시 필요한 비용구배(cost slope)를 구하시오. 배점 4점

답안 10

양판문 칠 면적

=0.9m×2.1m×10개×3배

=56.7

∴ 칠 면적=56.7m^2

답안 11

목재량=가로×세로×길이

수직재=0.24×0.06×1.5×3개

=0.0648

수평재=0.24×0.06×2.3×3개

=0.09936

합계=0.0648+0.09936

=0.16416

∴ 목재량=0.16m^3

답안 12

$$비용구배 = \frac{특급비용 - 표준비용}{표준공기 - 특급공기}$$

$$= \frac{1,000,000 - 800,000}{10-6}$$

=50,000

∴ 비용구배=50,000원/일

• 실내건축산업기사 시공실무 •

2017 제1회 과년도 출제문제

답안 01

① 압축력
② 인장력
③ 원호 중심

답안 02

① 유성페인트
② PCP
③ 콜타르
④ 크레오소트

답안 03

① 가새
② 버팀대
③ 귀잡이보

답안 04

① 강화유리
② 망입유리
③ 접합유리

답안 05

① 흙손 마무리
② 뿜칠 마무리
③ 긁어 내기
④ 리신 마무리
• 씻어 내기, 색모르타르

01 아치쌓기에 대한 설명이다. (   ) 안에 알맞은 말을 써넣으시오. 배점 3점

벽돌의 아치쌓기는 상부에서 오는 하중을 아치 축선에 따라 (①)으로 작용하도록 하고, 아치 하부에 (②)이 작용하지 않도록 하는데 이때 아치의 모든 줄눈은 (③)에 모이도록 한다.

① ________ ② ________ ③ ________

02 목재의 부패(腐敗)를 방지하기 위해 사용하는 유성(油性)방부제의 종류를 4가지 쓰시오. 배점 4점

① ________ ② ________
③ ________ ④ ________

03 목구조체의 횡력에 대한 변형, 이동 등을 방지하기 위한 대표적인 보강방법을 3가지만 쓰시오. 배점 3점

① ________ ② ________ ③ ________

04 안전유리의 종류 3가지를 쓰시오. 배점 3점

① ________ ② ________ ③ ________

05 미장공사의 치장마무리 방법 4가지를 쓰시오. 배점 4점

① ________ ② ________
③ ________ ④ ________

06 다음 용어를 설명하시오. 배점 2점

① Non slip: ______________________

② Corner bead: ______________________

07 다음 〈보기〉의 플라스틱 종류 중 열가소성수지와 열경화성수지를 각각 4가지씩 쓰시오. 배점 4점

보기

① 페놀수지	② 요소수지	③ 염화비닐수지
④ 멜라민수지	⑤ 스티로폼수지	⑥ 불소수지
⑦ 초산비닐수지	⑧ 실리콘수지	

(가) 열가소성수지: ______________________

(나) 열경화성수지: ______________________

08 다음은 수성페인트를 바르는 순서이다. (　　) 안에 알맞은 용어를 쓰시오. 배점 3점

(①) → 초벌 → (②) → (③)

① __________ ② __________ ③ __________

09 석고보드의 이음새 시공 순서를 〈보기〉에서 골라 쓰시오. 배점 2점

보기

① Tape 붙이기	② 샌딩	③ 상도
④ 중도	⑤ 하도	⑥ 바탕 처리

____

답안 06

① 계단의 디딤판 끝에 대어 계단을 오르내릴 때 미끄럼 방지의 역할을 한다.
② 기둥, 벽 등의 모서리에 대어 미장 바름을 보호하는 철물

답안 07

(가) 열가소성수지: ③, ⑤, ⑥, ⑦
(나) 열경화성수지: ①, ②, ④, ⑧

답안 08

① 바탕 누름
② 연마지 닦기
③ 정벌칠

답안 09

⑥ → ⑤ → ① → ④ → ③ → ②

10 다음 각 재료의 할증률을 〈보기〉에서 골라 써넣으시오.

배점 4점

보기 ① 3% ② 5% ③ 10%

(가) 목재(각재): ( ) (나) 수장재: ( )
(다) 붉은 벽돌: ( ) (라) 바닥타일: ( )
(마) 시멘트벽돌: ( ) (바) 단열재: ( )

(가) ______ (나) ______ (다) ______

(라) ______ (마) ______ (바) ______

답안 10

(가) ② 5%
(나) ② 5%
(다) ① 3%
(라) ① 3%
(마) ② 5%
(바) ③ 10%

11 표준형 벽돌로 $10m^2$를 1.5B 보통 쌓기할 때의 벽돌양과 모르타르양을 산출하시오. (단, 할증률은 고려하지 않음)

배점 4점

① 벽돌양: ______

② 모르타르양: ______

답안 11

① 벽돌양 = 벽면적 × 단위수량
= 10 × 224 = 2240
∴ 벽돌양 = 2,240장

② 모르타르양 = $\frac{\text{정미량}}{\text{1000장}}$ × 단위수량
$= \frac{2240}{1000} \times 0.35$
= 0.784
∴ 모르타르양 = $0.78m^3$

12 다음은 화살형 네트워크에 관한 설명이다. 해당하는 용어를 쓰시오.

배점 4점

① 프로젝트를 구성하는 작업단위: ______

② 화살선으로 표현할 수 없는 작업의 상호관계를 표시하는 화살선: ______

③ 작업의 여유시간: ______

④ 결합점이 가지는 여유시간: ______

답안 12

① 작업(job)
② 더미(dummy)
③ 플로트(flot)
④ 슬랙(slack)

• 실내건축산업기사 시공실무 •

2017 제2회 과년도 출제문제

01 외부비계의 종류 3가지를 쓰시오. 배점 3점

① ________ ② ________ ③ ________

답안 01

① 외줄비계
② 겹비계
③ 쌍줄비계
• 달비계

02 〈보기〉의 석재의 표면가공에 따른 적절한 사용 공구를 서로 연결하시오. 배점 3점

보기
① 메다듬 ② 정다듬 ③ 도드락다듬
④ 잔다듬 ⑤ 물갈기

(가) 날망치: ________ (나) 도드락망치: ________

(다) 금강사: ________ (라) 쇠메: ________

(마) 망치와 정: ________

답안 02

(가) ④ 잔다듬
(나) ③ 도드락다듬
(다) ⑤ 물갈기
(라) ① 메다듬
(마) ② 정다듬

03 다음 설명에 해당되는 용어를 기입하시오. 배점 2점

① 구멍 뚫기, 홈파기, 면접기 및 대패질로 목재를 다듬는 일: ________

② 목재를 크기에 따라 각 부재의 소요길이로 잘라 내는 일: ________

답안 03

① 바심질
② 마름질

04 다음 벽돌쌓기 시 주의사항 5가지를 기술하시오. 배점 5점

① ________
② ________
③ ________
④ ________
⑤ ________

답안 04

① 굳기 시작한 모르타르는 사용하지 않는다.
② 벽돌을 쌓기 전에 충분한 물축임을 한다.
③ 하루쌓기 높이는 1.2 ~ 1.5m 정도로 한다(18 ~ 22켜).
④ 통줄눈이 생기지 않도록 쌓는다.
⑤ 도중에 쌓기를 중단할 때 벽 중간은 층단떼어쌓기, 벽 모서리는 켜거름들여쌓기를 한다.

05 목재의 연귀맞춤의 종류를 4가지만 쓰시오.

배점 4점

① ____________ ② ____________

③ ____________ ④ ____________

답안 05

① 안촉연귀
② 밖촉연귀
③ 반연귀
④ 사개연귀

06 합판의 특징을 4가지만 쓰시오.

배점 4점

① ____________

② ____________

③ ____________

④ ____________

답안 06

① 일반판재에 비해 강도가 균질하며 나비가 큰 판을 얻을 수 있다.
② 단판을 서로 직교하여 붙여서 잘 갈라지지 않는다.
③ 곡면판을 만들 수 있다.
④ 단판이 얇아서 건조가 빠르고 뒤틀림이 적다.

07 안전유리의 종류 3가지를 쓰시오.

배점 3점

① ____________ ② ____________ ③ ____________

답안 07

① 강화유리
② 망입유리
③ 접합유리

08 다음 <보기>의 합성수지 재료 중 열경화성수지를 모두 골라 번호를 쓰시오.

배점 3점

보기

① 아크릴수지 ② 에폭시수지 ③ 멜라민수지
④ 페놀수지 ⑤ 폴리에틸렌수지 ⑥ 염화비닐수지

____

답안 08

②, ③, ④

09 목재면 바니시칠 공정작업의 순서를 〈보기〉의 번호로 적절하게 나열하시오.

배점 2점

보기
① 색올림 ② 왁스 문지름 ③ 바탕 처리 ④ 눈먹임

10 다음은 경량철골 천장틀의 설치 순서이다. 시공 순서를 맞게 나열하시오.

배점 2점

보기
① 달대 설치 ② 앵커 설치 ③ 텍스 붙이기 ④ 천장틀 설치

11 표준형 벽돌 1.0B 쌓기, 벽길이 100m, 벽높이 3m, 개구부 면적 1.8m×1.2m 10개, 줄눈 나비가 10mm일 때 정미량과 모르타르양을 산출하시오.

배점 4점

① 벽돌양:

② 모르타르양:

답안 09

③ → ④ → ① → ②

답안 10

② → ① → ④ → ③

답안 11

① 벽돌양

$= 벽면적 \times 단위수량$

$= (100\times3) - (1.8\times1.2\times10)\times149$

$= 41481.6$

$\therefore$ 벽돌양 = 41,482장

② 모르타르양 $= \dfrac{정미량}{1000장} \times 단위수량$

$= \dfrac{41482}{1000} \times 0.33$

$= 13.68906$

$\therefore$ 모르타르양 = $13.69m^3$

답안 12

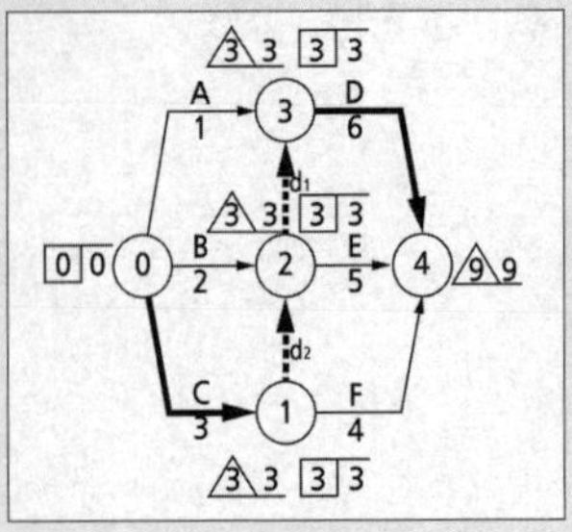

CP: C → D

12 다음 자료를 이용하여 네트워크(network) 공정표를 작성하시오. (단, 주공정선은 굵은 선으로 표시한다.) 배점 5점

작업명	작업일수	선행작업	비고
A	1	없음	단. 각 작업의 일정 계산 방법으로 아래와 같이한다.
B	2	없음	
C	3	없음	
D	6	A, B, C	
E	5	B, C	
F	4	C	

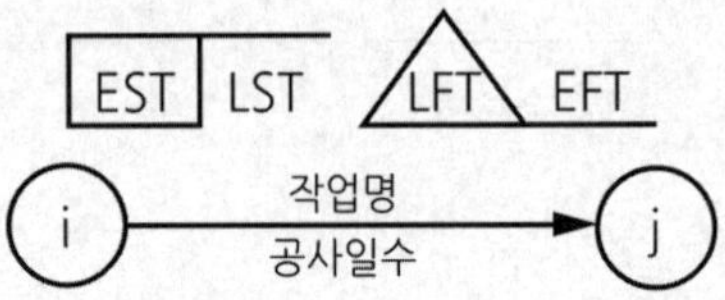

CP: ______________________

문제 풀이

① 일정 계산

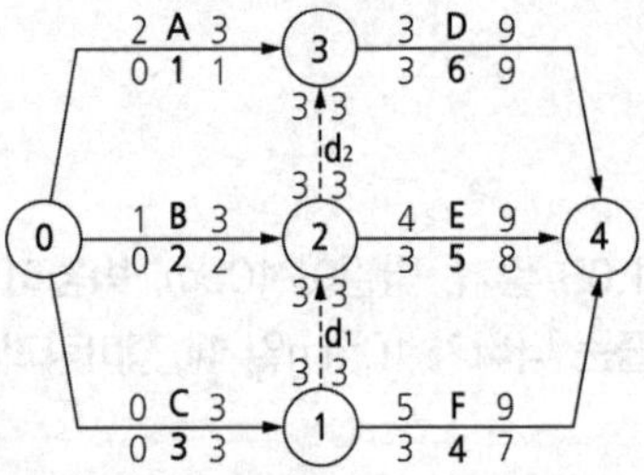

② 주공정선 표기

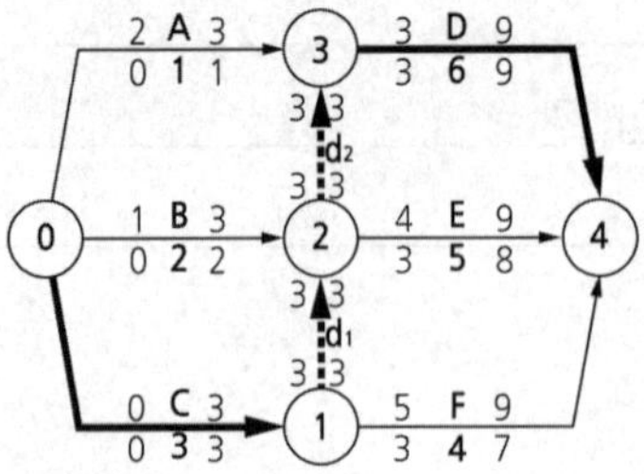

③ CPM 공정표 완성

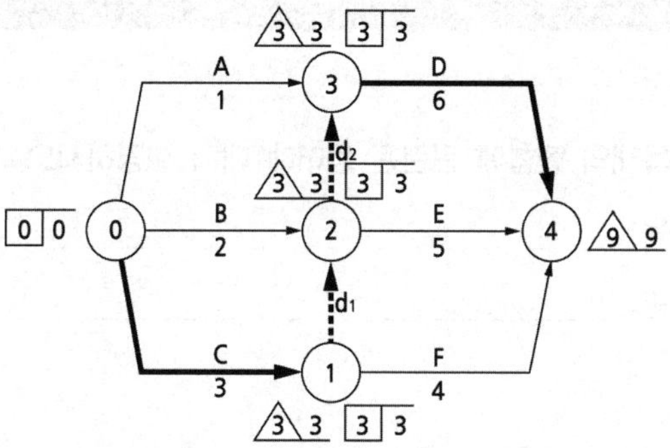

④ 주공정선(CP) 기입: C → D

2017 제3회 과년도 출제문제

01 다음 목재의 접합에 관련된 용어에 대해 설명하시오.

배점 2점

① 이음: ______

② 맞춤: ______

02 도배공사 시공 순서를 〈보기〉에서 찾아 바르게 나열하시오.

배점 3점

보기
① 정배지 바름 ② 초배지 바름 ③ 재배지 바름
④ 바탕 처리 ⑤ 굽도리

______

03 벽돌쌓기의 종류(형식) 4가지를 나열하시오.

배점 4점

① ______ ② ______

③ ______ ④ ______

04 다음 미장재료 중 수경성 미장재료를 〈보기〉에서 고르시오.

배점 3점

보기
① 석고 플라스터 ② 시멘트 모르타르
③ 인조석 바름 ④ 돌로마이트 플라스터
⑤ 회반죽

______

05 안전유리의 종류 3가지를 쓰시오.

배점 3점

① ______ ② ______ ③ ______

답안 01

① 부재를 길이 방향으로 길게 접합하는 것
② 부재를 서로 직각 또는 일정한 각도로 접합하는 것

답안 02

④ → ② → ③ → ① → ⑤

답안 03

① 영식 쌓기
② 화란식 쌓기
③ 불식 쌓기
④ 미식 쌓기

답안 04

①, ②, ③

답안 05

① 강화유리
② 망입유리
③ 접합유리

06 벽돌벽의 백화현상의 원인과 방지책을 2가지 쓰시오. 배점 4점

(가) 원인: ① ______

② ______

(나) 대책: ① ______

② ______

답안 06

(가) 원인

① 재료 및 시공의 불량

② 모르타르 채워 넣기 부족으로 빗물 침투에 의한 화학반응

(나) 방지책

① 소성이 잘된 양질의 벽돌을 사용한다.

② 벽돌 표면에 파라핀도료를 발라 염류 유출을 방지한다.

07 건축에서 응결과 경화에 대한 내용을 구분하여 설명하시오. 배점 4점

① 응결: ______

② 경화: ______

답안 07

① 시멘트의 수화작용을 거쳐 유동성이 없어지고 콘크리트의 모양이 만들어져 굳어지는 상태

② 응결된 콘크리트가 조직이 치밀해지고 강도가 증진되는 현상

08 표준형 시멘트벽돌 2,000장을 쌓을 수 있는 1.0B 두께의 벽면적을 구하시오. 배점 3점

______

______

답안 08

벽돌양 = 벽면적 × 단위수량

※ 단위수량: 149장(표준형, 1.0B)

2000장 = 벽면적 × 149

벽면적 = 2000 ÷ 149 = 13.4228

∴ 벽면적 = $13.42m^2$

09 다음 용어에 대하여 설명하시오. 배점 4점

① 제재치수: ______

② 마무리치수: ______

답안 09

① 구조재, 수장재에 쓰이는 제재소에서 톱켜기로 한 치수

② 창호재, 가구재에 쓰이는 톱질과 대패질로 마무리한 치수

답안 10

① 계단의 디딤판 끝에 대어 계단을 오르내릴 때 미끄럼 방지의 역할을 하는 철물
② 확장볼트, 팽창볼트라 불리며 콘크리트, 벽돌 등의 면에 띠장, 문틀 등의 다른 부재를 고정하기 위하여 설치하는 특수볼트

답안 11

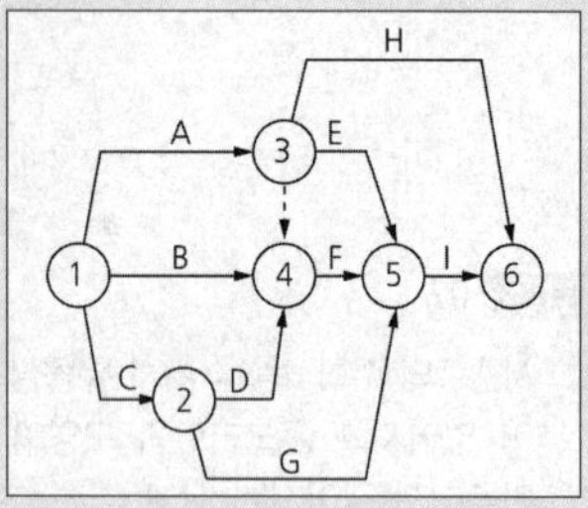

10 다음 용어에 대하여 설명하시오. 배점 4점

① 논슬립: ______

② 익스팬션 볼트: ______

11 다음과 같은 공정계획이 세워졌을 때 네트워크 공정표를 작성하시오. (단, 화살형 네트워크로 표시하며, 결합점 번호를 반드시 기입한다.) 배점 6점

보기

① A·B·C 작업은 최초의 작업이다.
② A작업이 끝나면 H·E작업을 실시하고, C작업이 끝나면 D·G 작업을 병행 실시한다.
③ A·B·D작업이 끝나면 F작업을, E·F·G작업이 끝나면 I작업을 실시한다.
④ H·I작업이 끝나면 공사가 완료된다.

• 실내건축산업기사 시공실무 •

2018 제1회 과년도 출제문제

01 목재의 부패(腐敗)를 방지하기 위해 사용하는 유성(油性)방부제의 종류를 4가지 쓰시오. 배점 4점

① ______ ② ______

③ ______ ④ ______

답안 01

① 유성페인트
② PCP
③ 콜타르
④ 크레오소트

02 네트워크 공정표의 특징 3가지를 기술하시오 배점 3점

① ______

② ______

③ ______

답안 02

① 공사계획의 전모와 공사 전체의 파악을 용이하게 할 수 있다.
② 각 작업의 흐름과 작업 상호관계가 명확하게 표시된다.
③ 계획 단계에서 문제점이 파악되므로 작업 전에 수행이 가능하다.
• 각 작업 상호 간의 유기적 관계가 분명하다.

03 조적공사 치장줄눈의 종류 5가지를 쓰시오. 배점 5점

① ______ ② ______ ③ ______

④ ______ ⑤ ______

답안 03

① 평줄눈
② 민줄눈
③ 볼록줄눈
④ 내민줄눈
⑤ 빗줄눈
• 오목줄눈, 줄째기줄눈 등

04 다음 아래의 내용을 서술하시오. 배점 4점

① 밀착초배: ______

② 공간초배: ______

답안 04

① 초배지를 온통 풀칠하여 바르는 것을 말하고, 바탕을 매끄럽게 하며, 정배지가 잘 붙을 수 있게 하는 도배방법
② 초배지를 정사각형에 가깝도록 재단하여 가장자리를 1 ~ 1.5cm 정도 된풀칠하여 바르는 것으로 거친 바탕에서 고운 도배면을 얻을 수 있는 상급 도배방법

05 집성목재의 장점을 3가지만 쓰시오.

배점 3점

①

②

③

06 다음은 타일 붙이기 순서이다. 시공 순서에 맞게 번호를 나열하시오.

배점 3점

보기

① 치장줄눈 ② 타일 나누기 ③ 타일 붙이기
④ 바탕 처리 ⑤ 보양

07 다음은 목공사의 단면치수 표기법이다. (   ) 안에 알맞은 용어를 쓰시오.

배점 3점

목재의 단면을 표시하는 치수는 특별한 지침이 없는 경우 구조재·수장재는 모두 (①)치수로 하고, 창호재·가구재의 치수는 (②)로 한다. 또 제재목을 지정치수대로 한 것을 (③)치수라 한다.

① ② ③

08 조적공사 시 세로규준틀에 기입해야 할 사항 4가지를 쓰시오.

배점 4점

① ②

③ ④

09 접합유리의 특징을 3가지 쓰시오.

배점 3점

①

②

③

답안 05

① 접합을 통해 자유로운 형상을 만들 수 있다.
② 비교적 긴 스팬의 설계가 가능하다.
③ 일반목재보다 1.5배 이상의 강도를 가진다.
• 뒤틀림 및 변형이 적다.

답안 06

④ → ② → ③ → ① → ⑤

답안 07

① 제재
② 마무리
③ 정

답안 08

① 쌓기 단수 및 줄눈의 표시
② 창문틀 위치, 치수의 표시
③ 매립철물, 보강철물의 설치 위치
④ 인방보, 테두리보의 설치 위치

답안 09

① 2장 이상의 판유리 사이에 합성수지를 넣고, 고열로 강하게 접합한 유리로 강도가 크다.
② 여러 겹이라 다소 하중이 무겁지만 견고하다.
③ 유리 파손 시 산란 방지
• 현장 절단이 가능하다.

10 다음 〈보기〉에서 열경화성, 열가소성수지를 구분해서 쓰시오. 배점 4점

보기
① 멜라민수지 ② 페놀수지 ③ 요소수지
④ 초산비닐수지 ⑤ 염화비닐수지 ⑥ 실리콘수지
⑦ 스티로폼수지

(가) 열가소성수지: ______________________

(나) 열경화성수지: ______________________

11 다음 그림과 같은 문틀을 제작하는 데 필요한 목재량[m^3]을 산출하시오. (단, 단위는 mm이고 소수점 셋째 자리에서 반올림하시오.) 배점 4점

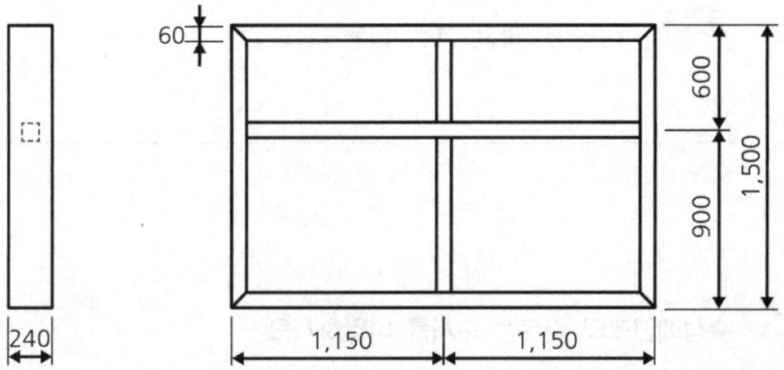

답안 10

(가) ④, ⑤, ⑦

(나) ①, ②, ③, ⑥

답안 11

목재량 = 가로×세로×길이

수직재 = 0.24×0.06×1.5×3개
= 0.0648

수평재 = 0.24×0.06×2.3×3개
= 0.09936

합계 = 0.0648 + 0.09936 = 0.16416

∴ 목재량 = 0.16m^3

• 실내건축산업기사 시공실무 •

2018 제2회 과년도 출제문제

01 다음 〈보기〉의 타일을 흡수성이 큰 순서대로 배열하시오. 배점 2점

보기
① 자기질 ② 토기질 ③ 도기질 ④ 석기질

02 다음은 목조 2층 마루 중 짠마루의 시공 순서이다. 순서대로 바르게 나열하시오. 배점 4점

보기
작은보, 장선, 큰보, 마룻널

03 수성페인트의 바르는 순서를 나열하시오. 배점 3점

04 타일의 종류 중 표면을 특수 처리한 타일의 종류 3가지를 쓰시오. 배점 3점

① ______ ② ______ ③ ______

05 철재 녹막이 도료의 종류 4가지를 쓰시오. 배점 4점

① ______ ② ______
③ ______ ④ ______

답안 01
② → ③ → ④ → ①

답안 02
큰보 → 작은보 → 장선 → 마룻널

답안 03
바탕 처리 → 초벌칠 → 연마지 닦기 → 정벌칠

답안 04
① 스크래치타일
② 태피스트리타일
③ 천무늬타일

답안 05
① 광명단
② 징크로메이트
③ 역청질 도료
④ 알루미늄 도료
• 아연분말 도료

06 다음 용어에 대하여 설명하시오. 배점 4점

① 공간쌓기: ____________________

② 아치쌓기: ____________________

답안 06

① 외벽에 방음, 방습, 단열 등의 목적으로 벽체의 중간에 공간을 두어 이중으로 쌓는 벽

② 상부에서 오는 수직압력을 아치 축선에 따라 인장력이 생기지 않고 압축력만을 전달하게 하는 쌓기법

07 다음 용어에 대하여 설명하시오. 배점 4점

① 논슬립: ____________________

② 코너비드: ____________________

답안 07

① 계단의 디딤판 끝에 대어 미끄럼 방지의 역할을 하는 철물

② 기둥, 벽 등의 모서리에 대어 미장 바름을 보호하는 철물

08 다음 용어에 대하여 설명하시오. 배점 4점

① 층단떼어쌓기: ____________________

② 켜거름들여쌓기: ____________________

답안 08

① 연속되는 벽체를 하루에 다 쌓을 수 없을 때 중간에 계단처럼 남겨 놓고 쌓는 방식

② 교차벽 등에서 하루에 다 쌓을 수 없을 때 한쪽 벽을 남겨 두고 쌓는 방식

09 대리석의 갈기 공정에 대한 마무리 종류이다. 마무리방법에 대하여 서술하시오. 배점 3점

① 거친갈기: ____________________

② 물갈기: ____________________

③ 본갈기: ____________________

답안 09

① #180 카버런덤 숫돌로 간다.

② #220 카버런덤 숫돌로 간다.

③ 고운 숫돌, 숫돌 가루를 사용하고 원반에 걸어 마무리한다.

답안 10

① 컴프레서의 압축공기를 이용하여 망치 대신 사용하는 공구
② 목재의 몰딩이나 홈을 팔 때 쓰는 공구

답안 11

CP: A → C → E → G
① → ② → ③ → ④ → ⑥

10 공사 현장에서 쓰이는 공구에 대한 설명이다. 해당하는 공구에 대하여 설명하시오. 배점 4점

① 타카: ______

② 루터: ______

11 다음 공정표를 보고 주공정선(CP)을 찾으시오. 배점 5점

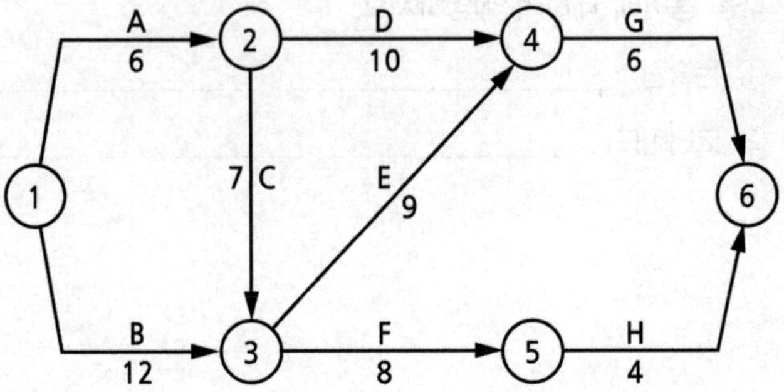

• 실내건축산업기사 시공실무 •

2018 제3회 과년도 출제문제

01 목재의 방부처리법 3가지를 쓰시오. 배점 3점

① ______ ② ______ ③ ______

답안 01

① 주입법
② 표면탄화법
③ 침지법
• 생리적 주입법, 가압주입법, 도포법

02 다음 아래 설명된 내용의 재료를 쓰시오. 배점 2점

자토를 반죽하여 형틀에 맞추어 찍어 낸 다음 소성한 점토제품으로 대개가 속이 빈 형태를 취하고 있으며, 구조용으로 쓰이는 공동벽돌과 난간벽의 장식, 돌림띠, 창대, 주두 등의 장식용이 있다.

______

답안 02

테라코타

03 다음 목재의 접합에 관련된 용어에 대해 설명하시오. 배점 3점

① 이음: ______
② 맞춤: ______
③ 쪽매: ______

답안 03

① 부재를 길이 방향으로 길게 접합하는 것
② 부재를 서로 직각 또는 일정한 각도로 접합하는 것
③ 부재를 섬유 방향과 평행하게 옆대어 붙이는 것

04 취성(brittle)을 보강할 목적으로 사용되는 유리 중 안전유리로 분류할 수 있는 유리의 명칭 3가지를 쓰시오. 배점 3점

① ______ ② ______ ③ ______

답안 04

① 강화유리
② 망입유리
③ 접합유리

05 천연 아스팔트의 종류 3가지를 쓰시오. 배점 3점

① ______ ② ______ ③ ______

답안 05

① 레이크 아스팔트
② 록 아스팔트
③ 아스팔타이트

06 다음 〈보기〉는 미장공사 중 석고 플라스터의 마감 시공 순서이다. 빈칸을 채우시오.

배점 3점

보기
바탕 처리 → (①) → (②) → 고름질 및 재벌바름 → (③)

① ______ ② ______ ③ ______

답안 06
① 재료 반죽
② 초벌바름
③ 정벌바름

07 바닥에 설치하는 줄눈대의 설치 목적을 3가지 쓰시오.

배점 3점

① ______
② ______
③ ______

답안 07
① 재료의 수축, 팽창에 의한 균열 방지
② 바름 구획의 구분
③ 보수 용이

08 네트워크에 사용되는 더미(dummy)에 대하여 간략히 기술하시오.

배점 3점

______

답안 08
화살표로 표현할 수 없는 작업 상호 관계를 표시하는 점선화살표

09 타일 시공 후 박리의 원인 3가지를 기술하시오.

배점 3점

① ______
② ______
③ ______

답안 09
① 붙임시간(open time)의 불이행
② 바름 두께의 불균형
③ 붙임 모르타르의 접착강도 부족
• 모르타르 충전 불충분

10 다음 쪽매의 이름을 써넣으시오. 배점 6점

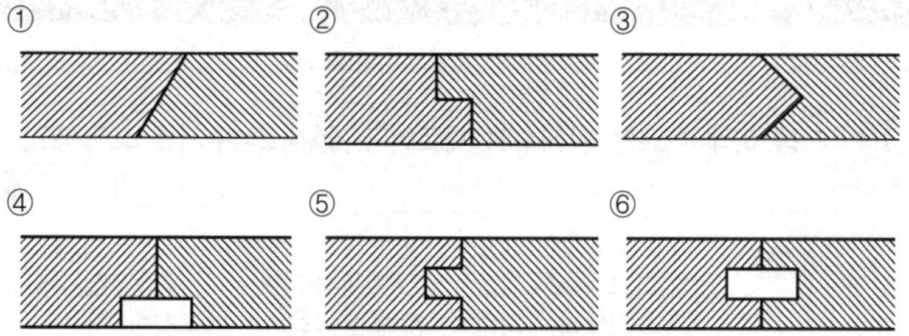

① ________ ② ________ ③ ________

④ ________ ⑤ ________ ⑥ ________

답안 10

① 빗쪽매
② 반턱쪽매
③ 오늬쪽매
④ 틈막이대쪽매
⑤ 제혀쪽매
⑥ 딴혀쪽매

11 방수공사에서 방근재에 대해 기술하시오. 배점 3점

____

____

답안 11

옥상 녹화에 있어 식재의 뿌리 성장으로부터 방수층 및 구조물을 보호하기 위한 목적으로 사용되는 재료로 시트형, 조립식 패널형 등이 있다.

12 다음 그림과 같은 목재 창문틀에 소요되는 목재량[m^3]을 구하시오. (단, 목재의 단면치수는 90mm×90mm) 배점 5점

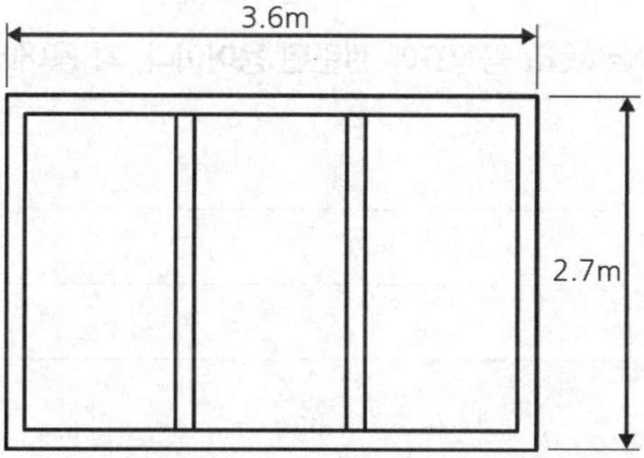

____

____

____

답안 12

목재량 = 가로×세로×길이
수직재 = 0.09×0.09×2.7×4(개)
= 0.08748
수평재 = 0.09×0.09×3.6×2(개)
= 0.05832
합계 = 0.08748 + 0.05832 = 0.1458
∴ 목재량 = 0.15m^3

• 실내건축산업기사 시공실무 •

2019 제1회 과년도 출제문제

01 다음 아래 재료는 합성수지 재료이다. 열가소성수지를 고르시오. 배점 3점

보기
① 아크릴수지 ② 에폭시수지 ③ 염화비닐수지
④ 폴리에틸렌수지 ⑤ 멜라민수지 ⑥ 실리콘수지

열가소성수지: ______

02 내화벽돌에서 SK가 의미하는 것을 쓰시오. 배점 2점

______

03 타일공사에서 개량 압착공법에 대해 설명하시오. 배점 2점

______

04 다음은 Network 공정표에 관련된 용어이다. 각 용어에 대한 정의를 설명하시오. 배점 4점

① EST: ______
② CP: ______
③ FF: ______

05 다음 각 재료에 대한 할증률이 큰 순서대로 나열하시오. 배점 3점

보기
① 테라코타 ② 도료 ③ 유리 ④ 시멘트벽돌

______

답안 01
① 아크릴수지
③ 염화비닐수지
④ 폴리에틸렌수지

답안 02
내화도(耐火度)를 나타내며, 소성온도에 맞춰 제게르콘이 연화 용융점에 의해 녹는 상태에 따라 번호가 매겨짐

답안 03
평탄하게 만든 바탕 모르타르 위에 붙임 모르타르를 바르고 타일 뒷면에도 모르타르를 얇게 발라 두드려 압착하는 공법

답안 04
① 작업을 개시하는 가장 빠른 시각
② 개시 결합점에서 종료 결합점에 이르는 경로 중 가장 긴 경로
③ 가장 빠른 개시시각에 시작하여 후속작업도 가장 빠른 개시시각에 시작해도 존재하는 여유시간

답안 05
④ 시멘트벽돌(5%) > ① 테라코타(3%) > ② 도료(2%) > ③ 유리(1%)

06 다음 용어를 설명하시오. 배점 4점

① 코너비드: ______________________

② 논슬립: ______________________

07 건축공사의 원가 계산에 적용되는 공사원가의 3요소를 기술하시오. 배점 3점

① ________ ② ________ ③ ________

08 다음은 아치쌓기 종류이다. ( ) 안을 채우시오. 배점 3점

벽돌을 주문하여 제작한 것을 사용해서 쌓은 아치를 (①), 보통벽돌을 쐐기 모양을 다듬어 쓴 것을 (②), 아치 나비가 넓을 때에는 반장별로 층을 지어 겹쳐 쌓는 (③)가 있다.

① ________ ② ________ ③ ________

09 다음 아래 내용은 수성페인트를 바르는 순서이다. 바르게 나열하시오. 배점 3점

보기
① 연마지 닦기 ② 초벌 ③ 정벌
④ 바탕 누름 ⑤ 바탕 만들기

____

답안 06
① 기둥, 벽 등의 모서리에 대어 미장 바름을 보호하는 철물
② 계단의 디딤판 끝에 대어 미끄럼 방지의 역할을 하는 철물

답안 07
① 재료비
② 노무비
③ 경비
• 외주비

답안 08
① 본아치
② 막만든아치
③ 층두리아치

답안 09
⑤→④→②→①→③

답안 10

① 벽돌양 = 벽면적 × 단위수량
※ 단위수량: 149장(표준형, 1.0B)
벽돌양 = 10 × 2 × 149 = 2980
∴ 벽돌양 = 2,980장

② 모르타르양 = $\frac{정미량}{1000장}$ × 단위수량
= $\frac{2980}{1000장}$ × 0.33
= 0.9834
∴ 모르타르양 = 0.98m^3

답안 11

① 멍에
② 장선
③ 밑창널 깔기
④ 방수지 깔기

답안 12

① 앵커긴결공법
② 강재트러스 지지공법
• 본드공법

10 길이 10m, 높이 2m, 1.0B 벽돌벽의 정미량 및 모르타르양을 산출하시오. (단, 벽돌 규격은 표준형임) 배점 6점

① 벽돌양: ______________________

____

② 모르타르양: ______________________

____

11 마룻널 이중깔기 시공 순서를 쓰시오. 배점 3점

동바리 → (①) → (②) → (③) → (④) → 마룻널 깔기

① ________ ② ________ ③ ________ ④ ________

12 석재 외벽의 건식공법 2가지를 쓰시오. 배점 4점

① ________________ ② ________________

• 실내건축산업기사 시공실무 •

2019 제2회 과년도 출제문제

01 다음 석재의 특징에 대하여 간략히 설명하시오. 배점 4점

① 화강암: ______________________

② 점판암: ______________________

02 다음 용어를 간단히 설명하시오. 배점 4점

① 내력벽: ______________________

② 중공벽: ______________________

03 다음 그림은 장부맞춤의 한 종류이다. 그 명칭을 쓰시오. 배점 2점

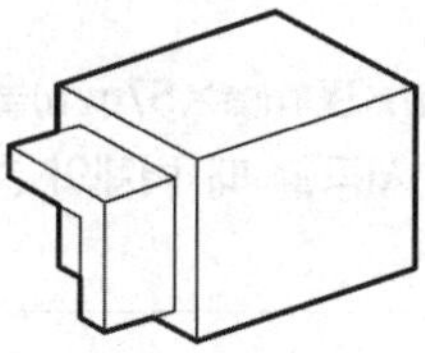

____

04 다음은 아치쌓기의 종류이다. (   ) 안을 채우시오. 배점 4점

① 벽돌을 주문하여 제작한 것을 사용해서 쌓는 아치: (   )

② 보통벽돌을 쐐기 모양으로 다듬어 쌓는 아치: (   )

③ 보통벽돌을 사용하고, 줄눈을 쐐기 모양으로 쌓는 아치: (   )

④ 아치 너비가 넓을 때에는 반장별로 층을 지어 겹쳐 쌓는 아치: (   )

답안 01

① 내·외장용. 내구성과 압축강도가 우수하다.

④ 판형으로 가공이 쉽고, 재질이 치밀하여 지붕재료에 쓰인다.

답안 02

① 벽체, 바닥, 지붕 등의 하중을 받아 기초에 전달하는 벽

② 외벽에 방음, 방습, 단열 등의 목적으로 벽체의 중간에 공간을 두어 이중으로 쌓는 벽(공간벽)

답안 03

ㄱ장부맞춤

답안 04

① 본아치
② 막만든아치
③ 거친아치
④ 층두리아치

05 알루미늄창호공사 시 주의사항 2가지를 서술하시오.

배점 2점

① ____________________

② ____________________

답안 05

① 강도가 약하므로 취급 시 주의한다.
② 모르타르, 회반죽 등 알칼리성에 약하므로 직접적인 접촉을 피한다.
• 이질재 접촉 시 부식되므로 동일 재료의 창호철물을 사용하거나 녹막이칠을 한다.

06 합성수지 창호공사 시 시공상세도에 쓰일 항목을 3가지 쓰시오.

배점 3점

① __________ ② __________ ③ __________

답안 06

① 창호배치도
② 창호일람표
③ 창호상세도

07 타일시방서에 나와 있는 타일의 붙임공법 3가지를 쓰시오.

배점 3점

① __________ ② __________ ③ __________

답안 07

① 떠붙임공법
② 압착공법
③ 접착제 붙임공법

08 표준형 벽돌(190mm×90mm×57mm)을 외벽 0.5B, 내력벽 1.0B로 하고, 단열재를 50mm로 시공할 때 벽체의 총두께는 얼마인가?

배점 3점

____

답안 08

외벽: 90mm, 내벽: 190mm
총두께 = 90 + 50 + 190
= 330
∴ 총두께 = 330mm

09 다음 〈보기〉는 도장공사 중 에나멜페인트의 시공을 나타낸 것이다. 순서를 바르게 나열하시오.

배점 3점

보기

① 페이퍼 문지름(연마지 닦기)　② 초벌
③ 정벌　④ 바탕 누름
⑤ 바탕 만들기

____

답안 09

⑤ → ④ → ② → ① → ③

10 다음 미장재료 중에서 수경성 재료를 〈보기〉에서 고르시오. 배점 2점

보기
① 인조석 바름 ② 시멘트 모르타르
③ 돌로마이트 플라스터 ④ 회반죽

답안 10
①, ②

11 벽길이 100m, 벽높이 2.4m 시공 시 블록 장수를 계산하시오. (단, 블록은 기본형 390mm×190mm×150mm, 할증률 4% 포함) 배점 3점

답안 11
블록양＝벽면적×단위수량
※ 단위수량: 13장(기본형)
블록양＝100×2.4×13장
＝3120
∴ 블록양＝3,120장

12 다음 공정표를 보고 주공정선(CP)을 찾으시오. 배점 4점

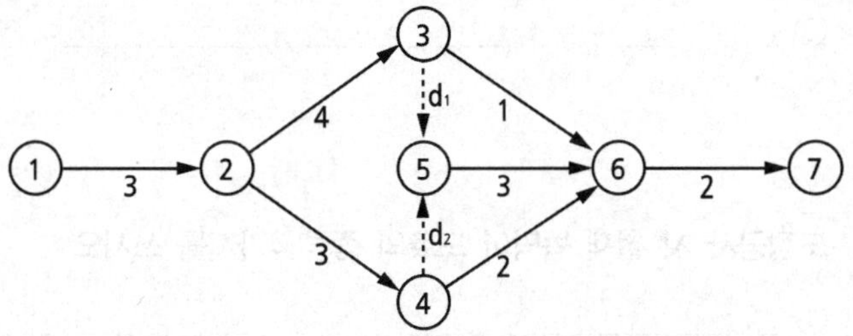

답안 12
CP＝①→②→③→⑤→⑥→⑦

13 목재의 방부처리 방법을 3가지 쓰시오. 배점 3점

① ② ③

답안 13
① 생리적 주입법
② 가압주입법
③ 표면탄화법
• 침지법, 도포법

2019 제3회 과년도 출제문제

01 표준형 벽돌 1,000장을 가지고 1.5B 두께로 쌓을 수 있는 벽면적을 구하시오. 배점 4점

02 목재의 방부처리 방법을 3가지 쓰시오. 배점 3점

① ② ③

03 네트워크 공정표의 특징 3가지를 기술하시오. 배점 3점

①
②
③

04 도장공사 시 철재 녹막이 도료의 종류 4가지를 쓰시오. 배점 4점

① ②
③ ④

05 도배지 바름의 일반적인 순서이다. (   ) 안에 알맞은 말을 써 넣으시오. 배점 3점

보기: 바탕 처리 → (①) → (②) → (③) → 굽도리

① ② ③

답안 01

벽돌양 = 벽면적 × 단위수량
※ 단위수량: 224장(표준형, 1.5B)
1000장 = 벽면적 × 224장
벽면적 = 1,000 ÷ 224 = 4.46428
∴ 벽면적 = $4.46m^2$

답안 02

① 생리적 주입법
② 가압주입법
③ 표면탄화법
• 침지법, 도포법

답안 03

① 공사계획의 전모와 공사 전체의 파악을 용이하게 할 수 있다.
② 각 작업의 흐름과 작업 상호관계가 명확하게 표시된다.
③ 계획 단계에서 문제점이 파악되므로 작업 전에 수행이 가능하다.
• 주공정선(중점관리 대상 작업)이 명확하다.

답안 04

① 광명단
② 징크크로메이트
③ 역청질 도료
④ 알루미늄 도료
• 아연분말 도료, 산화철 녹막이도료

답안 05

① 초배지 바름
② 재배지 바름
③ 정배지 바름

06 방수공사에서 시트방수를 설치할 때 보호완충제의 역할을 쓰시오.

배점 2점

____

____

답안 06

지하 외벽의 방수층 표면에 부착하여 모래 등의 되메우기재의 충격 및 침하로부터 방수층을 보호할 수 있는 역할

07 ALC블록의 장점 3가지를 쓰시오.

배점 3점

① ______________________________

② ______________________________

③ ______________________________

답안 07

① 흡음성과 차음성이 우수하고 단열성이 좋다.
② 불연재료이고 경량으로 취급이 용이하며, 현장에서 절단 및 가공이 용이하다.
③ 건조 수축률이 작고 균열의 발생이 적다.

08 다음 벽돌쌓기 형식의 명칭을 쓰시오. (단, 쌓기 방향은 높이×밑변으로 한다.)

배점 4점

① 57×190: ______________ ② 57×90: ______________

③ 190×57: ______________ ④ 90×57: ______________

답안 08

① 길이쌓기
② 마구리쌓기
③ 길이세워쌓기
④ 옆세워쌓기

09 다음은 유리재에 관한 설명이다. 해당되는 유리의 명칭을 쓰시오.

배점 4점

① 복사열을 흡수하여 실내 냉방효과를 증대시킨 유리
② 건물 외부유리와 내·외부 장식용으로 많이 쓰이며, 한 면에 세라믹 도료를 바르고 고온에서 융착시킨 유리로 휨강도가 보통유리에 비해 3～5배 정도 강하다.

① ______________ ② ______________

답안 09

① 열선흡수(차단)유리
② 스팬드럴유리

10 다음은 치장줄눈의 마무리공사에 관한 내용이다. (　　) 안을 채우시오.

배점 4점

치장줄눈은 타일을 붙인 후 (①)시간 이상 지난 후 줄눈을 파 내고 (②)시간이 경과한 후 물축임을 하고, 치장줄눈을 바른다.

① ______________ ② ______________

답안 10

① 3
② 24

답안 11

②→①→④→③

11 다음 〈보기〉는 경량철골 천장틀의 설치 순서이다. 시공 순서에 맞게 나열하시오.

배점 3점

보기

① 달대 설치　② 앵커 설치
③ 텍스 붙이기　④ 천장틀 설치

답안 12

① 목재의 부패를 방지한다.
② 목재의 중량을 가볍게 한다.
③ 수축, 균열, 뒤틀림을 방지한다.
• 충해를 방지하고 강도를 다소 증가시킨다.

12 목재를 건조시키는 목적 중 장점 3가지를 서술하시오.

배점 3점

①
②
③

• 실내건축산업기사 시공실무 •

2020 제1회 과년도 출제문제

01 다음 그림의 벽돌쌓기 명칭과 특징 2가지를 쓰시오. 배점 4점

(가) 명칭: ______

(나) 특징: ① ______

② ______

02 다음 설명에 해당되는 답을 (　) 안에 써넣으시오. 배점 3점

벽체 · 바닥 · 지붕 등의 하중을 받는 벽을 (①)이라 하고, 상부의 하중을 받지 않고 자체의 하중만을 받는 벽을 (②)이라 한다. 외부에 방음 · 방습 · 단열의 목적으로 벽체를 이중으로 쌓는 것을 (③)이라 한다.

① ______ ② ______ ③ ______

03 조적공사의 벽돌 치장쌓기 중 엇모쌓기에 대해 간략히 설명하시오. 배점 3점

______

______

답안 01

(가) 명칭: 영식 쌓기

(나) 특징

① 한 켜는 길이쌓기, 다음 켜는 마구리쌓기로 한다.

② 마구리켜의 모서리에 반절 또는 이오토막을 사용한다.

답안 02

① 내력벽

② 비내력벽(장막벽, 칸막이벽)

③ 중공벽(공간벽)

답안 03

45° 각도로 모서리가 보이도록 벽돌을 쌓는 방법

04 가로 15m, 세로 3m의 벽을 1.0B로 쌓을 때 표준형 시멘트벽돌의 정미량과 소요량을 구하시오.

배점 4점

답안 04

① 정미량=벽면적×단위수량
※ 단위수량=149장(표준형, 1.0B)
정미량=15×3×149=6,705
② 소요량=정미량×할증률(5%)
=6,705×1.05
=7,040.25
∴ 정미량=6,705장
소요량=7,041장

05 다음 용어를 간략히 설명하시오.

배점 3점

① 격리재(separator):
② 긴결재(form tie):
③ 간격재(spacer):

답안 05

① 거푸집의 간격 유지, 오그라드는 것을 방지하는 버팀재료
② 거푸집의 형상 유지, 측압에 저항, 벌어지는 것을 방지하는 결속재료
③ 철근과 거푸집, 철근과 철근의 간격을 유지하기 위한 간격재료

06 다음 공정표를 보고 주공정선(CP)을 찾으시오.

배점 5점

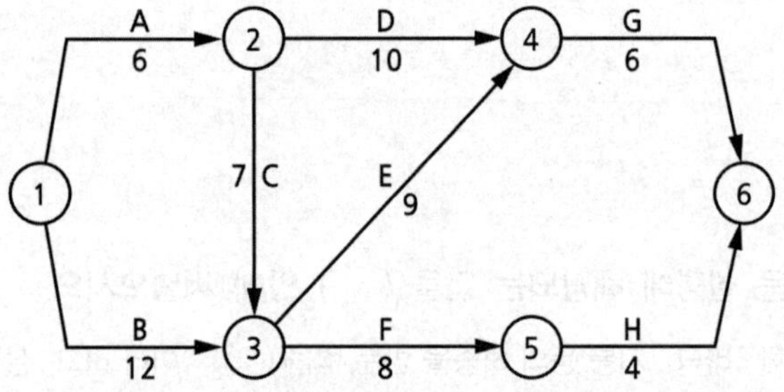

답안 06

CP: A → C → E → G
①→②→③→④→⑥

07 반자(ceiling)의 설치목적 3가지를 쓰시오.

배점 3점

① ② ③

답안 07

① 미관적 구성
② 분진(먼지) 방지
③ 음과 열 차단
• 배선, 배관 등의 차폐

08 이중바닥 액세스 플로어 설치방법 중 지지방식 2종류를 쓰시오.

배점 4점

① ②

답안 08

① 지지각분리방식
② 지지각일체방식
• 조정지지각방식, 트렌치구성방식

09 다음 〈보기〉에서 열가소성수지를 고르시오.

배점 3점

보기
① 실리콘 ② 아크릴수지 ③ 폴리에틸렌수지
④ 염화비닐수지 ⑤ 페놀수지 ⑥ 에폭시

답안 09
②, ③, ④

10 다음 설명에 알맞은 도료의 종류를 쓰시오.

배점 3점

① 유성바니시를 비히클로 하여 안료를 첨가한 것을 말하며, 일반적으로 내알칼리성이 약하다.
② 목재면의 투명도장에 사용되며, 건조는 빠르나 도막이 얇다.
③ 대표적인 것으로 염화비닐 에나멜이 있으며, 일반용과 내약품용도의 것이 있다.

① ______ ② ______ ③ ______

답안 10
① 유성 에나멜페인트
② 클리어 래커
③ 비닐수지 도료

11 장판지 깔기의 시공 순서를 〈보기〉에서 골라 순서대로 열거하시오.

배점 3점

보기
① 마무리칠 ② 바탕처리 ③ 걸레받이
④ 장판지 ⑤ 재배 ⑥ 초배

답안 11
②→⑥→⑤→④→③→①

12 다음은 시트방수 공법이다. 순서에 맞게 나열하시오.

배점 2점

보기
① 접착제칠 ② 프라이머칠 ③ 마무리
④ 시트 붙이기 ⑤ 바탕처리

① ______ ② ______

답안 12
⑤→②→①→④→③

• 실내건축산업기사 시공실무 •

2020 제2회 과년도 출제문제

01 다음의 벽돌쌓기법에 대해 설명하시오.

배점 4점

① 영식 쌓기: ____________________

____

② 불식 쌓기: ____________________

____

답안 01

① 한 켜는 길이쌓기, 다음 켜는 마구리쌓기로 하며, 마구리 켜의 모서리에 반절 또는 이오토막을 사용하는 쌓기법

② 한 켜에 길이쌓기, 마구리쌓기로 번갈아 쌓는 방식

02 다음 설명에 해당하는 유리를 쓰시오.

배점 2점

보통 유리에 비하여 3~5배의 강도로서 내열성이 있어 200℃에서도 깨어지지 않고 일단 금이 가면 전부 작은 조각으로 깨어지는 유리

____

답안 02

강화유리

03 다음과 같은 화장실 바닥에 사용되는 타일의 소요매수를 산출하시오. (단, 타일의 규격은 100mm×100mm이고, 줄눈두께를 3mm로 한다. 할증률 포함)

배점 4점

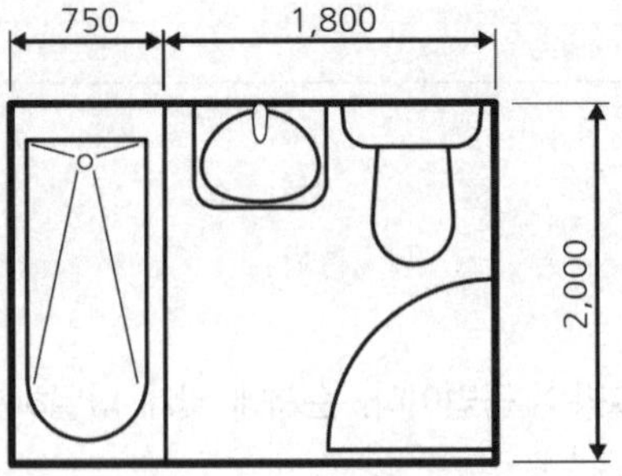

____

____

____

답안 03

타일양=시공면적×단위수량

단위수량

$$= \frac{1\text{m}}{\text{타일 한 변+줄눈}} \times \frac{1\text{m}}{\text{타일 다른 변+줄눈}}$$

$$= \frac{1\text{m}}{0.1+0.003} \times \frac{1\text{m}}{0.1+0.003}$$

$$= \frac{1}{0.010609} = 94.259$$

정미량=1.8×2×94.26=339.34

소요량=339.34×1.03=349.52

∴ 타일소요량=350장

04 다음에 설명하는 비계명칭을 쓰시오. 배점 3점

① 건물 구조체가 완성된 다음에 외부수리에 쓰이며, 구체에서 형강재를 내밀어 로프로 작업대를 고정한 비계

② 도장공사, 기타 간단한 작업을 할 때 건물 외부에 한 줄 기둥을 세우고, 멍에를 기둥 안팎에 매어 발판 없이 발디딤을 할 수 있는 비계

③ 철관을 미리 사다리꼴 또는 우물정자 모양으로 만들어 현장에서 짜 맞추는 비계

① ________ ② ________ ③ ________

답안 04

① 달비계

② 겹비계

③ 강관틀비계

05 다음은 목공사에서 사용되는 쪽매의 명칭이다. 명칭에 맞는 쪽매를 직접 그리시오. 배점 3점

① 반턱쪽매 ② 제혀쪽매 ③ 딴혀쪽매

답안 05

① 반턱쪽매

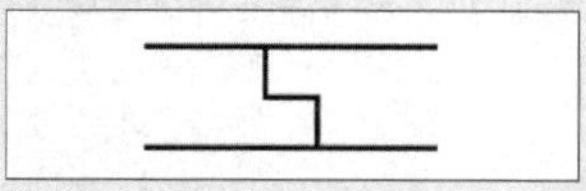

② 제혀쪽매

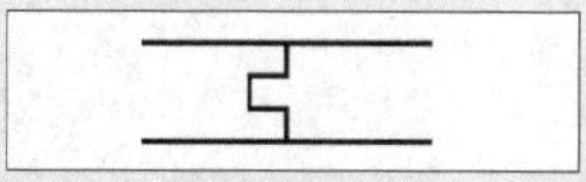

③ 딴혀쪽매

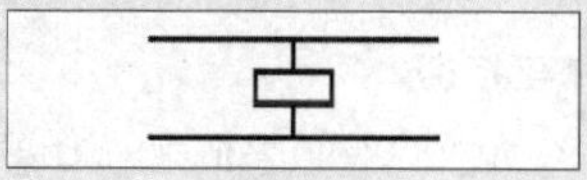

06 공사의 기간을 5일 단축하려고 한다. 추가비용(extra cost)을 구하시오. 배점 4점

구분	표준공기	표준비용	특급공기	특급비용
A	3	60,000	2	90,000
B	2	30,000	1	50,000
C	4	70,000	2	100,000
D	3	50,000	1	90,000

답안 06

① 추가비용, 단축일수, 비용구배

구분	추가비용	단축일수	비용구배
A	30,000	1	30,000
B	20,000	1	20,000
C	30,000	2	15,000
D	40,000	2	20,000

② 5일 단축 추가비용

= 2C + 1B + 2D

= 30,000 + 20,000 + 40,000

= 90,000

∴ 추가비용 = 90,000원/일

답안 07

① 실러바름 → ④ 셀프레벨링재 붓기 → ③ 이어치기

07 다음은 셀프레벨링재의 시공 순서이다. 〈보기〉에서 골라 순서에 맞게 나열하시오. 배점 3점

보기

① 실러바름 ② 재료의 혼합 반죽
③ 이어치기 ④ 셀프레벨링재 붓기

② 재료의 혼합 반죽 → ( ) → ( ) → ( )

답안 08

속이 빈 고급 점토제품으로 구조용과 장식용이 있으며, 공동벽돌 · 난간벽 · 돌림띠 · 기둥 주두 등에 쓰인다.

08 테라코타에 대한 용어 설명을 기술하시오. 배점 4점

답안 09

① 계단의 디딤판 끝에 대어 미끄럼 방지의 역할을 하는 철물
② 확장볼트, 팽창볼트라 불리며 콘크리트 · 벽돌 등의 면에 띠장, 문틀 등의 다른 부재를 고정하기 위하여 설치하는 특수볼트

09 다음 용어에 대하여 설명하시오. 배점 4점

① 논슬립:
② 익스팬션 볼트:

답안 10

① 태양광에 의해 열을 받게 되면 유리의 중앙부는 팽창하는 반면 단부는 인장응력과 수축 상태를 유지하기 때문에 파손이 발생
② 주로 열흡수가 많은 색유리에 많이 발생하며, 실내와 실외의 온도차가 급격한 동절기에 많이 발생

10 유리의 열파손 현상에 대한 이유와 특징을 설명하시오. 배점 4점

① 열파손의 이유:

② 열파손의 특징:

11 **다음은 타일공사의 개량압착공법에 대한 설명이다. ( ) 안을 채우시오**

배점 2점

바탕면 붙임 모르타르의 1회 바름 면적은 (①)m^2 이하로 하고, 붙임 시간(open time)은 모르타르 배합 후 (②)분 이내로 한다.

① ____________________ ② ____________________

12 **석재의 가공 마무리 순서를 바르게 나열하시오.**

배점 3점

보기
① 잔다듬 ② 물갈기 ③ 메다듬
④ 정다듬 ⑤ 도드락다듬

____

답안 11
① 1.5
② 30

답안 12
③→④→⑤→①→②

• 실내건축산업기사 시공실무 •

2020 제3회 과년도 출제문제

01 내장공사 중 석고보드의 적정한 설치 위치와 단점을 2가지씩 쓰시오. 배점 4점

(가) 설치 위치: ① ______________________

② ______________________

(나) 단점: ① ______________________

② ______________________

02 복층유리의 부속재인 간봉과 흡습제에 대하여 설명하시오. 배점 4점

① 간봉: ______________________

② 흡습제: ______________________

03 목재의 재질상 흠을 의미하는 목재 결함 3가지를 열거하시오. 배점 3점

① __________ ② __________ ③ __________

04 벽돌쌓기의 종류 3가지를 쓰시오. 배점 3점

① __________ ② __________ ③ __________

05 철재 녹막이 도료의 종류 3가지를 쓰시오. 배점 3점

① __________ ② __________ ③ __________

답안 01

(가) 설치 위치

① 벽

② 천장

(나) 단점

① 강도가 약하다.

② 파손의 우려가 있다.

• 습윤에 약하다.

답안 02

① 알루미늄 또는 단열소재로 된 바(bar)형태의 스페이서. 유리와 유리 사이의 간격을 유지하고 밀실하게 하며, 결로방지 및 단열성을 유지해주는 역할

② 간봉(spacer) 안에 있으며, 복층유리 내부 공기의 미량의 습기를 흡수하여 건조공기층을 유지하는 건조제

답안 03

① 갈라짐

② 옹이

③ 껍질박이

• 썩음

답안 04

① 영식 쌓기

② 화란식 쌓기

③ 불식 쌓기

• 미식 쌓기

답안 05

① 광명단

② 징크크로메이트

③ 역청질

• 알루미늄, 아연분말 도료

06 조적공사의 백화현상을 설명하시오.

배점 3점

답안 06

벽에 침투하는 빗물에 의해서 모르타르의 석회분이 공기 중의 탄산가스와 결합하여 벽돌 벽면에 흰가루가 생기는 현상. 재료 및 시공불량, 모르타르 채워넣기의 부족으로 발생

07 도배공사 시공 순서를 〈보기〉에서 찾아 바르게 나열하시오.

배점 3점

보기
① 정배지 바름 ② 초배지 바름 ③ 재배지 바름
④ 바탕 처리 ⑤ 굽도리

답안 07

④→②→③→①→⑤

08 다음 자료를 이용하여 네트워크(network) 공정표를 작성하시오. (단, 주공정선은 굵은 선으로 표시한다.)

배점 4점

작업명	작업일수	선행작업	비고
A	3	없음	각 작업의 일정 계산 표시방법은 아래 방법으로 한다.
B	5	없음	
C	2	없음	
D	3	B	
E	4	A, B, C	
F	2	C	

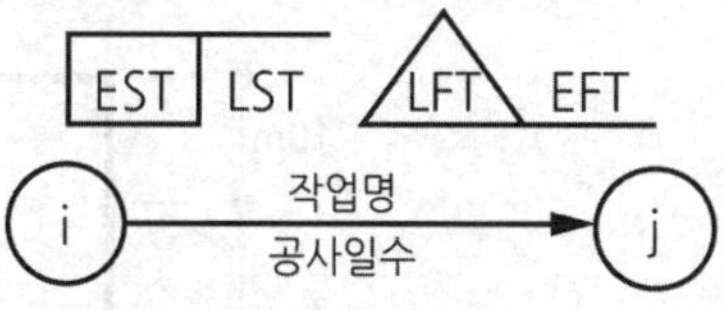

답안 08

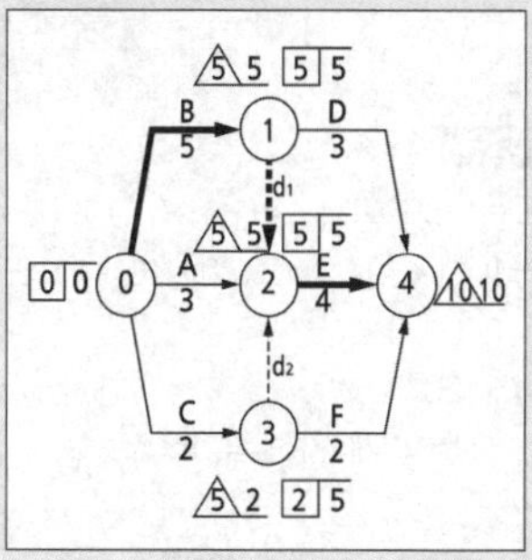

CP: B → E

09 블로운 아스팔트에 동식물 유지와 광물질 분말을 혼합하여 내열성과 접착성을 개량한 아스팔트 방수재료의 명칭을 쓰시오.

배점 2점

답안 09

아스팔트 콤파운드

답안 10
① 유제형 도막방수
② 용제형 도막방수
③ 에폭시계 도막방수

답안 11
① 타카
② 루터

답안 12
내부비계 면적 = 연면적×0.9
= {(40×30) − (20×20)}×3층×0.9
= 800×3×0.9
= 2160
∴ 내부비계 면적 = 2,160m²

10 도막 방수재의 종류 3가지를 쓰시오. 배점 3점

① ______ ② ______ ③ ______

11 다음이 설명하는 목공구 명칭을 쓰시오. 배점 4점

① 압축공기를 이용하여 목재나 판재 등을 고정하는 망치 대신 사용하는 공구
② 장무 구멍을 파거나 면접기, 홈파기 등에 필요한 공구

① ______ ② ______

12 아래의 평면과 같은 3층 건물의 전체 공사에 필요한 내부비계 면적을 산출하시오. 배점 4점

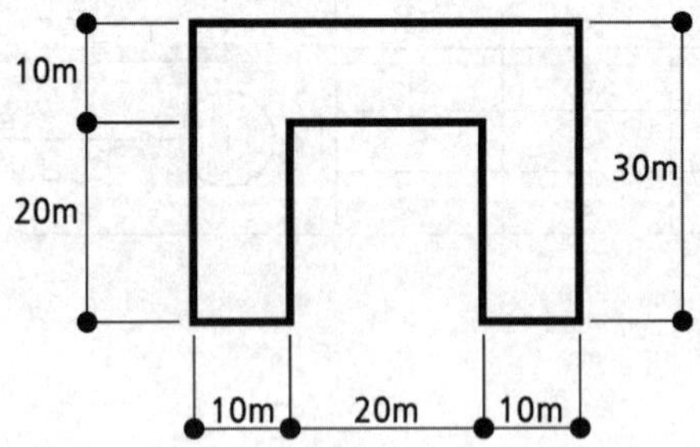

2020 제4회 과년도 출제문제

01 벽돌벽의 백화현상의 원인과 방지대책을 2가지 쓰시오. 배점 4점

(가) 원인: ① ______

② ______

(나) 대책: ① ______

② ______

02 다음은 네트워크 공정표의 일부분이다. 'D'의 선행 activity(작업)를 모두 고르시오. 배점 3점

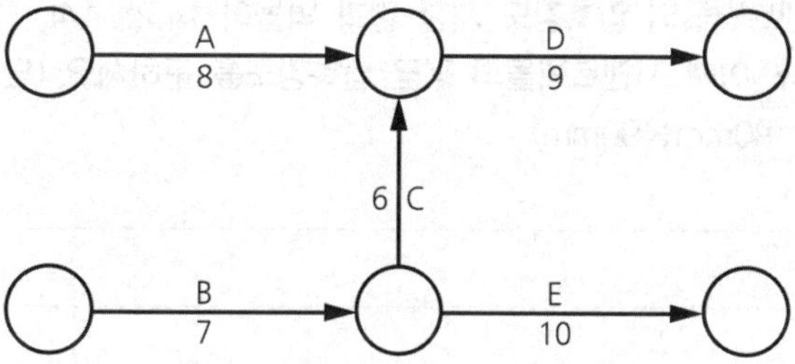

______

03 바닥에 설치하는 줄눈대의 설치목적을 3가지 쓰시오. 배점 3점

① ______

② ______

③ ______

답안 01

(가) 원인

① 재료 및 시공 불량

② 모르타르 채워넣기 부족으로 빗물 침투에 의한 화학반응

(나) 방지대책

① 소성이 잘된 양질의 벽돌을 사용한다.

② 벽돌 표면에 파라핀 도료를 발라 염류 유출을 방지한다.

답안 02

A, B, C

답안 03

① 재료의 수축 · 팽창에 대한 균열 방지

② 바름 구획의 구분

③ 보수 용이

답안 04

① 바탕 처리
② 타일 나누기
③ 치장줄눈

답안 05

① 창쌤블록
② 인방블록

답안 06

압축강도 $= \frac{\text{최대하중}}{\text{시험체 단면적}}[kg/cm^2]$

$F1 = \frac{14,200kg}{19cm \times 9cm} = 83.04$

$F2 = \frac{14,000kg}{19cm \times 9cm} = 81.87$

$F3 = \frac{13,800kg}{19cm \times 9cm} = 80.70$

$F = \frac{F1 + F2 + F3}{3}$

$= \frac{83.04 + 81.87 + 80.70}{3}$

$= \frac{245.61}{3} = 81.87$

∴ 평균 압축강도 $= 81.87kg/cm^2$

답안 07

① 20cm
② 사춤

04 벽타일 붙이기의 시공 순서이다. (　) 안에 알맞은 공정을 쓰시오.

배점 3점

(①) → (②) → 벽타일 붙이기 → (③) → 보양

① ________ ② ________ ③ ________

05 다음 블록의 명칭을 쓰시오.

배점 4점

① 창문틀 옆에 잘 맞게 제작된 특수형 블록
② 창문틀 위에 쌓아 철근과 콘크리트를 다져 넣어 보강하게 된 U자형 블록

① ________ ② ________

06 시멘트벽돌의 압축강도 시험 결과 벽돌이 14.2t, 14t, 13.8t에서 파괴되었다. 이때 시멘트벽돌의 평균 압축강도를 구하시오. (단, 벽돌의 단면적은 190mm×90mm)

배점 3점

07 다음 (　) 안을 채우시오.

배점 4점

인방용 블록인 경우 좌우 벽면에 (①)cm 이상 걸치고, 인방보 상부의 벽은 균열이 생기지 않게 (②)한다.

① ________ ② ________

08 석재공사에 관한 내용이다. 다음 ( ) 안을 채우시오. 배점 4점

석재공사의 동절기 습식 시공온도는 최저 (①)℃ 이상 유지하고, 건식 시공온도는 (②)℃ 이상에서 실시하는 것을 원칙으로 한다.

① ______________ ② ______________

답안 08

① 5

② -10

09 도배공사에서 도배지에 풀칠하는 방법 3가지를 쓰시오. 배점 3점

① ______________

② ______________

③ ______________

답안 09

① 봉투바름(갓둘레바름)

② 온통바름

③ 비늘바름(외쪽바름)

10 취성(brittle)을 보강할 목적으로 사용되는 유리 중 안전유리로 분류할 수 있는 유리의 명칭 3가지를 쓰시오. 배점 3점

① ______________ ② ______________ ③ ______________

답안 10

① 강화유리

② 망입유리

③ 접합유리

11 목재건조법 중 인공건조법 3가지를 쓰시오. 배점 3점

① ______________ ② ______________ ③ ______________

답안 11

① 증기법

② 훈연법

③ 열기법

• 진공법

12 유리의 단열 간봉재에 대해 설명하시오. 배점 3점

____

____

____

____

답안 12

알루미늄 또는 단열소재로 된 바(bar) 형태의 스페이서로 유리와 유리 사이의 간격을 유지하고 밀실하게 하며, 결로방지 및 단열성을 유지해주는 역할

• 실내건축산업기사 시공실무 •

2021 제1회 과년도 출제문제

01 다음에 설명하는 벽타일 붙임공법의 명칭을 쓰시오. 배점 3점

거푸집에 타일을 우선 배치하고 콘크리트를 타설하여 구조체와 타일을 일체화시키는 공법으로, 타일과 구조체가 일체화되어 박리 · 공극이 적으나 결함이 발생하면 보수가 어려운 단점이 있다.

답안 01
타일거푸집 선붙임공법

02 다음의 내용은 단가에 대한 설명이다. 해당하는 명칭을 써넣으시오. 배점 2점

단가란 보통 한 개의 단위가격을 말하지만 재료는 다시 이를 가공 처리한 것, 즉 재료비에 가공 및 설치비 등을 가산하여 단위단가로 한 것을 (①)(이)라 하고, 단위수량 또는 단위 공사량에 대한 품의 수효를 헤아리는 것을 (②)이라 한다.

① ________ ② ________

답안 02
① 일위대가
② 품셈

03 다음 설명에 맞는 재료명을 쓰시오. 배점 2점

목재의 소편(chip)을 합성수지 접착제를 섞어 가열 · 압축한 성형 판상재료로, 변형이 적고 음과 열의 차단성이 좋아 선반 · 바닥판 가구 등에 널리 이용된다.

답안 03
파티클보드

04 다음 용어에 대하여 설명하시오. 배점 4점

① 제재치수: ________

② 마무리치수: ________

답안 04
① 구조재, 수장재에 쓰이며 제재소에서 톱켜기로 한 치수
② 창호재, 가구재에 쓰이며 톱질과 대패질로 마무리한 치수

05 다음 목재의 쪽매를 그림으로 그리시오. (단, 도구를 사용하지 않고 도시한다.) 배점 2점

① 제혀쪽매 ② 오늬쪽매

06 안전유리 중 강화유리의 특성 3가지를 쓰시오. 배점 3점

① ______

② ______

③ ______

07 다음 재료는 합성수지 재료이다. 열가소성수지와 열경화성수지로 구분하시오. 배점 4점

보기

① 아크릴수지 ② 염화비닐수지 ③ 폴리에틸렌수지
④ 멜라민수지 ⑤ 페놀수지 ⑥ 요소수지

(가) 열가소성수지: ______

(나) 열경화성수지: ______

08 다음 〈보기〉는 경량철골 천장틀의 설치 순서이다. 시공 순서에 맞게 나열하시오. 배점 4점

보기

① 행거볼트 ② 캐링채널 ③ M-Bar
④ 석고보드 ⑤ 인서트

______

답안 05

① 제혀쪽매

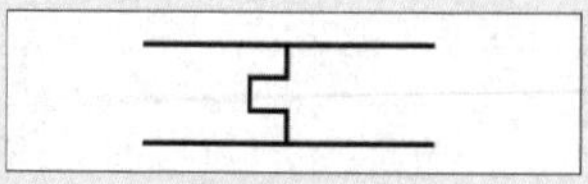

② 오늬쪽매

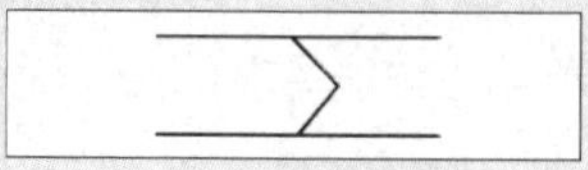

답안 06

① 유리 파손 시 모가 작아 안전하다.
② 내열성이 우수하다.
③ 강도가 보통 유리의 3~5배 강하다.
• 현장에서 재가공이 어렵다.

답안 07

(가) ①, ②, ③
(나) ④, ⑤, ⑥

답안 08

⑤→①→②→③→④

09 아치의 형태와 외장효과가 서로 관계 깊은 것을 고르시오. 배점 4점

① 결원아치(segmental arch)　　(가) 자연스러우며 우아한 느낌
② 평아치(jack arch)　　(나) 변화감 조성
③ 반원아치(Roman arch)　　(다) 이질적인 분위기 연출
④ 첨두아치(Gothic arch)　　(라) 경쾌한 반면 엄숙한 분위기 연출

① ______ ② ______ ③ ______ ④ ______

10 다음 도면과 같은 철근콘크리트조 건축물에서 벽체와 기둥의 콘크리트양을 산출하시오. 배점 4점

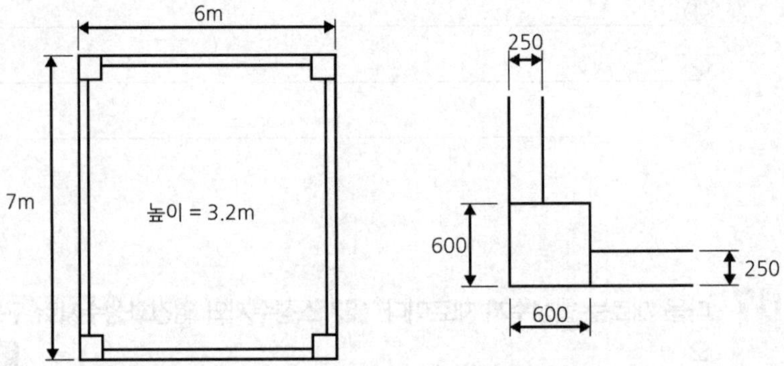

[평면도]　　[상세도]

11 길이 12.8m, 높이 2.4m, 1.5B 벽돌벽 쌓기 시 벽돌양 및 쌓기 모르타르양을 산출하시오. (단, 벽돌은 표준형으로 한다.) 배점 4점

답안 09

① (나)　② (다)
③ (가)　④ (라)

답안 10

① 기둥 콘크리트양
$V[m^3] = a \times b \times H$
$= 0.6 \times 0.6 \times 3.2 \times 4$개
$= 4.608$
∴ 기둥 콘크리트양 $= 4.61m^3$
② 벽체 콘크리트양
$V[m^3] = L \times H \times t$
$= (4.8 \times 3.2 \times 0.25 \times 2$개$)$
$+ (5.8 \times 3.2 \times 0.25 \times 2$개$)$
$= 16.96$
∴ 벽체 콘크리트양 $= 16.96m^3$

답안 11

① 벽돌양 = 벽면적 × 단위수량
$= 12.8 \times 2.4 \times 224$
$= 6881.28$
∴ 벽돌양 = 6,882장
② 모르타르양 $= \dfrac{정미량}{1,000장} \times 단위수량$
$= \dfrac{6882}{1,000장} \times 0.35$
$= 2.4087$
∴ 모르타르양 $= 2.41m^3$

12 다음 〈보기〉에서 해당하는 용어를 고르시오.

배점 4점

보기

① 가장 빠른 개시시각 ② 가장 늦은 개시시각
③ 가장 빠른 종료시각 ④ 가장 늦은 종료시각
⑤ 가장 빠른 결합점 시각 ⑥ 가장 늦은 결합점 시각

(가) EST: ____________________ (나) LST: ____________________

(다) ET: ____________________ (라) EFT: ____________________

답안 12

(가) ① (나) ②
(다) ⑤ (라) ③

2021 제2회 과년도 출제문제

01 다음 〈보기〉의 타일을 흡수성이 큰 순서대로 배열하시오. 배점 3점

보기
① 자기질 ② 토기질 ③ 도기질 ④ 석기질

02 다음 〈보기〉는 경량철골 천장틀의 설치 순서이다. 시공 순서에 맞게 나열하시오. 배점 3점

보기
① 달대 설치 ② 앵커 설치
③ 텍스 붙이기 ④ 천장틀 설치

03 목재의 부패를 방지하기 위해 사용하는 유성방부제의 종류를 3가지 쓰시오. 배점 3점

① ② ③

04 다음 용어를 간략히 설명하시오. 배점 4점

① 코펜하겐리브:
② 코너비드:
③ 조이너:
④ 듀벨:

답안 01
② > ③ > ④ > ①

답안 02
② → ① → ④ → ③

답안 03
① 유성페인트
② 콜타르
③ 크레오소트

답안 04
① 자유곡선형 리브를 파내서 만든 것으로, 면적이 넓은 강당, 극장의 안벽에 음향 조절, 장식효과로 사용
② 기둥, 벽 등의 모서리에 대어 미장바름을 보호하는 철물
③ 텍스, 보드, 금속판 등의 이음새에 마감이 보기 좋게 대어 붙이는 것
④ 두 부재의 접합부에 끼워 볼트와 같이 써서 전단력에 견디도록 한 보강철물로, 볼트의 인장력과 상호 작용하여 목재의 파손을 방지

05 다음 목공사에 쓰이는 연귀맞춤에 대하여 간략히 기술하시오. 배점 3점

______

______

답안 05

직교되거나 경사로 교차되는 부재의 마구리가 보이지 않게 45° 빗잘라 대는 맞춤

06 석재의 가공 마무리 순서를 바르게 나열하시오. 배점 4점

보기

① 잔다듬	② 물갈기	③ 메다듬
④ 정다듬	⑤ 도드락다듬	

______

답안 06

③ → ④ → ⑤ → ① → ②

07 다음이 설명하는 내용의 명칭을 쓰시오. 배점 3점

널 한쪽에 홈을 파고 딴 쪽에는 혀를 내어 물리게 한 쪽매

______

답안 07

제혀쪽매

08 다음 합성수지 재료 중 열가소성수지를 〈보기〉에서 고르시오. 배점 3점

보기

① 아크릴	② 염화비닐	③ 폴리에틸렌
④ 멜라민	⑤ 페놀	⑥ 에폭시

열가소성수지: ______

답안 08

①, ②, ③

09 다음은 유리공사에 대한 용어이다. 용어를 간단히 설명하시오. 배점 4점

① 샌드블라스트: ______

______

② 세팅블록: ______

______

답안 09

① 유리면에 오려 낸 모양판을 붙이고, 모래를 고압증기로 뿜어 마모시킨 유리
② 금속재 창호에 유리를 끼울 때 틀 내부 밑에 대는 재료로, 유리와 금속 창호틀 사이의 고정 및 완충작용을 목적으로 한다.

답안 10

TF = LFT − EFT
 = 12일 − 10일
 = 2일

10 다음 공정표에서 ② → ④의 전체 여유일은 며칠인지 구하시오. 배점 4점

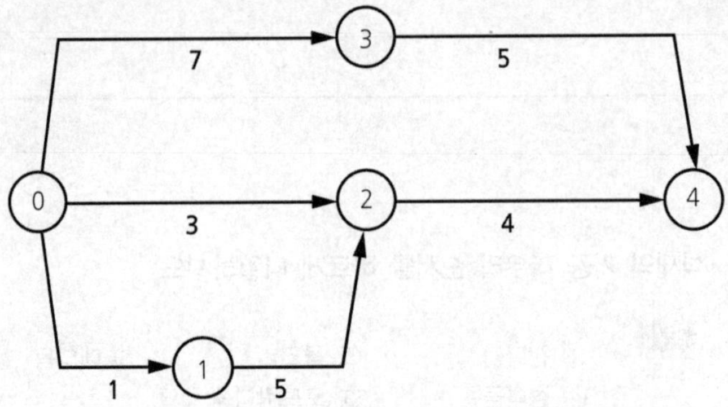

답안 11

① 단열
② 방음
③ 결로방지

11 복층유리의 장점을 3가지 쓰시오. 배점 3점

① ________ ② ________ ③ ________

답안 12

① 제재
② 마무리
③ 정

12 다음은 목공사의 단면치수 표기법이다. 괄호 안에 알맞은 용어를 쓰시오. 배점 3점

목재의 단면을 표시하는 치수는 특별한 지침이 없는 경우 구조재 · 수장재는 모두 (①)치수로 하고, 창호재 · 가구재의 치수는 (②)로 한다. 또 제재목을 지정 치수대로 한 것을 (③)치수라 한다.

① ________ ② ________ ③ ________

• 실내건축산업기사 시공실무 •

2021 제3회 과년도 출제문제

01 석재를 고정하는 앵커볼트 2가지를 쓰시오. 배점 2점

① ______________ ② ______________

답안 01

① 익스팬션 볼트

② 세트 앵커볼트

02 다음 벽돌의 쌓기법에 대하여 설명하고 그림을 그리시오. 배점 4점

① 영식 쌓기 ② 화란식 쌓기

______________ ______________

______________ ______________

답안 02

① 영식 쌓기

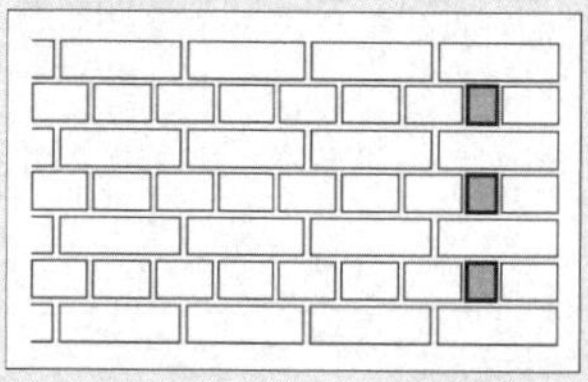

한 켜는 길이쌓기, 다음 켜는 마구리쌓기로 하며, 마구리켜의 모서리에 반절 또는 이오토막 사용

② 화란식 쌓기

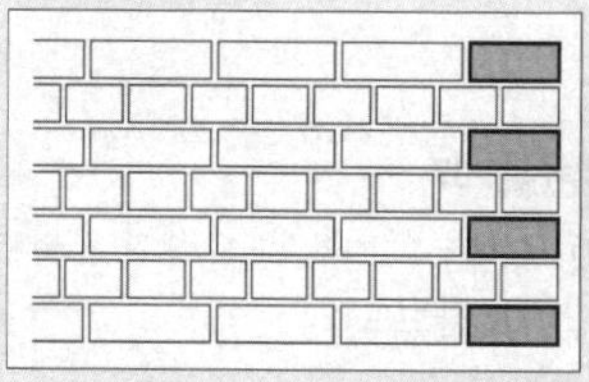

한 켜는 길이쌓기, 다음 켜는 마구리쌓기로 하며, 길이켜의 모서리에 칠오토막 사용

03 목재건조법 중 인공건조법 3가지를 쓰시오. 배점 3점

① ______________ ② ______________ ③ ______________

답안 03

① 증기법

② 훈연법

③ 열기법

• 진공법

04 다음 용어를 설명하시오. 배점 4점

① 논슬립: ______________

② 코너비드: ______________

답안 04

① 계단의 디딤판 끝에 대어 미끄럼 방지의 역할을 하는 철물

② 기둥 · 벽 등의 모서리에 대어 미장 바름을 보호하는 철물

답안 05

① 복층유리
② 메탈라스

05 다음 (   ) 안에 알맞은 내용을 쓰시오.

배점 2점

(가) 판유리 중간에 건조공기를 삽입하여 봉입한 유리로 단열, 방음, 결로방지가 우수한 유리: (①)

(나) 얇은 강판에 자름 금을 내어 늘린 마름모꼴 형태의 철망으로 천장 · 벽 등의 미장바름 보호용으로 사용되는 철망: (②)

① ______________ ② ______________

답안 06

③→①→②→④

06 바닥 플라스틱재 타일의 시공 순서를 다음 <보기>에서 골라 순서대로 번호를 쓰시오.

배점 3점

보기
① 프라이머 도포 ② 접착제 도포
③ 바탕 고르기 ④ 타일붙이기

____

답안 07

① 합판
② 파티클보드
③ 섬유판

07 다음 용어 설명에 맞는 재료를 기입하시오.

배점 3점

① 3매 이상의 단판을 1매마다 섬유 방향에 직교하도록 겹쳐 붙인 것
② 목재의 부스러기를 합성수지와 접착제를 섞어 가열, 압축한 판재
③ 섬유질을 주원료로 이를 섬유화 · 펄프화하여 접착제를 섞어 판으로 만든 것

① ______________ ② ______________ ③ ______________

답안 08

①→②→⑤→④→③

08 미장공사 중 시멘트모르타르 마감의 시공 순서를 <보기>에서 골라 번호를 나열하시오.

배점 3점

보기
① 바탕 처리 ② 초벌 바름 ③ 정벌 바름
④ 재벌 바름 ⑤ 고름질

____

09 다음 그림과 같은 목재 창문틀에 소요되는 목재량[m^3]을 구하시오. (단, 목재의 단면치수는 90mm×90mm) 배점 4점

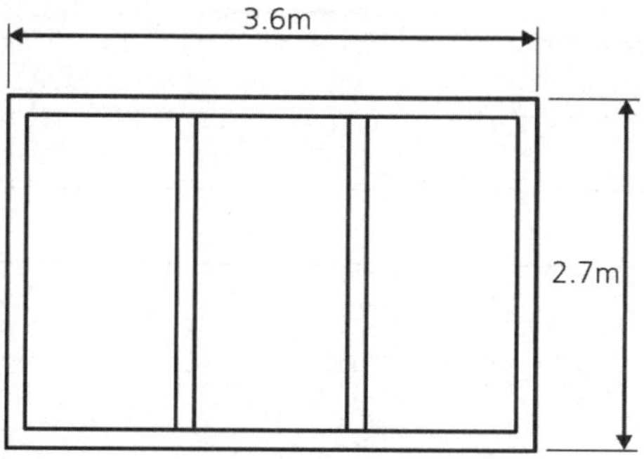

답안 09
목재량 = 가로×세로×길이
수직재 = 0.09×0.09×2.7×4(개)
= 0.08748
수평재 = 0.09×0.09×3.6×2(개)
= 0.05832
합계 = 0.08748 + 0.05832 = 0.1458
∴ 목재량 = 0.15m^3

10 적산 시 사용되는 할증률을 ( ) 안에 써 넣으시오. 배점 4점

① 붉은벽돌: ______ % ② 시멘트벽돌: ______ %
③ 블록: ______ % ④ 모자이크타일: ______ %

답안 10
① 3
② 5
③ 4
④ 3

11 다음 Network 공정관리기법 용어와 관계있는 설명을 〈보기〉에서 골라 번호를 쓰시오. 배점 4점

보기
① 작업과 작업을 결합하는 점, 개시점 및 종료점
② 작업을 가장 빨리 완료할 수 있는 시각
③ 작업 개시 결합점에서 종료 결합점에 이르는 가장 긴 경로
④ 공기에 영향이 없는 범위에서 작업을 가장 늦게 시작해도 되는 시일
⑤ 화살선으로 표현할 수 없는 작업의 상호관계를 표시하는 화살표

(가) Dummy: ______ (나) Event: ______
(다) 주공정선(CP): ______ (라) LST: ______

답안 11
(가) ⑤
(나) ①
(다) ③
(라) ④

답안 12

① 가능한 한 온장을 사용할 수 있도록 계획한다.
② 벽과 바닥을 동시에 계획하여 가능한 한 줄눈을 맞추도록 한다.
③ 수전 및 매설물 위치를 파악한다.
④ 모서리 및 개구부 주위는 특수타일로 계획한다.

12 타일 시공 시 타일나누기에 대한 주의사항 4가지를 기술하시오.

배점 4점

① ______________________

② ______________________

③ ______________________

④ ______________________

• 실내건축산업기사 시공실무 •

2022 제1회 과년도 출제문제

01 다음 그림은 이음의 한 종류이다. 그 명칭을 쓰시오. 배점 2점

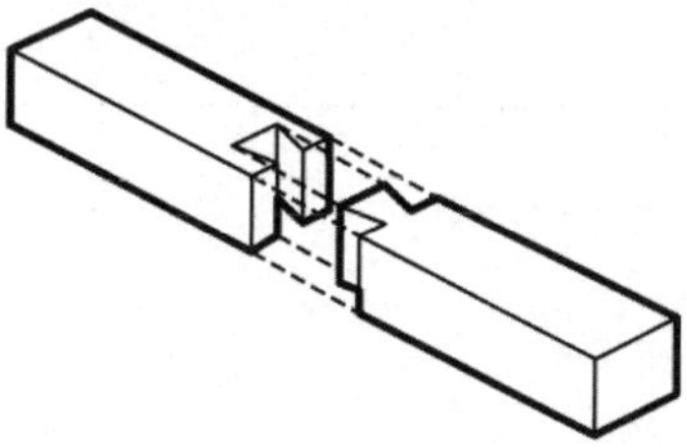

답안 01

주먹장이음

02 다음 석재를 설명하시오. 배점 4점

① 화강암:

② 점판암:

답안 02

① 내 · 외장용으로, 내구성과 압축강도가 우수하다.

② 판형으로 가공이 쉽고, 재질이 치밀하여 지붕재료에 쓰인다.

03 다음 재료의 규격을 토대로 목재량을 산출하시오. 배점 3점

보기

두께 30mm, 너비 12cm, 길이 3.6m의 판대 200장

답안 03

목재량 $= 0.03\text{m} \times 0.12\text{m} \times 3.6\text{m} \times 200$

$= 2.592$

∴ 목재량 $= 2.59\text{m}^2$

04 다음 용어를 설명하시오. 배점 4점

① 이음:

② 맞춤:

답안 04

① 부재를 길이 방향으로 길게 접합하는 것

② 부재를 서로 직각 또는 일정한 각도로 접합하는 것

답안 05

⑤ → ④ → ① → ② → ③ → ⑥

05 가설공사 중 단관파이프로 외부 쌍줄비계를 설치하고자 한다. 일반적인 공사 순서를 〈보기〉에서 골라 번호를 순서대로 나열하시오.

배점 4점

보기

① base plate 설치 ② 비계기둥 설치 ③ 띠장
④ 바닥 고르기 ⑤ 소요 자재의 현장 반입 ⑥ 장선

____

답안 06

① 조이너
② 코너비드
③ 인서트

06 다음 설명에 대한 용어를 쓰시오.

배점 3점

① 석고보드 등의 이음새를 감추어 누르는 데 쓰이는 철물
② 기둥, 벽 등의 모서리에 대어 미장 바름 및 마감재를 보호하는 철물
③ 콘크리트 바닥판 밑에 설치하여 반자틀 등을 달아매고자 할 때 볼트 또는 달재의 걸침이 되는 철물

① ____________ ② ____________ ③ ____________

답안 07

① 수직 블라인드(버티컬)
② 롤 블라인드
• 로만 셰이드

07 KCS 41 51 06(커튼 및 블라인드 공사)에 따른 블라인드의 종류 2가지를 쓰시오. (예시로 나온 베네시안 블라인드 제외)

배점 2점

① ____________ ② ____________

답안 08

① 본아치
② 막만든아치
③ 층두리아치

08 다음은 아치쌓기의 종류이다. ( ) 안을 채우시오.

배점 3점

벽돌을 주문하여 제작한 것을 사용해서 쌓은 아치를 (①), 보통벽돌을 쐐기 모양으로 다듬어 쌓는 아치를 (②), 아치 너비가 넓을 때에는 반장별로 층을 지어 겹쳐 쌓는 (③)가 있다.

① ____________ ② ____________ ③ ____________

09 다음 용어를 설명하시오.

배점 6점

① EST: ____________________

② CP: ____________________

③ FF: ____________________

답안 09

① 작업을 개시하는 가장 빠른 시각
② 개시 결합점에서 종료 결합점에 이르는 경로 중 가장 긴 경로
③ 가장 빠른 개시시각에 시작하여 후속작업도 가장 빠른 개시시각에 시작해도 존재하는 여유시간

10 다음은 수성페인트를 바르는 순서이다. ( ) 안에 알맞은 용어를 쓰시오.

배점 3점

(①) → 초벌칠 → (②) → (③)

① __________ ② __________ ③ __________

답안 10

① 바탕처리
② 연마지 닦기
③ 정벌칠

11 다음 설명에 대한 용어를 쓰시오.

배점 2점

식물 섬유질을 주원료로 하여 섬유화, 펄프화하여 접착제를 섞어 압축가공해서 합판 모양의 판재로 만든 것으로, 파티클보드보다 튼튼한 제품

____

답안 11

MDF(중밀도섬유판)

12 다음 ( ) 안에 들어가는 용어를 쓰시오.

배점 4점

벽지 시공 시 붙임용 풀은 공사시방서에서 정한 바가 없을 때에는 (①)풀 또는 (②)풀을 사용한다. 풀은 된풀로 한 다음 물을 섞어 적당한 묽기로 하여 체에 걸러 쓴다.

① __________ ② __________

답안 12

① 밀가루
② 쌀가루

• 실내건축산업기사 시공실무 •

2022 제2회 과년도 출제문제

01 다음은 아치쌓기의 종류이다. (　) 안을 채우시오. 배점 4점

벽돌을 주문하여 제작한 것을 사용해서 쌓은 아치를 (①), 보통벽돌을 쐐기 모양으로 다듬어 쓴 것을 (②), 현장에서 보통벽돌을 써서 줄눈을 쐐기 모양으로 한 (③), 아치 너비가 넓을 때에는 반장별로 층을 지어 겹쳐 쌓는 (④)가 있다.

① ________________ ② ________________

③ ________________ ④ ________________

답안 01

① 본아치
② 막만든아치
③ 거친아치
④ 층두리아치

02 네트워크 공정에 사용되는 다음 용어를 설명하시오. 배점 4점

① LFT: ________________

② LT: ________________

답안 02

① 공기에 영향이 없는 범위에서 작업의 가장 늦은 종료시각(가장 늦은 종료시각)
② 임의의 결합점에서 최종 결합점에 이르는 가장 긴 경로를 통과하여 종료시각에 도달할 수 있는 개시시각(가장 늦은 결합점 시각)

03 다음은 치장줄눈의 종류이다. 줄눈의 형태를 그림으로 그리시오. (단, 도구를 사용하지 않고 도시한다.) 배점 4점

① 볼록줄눈　　② 내민줄눈

③ 민줄눈　　④ 오목줄눈

답안 03

①
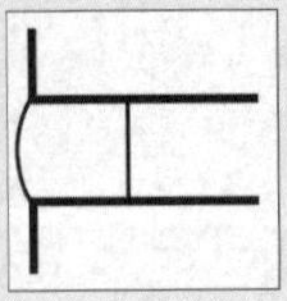
②
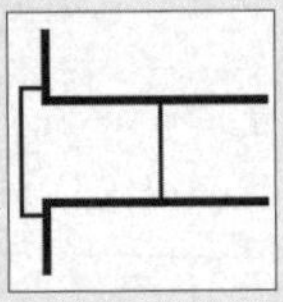
③
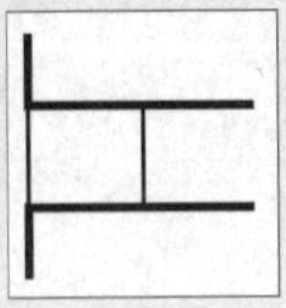
④
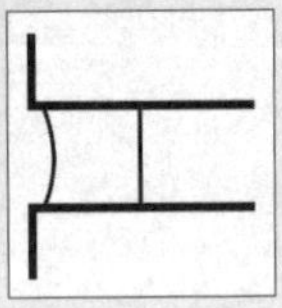

04 목재의 방부처리법 3가지를 쓰시오. 배점 3점

① ______ ② ______ ③ ______

답안 04
① 생리적 주입법
② 가압주입법
③ 표면탄화법

05 조적공사 후에 발생하는 백화현상의 방지책을 3가지 쓰시오. 배점 3점

① ______
② ______
③ ______

답안 05
① 소성이 잘된 양질의 벽돌을 사용한다.
② 벽돌 표면에 파라핀도료를 발라 염류 유출을 방지한다.
③ 줄눈에 방수제를 섞어 밀실 시공한다.

06 다음은 목공사에 관한 설명이다. 설명에 알맞은 용어를 쓰시오. 배점 2점

울거미재나 판재로 틀짜기나 상자짜기를 할 때 끝부분을 45°로 비스듬하게 잘라 대는 맞춤으로 모서리 구석 등 마구리가 보이지 않도록 맞대어 접합하는 것

______

답안 06
연귀맞춤

07 다음 〈보기〉는 경량철골천장틀의 설치순서이다. 시공순서에 맞게 나열하시오. 배점 3점

보기

① 달대 설치	② 앵커 설치
③ 텍스 붙이기	④ 천장틀 설치

______

답안 07
② → ① → ④ → ③

08 다음 내용을 서술하시오. 배점 4점

① 밀착초배: ______
② 공간초배: ______

답안 08
① 초배지에 온통 풀칠하여 바르고 바탕을 매끄럽게 하며 정배지가 잘 붙을 수 있게 하는 도배방법
② 초배지를 정사각형으로 재단하여 갓둘레 부위에 된풀칠을 하여 바르며, 거친 바탕에서 고운 도배면을 얻을 수 있는 상급 도배방법

답안 09

(가) ①
(나) ②
(다) ③
(라) ④

답안 10

목재량 = 0.024m × 0.12m × 3.6m × 60장
= 0.62208
∴ 목재량 = $0.62m^2$

답안 11

벽돌양 = 벽면적 × 단위수량
※ 단위수량: 224장(표준형, 1.5B)
벽돌양 = 10 × 224 × 1.05
= 2,352
∴ 벽돌양 = 2,352장

답안 12

① 가새
② 버팀대
③ 귀잡이보

09 다음 〈보기〉는 유리에 관한 설명이다. 설명에 알맞은 번호를 쓰시오.

배점 4점

보기

① 유리 중간에 금속망을 넣은 것으로, 화재, 기타 파손 시 산란하는 위험을 방지한다.
② 성형 판유리를 500~600℃로 가열하고, 압착한 유리로 열처리 후에는 가공이 불가능하다.
③ 벽돌 모양으로 된 중공유리로 채광 및 의장성이 좋다.
④ 두 장의 유리 사이에 건조공기를 넣어 밀봉한 유리로 보온, 방음, 결로 방지에 유리하다.

(가) 망입유리: ______ (나) 강화유리: ______

(다) 유리블록: ______ (라) 복층유리: ______

10 다음 재료의 규격을 토대로 목재량을 산출하시오.

배점 3점

보기

두께 24mm, 너비 12cm, 길이 3.6m의 판재 60장

11 표준형 벽돌로 $10m^2$를 1.5B 쌓기할 때 벽돌 소요량을 산출하시오.

배점 3점

12 목구조체의 횡력에 대한 변형, 이동 등을 방지하기 위한 대표적인 보강방법을 3가지 쓰시오.

배점 3점

① ______ ② ______ ③ ______

• 실내건축산업기사 시공실무 •

2022 제3회 과년도 출제문제

01 조적공사의 벽돌 치장쌓기 중 엇모쌓기에 대하여 간략히 설명하시오.

배점 2점

---

02 다음 주어진 데이터를 보고 네트워크 공정표를 작성하시오. (단, 주공정선을 굵은 선으로 표시하시오.)

배점 5점

작업명	작업일수	선행작업	비고
A	5	–	단, 이벤트(event)에는 번호를 기입하고, 주공정선을 굵은선으로 표기한다.
B	2	–	
C	4	–	
D	4	A, B, C	
E	3	A, B, C	
F	2	A, B, C	

① 네트워크 공정표

---

② 주공정선(CP)

답안 01

45° 각도로 모서리가 보이도록 벽돌을 쌓는 방법

답안 02

• 공정표 작성

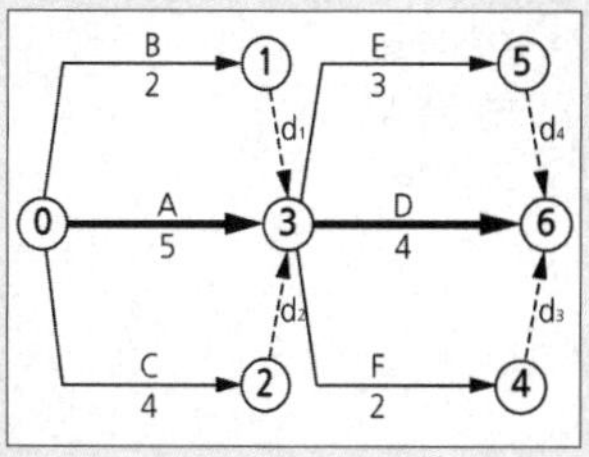

• CP: A → D

03 길이 150m, 높이 3m, 1.0B 시멘트벽돌벽의 정미량과 소요량을 산출하시오. (단, 벽돌 규격은 표준형임) 배점 4점

답안 03

① 벽면적 = 150 × 3 = 450m^2
② 정미량 = 450 × 149 = 67,050
③ 소요량 = 67,050 × 1.05
= 70,402.5
∴ 정미량 = 67,050장
소요량 = 70,403장

04 목재가공 시 사용되는 쪽매이다. 이름을 쓰시오. 배점 5점

① ② ③ ④ ⑤

① ______ ② ______ ③ ______

④ ______ ⑤ ______

답안 04

① 반턱쪽매
② 틈막이쪽매(틈막이대쪽매)
③ 딴혀쪽매
④ 제혀쪽매
⑤ 오늬쪽매

05 다음은 시트방수 공법이다. 시공 순서에 맞게 나열하시오. 배점 3점

보기
① 프라이머칠 ② 마무리 ③ 시트 붙이기 ④ 바탕 처리

답안 05

④ → ① → ③ → ②

06 다음은 목조 2층 마루 중 짠마루의 시공 순서이다. 순서대로 바르게 나열하시오. 배점 3점

보기
① 작은보 ② 장선 ③ 큰보 ④ 마룻널

답안 06

③ → ① → ② → ④

07 **건축공사에서 사용되는 재료의 소요량은 손실량을 고려하여 할증률을 사용한다. 재료의 할증률이 다음에 해당되는 것을 〈보기〉에서 모두 골라 번호를 쓰시오.** 배점 4점

보기
① 타일 ② 붉은벽돌 ③ 원형철근
④ 이형철근 ⑤ 시멘트벽돌 ⑥ 기와

(가) 3% 할증률: ______________ (나) 5% 할증률: ______________

답안 07
(가) ①, ②, ④
(나) ③, ⑤, ⑥

08 **천연 아스팔트의 종류 2가지를 쓰시오.** 배점 2점

① ______________ ② ______________

답안 08
① 레이크 아스팔트
② 록 아스팔트
• 아스팔타이트

09 **다음 ( ) 안에 알맞은 내용을 쓰시오.** 배점 3점

(가) 기둥, 벽 등의 모서리에 대어 미장 바름 및 마감재를 보호하는 철물: (①)
(나) 얇은 철판에 일정한 간격으로 자름금을 내어서 당겨 구멍을 그물처럼 만든 철망: (②)
(다) 아연도금한 굵은 철선을 꼬아서 그물처럼 만든 철망: (③)

① ______________ ② ______________ ③ ______________

답안 09
① 코너비드
② 메탈라스
③ 와이어라스

10 **건축에서 응결과 경화에 대한 내용을 구분하여 설명하시오.** 배점 4점

① 응결: ______________

② 경화: ______________

답안 10
① 시멘트에 가수 후 수화작용에 의해 수화열이 발생, 굳기 시작하는 초기 작용으로 1시간에서 10시간 이내
② 응결 이후에 굳어지면서 강도가 증진되는 작용으로 시멘트의 강도는 28일(4주) 압축강도를 기준으로 한다.

답안 11

② > ③ > ④ > ①

답안 12

⑤ → ① → ④ → ② → ③

11 다음 〈보기〉의 타일을 흡수성이 큰 순서대로 배열하시오. 배점 2점

보기
① 자기질 ② 토기질 ③ 도기질 ④ 석기질

12 벽타일 붙이기 시공 순서이다. 〈보기〉에서 골라 그 번호를 나열하시오. 배점 3점

보기
① 타일 나누기 ② 치장줄눈 ③ 보양
④ 벽타일 붙이기 ⑤ 바탕 처리

2023 제1회 과년도 출제문제

01 다음은 벽돌쌓기에 대한 설명이다. ( ) 안에 알맞은 말을 써 넣으시오. 배점 4점

하루의 쌓기 높이는 (①)m를 표준으로 하고, 최대 (②)m 이하로 한다. 가로 및 세로줄눈의 너비는 도면 또는 공사시방서에 정한 바가 없을 때에는 (③)mm를 표준으로 한다. 벽돌벽이 블록벽과 서로 직각으로 만날 때에는 연결철물을 만들어 블록 (④)단마다 보강하여 쌓는다.

① ________ ② ________ ③ ________ ④ ________

답안 01

① 1.2
② 1.5
③ 10
④ 3

02 다음 용어를 서술하시오. 배점 3점

① 바심실 : ________
② 마름질 : ________
③ 모접기 : ________

답안 02

① 구멍, 홈파기, 대패질 등으로 목재를 다듬는 것
② 목재의 크기에 따라 소요치수로 자르는 것
③ 모서리면을 깎아 밀어서 두드러지게 또는 오목하게 하는 것

03 경량기포 콘크리트(ALC)의 특징 3가지를 쓰시오. 배점 3점

① ________
② ________
③ ________

답안 03

① 경량성(보통 콘크리트의 1/4)
② 단열성능이 우수(보통 콘크리트의 10배)
③ 내화성, 흡음성, 흡수성이 우수

답안 04

①, ②, ③

04 다음 미장재료 중 수경성 미장재료를 〈보기〉에서 고르시오.

배점 3점

보기

① 석고 플라스터 ② 시멘트 모르타르
③ 인조석 바름 ④ 돌로마이트 플라스터
⑤ 회반죽

답안 05

① 인장력
② 전단력

05 목재의 연결철물 중 볼트와 듀벨이 각각 어떤 힘에 대응하는 철물인지 쓰시오.

배점 4점

① 볼트 : ____________ ② 듀벨 : ____________

답안 06

목재량 = 가로 × 세로 × 길이
수직재 = 0.09×0.09×2.7×4(개)
= 0.08748
수평재 = 0.09×0.09×3.6×2(개)
= 0.05832
합 계 = 0.08748+0.05832
= 0.1458
∴ 목재량 = 0.15m^3

06 다음 그림과 같은 목재 창문틀에 소요되는 목재량[m^3]을 구하시오. (단, 목재의 단면치수는 90mm×90mm)

배점 4점

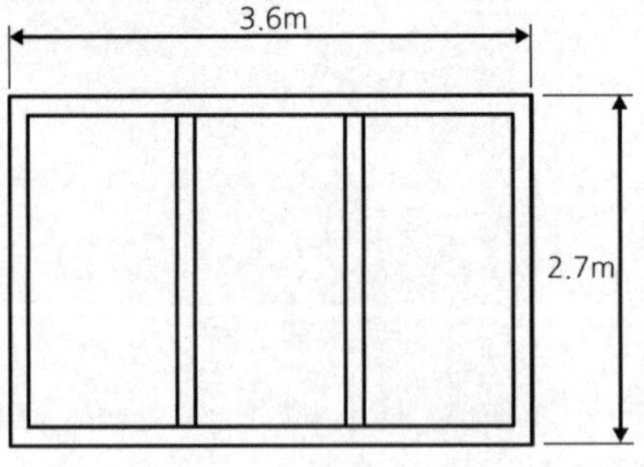

07 다음 〈보기〉의 설명에 해당하는 철물의 종류를 골라 번호를 쓰시오.

배점 4점

보기
(가) 도어체크 (나) 도어스톱
(다) 레일 (라) 크레센트

① 미서기, 미닫이 창문의 밑틀에 깔아 대어 문 바퀴를 구르게 하는 것 : ____________

② 미서기창이나 오르내리창을 잠그는 데 사용하는 것 : ____________

③ 열려진 여닫이문이 저절로 닫히게 하는 장치 : ____________

④ 열려진 문을 받아 벽을 보호하고 문을 고정하는 장치 : ____________

답안 07
① (다)
② (라)
③ (가)
④ (나)

08 타일의 동해방지법 3가지를 쓰시오.

배점 3점

① ____________
② ____________
③ ____________

답안 08
① 소성온도가 높은 양질의 타일 사용
② 흡수율이 낮은 타일 사용
③ 줄눈 누름을 잘하여 빗물 침투 방지
• 접착 모르타르의 배합비를 좋게 함.

09 다음 그림은 벽돌쌓기의 한 방법이다. 쌓기 종류와 벽두께의 치수를 서술하시오.

배점 2점

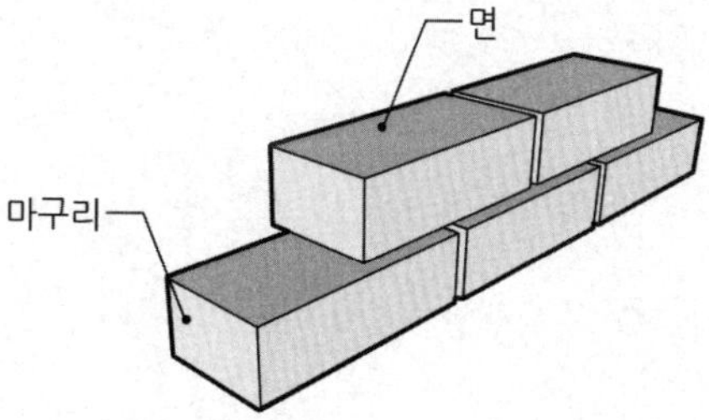

① 쌓기 종류 : ____________

② 벽두께 : ____________

답안 09
① 길이쌓기
② 90mm

답안 10

① 1.5시간
② 0.5시간
③ 3시간

10 KDS 설계기준에 따라 목구조 방화설계 시 주요 구조부의 내화성능 기준이다. (   ) 안을 채우시오.

배점 3점

구 분				내화시간
벽	외벽	내력벽		1시간 ~ 3시간
		비내력벽	연소 우려가 있는 부분	1시간 ~ (①)
			연소 우려가 없는 부분	(②)
보, 기둥				1시간 ~ (③)
바닥				1시간 ~ 2시간
지붕틀				0.5시간 ~ 1시간

① ________ ② ________ ③ ________

답안 11

① 네트워크 공정표

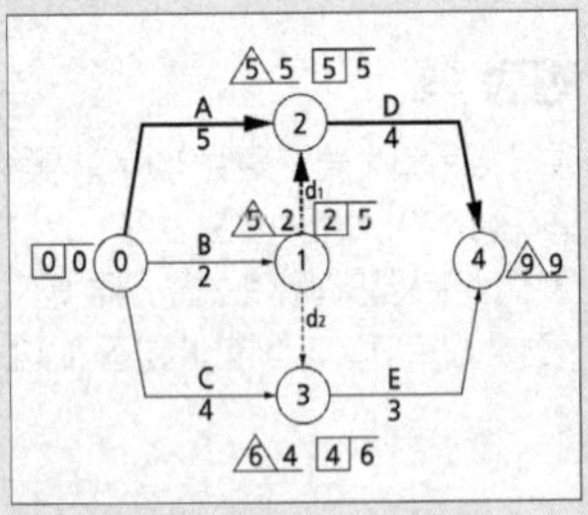

② 주공정선(CP)
A → D

11 다음 데이터를 네트워크 공정표로 작성하시오. (단, 주공정선은 굵은선으로 표시한다.)

배점 4점

작업명	작업일수	선행작업	비고
A	5	없음	단, 이벤트(event)에는 번호를 기입하고, 주공정선을 굵은선으로 표기한다. 
B	2	없음	
C	4	없음	
D	4	A, B	
E	3	B, C	

① 네트워크 공정표

② 주공정선(CP): ________

12 **폴리우레아계 바닥재 도장공법에서 경화제의 보관방법에 대해 서술하시오.**

배점 3점

답안 12

경화제는 폭발의 위험성이 있으므로 밀폐된 곳에 저장하고 직사광선을 피한다.

• 실내건축산업기사 시공실무 •

2023 제2회 과년도 출제문제

01 네트워크에 사용되는 더미(dummy)에 대하여 간략히 서술하시오.

배점 3점

02 석재의 가공 마무리 순서를 바르게 나열하시오.

배점 3점

보기
① 잔다듬 ② 물갈기 ③ 메다듬
④ 정다듬 ⑤ 도드락다듬

03 다음 용어를 설명하시오.

배점 4점

① 이음 :

② 맞춤 :

04 벽의 길이가 15m, 높이 2.4m, 0.5B 표준형 벽돌의 정미량을 산출하시오.

배점 4점

답안 01

화살표로 표현할 수 없는 작업 상호 관계를 표시하는 점선화살표

답안 02

③ → ④ → ⑤ → ① → ②

답안 03

① 부재를 길이 방향으로 길게 접합하는 것

② 부재를 서로 직각 또는 일정한 각도로 접합하는 것

답안 04

벽돌양 = 벽면적×단위수량

※단위수량 = 75장(표준형, 0.5B)

= 15×2.4×75

= 2,700

∴ 벽돌양 = 2,700장

05 다음 용어를 간략히 설명하시오. 배점 3점

① 격리재(separator) : ______________________

② 긴결재(form tie) : ______________________

③ 간격재(spacer) : ______________________

06 다음에 주어진 횡선식 공정표(bar chart)를 네트워크(ner work) 공정표로 작성하시오. 배점 5점

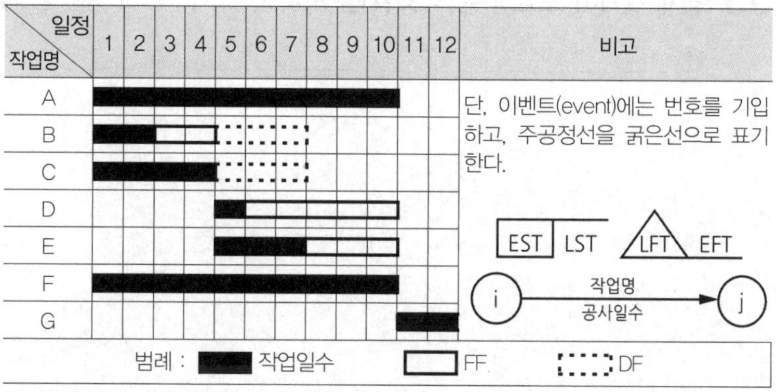

① 네트워크 공정표

____

② 주공정선(CP): ______________________

답안 05

① 거푸집의 간격 유지, 오그라드는 것을 방지

② 거푸집의 형상 유지, 측압의 저항, 벌어지는 것을 방지

③ 철근과 거푸집, 철근과 철근의 간격을 유지하기 위한 간격재료

답안 06

작업리스트

작업명	작업 일수	선행 작업	후속 작업	FF	DF
A	10	없음	G	0	0
B	2	없음	D, E	2	3
C	4	없음	D, E	0	3
D	1	B, C	G	5	0
E	3	B, C	G	3	0
F	10	없음	G	0	0
G	2	A, D, E, F	없음	0	0

① 네트워크공정표

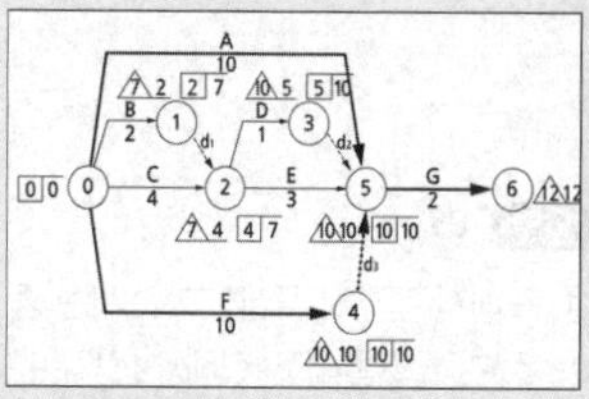

② 주공정선(CP)

A → G and F → G

답안 07

① 붙임시간(open time)의 불이행
② 바름 두께의 불균형
③ 붙임 모르타르의 접착강도 부족
• 모르타르 충전의 불충분

07 타일 시공 후의 박리 원인 3가지를 기술하시오. 배점 3점

① ______
② ______
③ ______

답안 08

① 광명단
② 징크크로메이트
③ 역청질 도료
• 알루미늄도료, 아연분말도료

08 철재 녹막이 도료의 종류 3가지를 쓰시오. 배점 3점

① ______ ② ______ ③ ______

답안 09

① 도배지 전부에 풀칠하고 순서는 중간부터 갓둘레로 칠해 나간다.
② 도배지 주위에 풀칠하여 붙이고 주름은 물을 뿜어 둔다.

09 도배공사에 쓰이는 풀칠방법이다. 간략히 설명하시오. 배점 3점

① 온통바름 : ______
② 봉투바름 : ______

답안 10

① 짚여물
② 삼여물
③ 종이여물

10 미장재료에 사용되는 여물 3가지를 쓰시오. 배점 3점

① ______ ② ______ ③ ______

11 목재의 결함 3가지를 기술하시오. 배점 3점

① ________ ② ________ ③ ________

12 목재 건조법 중 인공건조법 3가지를 쓰시오. 배점 3점

① ________ ② ________ ③ ________

답안 11

① 갈라짐(갈램)
② 옹이
③ 껍질박이

답안 12

① 증기법
② 훈연법
③ 열기법
• 진공법

• 실내건축산업기사 시공실무 •

2023 제3회 과년도 출제문제

답안 01

① 타일의 마름질 크기와 줄눈폭
② 구배 및 드레인 주위 처리 상세
③ 각종 부착물(수전류, 콘센트 등) 주위 및 주방용구 설치 위치의 처리 상세
• 문틀 주위 코킹홈 상세
• 문양 타일이나 별도의 색상타일을 사용할 경우 그 위치

01 타일공사 시 현장 실측 결과를 토대로 작성한 타일나누기도에 포함되어야 할 사항을 3가지만 쓰시오. 배점 3점

① ____________________
② ____________________
③ ____________________

답안 02

① 마무리
② 제재

02 다음 ( ) 안에 알맞은 용어를 쓰시오. 배점 4점

설계도 또는 시방서에 지시된 창호의 치수는 일반적으로 창호제작의 (①)치수이므로, 재료 주문 시에는 제재 감소, 대패질, 기타 마무리의 감소를 보아 도면 위 지시 단면치수보다 3mm 정도 더 크게 (②)치수로 주문한다.

① ____________ ② ____________

답안 03

① 4
② 20
③ 2

03 다음은 KCS에 따른 강관틀비계에 관한 사항이다. ( ) 안에 알맞은 내용을 쓰시오. 배점 3점

주틀의 간격이 1.8m일 경우에는 주틀 사이의 하중한도는 (①)kN으로 하고, 주틀의 간격이 1.8m 이내일 경우에는 그 역비율로 하중한도를 증가할 수 있다. 높이가 (②)m를 초과하는 경우 또는 중량작업을 하는 경우에는 내력벽상 중요한 틀의 높이를 (③)m 이하로 한다.

① ________ ② ________ ③ ________

04 THK24 복층유리(pair glass)의 유리와 공기층 구성(배치)에 대하여 설명하시오(단, 유리는 6mm). 배점 3점

답안 04
유리 6mm + 공기층 12mm + 유리 6mm로 구성되어 두께 24mm 복층유리를 구성한다.

05 다음 설명에 해당하는 용어를 쓰시오. 배점 2점

목재의 소편, 칩(chip)을 정선하여 요소나 페놀수지계의 접착제를 분무하여 열압 성형시킨 것으로, 변형이 아주 적고 소음이나 열의 차단성이 좋아 선박, 바닥판, 가구 등에 이용된다.

답안 05
파티클보드

06 마룻널 이중깔기 작업순서에 맞게 (   ) 안에 알맞은 내용을 쓰시오. 배점 4점

동바리 설치 → (①) → (②) → (③) → (④) → 마룻널 깔기

① ______ ② ______ ③ ______ ④ ______

답안 06
① 멍에
② 장선
③ 밑창널 깔기
④ 방수지 깔기

07 네트워크 공정표에 사용되는 다음 용어의 정의를 쓰시오. 배점 4점

① EST : ______
② EFT : ______
③ LST : ______
④ LFT : ______

답안 07
① 작업을 개시하는 가장 빠른 시각
② 작업을 종료하는 가장 빠른 시각
③ 작업을 가장 늦게 개시하여도 좋은 시각
④ 작업을 가장 늦게 종료하여도 좋은 시각

08 다음은 KCS에 따른 건물 내부 벽공사 시 목모 보드의 고정방법에 관한 내용이다. (   ) 안에 알맞은 내용을 쓰시오. 배점 4점

고정철물에 의한 붙임에서 못은 판두께의 (①)배를 원칙으로 하고, 충분한 고정강도를 얻을 수 있는 길이를 갖는 것을 사용하고 나사는 강제바탕 이면에 (②)mm 이상의 여장길이를 확보할 수 있는 것을 사용한다.

① ______________ ② ______________

답안 08
① 3
② 10

09 다음 〈보기〉에 제시된 각 벽돌의 형상에 따른 명칭을 쓰시오. 배점 4점

보기

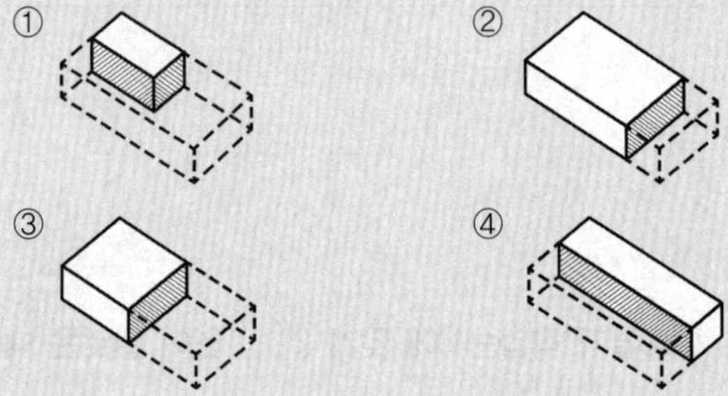

① ________ ② ________ ③ ________ ④ ________

답안 09
① 반반절
② 칠오토박
③ 반토막
④ 반절

10 다음 〈보기〉에서 설명하고 있는 블록의 명칭을 쓰시오. 배점 4점

보기
① 창문틀 위에 쌓아 철근과 콘크리트를 다져 넣어 보강한 U자형 블록
② 창문틀 옆에 잘 맞게 제작된 특수형 블록

① ______________ ② ______________

답안 10
① 인방블록
② 창쌤블록

11 미장공사에 사용되는 셀프레벨링재에 대하여 설명하시오. 배점 3점

____

____

답안 11
자체 유동성을 가지고 있어서 스스로 평탄해지는 성질을 이용하여 바닥 마름질공사에 사용되는 재료

12 길이 10m, 높이 2.5m인 벽돌벽을 1.0B로 쌓을 경우 벽돌의 실제 소요량을 산출하시오. (단, 붉은벽돌로서 규격은 190mm×90mm×57mm이며 소요량을 정수로 표기) 배점 3점

① 계산과정 : ______________________________

② 답 : ______________________________

답안 12
벽돌 소요량
= 10×2.5×149×1.03
= 3836.75
∴ 벽돌양 = 3,837장

Reference | 참고자료

1. 큐넷, https://www.q-net.or.kr/
2. 한국산업인력공단, https://www.hrdkorea.or.kr/
3. 법제처 국가법령정보센터, https://www.law.go.kr/
4. NCS 국가직무능력표준, https://www.ncs.go.kr/
5. 국가건설기준센터, https://www.kcsc.re.kr/
6. 국토교통부, 건축공사 표준시방서, 2021년.
7. 한국건설기술연구원, 건설공사 표준품셈, 2022년.
8. 안동훈, 이병억, 시공실무 실내건축기사·산업기사 실기, 한솔아카데미, 2022년.
9. 동방디자인교재개발원, 실내건축 시공실무, 동방디자인, 2020년.
10. 한규대 외 4명, 건축기사 실기, 한솔아카데미, 2022년.

MEMO

저 자 소 개

김태민

- 현, HnC건설연구소 친환경계획부 소장
- 현, 대림대학교 건축학부 실내디자인과 시공코스 겸임교수
- 중앙대학교 건설대학원 실내건축학과 공학석사
- 국가기술자격증 실내건축기사, 국가공인 민간자격증 실내디자이너
- 저서: 실내건축산업기사 작업형 실기(성안당, 2023)
  실내건축기사 작업형 실기(성안당, 2024)
  실내건축기능사 작업형 실기(성안당, 2023)
  실내건축산업기사 필기(성안당, 2021)
  실내건축기사 시공실무(성안당, 2024)

전명숙

- 현, NONOS DESIGN 대표
- 연성대학교 실내건축과 겸임교수 역임
- 중앙대학교 건설대학원 실내건축학과 공학석사
- 국가기술자격증 실내건축기사
- 산업기사 강의경력 19년
- 현대건축디자인학원 부원장 역임
- 저서: 실내건축산업기사 작업형 실기(성안당, 2023)
  실내건축기사 작업형 실기(성안당, 2024)
  실내건축기능사 작업형 실기(성안당, 2023)
  실내건축산업기사 필기(성안당, 2021)
  실내건축기사 시공실무(성안당, 2024)

필답형 실기 완벽대비

실내건축산업기사 시공실무

2020. 2. 19. 초 판 1쇄 발행
2024. 1. 10. 개정증보 3판 1쇄 발행

지은이 | 김태민, 전명숙
펴낸이 | 이종춘
펴낸곳 | BM ㈜도서출판 성안당
주소 | 04032 서울시 마포구 양화로 127 첨단빌딩 3층(출판기획 R&D 센터)
10881 경기도 파주시 문발로 112 파주 출판 문화도시(제작 및 물류)
전화 | 02) 3142-0036
031) 950-6300
팩스 | 031) 955-0510
등록 | 1973. 2. 1. 제406-2005-000046호
출판사 홈페이지 | www.cyber.co.kr
ISBN | 978-89-315-1108-6 (13540)
정가 | 28,000원

이 책을 만든 사람들
기획 | 최옥현
진행 | 이희영
전산편집 | 전채영
표지 디자인 | 박현정
홍보 | 김계향, 유미나, 정단비, 김주승
국제부 | 이선민, 조혜란
마케팅 | 구본철, 차정욱, 오영일, 나진호, 강호묵
마케팅 지원 | 장상범
제작 | 김유석

www.cyber.co.kr
성안당 Web 사이트